수학자와 함께하는
인공지능 수학 with 파이썬

김종락, 원병선 지음

인공지능을 이해하는 데 꼭 필요한 기초 수학부터 머신러닝·딥러닝까지

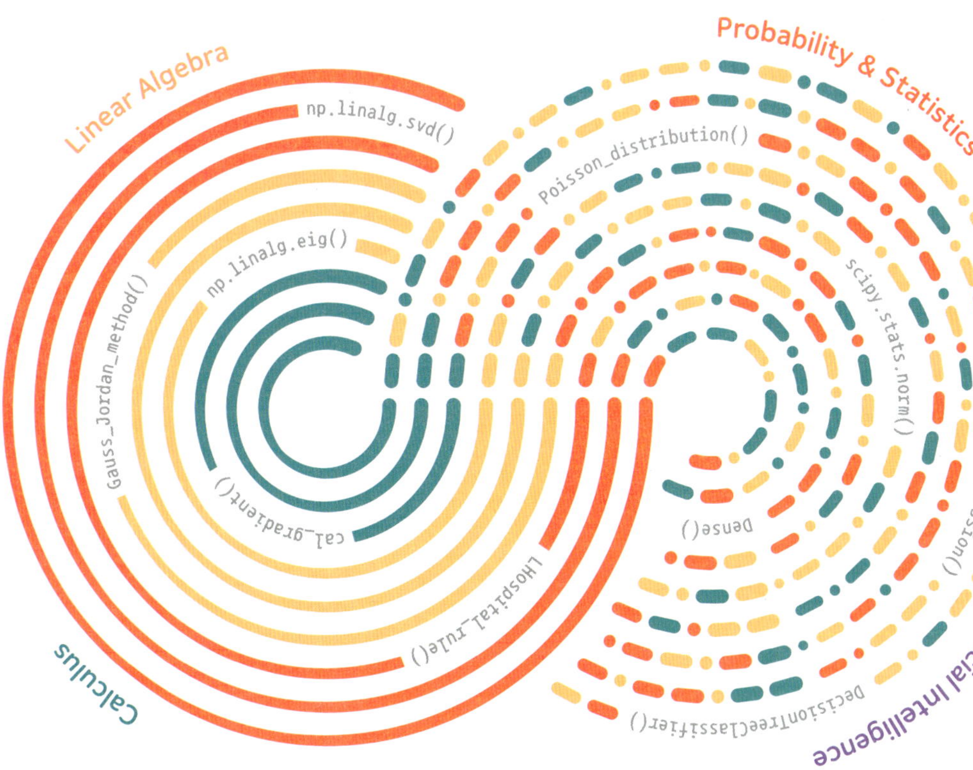

한빛아카데미
Hanbit Academy, Inc.

지은이 **김종락** jlkim@sogang.ac.kr

포항공과대학교 수학과를 졸업한 후 서울대학교에서 석사, 미국 일리노이주립대학교 시카고 캠퍼스에서 박사 학위를 취득하였다. 미국 루이빌대학교에서 조교수와 부교수를 지냈으며, 2012년부터 현재까지 서강대학교 수학과 및 인공지능학과 대학원(겸무) 교수로 재직 중이다. 주요 연구 분야는 부호론과 암호론, 인포매틱스, 소프트 컴퓨팅, 인공지능 등이다. 2004년 캐나다 조합론 연구소로부터 한국인 최초로 커크만 메달을 받았고, 2016년부터 6년간 대한수학회 수학문화 앰배서더로 활동했으며, 현재 AI 기반 스타트업인 딥헬릭스 주식회사(구)감성수학레드)를 운영하고 있다. 또한 2023년부터 수리과학 및 데이터사이언스 연구소장과 4단계 BK21 사업팀장을 맡고 있다. 주요 저서로는 『Selected Unsolved Problems in Coding Theory』(Springer, 2011), 『보드게임하는 수학자』(컬처룩, 2019), 『Mathematicians Playing Games』(CRC Press, 2023) 등이 있다.

지은이 **원병선** bswon@sogang.ac.kr

서강대학교 수학과에서 대수학 전공으로 석사 학위를 취득하였고, 동 대학교 수학과에서 박사 과정을 수료하였다. 2017년부터 다수의 인공지능 프로젝트에 참여하였으며, 주요 연구 분야는 부호론, 암호론, 인공지능, 소프트 컴퓨팅이다. 현재 딥헬릭스 주식회사에서 연구원으로 재직하며 파이썬으로 다양한 인공지능 알고리즘을 개발하고 있다.

수학자와 함께하는 인공지능 수학 with 파이썬

초판발행 2024년 1월 29일
2쇄발행 2025년 2월 3일

지은이 김종락, 원병선 / **펴낸이** 전태호
펴낸곳 한빛아카데미(주) / **주소** 서울시 서대문구 연희로2길 62 한빛아카데미(주) 2층
전화 02-336-7112 / **팩스** 02-336-7199
등록 2013년 1월 14일 제2017-000063호 / **ISBN** 979-11-5664-016-5 93000

책임편집 김은정 / **기획 · 편집** 조우리 / **진행** 조우리
디자인 이아란 / **전산편집** 백지선 / **제작** 박성우, 김정우
영업 김태진, 김성삼, 이정훈, 임현기, 이성훈, 김주성 / **마케팅** 김호철, 심지연

이 책에 대한 의견이나 오탈자 및 잘못된 내용은 출판사 홈페이지나 아래 이메일로 알려주십시오.
파본은 구매처에서 교환하실 수 있습니다. 책값은 뒤표지에 표시되어 있습니다.

홈페이지 www.hanbit.co.kr / 이메일 question@hanbit.co.kr

Published by HANBIT Academy, Inc. Printed in Korea

지은이 머리말

흔히 인공지능이라고 하면 수학과 프로그래밍, 특히 파이썬을 떠올릴 것이다. 그래서 인공지능의 기초를 공부하기 위해 수학, 파이썬, 인공지능 입문서를 각각 따로 찾아보곤 한다. 이러한 접근 방법이 정석이긴 하나, 모두 따로 습득하는 데 많은 시간이 소요되며 세 가지를 유기적으로 연결하면서 학습하기가 쉽지 않다.

이 책은 수학, 파이썬, 인공지능이라는 세 가지 구슬을 꿰어 하나의 보배로 만들고자 기획하였다. 기본적인 전체 원고는 제1저자(김종락)가 서강대학교 인공지능학과 대학원에서 사용한 강의록을 확장하여 구성하였고, 파이썬 예제 및 프로그래밍 실습은 제2저자(원병선)가 능숙한 솜씨로 작성하였다.

이 책에서는 예제를 수학적으로 설명함과 동시에 파이썬 코드를 이용해 풀이하고자 했다. 실제로 독자들이 책 안의 코드를 따라 직접 실습해보면 수학과 파이썬을 동시에 이해하는 데 큰 도움이 될 것이다. 지금까지 간단한 수식에 대한 파이썬 코드를 작성하는 책은 종종 있었으나, 복잡한 수학 문제를 파이썬 코드로 자세히 설명하는 책은 찾아보기 어려웠다. 이러한 관점에서 이 책이 수학과 파이썬을 연결하는 새로운 시도라고 감히 말하고 싶다.

이 책은 크게 4개 PART로 구성하였다. PART 01은 학부 선형대수학의 내용 중 인공지능에서 꼭 필요한 부분을 발췌하여 관련 개념과 정리를 다룬다. PART 02는 미분과 적분의 주요 개념을 소개하고 인공지능에서 반드시 필요한 편미분과 경사 하강법 등에 대해 설명한다. PART 03은 확률과 통계에 관한 내용으로, 베이즈 정리, 이항분포, 정규분포, 중심극한정리, 상관분석과 회귀분석 등의 개념을 소개한다. 마지막으로 PART 04는 앞에서 다룬 내용을 토대로 머신러닝과 딥러닝에 대한 주요 개념을 압축적으로 설명한다.

저자가 기대하는 이 책의 독자층은 고등학교 수준의 수학 지식을 가진 사람 중 인공지능을 공부하고자 하는 모든 사람이다. 다시 말해 수학을 어느 정도 공부한 고등학생부터 대학생, 대학원생, 직장인까지 볼 수 있다. 이 책을 처음부터 끝까지 따라가다 보면 수학과 파이썬을 연결하며 이해할 수 있고, 이를 통해 머신러닝과 딥러닝의 기초적인 알고리즘을 파이썬으로 직접 구현해보는 기쁨을 누리게 될 것이다.

이 책이 나오기까지 많은 도움을 주신 김은정 팀장님, 원고를 자세히 읽고 훌륭하게 편집해주신 조우리 선임 에디터, 책의 출간을 위해 물심양면으로 지원해주신 한빛아카데미(주) 관계자분들께 깊은 감사를 드린다. 끝으로 원고가 완성되기까지 넓은 이해와 격려로 큰 힘을 준 두 저자의 가족들에게 감사를 전한다.

지은이 **김종락, 원병선**

미리보기

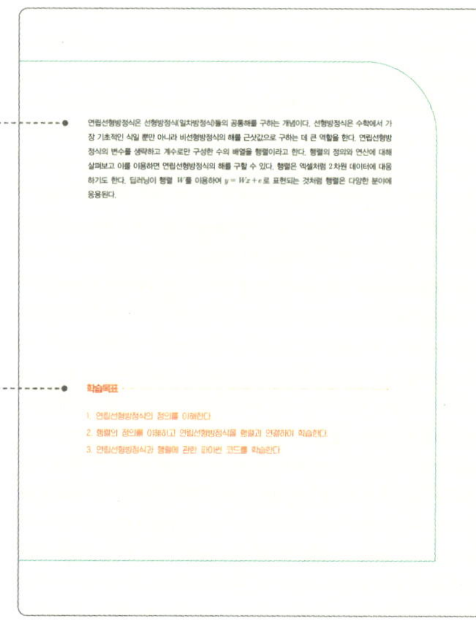

도입글
해당 장을 학습하기 전에 기본 개념과 배울 내용을 소개한다.

학습목표
해당 장을 학습함으로써 얻고자 하는 목표를 소개한다.

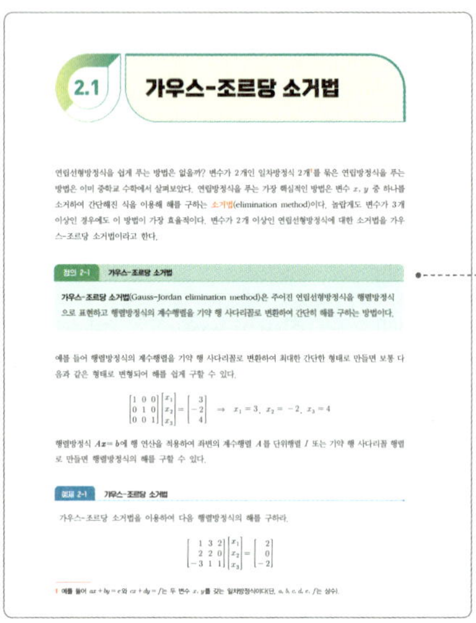

정의
해당 주제에서 기억해두어야 할 핵심 용어를 정의한다. 본문의 주요 용어는 주황색으로 별도 표시하였다.

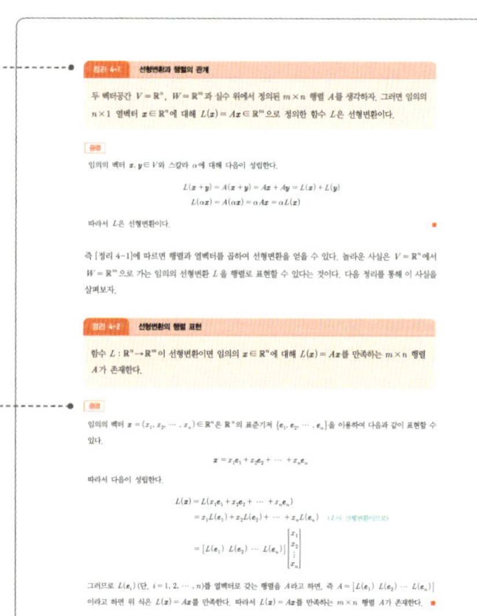

정리
해당 주제의 주요 개념과 수식을 정리하여 보여준다.

증명
본문에서 다룬 주요 정리가 성립하는 이유를 제시한다.

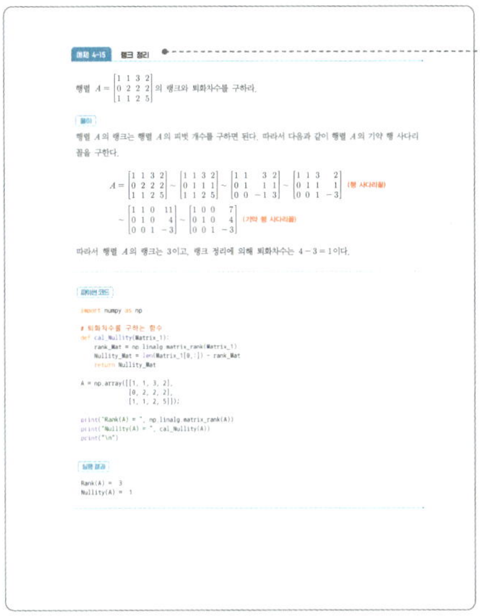

예제

본문에서 다룬 개념을 적용한 문제와 상세한 풀이를 담았다. 일부 예제는 파이썬 코드와 실행 결과를 함께 제공한다.

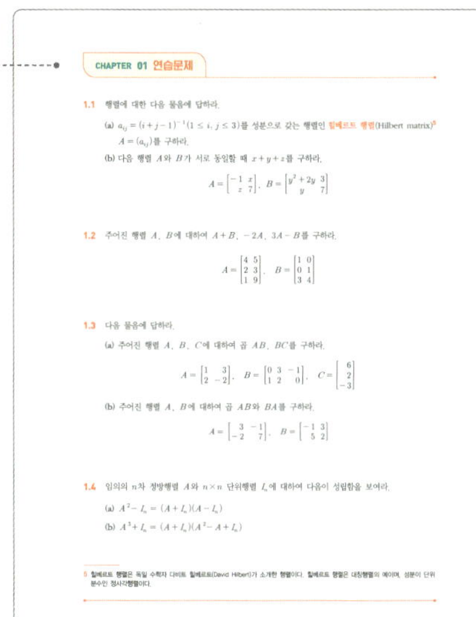

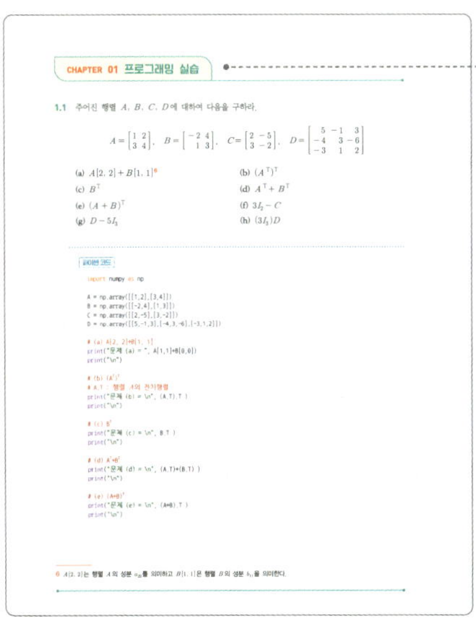

연습문제

해당 장이 끝날 때마다 본문에서 익힌 내용을 문제를 통해 정리한다.

프로그래밍 실습

본문에서 다룬 수학 개념과 파이썬 코드를 보다 확장하여 프로그래밍 문제를 직접 실습해볼 수 있도록 하였다.

- **강의자용 : 강의보조자료 다운로드**

  한빛출판네트워크(http://www.hanbit.co.kr) 접속 → [교수전용] 클릭 → [강의자료] 클릭 → 도서명 검색

- **학습자용 : 연습문제 정답 및 소스코드 다운로드**

  한빛출판네트워크(http://www.hanbit.co.kr) 접속 → [SUPPORT] 클릭 → [자료실] 클릭 → 도서명 검색

목차

목차

CHAPTER 06 행렬 분해

PART 02 미분적분학과 인공지능

CHAPTER 07 미분

CHAPTER 08 적분

CHAPTER 09 편미분과 경사 하강법

목차

PART 03 확률 및 통계와 인공지능

CHAPTER 10 확률과 확률분포

CHAPTER 11 상관분석과 회귀분석

PART 01

선형대수학과 인공지능

선형대수학은 선형방정식의 해를 구하는 분야이다. 선형방정식은 격자 모양의 배열인 행렬로 표현되며, 행렬은 벡터, 벡터공간, 선형사상, 고윳값 등과 밀접한 관련이 있다. 또한 행렬은 대수학, 기하학, 수치해석 등의 다양한 학문에 자주 등장한다. 행렬의 응용 분야로는 정보의 오류를 복원하는 부호론, 정보를 보호하는 암호론, 그리고 정보를 분석하는 인공지능 등이 있다.

• Contents

CHAPTER 01

연립선형방정식과 행렬

• Contents

연립선형방정식은 선형방정식(일차방정식)들의 공통해를 구하는 개념이다. 선형방정식은 수학에서 가장 기초적인 식일 뿐만 아니라 비선형방정식의 해를 근삿값으로 구하는 데 큰 역할을 한다. 연립선형방정식의 변수를 생략하고 계수로만 구성한 수의 배열을 행렬이라고 한다. 행렬의 정의와 연산에 대해 살펴보고 이를 이용하면 연립선형방정식의 해를 구할 수 있다. 행렬은 엑셀처럼 2차원 데이터에 대응하기도 한다. 딥러닝이 행렬 W를 이용하여 $y = Wx + e$로 표현되는 것처럼 행렬은 다양한 분야에 응용된다.

학습목표

1. 연립선형방정식의 정의를 이해한다.
2. 행렬의 정의를 이해하고 연립선형방정식을 행렬과 연결하여 학습한다.
3. 연립선형방정식과 행렬에 관한 파이썬 코드를 학습한다.

1.1 연립선형방정식

선형대수학(linear algebra)은 대수학(algebra)의 한 분야로, 하나 이상의 변수로 이루어진 선형방정식의 해를 다루는 수학 분야이다. 예를 들어 $ax+by=c$ (단, a, b, c는 상수, x, y는 변수)는 변수가 2개이고 식이 하나인 선형방정식이다. 이 선형방정식의 해집합을 그래프로 나타내면 직선이다. 따라서 선형대수학은 기하학과 관련이 있다. 변수 3개로 이루어진 선형방정식 $ax+by+cz=d$의 해집합은 평면을 나타낸다.

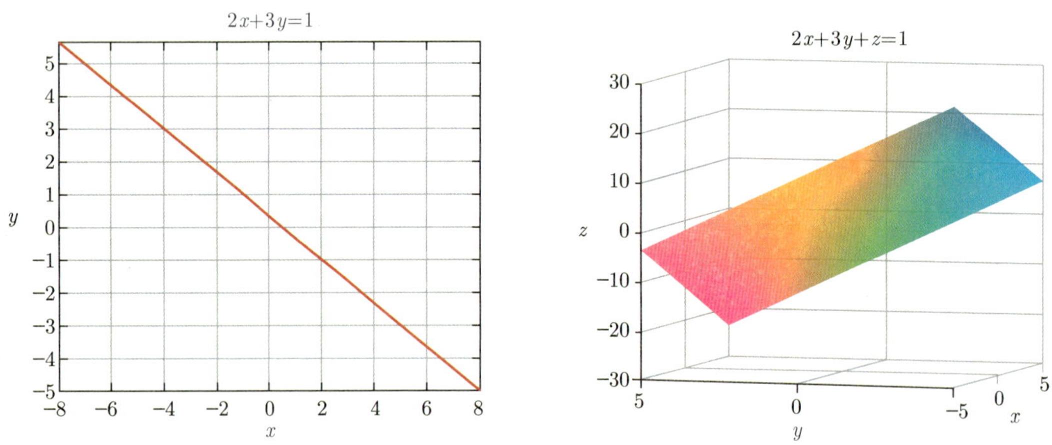

(a) 직선 $2x+3y=1$　　(b) 평면 $2x+3y+z=1$

[그림 1-1] 직선과 평면

일반적으로 변수 n개로 이루어진 선형방정식의 해집합은 $(n-1)$차원의 도형이다. 여러 개의 선형방정식으로 이루어진 연립방정식을 연립선형방정식이라고 한다. 선형대수학은 연립선형방정식의 해를 효율적으로 구하는 방법에 대해 연구하는 분야이다.

선형방정식과 머신러닝의 관계

선형방정식은 머신러닝과 큰 관련이 있다. 어떤 점(좌표)들 혹은 데이터들이 있다고 가정하자. 우선 아주 간단한 질문으로 시작해보겠다. 주어진 점들이 어떤 연립선형방정식의 해 또는 부분적인 해로 표현될 수 있을까? 예를 들어 xy 평면에 두 점 $P_1=(0, 0)$, $P_2=(2, 2)$가 주어질 때, 이 두 점을 지나는 직선은 $y=x$, 즉 $y-x=0$이다. 따라서 두 점 P_1, P_2는 선형방정식 $y-x=0$의 부분해로 이해할 수 있다. 실제로 임의의 서로 다른 두 점을 지나는 유일한 선형방정식이 존재한다. 질문을 좀 더 확장해보자. 두 점 P_1, P_2와 점 $P_3=\left(1, \frac{1}{2}\right)$을 지나는 선형방정식은 존재할까? 점 P_3는 $y-x=0$을 만족하지 않으므로 이와 같은 선형방정식은 존재하지 않는다.

관점에 따라, 세 점을 지나는 방정식에 접근하는 방법이 두 가지 있다. 먼저 수학자는 일차방정식에서 탈피하여 이차방정식 $y=ax^2+bx+c$ (단, a, b, c는 상수)를 생각하고, 세 점이 이 이차방정식의 해임을 보일 것이다. 이제 데이터 과학자의 관점에서 해결해보자. 세 점이 반드시 직선 위에 있지 않아도 된다고 가정하면 재미있는 현상이 벌어진다. 비록 세 점이 직선 위에 있지 않더라도 이 직선과 주어진 세 점의 거리를 최단으로 만드는 방법(즉 실제값과 예상값의 차이를 최소화하는 방법)을 생각할 수 있다. 사실 이 방법이 더 현실적인 해법이다. 왜냐하면 이 방법은 주어진 점의 수가 증가한다고 해도 결국 직선을 구하는 문제이므로 고차원 방정식의 해를 구하는 것보다 훨씬 쉽기 때문이다. 이 방법이 바로 선형회귀(linear regression) 방법이다. 선형회귀 방법은 머신러닝의 기초가 되며 딥러닝에 관한 수식에도 등장한다. 이제 선형대수학을 왜 공부해야 하는지 충분히 이해했으리라 생각한다.

연립선형방정식의 정의

먼저 연립선형방정식의 정의를 알아보자. $\mathbb{R}$은 실수 집합을 의미하며 이 집합에 속하는 원소 a를 $a\in\mathbb{R}$로 표현한다.

정의 1-1 **연립선형방정식**

변수가 1개 이상이고 최고차항의 차수가 1인 방정식을 **선형방정식**(linear equation) 또는 **일차방정식**이라고 한다. 예를 들어 다음 방정식은 3개의 변수 x_1, x_2, x_3를 갖는 선형방정식이다.

$$ax_1+bx_2+cx_3+d=0 \quad (\text{단, } a, b, c, d\in\mathbb{R})$$

이와 같은 선형방정식 여러 개로 이루어진 방정식을 **연립선형방정식**(system of linear equations)이라고 한다.

예제 1-1 **연립선형방정식**

변수 2개로 이루어진 다음 연립선형방정식에 대해 주어진 물음에 답하라.

$$\begin{cases} 2x+3y=1 \\ x+2y=0 \end{cases}$$

(a) 각 방정식의 해는 직선이다. 두 직선을 좌표평면에 나타내고, 두 직선이 얼마나 많은 점에서 만나는지 확인하라.

(b) 주어진 연립선형방정식의 해를 구하는 방법을 2개 이상 설명하라.

풀이

(a) 두 직선을 좌표평면에 나타내면 다음과 같다.

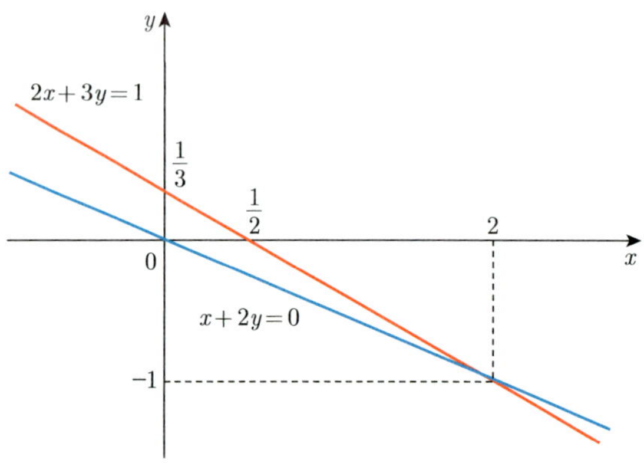

따라서 두 직선은 한 점에서 만난다.

(b) 첫 번째 방법은 대입법으로, 한 식의 변수 하나를 다른 변수로 표현한 후 다른 식에 대입하여 해를 구하는 방법이다. 주어진 연립선형방정식의 두 번째 식은 $x=-2y$로 쓸 수 있다. 이 식을 첫 번째 식에 대입하면 $2(-2y)+3y=1$이므로 $y=-1$이다. 따라서 $x=2$이다.

두 번째 방법은 소거법으로, 변수 x 또는 y를 소거하는 방법이다. 주어진 연립선형방정식의 두 번째 식에 2를 곱하면 $2x+4y=0$이다. 이 식을 첫 번째 식에서 빼면 $-y=1$이므로 $y=-1$이다. 따라서 $x=-2y=-2(-1)=2$이다.

예제 1-2 **연립선형방정식**

변수 3개로 이루어진 다음 연립선형방정식에 대해 주어진 물음에 답하라.

$$\begin{cases} 2x+3y+z=1 \\ x+2y+z=0 \end{cases}$$

(a) 각 방정식의 해는 어떤 형태일까? 주어진 두 식을 3차원 좌표공간에 나타내고, 두 식이 얼마나 많은 곳에서 만나는지 확인하라.

(b) 주어진 연립선형방정식의 해를 구하는 방법을 2가지 이상 설명하라.

(c) 주어진 연립선형방정식의 해집합은 [예제 1-1]과 어떻게 다른지 수학적으로 설명하라.

풀이

(a) 두 식을 좌표공간에 나타내면 다음과 같다.

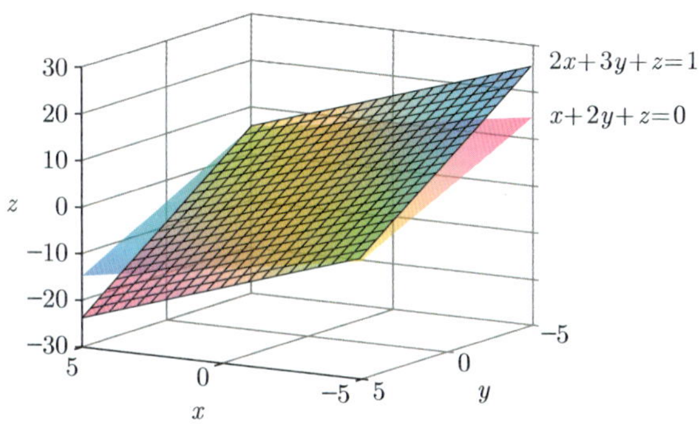

따라서 두 식은 무수히 많은 점에서 만난다. 실제로 해집합은 직선을 나타낸다.

(b) 우선 소거법을 생각해보자. 변수 x를 소거하면 $z=-1-y$이다. 이 결과를 다시 z에 대입하여 정리하면 $y=-x+1$이라는 직선의 방정식이 나온다. 이 식을 하나의 매개변수 t로 표현하면 다음과 같다.

$$x=t,\ y=-t+1,\ z=-1-y=-1-(-t+1)=t-2\quad (\text{단, } t\text{는 실수})$$

다음으로 대입법을 생각해보자. 두 번째 식 $z=-x-2y$를 첫 번째 식에 대입하면 다음과 같다.

$$2x+3y-x-2y=1 \iff x+y=1$$

따라서 $y=-x+1$이고, 소거법과 같이 $x=t$라고 하면 $y=-t+1,\ z=t-2$ (단, t는 실수)이다.

(c) [예제 1-1]의 해는 1개로 유한하지만, 이 예제의 해는 무수히 많다.

1.2 행렬의 정의

행렬은 행과 열로 이루어진 2차원 배열로, 이 용어는 1850년 제임스 조지프 실베스터(James Joseph Sylvester)가 처음 사용하였다. 행렬은 연립선형방정식을 푸는 데 결정적인 역할을 한다. 또한 행렬은 벡터와 스칼라(실수)의 일반화된 수 체계라고 할 수 있다. 누군가는 "벡터가 어떻게 수인가?"라고 질문할 수 있다. 그렇다면 수는 무엇일까? 수를 세는 수단으로만 생각한다면 벡터를 수로 이해할 수 없다. 그러나 수가 구체적 혹은 추상적 대상을 기술하는 표현 방법이라고 생각하면 벡터를 수로 이해하는 것이 어렵지 않다.

예를 들어 복소수 $a+bi$ (단, a, b는 실수, $i=\sqrt{-1}$)는 두 개의 실수로 이루어져 있으며, 손으로 잡을 수도 없고 크기를 정할 수도 없는 수이다. 복소수 $a+bi$는 순서쌍 (a, b)로도 나타내는데, 이 표현이 바로 2차원 벡터이다. 이 결과를 일반화하면 n차원 벡터도 수로 이해할 수 있다. 행렬은 벡터의 일반화로 볼 수도 있으므로, 벡터나 수와 같이 행렬도 더하거나 빼거나 곱할 수 있다. 이 절에서는 행렬의 정의와 기본적인 행렬의 종류에 대해 알아본다.

정의 1-2 행렬

수나 식을 사각형 모양으로 배열하고 괄호로 묶어 놓은 것을 **행렬**(matrix)이라고 한다. 특히 다음과 같이 m개의 **행**(row)과 n개의 **열**(column)로 이루어진 행렬을 $\boldsymbol{m \times n}$ **행렬**이라고 하고, 행렬 안의 $a_{ij}(1 \le i \le m,\ 1 \le j \le n)$를 행렬의 **성분**(entry) 또는 **원소**(element)라고 한다.

$$\begin{bmatrix} a_{11} & a_{12} & \cdots & a_{1n} \\ a_{21} & a_{22} & \cdots & a_{2n} \\ \vdots & \vdots & \ddots & \vdots \\ a_{m1} & a_{m2} & \cdots & a_{mn} \end{bmatrix}$$

예를 들어 $\begin{bmatrix} 8 & 7 & 1 \\ 5 & 3 & 9 \end{bmatrix}$와 $\begin{bmatrix} a & b^2 & a^3b \\ a-b & a & 2b^2 \\ b^2 & b & 4b \end{bmatrix}$는 행렬이다.

[그림 1-2]처럼 수는 벡터[1]로, 벡터는 행렬[2]로 일반화할 수 있으며, 더 나아가 행렬은 행렬을 여러 개 붙인 **텐서**(tensor)로 일반화할 수 있다. 텐서의 차원은 다양하며 수를 0차원 텐서, 벡터를 1차원 텐서, 행렬을 2차원 텐서라고 한다. 예를 들어 3차원 텐서의 성분은 (i, j, k)로 표현된다. 인공지능과 딥러닝에서는 **합성곱 신경망**(Convolutional Neural Networks, CNN)을 기술할 때 텐서를 이용한다. 합성곱 신경망에서 사진을 많이 입력하는데, 이때 사용하는 다양한 필터를 3차원 텐서의 한 **층**(layer)으로 이해할 수 있다.

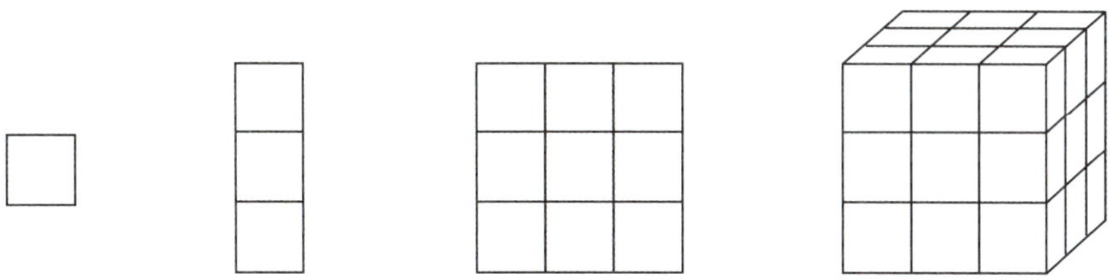

[그림 1-2] 텐서

정의 1-3 정방행렬

행과 열의 수가 같은 행렬을 **정방행렬**(square matrix) 또는 **정사각행렬**이라고 한다. 특히 다음과 같이 행과 열이 n개인 정방행렬을 **n차 정방행렬**이라고 한다.

$$\begin{bmatrix} a_{11} & a_{12} & \cdots & a_{1n} \\ a_{21} & a_{22} & \cdots & a_{2n} \\ \vdots & \vdots & \ddots & \vdots \\ a_{n1} & a_{n2} & \cdots & a_{nn} \end{bmatrix}$$

정의 1-4 영행렬과 단위행렬

(1) 모든 성분이 0인 행렬을 **영행렬**(zero matrix)이라 하고 O로 나타낸다.

(2) 주대각 성분[3]은 모두 1이고 나머지 성분은 모두 0인 정방행렬을 **단위행렬**(unit matrix)이라 하고 I로 나타낸다.

1 n개의 수를 나열한 것으로, **리스트**(list) 혹은 **튜플**(tuple)이라고도 한다.
2 벡터를 여러 개의 행 또는 열로 나열한 것이다.
3 정방행렬의 대각선에 위치한 성분 $a_{11}, a_{22}, \cdots, a_{nn}$을 말한다.

예를 들어 $\begin{bmatrix}1 & 0\\0 & 1\end{bmatrix}$, $\begin{bmatrix}1 & 0 & 0\\0 & 1 & 0\\0 & 0 & 1\end{bmatrix}$, $\begin{bmatrix}1 & 0 & 0 & 0\\0 & 1 & 0 & 0\\0 & 0 & 1 & 0\\0 & 0 & 0 & 1\end{bmatrix}$은 모두 단위행렬이다.

정의 1-5 대각행렬과 전치행렬

(1) 주대각 성분을 제외한 모든 성분이 0인 정방행렬을 **대각행렬**(diagonal matrix)이라고 한다.

(2) 행렬의 모든 행을 대응하는 열과 바꾼 행렬을 **전치행렬**(transposed matrix)이라 하고, 행렬 A의 전치행렬을 A^{T}로 나타낸다.

예를 들어 $\begin{bmatrix}1 & 0 & 0\\0 & 5 & 0\\0 & 0 & 9\end{bmatrix}$는 대각행렬이고, 행렬 $A = \begin{bmatrix}9 & 7 & 3\\4 & 8 & 9\end{bmatrix}$의 전치행렬은 $A^{\mathrm{T}} = \begin{bmatrix}9 & 4\\7 & 8\\3 & 9\end{bmatrix}$이다. 참고로 $(A^{\mathrm{T}})^{\mathrm{T}} = A$는 자명하게 성립한다. 여기서 위첨자 T는 '전치한다'는 의미의 영단어 transpose의 앞글자 T이다. [정의 1-5]에 따라 $A = A^{\mathrm{T}}$일 때 행렬 A는 대칭행렬이다. 대칭행렬은 주대각선을 기준으로 거울처럼 대칭이라는 특징을 갖는다. 전치행렬과 대칭행렬에 대한 자세한 내용은 2.3절을 참고한다.

1.3 행렬의 연산

이제 행렬에서 성립하는 다양한 연산에 대해 알아보자.

정의 1-6 행렬의 합, 차, 스칼라곱

주어진 행렬 A, B와 스칼라 c에 대해 행렬의 합, 차, 스칼라곱을 다음과 같이 정의한다.

$$A=\begin{bmatrix} a_{11} & a_{12} & \cdots & a_{1n} \\ a_{21} & a_{22} & \cdots & a_{2n} \\ \vdots & \vdots & \ddots & \vdots \\ a_{m1} & a_{m2} & \cdots & a_{mn} \end{bmatrix},\quad B=\begin{bmatrix} b_{11} & b_{12} & \cdots & b_{1n} \\ b_{21} & b_{22} & \cdots & b_{2n} \\ \vdots & \vdots & \ddots & \vdots \\ b_{m1} & b_{m2} & \cdots & b_{mn} \end{bmatrix}$$

(1) **합**(summation) : $A+B=\begin{bmatrix} a_{11}+b_{11} & a_{12}+b_{12} & \cdots & a_{1n}+b_{1n} \\ a_{21}+b_{21} & a_{22}+b_{22} & \cdots & a_{2n}+b_{2n} \\ \vdots & \vdots & \ddots & \vdots \\ a_{m1}+b_{m1} & a_{m2}+b_{m2} & \cdots & a_{mn}+b_{mn} \end{bmatrix}$

(2) **차**(difference) : $A-B=\begin{bmatrix} a_{11}-b_{11} & a_{12}-b_{12} & \cdots & a_{1n}-b_{1n} \\ a_{21}-b_{21} & a_{22}-b_{22} & \cdots & a_{2n}-b_{2n} \\ \vdots & \vdots & \ddots & \vdots \\ a_{m1}-b_{m1} & a_{m2}-b_{m2} & \cdots & a_{mn}-b_{mn} \end{bmatrix}$

(3) **스칼라곱**(scalar multiplication) : $cA=\begin{bmatrix} ca_{11} & ca_{12} & \cdots & ca_{1n} \\ ca_{21} & ca_{22} & \cdots & ca_{2n} \\ \vdots & \vdots & \ddots & \vdots \\ ca_{m1} & ca_{m2} & \cdots & ca_{mn} \end{bmatrix}$

예제 1-3 행렬의 연산

다음 행렬 A, B에 대하여 합 $A+B$, 차 $A-B$, 스칼라곱 $5B$를 구하라.

$$A=\begin{bmatrix} 1 & 0 \\ 2 & 1 \\ 4 & 3 \end{bmatrix},\quad B=\begin{bmatrix} 4 & 3 \\ 1 & 1 \\ 0 & 2 \end{bmatrix}$$

풀이

$$A+B=\begin{bmatrix}1&0\\2&1\\4&3\end{bmatrix}+\begin{bmatrix}4&3\\1&1\\0&2\end{bmatrix}=\begin{bmatrix}1+4&0+3\\2+1&1+1\\4+0&3+2\end{bmatrix}=\begin{bmatrix}5&3\\3&2\\4&5\end{bmatrix}$$

$$A-B=\begin{bmatrix}1&0\\2&1\\4&3\end{bmatrix}-\begin{bmatrix}4&3\\1&1\\0&2\end{bmatrix}=\begin{bmatrix}1-4&0-3\\2-1&1-1\\4-0&3-2\end{bmatrix}=\begin{bmatrix}-3&-3\\1&0\\4&1\end{bmatrix}$$

$$5B=5\begin{bmatrix}4&3\\1&1\\0&2\end{bmatrix}=\begin{bmatrix}5\times4&5\times3\\5\times1&5\times1\\5\times0&5\times2\end{bmatrix}=\begin{bmatrix}20&15\\5&5\\0&10\end{bmatrix}$$

파이썬 코드

```
import numpy as np

# np.array() : 벡터 또는 행렬을 나타냄
A = np.array([[1,0],[2,1],[4,3]])
B = np.array([[4,3],[1,1],[0,2]])

# A+B
print("A+B = \n", A+B)
print("\n")

# A-B
print("A-B = \n", A-B)
print("\n")

# 5B
print("5B = \n", 5*B)
print("\n")
```

실행 결과

```
A+B =
 [[5 3]
 [3 2]
 [4 5]]

A-B =
 [[-3 -3]
 [ 1  0]
 [ 4  1]]

5B =
 [[20 15]
 [ 5  5]
 [ 0 10]]
```

두 행렬의 합과 차는 두 행렬의 크기가 같다는 조건하에 행렬의 성분끼리 더하거나 빼면 된다. 그리고 행렬의 스칼라곱은 주어진 스칼라를 행렬의 각 성분에 곱한다.

$M_{m\times n}(F)=\{A \mid A$는 체 F 위의 $m\times n$ 행렬$\}$이라고 하자. 여기서 F는 합과 곱 연산이 있고 각 연산에 대한 역원이 존재하는 연산 체계이며, 보통 체 F를 실수 집합 $\mathbb{R}$로 생각한다. 그렇다면 $M_{m\times n}(F)$는 어떠한 대수적 구조를 가질까? $M_{m\times n}(F)$는 **벡터공간**(vector space)이다. 즉 크기가 같은 두 벡터를 더하거나 어떤 벡터에 스칼라곱을 하듯이, 크기가 같은 두 행렬을 서로 더하거나 어떤 행렬에 스칼라곱을 할 수 있다. 벡터공간에 대해서는 3장에서 자세히 다룬다.

정의 1-7 행렬의 곱

행렬 A의 열 개수와 행렬 B의 행 개수가 같을 때, 두 행렬의 **곱**(multiplication) $C=AB$를 다음과 같이 정의한다.

$$A=\begin{bmatrix} a_{11} & a_{12} & \cdots & a_{1n} \\ a_{21} & a_{22} & \cdots & a_{2n} \\ \vdots & \vdots & \ddots & \vdots \\ a_{m1} & a_{m2} & \cdots & a_{mn} \end{bmatrix},\ B=\begin{bmatrix} b_{11} & b_{12} & \cdots & b_{1p} \\ b_{21} & b_{22} & \cdots & b_{2p} \\ \vdots & \vdots & \ddots & \vdots \\ b_{n1} & b_{n2} & \cdots & b_{np} \end{bmatrix} \Rightarrow AB=C=\begin{bmatrix} c_{11} & c_{12} & \cdots & c_{1p} \\ c_{21} & c_{22} & \cdots & c_{2p} \\ \vdots & \vdots & \ddots & \vdots \\ c_{m1} & c_{m2} & \cdots & c_{mp} \end{bmatrix}$$

$$c_{ij}=a_{i1}b_{1j}+\cdots+a_{in}b_{nj}=\sum_{k=1}^{n}a_{ik}b_{kj}\ (\text{단, } 1\le i\le m,\ 1\le j\le p)$$

예제 1-4 행렬의 곱

다음 행렬 A, B에 대하여 곱 AB와 BA를 구하라.

$$A=\begin{bmatrix} 1 & 2 \\ 3 & 4 \end{bmatrix},\ B=\begin{bmatrix} 5 & 6 \\ 7 & 8 \end{bmatrix}$$

풀이

$$AB=\begin{bmatrix} 1 & 2 \\ 3 & 4 \end{bmatrix}\begin{bmatrix} 5 & 6 \\ 7 & 8 \end{bmatrix}=\begin{bmatrix} 1\times5+2\times7 & 1\times6+2\times8 \\ 3\times5+4\times7 & 3\times6+4\times8 \end{bmatrix}=\begin{bmatrix} 19 & 22 \\ 43 & 50 \end{bmatrix}$$

$$BA=\begin{bmatrix} 5 & 6 \\ 7 & 8 \end{bmatrix}\begin{bmatrix} 1 & 2 \\ 3 & 4 \end{bmatrix}=\begin{bmatrix} 5\times1+6\times3 & 5\times2+6\times4 \\ 7\times1+8\times3 & 7\times2+8\times4 \end{bmatrix}=\begin{bmatrix} 23 & 34 \\ 31 & 46 \end{bmatrix}$$

따라서 $AB\neq BA$임을 알 수 있다.

파이썬 코드

```
import numpy as np

A = np.array([[1,2],[3,4]])
B = np.array([[5,6],[7,8]])

# AB
# np.matmul(A, B) : 행렬 A와 B의 곱
AB = np.matmul(A,B)
print("AB = \n", AB)
print("\n")

# BA
BA = np.matmul(B, A)
print("BA = \n", BA)
print("\n")

# np.array_equal(A, B) : 행렬 A와 B가 같은지 확인
print("행렬 AB와 BA는 같은가?" , np.array_equal(AB, BA))
```

실행 결과

```
AB =
 [[19 22]
 [43 50]]

BA =
 [[23 34]
 [31 46]]

행렬 AB와 BA는 같은가? False
```

예제 1-5 **행렬의 연산**

네 행렬 $A=\begin{bmatrix}3 & 0\\ -1 & 2\\ 1 & 1\end{bmatrix}$, $B=\begin{bmatrix}-3 & -1\\ 2 & 1\\ 4 & 3\end{bmatrix}$, $C=\begin{bmatrix}1 & 2 & 3\\ 2 & 0 & 1\end{bmatrix}$, $D=\begin{bmatrix}1\\ 2\\ 3\end{bmatrix}$에 대하여 다음을 계산하라.

(a) $A+2B$ (b) AC (c) $3D$

풀이

(a) $A+2B=\begin{bmatrix}-3 & -2\\ 3 & 4\\ 9 & 7\end{bmatrix}$ (b) $AC=\begin{bmatrix}3 & 6 & 9\\ 3 & -2 & -1\\ 3 & 2 & 4\end{bmatrix}$

(c) $3D=\begin{bmatrix}3\\ 6\\ 9\end{bmatrix}$

파이썬 코드

```
import numpy as np

A = np.array([[3,0],[-1,2],[1,1]])
B = np.array([[-3,-1],[2,1],[4,3]])
C = np.array([[1,2,3],[2,0,1]])
D = np.array([1,2,3])

# (a) A+2B 계산
print("(a) A+2B = \n", A+2*B)
print("\n")

# (b) AC 계산
# np.dot(A, B) : 행렬 A와 B의 곱
print("(b) AC = \n", np.dot(A,C))
print("\n")

# (c) 3D 계산
print("(c) 3D = \n", 3*D)
print("\n")
```

실행 결과

```
(a) A+2B =
 [[-3 -2]
 [ 3  4]
 [ 9  7]]

(b) AC =
 [[ 3  6  9]
 [ 3 -2 -1]
 [ 3  2  4]]

(c) 3D =
 [3 6 9]
```

두 행렬의 곱 연산이 자연스러운가? 부자연스럽지는 않지만 행렬의 합과 차처럼 각 행렬의 성분끼리 직접 곱하지 않으므로 [정의 1-7]과 같은 새로운 연산 체계를 받아들여야 한다. 물론 행렬의 합과 차처럼 두 행렬의 성분끼리 곱하는 곱 연산도 존재하며 파이썬에서도 구현할 수 있다. 성분끼리 곱하는 연산은 데이터 분석 분야에서 유의미하게 사용된다.

정의 1-8 **행렬의 거듭제곱**

다음과 같이 정방행렬 A를 k번 곱한 A^k을 행렬 A의 **거듭제곱**(power)이라고 한다. 단, k는 1보다 크거나 같은 자연수이다.

$$A^k = \underbrace{A \times A \times \cdots \times A}_{k\text{개}}$$

정리 1-1 **행렬의 거듭제곱의 성질**

정방행렬 A와 0보다 큰 자연수 a, b에 대해 다음이 성립한다.

(1) $A^0 = I$

(2) $(A^a)^b = A^{ab}$

(3) $A^a A^b = A^{a+b}$

예제 1-6 **행렬의 거듭제곱**

다음과 같은 행렬 A에 대해 A^3을 구하라. 그리고 일반적인 $A^n\,(n \geq 1)$을 구하라.

$$A = \begin{bmatrix} 1 & -1 \\ 0 & 1 \end{bmatrix}$$

풀이

A^2과 A^3을 계산하면 다음과 같다.

$$A^2 = \begin{bmatrix} 1 & -1 \\ 0 & 1 \end{bmatrix}\begin{bmatrix} 1 & -1 \\ 0 & 1 \end{bmatrix} = \begin{bmatrix} 1 & -2 \\ 0 & 1 \end{bmatrix}$$

$$A^3 = A^2 A = \begin{bmatrix} 1 & -2 \\ 0 & 1 \end{bmatrix}\begin{bmatrix} 1 & -1 \\ 0 & 1 \end{bmatrix} = \begin{bmatrix} 1 & -3 \\ 0 & 1 \end{bmatrix}$$

이와 같은 방법으로 반복하여 계산하면 A^n은 다음과 같다.

$$A^n = \begin{bmatrix} 1 & -n \\ 0 & 1 \end{bmatrix}$$

엄밀하게는 위 결과를 수학적 귀납법으로 증명해야 하지만 여기서는 생략한다.

수 체계는 '수(실수) ⊆ 벡터 ⊆ 행렬 ⊆ 텐서'로 자연스럽게 확장된다. 앞서 실수는 합과 곱이 잘 정의된 수 체계로서 체(field)라는 대수적 구조를 갖는다고 언급하였다. 체에서는 0이 아닌 모든 수가 역원을 갖는다. 벡터의 경우는 어떨까? $(a_1, a_2, \cdots, a_n)$의 형태인 벡터에서는 합과 스칼라곱 연산이 잘 정의된다. 이때 벡터는 벡터공간을 이룬다. 참고로 여기서 벡터의 곱은 잘 정의되지 않는다.

그렇다면 행렬은 어떤 수 체계일까? 우선 동일한 크기의 행렬에 대해서는 합과 스칼라곱 연산이 잘 정의되므로 $M_{m\times n}(\mathbb{R}) = \{A \mid A$는 실수 $\mathbb{R}$ 위의 $m\times n$ 행렬$\}$은 벡터공간을 이룬다. 특히 정방행렬일 때 $M_{n\times n}(\mathbb{R}) = \{A \mid A$는 실수 $\mathbb{R}$ 위의 $m\times n$ 행렬$\}$은 곱에 대해서도 잘 정의된다. 따라서 $A(B+C) = AB+AC$ 등과 같은 곱에 대한 성질이 성립한다. 이처럼 합과 곱 연산에 대해 $M_{n\times n}(\mathbb{R})$이 만족하는 성질을 알아보자.

정리 1-2 행렬의 대수적 구조

크기가 같은 정방행렬 A, B, C와 스칼라 a, b에 대해 다음이 성립한다. 즉 $M_{n\times n}(\mathbb{R})$의 원소들은 다음을 만족한다.

(1) 합에 대한 결합법칙 : $(A+B)+C = A+(B+C)$

(2) 합에 대한 항등원 : $A+O = O+A = A$

(3) 합에 대한 역원 : $A+(-A) = O = (-A)+A$인 행렬 $-A$가 존재

(4) 합에 대한 교환법칙 : $A+B = B+A$

(5) 곱에 대한 항등원 : $AI = IA = A$

(6) 곱에 대한 결합법칙 : $(AB)C = A(BC)$

(7) 행렬에 대한 분배법칙 : $A(B+C) = AB+AC$, $(A+B)C = AC+BC$

(8) 스칼라에 대한 분배법칙 : $a(B+C) = aB+aC$, $(a+b)C = aC+bC$

(9) $(ab)C = a(bC)$

(10) $a(BC) = (aB)C = B(aC)$

[정리 1-2]의 성질 중 (1)~(7)을 만족하는 연산 체계를 환(ring)이라 하고 R로 나타낸다. 따라서 $M_{n\times n}(\mathbb{R})$은 벡터공간인 동시에 환이다. 정수 집합 $\mathbb{Z}$, 유리수 집합 $\mathbb{Q}$, 실수 집합 $\mathbb{R}$, 복소수 집합 $\mathbb{C}$ 등도 모두 환의 예이다. 환 R에서 곱에 대한 교환법칙이 성립하고 0이 아닌 모든 수가 역원을 가지면 R을 체라고 한다. 그런데 행렬 A, B에 대해 $AB = BA$가 성립하지 않는 경우가 있으므로, 행렬에서는 교환법칙이 성립하지 않는다. 따라서 행렬은 환이지만 체는 아니다. 환과 체는 대수학에서 주로 사용하는 개념으로, 이 책의 범위를 넘기 때문에 자세한 설명은 생략한다.

행렬과 벡터의 곱

이제 행렬의 열벡터와 행벡터의 곱을 정의하고 행렬과 열벡터의 곱을 계산해보자.

정의 1-9 외적 또는 텐서곱

$m \times 1$ 열벡터 $\boldsymbol{u} = \begin{bmatrix} u_1 \\ u_2 \\ \vdots \\ u_m \end{bmatrix}$과 $n \times 1$ 열벡터 $\boldsymbol{v} = \begin{bmatrix} v_1 \\ v_2 \\ \vdots \\ v_n \end{bmatrix}$에 대해, 열벡터 $\boldsymbol{u}$와 행벡터 $\boldsymbol{v}^{\mathrm{T}}$의 곱 $\boldsymbol{u}\boldsymbol{v}^{\mathrm{T}}$를 두 벡터의 **외적**(outer product) 또는 **텐서곱**(tensor product)이라고 한다. $\boldsymbol{u}\boldsymbol{v}^{\mathrm{T}}$는 $\boldsymbol{u} \otimes \boldsymbol{v}$[4]로 표기하기도 한다.

$$\boldsymbol{u}\boldsymbol{v}^{\mathrm{T}} = \begin{bmatrix} u_1 \\ u_2 \\ \vdots \\ u_m \end{bmatrix} \begin{bmatrix} v_1 & v_2 & \cdots & v_n \end{bmatrix} = \begin{bmatrix} u_1v_1 & u_1v_2 & \cdots & u_1v_n \\ u_2v_1 & u_2v_2 & \cdots & u_2v_n \\ \vdots & \vdots & \ddots & \vdots \\ u_mv_1 & u_mv_2 & \cdots & u_mv_n \end{bmatrix}$$

두 벡터의 곱 $\boldsymbol{u}\boldsymbol{v}^{\mathrm{T}}$의 결과가 $m \times n$ 행렬임에 주목한다. 예를 들어 두 열벡터 $\boldsymbol{u} = \begin{bmatrix} 2 \\ 5 \end{bmatrix}$와 $\boldsymbol{v} = \begin{bmatrix} 2 \\ 1 \\ 4 \end{bmatrix}$에 대해 $\boldsymbol{u}\boldsymbol{v}^{\mathrm{T}} = \begin{bmatrix} 2 \\ 5 \end{bmatrix} \begin{bmatrix} 2 & 1 & 4 \end{bmatrix} = \begin{bmatrix} 4 & 2 & 8 \\ 10 & 5 & 20 \end{bmatrix}$이다. 이제 행렬 A와 열벡터 $\boldsymbol{x}$의 곱 $A\boldsymbol{x}$를 쉽게 계산하는 방법을 알아보자.

정리 1-3 행렬과 열벡터의 곱

$m \times n$ 행렬 A의 i번째 열벡터를 $\boldsymbol{a}_i$라고 할 때, 행렬 A와 열벡터 $\boldsymbol{x} = \begin{bmatrix} x_1 \\ x_2 \\ \vdots \\ x_n \end{bmatrix}$의 곱은 다음과 같다.

$$\begin{aligned} A\boldsymbol{x} = A \begin{bmatrix} x_1 \\ x_2 \\ \vdots \\ x_n \end{bmatrix} &= \begin{bmatrix} \boldsymbol{a}_1 & \boldsymbol{a}_2 & \cdots & \boldsymbol{a}_n \end{bmatrix} \begin{bmatrix} x_1 \\ x_2 \\ \vdots \\ x_n \end{bmatrix} \\ &= x_1\boldsymbol{a}_1 + x_2\boldsymbol{a}_2 + \cdots + x_n\boldsymbol{a}_n \end{aligned}$$

예를 들어 행렬 $\begin{bmatrix} 1 & 2 \\ 3 & 4 \end{bmatrix}$와 열벡터 $\begin{bmatrix} 5 \\ -1 \end{bmatrix}$의 곱은 다음과 같이 계산할 수 있다.

$$\begin{bmatrix} 1 & 2 \\ 3 & 4 \end{bmatrix} \begin{bmatrix} 5 \\ -1 \end{bmatrix} = 5\begin{bmatrix} 1 \\ 3 \end{bmatrix} + (-1)\begin{bmatrix} 2 \\ 4 \end{bmatrix} = \begin{bmatrix} 5 \\ 15 \end{bmatrix} + \begin{bmatrix} -2 \\ -4 \end{bmatrix} = \begin{bmatrix} 3 \\ 11 \end{bmatrix}$$

4 'u tensor v'라고 읽는다.

1.4 행렬과 연립선형방정식의 관계

행렬과 연립선형방정식의 구조는 본질적으로 같다. 예를 들어 다음과 같이 주어진 연립선형방정식을 행렬로 표현할 수 있다.

$$\begin{cases} x_1 - x_2 + x_3 = 2 \\ 2x_1 + 3x_2 - x_3 = 6 \\ -x_1 + 2x_2 + 3x_3 = 3 \end{cases} \Leftrightarrow \begin{bmatrix} 1 & -1 & 1 \\ 2 & 3 & -1 \\ -1 & 2 & 3 \end{bmatrix} \begin{bmatrix} x_1 \\ x_2 \\ x_3 \end{bmatrix} = \begin{bmatrix} 2 \\ 6 \\ 3 \end{bmatrix}$$

이때 $A = \begin{bmatrix} 1 & -1 & 1 \\ 2 & 3 & -1 \\ -1 & 2 & 3 \end{bmatrix}$, $\boldsymbol{x} = \begin{bmatrix} x_1 \\ x_2 \\ x_3 \end{bmatrix}$, $\boldsymbol{b} = \begin{bmatrix} 2 \\ 6 \\ 3 \end{bmatrix}$이라고 하면 다음과 같이 간단히 나타낼 수 있다.

$$A\boldsymbol{x} = \boldsymbol{b}$$

여기서 A는 **계수행렬**(coefficient matrix), $\boldsymbol{b}$는 **상수벡터**(constant vector)라고 한다. 일반적으로 연립선형방정식을 행렬과 벡터의 곱 $A\boldsymbol{x} = \boldsymbol{b}$로 나타낼 수 있다. 이때 $A\boldsymbol{x} = \boldsymbol{b}$를 **행렬방정식**(matrix equation)이라고 한다.

예제 1-7 행렬방정식

다음 연립선형방정식을 행렬방정식으로 나타내고, 계수행렬 A와 상수벡터 $\boldsymbol{b}$를 구하라.

$$\begin{cases} x_1 + x_2 + 3x_3 = 3 \\ 3x_1 - 2x_2 - 4x_3 = 1 \\ x_1 + 2x_2 + 2x_3 = 1 \end{cases}$$

풀이

주어진 연립선형방정식을 행렬방정식으로 나타내면 다음과 같다.

$$\begin{bmatrix} 1 & 1 & 3 \\ 3 & -2 & -4 \\ 1 & 2 & 2 \end{bmatrix} \begin{bmatrix} x_1 \\ x_2 \\ x_3 \end{bmatrix} = \begin{bmatrix} 3 \\ 1 \\ 1 \end{bmatrix}$$

따라서 계수행렬 A와 상수벡터 b는 다음과 같다.

$$A=\begin{bmatrix}1&1&3\\3&-2&-4\\1&2&2\end{bmatrix},\ b=\begin{bmatrix}3\\1\\1\end{bmatrix}$$

이제 연립선형방정식을 더 간단한 형태의 동치인 다른 연립선형방정식으로 변환하는 연산을 알아보자.

정리 1-4 동치인 연립선형방정식으로 변환하는 연산

(1) 두 선형방정식의 위치를 바꾼다.

(2) 한 선형방정식의 양변에 0이 아닌 상수를 곱한다.

(3) 한 선형방정식의 0이 아닌 상수배를 다른 선형방정식에 더한다.

주어진 연립선형방정식에 [정리 1-4]의 연산 (1), (2), (3)을 각각 적용하면 기존의 연립선형방정식과 동치이다. 이와 유사하게 행렬방정식을 좀 더 간단한 형태의 동치인 행렬방정식으로 변환하는 연산도 있다.

정리 1-5 동치인 행렬방정식으로 변환하는 연산

(1) 행렬방정식의 계수행렬과 상수벡터의 두 행을 바꾼다.

(2) 행렬방정식의 계수행렬과 상수벡터의 한 행에 0이 아닌 상수를 곱한다.

(3) 행렬방정식의 계수행렬과 상수벡터의 한 행의 상수배를 다른 행에 더한다.

[정리 1-5]의 연산을 각각 적용하면 계수행렬이 간단한 형태로 축소(reduce)되어 더 간단한 형태의 행렬방정식으로 변환할 수 있으며, 이와 같은 연산을 **행 연산**(row operation)이라고 한다. [정리 1-4]와 [정리 1-5]의 연산 (1), (2), (3)은 각각 서로 대응한다. 예를 들어 다음 연립선형방정식과 행렬방정식에 각 연산을 적용해보자.

$$\begin{cases}x_1-x_2+x_3=2\\2x_1+3x_2-x_3=6\\-x_1+2x_2+3x_3=3\end{cases}\Leftrightarrow\begin{bmatrix}1&-1&1\\2&3&-1\\-1&2&3\end{bmatrix}\begin{bmatrix}x_1\\x_2\\x_3\end{bmatrix}=\begin{bmatrix}2\\6\\3\end{bmatrix}\quad\cdots①$$

(1) ①의 첫 번째 방정식(행)과 두 번째 방정식(행)을 교환한다.

$$\begin{cases} 2x_1+3x_2-\ x_3=6 \\ \ x_1-\ x_2+\ x_3=2 \\ -x_1+2x_2+3x_3=3 \end{cases} \Leftrightarrow \begin{bmatrix} 2 & 3 & -1 \\ 1 & -1 & 1 \\ -1 & 2 & 3 \end{bmatrix} \begin{bmatrix} x_1 \\ x_2 \\ x_3 \end{bmatrix} = \begin{bmatrix} 6 \\ 2 \\ 3 \end{bmatrix}$$

(2) ①의 첫 번째 방정식(행)에 2를 곱한다.

$$\begin{cases} 2x_1-2x_2+2x_3=4 \\ 2x_1+3x_2-\ x_3=6 \\ -x_1+2x_2+3x_3=3 \end{cases} \Leftrightarrow \begin{bmatrix} 2 & -2 & 2 \\ 2 & 3 & -1 \\ -1 & 2 & 3 \end{bmatrix} \begin{bmatrix} x_1 \\ x_2 \\ x_3 \end{bmatrix} = \begin{bmatrix} 4 \\ 6 \\ 3 \end{bmatrix}$$

(3) ①의 첫 번째 방정식(행)에 3을 곱한 후 세 번째 방정식(행)에 더한다.

$$\begin{cases} x_1-\ x_2+\ x_3=2 \\ 2x_1+3x_2-\ x_3=6 \\ 2x_1-\ x_2+6x_3=9 \end{cases} \Leftrightarrow \begin{bmatrix} 1 & -1 & 1 \\ 2 & 3 & -1 \\ 2 & -1 & 6 \end{bmatrix} \begin{bmatrix} x_1 \\ x_2 \\ x_3 \end{bmatrix} = \begin{bmatrix} 2 \\ 6 \\ 9 \end{bmatrix}$$

이때 행렬방정식의 변수벡터는 변하지 않지만 상수벡터는 계수행렬과 함께 변함에 유의한다.

이제 동치인 연립선형방정식(행렬방정식)을 변환하는 연산을 이용하여 주어진 연립선형방정식의 해를 구하는 방법을 알아보자.

예제 1-8 연립선형방정식과 행렬

다음 연립선형방정식의 해를 구하라.

$$\begin{cases} x_1+\ x_2+3x_3+\ x_4=5 \\ 3x_1-2x_2-4x_3-2x_4=-3 \\ x_1+2x_2+2x_3+3x_4=7 \end{cases}$$

풀이

주어진 연립선형방정식의 첫 번째 방정식(행)에 -3을 곱한 후 두 번째 방정식(행)에 더하면 다음과 같다.

$$\begin{cases} x_1+\ x_2+\ 3x_3+\ x_4=5 \\ 0x_1-5x_2-13x_3-5x_4=-18 \\ x_1+2x_2+\ 2x_3+3x_4=7 \end{cases} \Leftrightarrow \begin{bmatrix} 1 & 1 & 3 & 1 \\ 0 & -5 & -13 & -5 \\ 1 & 2 & 2 & 3 \end{bmatrix} \begin{bmatrix} x_1 \\ x_2 \\ x_3 \\ x_4 \end{bmatrix} = \begin{bmatrix} 5 \\ -18 \\ 7 \end{bmatrix} \quad \cdots ①$$

①의 첫 번째 방정식(행)에 -1을 곱한 후 세 번째 방정식(행)에 더하면 다음과 같다.

$$\begin{cases} x_1+\ \ x_2+\ \ 3x_3+\ \ x_4=5 \\ 0x_1-5x_2-13x_3-5x_4=-18 \\ 0x_1+\ \ x_2-\ \ \ x_3+2x_4=2 \end{cases} \Leftrightarrow \begin{bmatrix} 1 & 1 & 3 & 1 \\ 0 & -5 & -13 & -5 \\ 0 & 1 & -1 & 2 \end{bmatrix} \begin{bmatrix} x_1 \\ x_2 \\ x_3 \\ x_4 \end{bmatrix} = \begin{bmatrix} 5 \\ -18 \\ 2 \end{bmatrix} \qquad \cdots ②$$

②의 두 번째 방정식(행)과 세 번째 방정식(행)을 서로 바꾸면 다음과 같다.

$$\begin{cases} x_1+\ \ x_2+\ \ 3x_3+\ \ x_4=5 \\ 0x_1+\ \ x_2-\ \ \ x_3+2x_4=2 \\ 0x_1-5x_2-13x_3-5x_4=-18 \end{cases} \Leftrightarrow \begin{bmatrix} 1 & 1 & 3 & 1 \\ 0 & 1 & -1 & 2 \\ 0 & -5 & -13 & -5 \end{bmatrix} \begin{bmatrix} x_1 \\ x_2 \\ x_3 \\ x_4 \end{bmatrix} = \begin{bmatrix} 5 \\ 2 \\ -18 \end{bmatrix} \qquad \cdots ③$$

③의 두 번째 방정식(행)에 5를 곱한 후 세 번째 방정식(행)에 더하면 다음과 같다.

$$\begin{cases} x_1+x_2+\ \ 3x_3+\ \ x_4=5 \\ \qquad +x_2-\ \ \ x_3+2x_4=2 \\ \qquad\qquad -18x_3+5x_4=-8 \end{cases} \Leftrightarrow \begin{bmatrix} 1 & 1 & 3 & 1 \\ 0 & 1 & -1 & 2 \\ 0 & 0 & -18 & 5 \end{bmatrix} \begin{bmatrix} x_1 \\ x_2 \\ x_3 \\ x_4 \end{bmatrix} = \begin{bmatrix} 5 \\ 2 \\ -8 \end{bmatrix} \qquad \cdots ④$$

④를 만족하는 해는 무수히 많다. 왜냐하면 x_4 값을 임의의 실수 t라고 할 때, ④의 세 번째 방정식(행)으로부터 $x_3=\frac{1}{18}(8+5t)$를 얻을 수 있기 때문이다. 그러면 x_2는 다음과 같다.

$$\begin{aligned} x_2=x_3-2x_4+2 &= \frac{1}{18}(8+5t)-2t+2 \\ &= \frac{1}{18}(8+5t-36t+36) \\ &= \frac{1}{18}(-31t+44) \end{aligned}$$

따라서 x_1은 다음과 같다.

$$\begin{aligned} x_1=-x_2-3x_3-x_4+5 &= -\frac{1}{18}(-31t+44)-3\frac{1}{18}(8+5t)-t+5 \\ &= \frac{1}{18}(31t-44-24-15t-18t+90) \\ &= \frac{1}{18}(-2t+22) \end{aligned}$$

특히 $t=2$일 때 $x_1=1,\ x_2=-1,\ x_3=1,\ x_4=2$이다.

행렬에서 각 행의 맨 왼쪽에 위치한 0이 아닌 성분을 피벗(pivot) 또는 추축성분(pivot entry)이라고 한다. 이제 피벗 개념을 이용하여 연립선형방정식의 해를 구할 때 중요하게 사용되는 행 사다리꼴 행렬을 정의한다.

정의 1-10 **행 사다리꼴**

다음 세 조건을 만족하는 행렬을 **행 사다리꼴**(row echelon form) 또는 **r.e.f.**라고 한다.

(1) 모든 성분이 0인 행은 가장 아래에 있다.

(2) 각 행의 피벗은 위에 있는 피벗보다 오른쪽에 있다.

(3) 피벗은 모두 1이고 피벗 아래에 있는 모든 성분은 0이다.

예를 들어 다음 행렬은 모두 행 사다리꼴이다.

$$\begin{bmatrix} 1 & 7 & 3 \\ 0 & 1 & -1 \\ 0 & 0 & 1 \end{bmatrix}, \quad \begin{bmatrix} 1 & 5 & 7 \\ 0 & 0 & 1 \\ 0 & 0 & 0 \end{bmatrix}, \quad \begin{bmatrix} 1 & 3 & 6 & 2 \\ 0 & 0 & 1 & 3 \\ 0 & 0 & 0 & 0 \end{bmatrix}$$

그리고 다음 행렬은 모두 행 사다리꼴이 아니다.

$$\begin{bmatrix} 3 & 0 & 0 \\ 0 & 1 & 2 \\ 0 & 0 & 1 \end{bmatrix}, \quad \begin{bmatrix} 0 & 0 & 0 \\ 1 & 0 & 1 \end{bmatrix}, \quad \begin{bmatrix} 0 & 1 \\ 2 & 0 \end{bmatrix}$$

다른 책에서는 피벗이 1이 아니더라도 행 사다리꼴이라고 하는 경우가 있다(단, 피벗이 0일 수는 없다). 그러나 이 책에서는 피벗을 1로 한정한다. 행 사다리꼴은 유일하지 않지만, 행 사다리꼴의 특수한 경우인 기약 행 사다리꼴은 유일하다.

정의 1-11 **기약 행 사다리꼴**

행 사다리꼴 중에서 피벗 위에 있는 성분이 모두 0인 행렬을 **기약 행 사다리꼴**(reduced row echelon form) 또는 **r.r.e.f.**라고 한다.

예를 들어 다음 행렬은 모두 기약 행 사다리꼴이다.

$$\begin{bmatrix} 1 & 0 & 0 \\ 0 & 1 & 0 \\ 0 & 0 & 1 \end{bmatrix}, \quad \begin{bmatrix} 1 & 0 & 0 & 1 \\ 0 & 1 & 0 & 2 \\ 0 & 0 & 1 & 100 \end{bmatrix}, \quad \begin{bmatrix} 1 & 10 & 0 & 0 \\ 0 & 0 & 0 & 1 \\ 0 & 0 & 0 & 0 \end{bmatrix}, \quad \begin{bmatrix} 1 & -1 & 0 & 1 \\ 0 & 0 & 1 & 1 \\ 0 & 0 & 0 & 0 \end{bmatrix}$$

예제 1-9 **행 사다리꼴과 기약 행 사다리꼴**

다음 행렬이 행 사다리꼴인지 기약 행 사다리꼴인지 설명하라.

(a) $A = \begin{bmatrix} 1 & 1 & 0 \\ 0 & 4 & 1 \\ 0 & 0 & 1 \end{bmatrix}$ (b) $B = \begin{bmatrix} 1 & 0 & 0 & 0 \\ 0 & 1 & 0 & 7 \\ 0 & 0 & 1 & 2 \end{bmatrix}$ (c) $C = \begin{bmatrix} 1 & 0 & 0 & 4 \\ 0 & 1 & 1 & 0 \\ 0 & 0 & 0 & 0 \end{bmatrix}$ (d) $D = \begin{bmatrix} 1 & 0 & 0 & 1 \\ 0 & 0 & 1 & 0 \\ 0 & 0 & 0 & 1 \end{bmatrix}$

풀이

(a) 2행의 피벗이 1이 아닌 4이므로 행 사다리꼴도 기약 행 사다리꼴도 아니다.

(b) 기약 행 사다리꼴이다.

(c) 기약 행 사다리꼴이다.

(d) 행 사다리꼴이지만 기약 행 사다리꼴이 아니다. 왜냐하면 맨 밑에 있는 행의 피벗 위쪽에 0이 아닌 수인 1(1행 4열 성분)이 있기 때문이다.

기약 행 사다리꼴을 알아야 하는 이유는 무엇일까? 계수행렬의 형태가 기약 행 사다리꼴이면 연립선형방정식의 해집합을 쉽게 구할 수 있다. 기약 행 사다리꼴을 만드는 과정을 가우스-조르당 소거법(Gauss-Jordan elimination method)이라고 한다. 가우스-조르당 소거법은 계산 속도를 줄일 수 있다는 장점이 있으며 2장에서 자세히 살펴본다.

정의 1-12 **행벡터와 열벡터**

행 또는 열이 하나뿐인 행렬을 **벡터**(vector)라고 한다. 특히 행이 하나인 벡터를 **행벡터**(row vector)라 하고, 열이 하나인 벡터를 **열벡터**(column vector)라고 한다.

예를 들어 $A = [0 \ 1 \ 1 \ 2 \ 3 \ 5]$는 행벡터이며 피보나치 수열의 일부이다. 그리고 $B = \begin{bmatrix} 2 \\ 3 \\ 5 \\ 7 \end{bmatrix}$은 열벡터이며 10 이하의 소수로 이루어져 있다.

앞서 소개한 것처럼 수를 일반화하면 벡터이고, 벡터를 일반화하면 행렬이며, 행렬을 일반화하면 텐서이다. 특히 행렬을 일반화한 텐서를 3차원 텐서라 하고 수, 벡터, 행렬, 텐서를 모두 종합하여 n차원 텐서(단, $n \geq 0$)라고 한다.

CHAPTER 01 연습문제

1.1 행렬에 대한 다음 물음에 답하라.

(a) $a_{ij} = (i+j-1)^{-1} (1 \le i,\, j \le 3)$를 성분으로 갖는 행렬인 행렬인 **힐베르트 행렬**(Hilbert matrix)[5] $A = (a_{ij})$를 구하라.

(b) 다음 행렬 A와 B가 서로 동일할 때 $x+y+z$를 구하라.

$$A = \begin{bmatrix} -1 & x \\ z & 7 \end{bmatrix},\quad B = \begin{bmatrix} y^2+2y & 3 \\ y & 7 \end{bmatrix}$$

1.2 주어진 행렬 A, B에 대하여 $A+B$, $-2A$, $3A-B$를 구하라.

$$A = \begin{bmatrix} 4 & 5 \\ 2 & 3 \\ 1 & 9 \end{bmatrix},\quad B = \begin{bmatrix} 1 & 0 \\ 0 & 1 \\ 3 & 4 \end{bmatrix}$$

1.3 다음 물음에 답하라.

(a) 주어진 행렬 A, B, C에 대하여 곱 AB, BC를 구하라.

$$A = \begin{bmatrix} 1 & 3 \\ 2 & -2 \end{bmatrix},\quad B = \begin{bmatrix} 0 & 3 & -1 \\ 1 & 2 & 0 \end{bmatrix},\quad C = \begin{bmatrix} 6 \\ 2 \\ -3 \end{bmatrix}$$

(b) 주어진 행렬 A, B에 대하여 곱 AB와 BA를 구하라.

$$A = \begin{bmatrix} 3 & -1 \\ -2 & 7 \end{bmatrix},\quad B = \begin{bmatrix} -1 & 3 \\ 5 & 2 \end{bmatrix}$$

1.4 임의의 n차 정방행렬 A와 $n \times n$ 단위행렬 I_n에 대하여 다음이 성립함을 보여라.

(a) $A^2 - I_n = (A+I_n)(A-I_n)$

(b) $A^3 + I_n = (A+I_n)(A^2 - A + I_n)$

5 힐베르트 행렬은 독일 수학자 다비트 힐베르트(David Hilbert)가 소개한 행렬이다. 힐베르트 행렬은 대칭행렬의 예이며, 성분이 단위분수인 정사각행렬이다.

1.5 [정리 1-1]을 증명하라.

1.6 행렬을 이용하여 다음 연립선형방정식의 해를 구하라.

(a) $\begin{cases} 10x_1 + 6x_2 = 2 \\ 9x_1 + 4x_2 = -6 \end{cases}$

(b) $\begin{cases} 2x_1 + 4x_2 - 2x_3 = -2 \\ 2x_1 - 2x_2 = 6 \\ -4x_1 + 2x_3 = -10 \end{cases}$

1.7 행렬을 이용하여 다음 연립선형방정식의 해를 구하라.

(a) $\begin{cases} \frac{3}{2}x_1 - \frac{7}{2}x_2 = \frac{5}{2} \\ 3x_1 - 7x_2 = 5 \end{cases}$

(b) $\begin{cases} 2x_1 + 4x_2 + 6x_3 = 2 \\ -4x_1 - 8x_2 - 12x_3 = -6 \\ 10x_1 - 4x_2 + 14x_3 = 18 \end{cases}$

1.8 기약 행 사다리꼴 행렬을 이용하여 다음 연립선형방정식의 해를 구하라.

(a) $\begin{cases} x_1 + 3x_2 + 2x_3 = 4 \\ -2x_1 + 3x_2 + 6x_3 = -11 \\ 3x_1 + x_2 + x_3 = 0 \end{cases}$

(b) $\begin{cases} x_1 + 2x_2 - x_3 + 4x_4 = 18 \\ 3x_1 + x_2 + 2x_4 = 13 \\ 2x_2 + x_3 + 3x_4 = 19 \\ 2x_1 + 4x_3 - x_4 = 10 \end{cases}$

1.9 사자와 학이 합쳐서 총 7마리이고 두 동물의 다리 수의 합이 24개라고 할 때, 이와 관련한 연립선형방정식을 구성하여 사자와 학이 각각 몇 마리인지 구하라.

1.10 다음 행렬의 곱을 계산하라.

(a) $\begin{bmatrix} -4 & 1 \\ 1 & -4 \end{bmatrix} \begin{bmatrix} 1 & 0 & 2 \\ -1 & 4 & 5 \end{bmatrix}$

(b) $\begin{bmatrix} 1 \\ 2 \\ 3 \end{bmatrix} [2 \ \ 4 \ \ 6]$

1.11 다음 명제의 참, 거짓을 판단하라.

(a) 2×2 행렬 A, B와 영행렬 O에 대해 $AB = BA = O$일 때, 행렬 A 또는 B는 영행렬이다.

(b) $n\times n$ 행렬 A에 대해 $A^2 = A$를 만족하는 행렬 A는 단위행렬뿐이다.

CHAPTER 01 프로그래밍 실습

1.1 주어진 행렬 A, B, C, D에 대하여 다음을 구하라.

$$A=\begin{bmatrix}1&2\\3&4\end{bmatrix},\quad B=\begin{bmatrix}-2&4\\1&3\end{bmatrix},\quad C=\begin{bmatrix}2&-5\\3&-2\end{bmatrix},\quad D=\begin{bmatrix}5&-1&3\\-4&3&-6\\-3&1&2\end{bmatrix}$$

(a) $A[2, 2]+B[1, 1]$[6]

(b) $(A^{\mathrm{T}})^{\mathrm{T}}$

(c) B^{T}

(d) $A^{\mathrm{T}}+B^{\mathrm{T}}$

(e) $(A+B)^{\mathrm{T}}$

(f) $3I_2-C$

(g) $D-5I_3$

(h) $(3I_3)D$

파이썬 코드

```
import numpy as np

A = np.array([[1,2],[3,4]])
B = np.array([[-2,4],[1,3]])
C = np.array([[2,-5],[3,-2]])
D = np.array([[5,-1,3],[-4,3,-6],[-3,1,2]])

# (a) A[2, 2]+B[1, 1]
print("문제 (a) = ", A[1,1]+B[0,0])
print("\n")

# (b) (A^T)^T
# A.T : 행렬 A의 전치행렬
print("문제 (b) = \n", (A.T).T )
print("\n")

# (c) B^T
print("문제 (c) = \n", B.T )
print("\n")

# (d) A^T+B^T
print("문제 (d) = \n", (A.T)+(B.T) )
print("\n")

# (e) (A+B)^T
print("문제 (e) = \n", (A+B).T )
print("\n")
```

6 $A[2, 2]$는 행렬 A의 성분 a_{22}를 의미하고 $B[1, 1]$은 행렬 B의 성분 b_{11}을 의미한다.

```
# (f) 3I₂-C
# np.eye(n) : n×n 크기의 단위행렬
print("문제 (f) = \n", (3*np.eye(2))-C )
print("\n")

# (g) D-5I₃
print("문제 (g) = \n", D-(5*np.eye(3))  )
print("\n")

# (h) (3I₃)D
print("문제 (h) = \n", np.dot(3*np.eye(3),D) )
```

실행 결과

```
문제 (a) =  2

문제 (b) =
 [[1 2]
 [3 4]]

문제 (c) =
 [[-2  1]
 [ 4  3]]

문제 (d) =
 [[-1  4]
 [ 6  7]]

문제 (e) =
 [[-1  4]
 [ 6  7]]

문제 (f) =
 [[ 1.  5.]
 [-3.  5.]]

문제 (g) =
 [[ 0. -1.  3.]
 [-4. -2. -6.]
 [-3.  1. -3.]]

문제 (h) =
 [[ 15.  -3.   9.]
 [-12.   9. -18.]
 [ -9.   3.   6.]]
```

CHAPTER 02

가우스-조르당 소거법과 여러 가지 행렬

• Contents

연립선형방정식을 알고리즘 방식으로 푸는 방법이 바로 가우스-조르당 소거법이다. 가우스-조르당 소거법을 이용하면 변수와 식이 아무리 많더라도 펜과 종이만 있다면 직접 해집합을 구할 수 있다. 특히 가우스-조르당 소거법은 역행렬을 구하는 데도 사용된다. 역행렬을 구하기 위해서는 행렬의 합과 곱 등의 연산을 기본적으로 잘 알아두어야 한다. 이 장에서 행렬에 대한 기본 지식을 탄탄히 쌓아야 나중에 살펴볼 좀 더 복잡한 개념을 이해할 수 있다.

학습목표

1. 가우스-조르당 소거법을 이용하여 연립선형방정식의 해를 구한다.
2. 역행렬과 다양한 행렬에 대해 학습한다.
3. 가우스-조르당 소거법과 여러 가지 행렬에 관한 파이썬 코드를 학습한다.

2.1 가우스-조르당 소거법

연립선형방정식을 쉽게 푸는 방법은 없을까? 변수가 2개인 일차방정식 2개[1]를 묶은 연립방정식을 푸는 방법은 이미 중학교 수학에서 살펴보았다. 연립방정식을 푸는 가장 핵심적인 방법은 변수 x, y 중 하나를 소거하여 간단해진 식을 이용해 해를 구하는 **소거법**(elimination method)이다. 놀랍게도 변수가 3개 이상인 경우에도 이 방법이 가장 효율적이다. 변수가 2개 이상인 연립선형방정식에 대한 소거법을 가우스-조르당 소거법이라고 한다.

정의 2-1 가우스-조르당 소거법

가우스-조르당 소거법(Gauss-Jordan elimination method)은 주어진 연립선형방정식을 행렬방정식으로 표현하고 행렬방정식의 계수행렬을 기약 행 사다리꼴로 변환하여 간단히 해를 구하는 방법이다.

예를 들어 행렬방정식의 계수행렬을 기약 행 사다리꼴로 변환하여 최대한 간단한 형태로 만들면 보통 다음과 같은 형태로 변형되어 해를 쉽게 구할 수 있다.

$$\begin{bmatrix} 1 & 0 & 0 \\ 0 & 1 & 0 \\ 0 & 0 & 1 \end{bmatrix}\begin{bmatrix} x_1 \\ x_2 \\ x_3 \end{bmatrix} = \begin{bmatrix} 3 \\ -2 \\ 4 \end{bmatrix} \quad \Rightarrow \quad x_1 = 3,\ x_2 = -2,\ x_3 = 4$$

행렬방정식 $A\boldsymbol{x} = \boldsymbol{b}$에 행 연산을 적용하여 좌변의 계수행렬 A를 단위행렬 I 또는 기약 행 사다리꼴 행렬로 만들면 행렬방정식의 해를 구할 수 있다.

예제 2-1 가우스-조르당 소거법

가우스-조르당 소거법을 이용하여 다음 행렬방정식의 해를 구하라.

$$\begin{bmatrix} 1 & 3 & 2 \\ 2 & 2 & 0 \\ -3 & 1 & 1 \end{bmatrix}\begin{bmatrix} x_1 \\ x_2 \\ x_3 \end{bmatrix} = \begin{bmatrix} 2 \\ 0 \\ -2 \end{bmatrix}$$

1 예를 들어 $ax+by=e$와 $cx+dy=f$는 두 변수 x, y를 갖는 일차방정식이다(단, a, b, c, d, e, f는 상수).

풀이

주어진 행렬방정식을 계수행렬과 상수벡터로만 나타내면 다음과 같다. 이러한 형태의 행렬을 **첨가행렬**(augmented matrix)이라고 한다.

$$\left[\begin{array}{ccc|c} 1 & 3 & 2 & 2 \\ 2 & 2 & 0 & 0 \\ -3 & 1 & 1 & -2 \end{array}\right]$$

위 첨가행렬에 행 연산을 적용하여 계수행렬을 기약 행 사다리꼴로 변환하면 다음과 같다.

$$\left[\begin{array}{ccc|c} 1 & 3 & 2 & 2 \\ 2 & 2 & 0 & 0 \\ -3 & 1 & 1 & -2 \end{array}\right] \underset{(1\text{행})*3+(3\text{행})}{\overset{(1\text{행})*(-2)+(2\text{행})}{\Longrightarrow}} \left[\begin{array}{ccc|c} 1 & 3 & 2 & 2 \\ 0 & -4 & -4 & -4 \\ 0 & 10 & 7 & 4 \end{array}\right]$$

$$\overset{(2\text{행})*\left(-\frac{1}{4}\right)}{\Longrightarrow} \left[\begin{array}{ccc|c} 1 & 3 & 2 & 2 \\ 0 & 1 & 1 & 1 \\ 0 & 10 & 7 & 4 \end{array}\right]$$

$$\overset{(2\text{행})*(-10)+(3\text{행})}{\Longrightarrow} \left[\begin{array}{ccc|c} 1 & 3 & 2 & 2 \\ 0 & 1 & 1 & 1 \\ 0 & 0 & -3 & -6 \end{array}\right]$$

$$\overset{(3\text{행})*\left(-\frac{1}{3}\right)}{\Longrightarrow} \left[\begin{array}{ccc|c} 1 & 3 & 2 & 2 \\ 0 & 1 & 1 & 1 \\ 0 & 0 & 1 & 2 \end{array}\right] \quad \text{(행 사다리꼴)}$$

$$\underset{(3\text{행})*(-1)+(2\text{행})}{\overset{(3\text{행})*(-2)+(1\text{행})}{\Longrightarrow}} \left[\begin{array}{ccc|c} 1 & 3 & 0 & -2 \\ 0 & 1 & 0 & -1 \\ 0 & 0 & 1 & 2 \end{array}\right]$$

$$\overset{(2\text{행})*(-3)+(1\text{행})}{\Longrightarrow} \left[\begin{array}{ccc|c} 1 & 0 & 0 & 1 \\ 0 & 1 & 0 & -1 \\ 0 & 0 & 1 & 2 \end{array}\right] \quad \text{(기약 행 사다리꼴)}$$

따라서 주어진 행렬방정식의 해는 $x_1 = 1$, $x_2 = -1$, $x_3 = 2$이다. 파이썬 코드를 통해 첨가행렬을 기약 행 사다리꼴로 변환해보자.

파이썬 코드

```
import numpy as np
from sympy import *

# 행렬 A의 첨가행렬을 기약 행 사다리꼴로 변환
# np.hstack(A, b) : 행렬 A에 벡터 b를 붙여 첨가행렬 만들기
# Matrix() : 행렬을 의미
A = np.array([[1,3,2],[2,2,0],[-3,1,1]])
b = np.array([[2,0,-2]])
```

```
augmented_A = Matrix(np.hstack((A,b.T)))
print("행렬 A의 첨가행렬 = \n", np.array(augmented_A))
print("\n")
print("행렬 A의 첨가행렬의 기약 행 사다리꼴 = \n", np.array(augmented_A.rref()[0]))
```

실행 결과

```
행렬 A의 첨가행렬 =
 [[1 3 2 2]
 [2 2 0 0]
 [-3 1 1 -2]]

행렬 A의 첨가행렬의 기약 행 사다리꼴 =
 [[1 0 0 1]
 [0 1 0 -1]
 [0 0 1 2]]
```

예제 2-2 가우스-조르당 소거법

가우스-조르당 소거법을 이용하여 다음 연립선형방정식의 해를 구하라.

$$\begin{cases} 3x_1 + 6x_2 + 3x_3 = 6 \\ 2x_1 + x_2 + 4x_3 = -1 \\ -x_1 + 3x_2 + 5x_3 = -3 \end{cases}$$

풀이

주어진 연립선형방정식을 행렬방정식으로 나타내고, 행렬방정식을 첨가행렬로 나타내면 다음과 같다.

$$\begin{cases} 3x_1 + 6x_2 + 3x_3 = 6 \\ 2x_1 + x_2 + 4x_3 = -1 \\ -x_1 + 3x_2 + 5x_3 = -3 \end{cases} \Rightarrow \begin{bmatrix} 3 & 6 & 3 \\ 2 & 1 & 4 \\ -1 & 3 & 5 \end{bmatrix}\begin{bmatrix} x_1 \\ x_2 \\ x_3 \end{bmatrix} = \begin{bmatrix} 6 \\ -1 \\ -3 \end{bmatrix} \Rightarrow \left[\begin{array}{ccc|c} 3 & 6 & 3 & 6 \\ 2 & 1 & 4 & -1 \\ -1 & 3 & 5 & -3 \end{array}\right]$$

위 행렬에 행 연산을 적용하여 계수행렬을 기약 행 사다리꼴로 변환하면 다음과 같다.

$$\left[\begin{array}{ccc|c} 3 & 6 & 3 & 6 \\ 2 & 1 & 4 & -1 \\ -1 & 3 & 5 & -3 \end{array}\right] \xRightarrow{(1\text{행}) * \frac{1}{3}} \left[\begin{array}{ccc|c} 1 & 2 & 1 & 2 \\ 2 & 1 & 4 & -1 \\ -1 & 3 & 5 & -3 \end{array}\right]$$

$$\xRightarrow[(1\text{행})+(3\text{행})]{(1\text{행}) * (-2)+(2\text{행})} \left[\begin{array}{ccc|c} 1 & 2 & 1 & 2 \\ 0 & -3 & 2 & -5 \\ 0 & 5 & 6 & -1 \end{array}\right]$$

$$\xRightarrow{(2\text{행}) * \left(-\frac{1}{3}\right)} \left[\begin{array}{ccc|c} 1 & 2 & 1 & 2 \\ 0 & 1 & -\frac{2}{3} & \frac{5}{3} \\ 0 & 5 & 6 & -1 \end{array}\right]$$

$$\overset{(2행)*(-5)+(3행)}{\Rightarrow} \left[\begin{array}{ccc|c} 1 & 2 & 1 & 2 \\ 0 & 1 & -\frac{2}{3} & \frac{5}{3} \\ 0 & 0 & \frac{28}{3} & -\frac{28}{3} \end{array}\right]$$

$$\overset{(3행)*\frac{3}{28}}{\Rightarrow} \left[\begin{array}{ccc|c} 1 & 2 & 1 & 2 \\ 0 & 1 & -\frac{2}{3} & \frac{5}{3} \\ 0 & 0 & 1 & -1 \end{array}\right] \quad \textbf{(행 사다리꼴)}$$

$$\overset{(3행)*(-1)+(1행)}{\Rightarrow}_{(3행)*\frac{2}{3}+(2행)} \left[\begin{array}{ccc|c} 1 & 2 & 0 & 3 \\ 0 & 1 & 0 & 1 \\ 0 & 0 & 1 & -1 \end{array}\right]$$

$$\overset{(2행)*(-2)+(1행)}{\Rightarrow} \left[\begin{array}{ccc|c} 1 & 0 & 0 & 1 \\ 0 & 1 & 0 & 1 \\ 0 & 0 & 1 & -1 \end{array}\right] \quad \textbf{(기약 행 사다리꼴)}$$

따라서 주어진 행렬방정식의 해는 $x_1 = 1$, $x_2 = 1$, $x_3 = -1$이다. 파이썬 코드를 통해 첨가행렬을 기약 행 사다리꼴로 변환해보자.

파이썬 코드

```
import numpy as np
from sympy import *

# 행렬 A의 첨가행렬을 기약 행 사다리꼴로 변환
A = np.array([[3,6,3],[2,1,4],[-1,3,5]])
b = np.array([[6,-1,-3]])
augmented_A = Matrix(np.hstack((A,b.T)))
print("행렬 A의 첨가행렬 = \n", np.array(augmented_A))
print("\n")
print("행렬 A의 첨가행렬의 기약 행 사다리꼴 = \n", np.array(augmented_A.rref()[0]))
```

실행 결과

```
행렬 A의 첨가행렬 =
 [[3 6 3 6]
 [2 1 4 -1]
 [-1 3 5 -3]]

행렬 A의 첨가행렬의 기약 행 사다리꼴 =
 [[1 0 0 1]
 [0 1 0 1]
 [0 0 1 -1]]
```

2.2 역행렬

주어진 정방행렬에 행 연산을 적용하면 그 행렬의 역행렬을 효과적으로 구할 수 있다. 이 절에서는 역행렬의 정의와 성질을 살펴보고 역행렬을 구하는 방법을 알아본다.

정의 2-2 역행렬

n차 정방행렬 A와 $n \times n$ 단위행렬 I_n에 대해

$$AB = BA = I_n$$

을 만족하는 행렬 B가 존재한다면, 행렬 B를 행렬 A의 **역행렬**(inverse matrix)이라 하고 A^{-1}로 표기한다.

행렬 A의 역행렬 A^{-1}는 실수 a의 역원 a^{-1}와 같은 역할을 한다.

정리 2-1 역행렬의 성질

n차 정방행렬 A와 $n \times n$ 단위행렬 I_n에 대해 $AB = I_n$이라는 조건만 있으면 자동으로 $BA = I_n$도 성립한다.

행렬 A의 역행렬이 존재하면 행렬방정식 $A\boldsymbol{x} = \boldsymbol{b}$의 해는 $\boldsymbol{x} = A^{-1}\boldsymbol{b}$로 쉽게 구할 수 있다. 행렬방정식의 해를 구할 때 가우스-조르당 소거법과 역행렬을 이용한 풀이법 중 무엇이 더 빠를까? 정답은 가우스-조르당 소거법이다. 일반적으로 역행렬 A^{-1}를 구하려면 많은 시간이 걸린다.

정리 2-2 역행렬의 유일성

n차 정방행렬 A의 역행렬이 존재한다면 A의 역행렬은 하나뿐이다.

정의 2-3 **가역행렬과 비가역행렬**

정방행렬 A의 역행렬이 존재하면 A를 **가역행렬**(invertible matrix)이라 하고, 정방행렬 A의 역행렬이 존재하지 않으면 A를 **비가역행렬**(noninvertible matrix)이라고 한다.

정리 2-3 **2차 정방행렬의 역행렬**

2차 정방행렬 $A=\begin{bmatrix} a & b \\ c & d \end{bmatrix}$에 대하여 $ad-bc\neq 0$이면 A의 역행렬은 다음과 같다.

$$A^{-1}=\frac{1}{ad-bc}\begin{bmatrix} d & -b \\ -c & a \end{bmatrix}$$

예제 2-3 **역행렬 계산**

2차 정방행렬 $A=\begin{bmatrix} 2 & 3 \\ 5 & 7 \end{bmatrix}$의 역행렬을 구하라.

풀이

$$A^{-1}=\frac{1}{14-15}\begin{bmatrix} 7 & -3 \\ -5 & 2 \end{bmatrix}=\begin{bmatrix} -7 & 3 \\ 5 & -2 \end{bmatrix}$$

파이썬 코드

```
import numpy as np

# 행렬 A의 역행렬 계산
# np.linalg.matrix_power(A, n) : 행렬 A의 n제곱
# np.linalg.matrix_power(A, -1) : 행렬 A의 역행렬
A = np.array([[2,3],[5,7]])
A_inv = np.linalg.matrix_power(A, -1)
print("Inverse matrix of A = \n", A_inv)
```

실행 결과

```
Inverse matrix of A =
 [[-7.  3.]
 [ 5. -2.]]
```

1장에서 학습한 행 연산을 이용하면 주어진 행렬의 역행렬을 쉽게 구할 수 있다. 특히 2차 이상인 정방행렬의 역행렬을 구할 때 행 연산을 이용한다. 다음 [예제 2-4]를 통해 확인해보자.

예제 2-4 행 연산을 이용한 역행렬 계산

행 연산을 이용하여 3차 정방행렬 $A=\begin{bmatrix} 1 & 3 & 2 \\ 2 & 2 & 0 \\ -3 & 1 & 1 \end{bmatrix}$의 역행렬을 구하라.

풀이

3차 정방행렬의 역행렬을 구할 때는 먼저 $[A \mid I]$ 형태로 나타내고, 행렬 A를 기약 행 사다리꼴로 만드는 행 연산을 적용하면 오른쪽 행렬 I가 행렬 A의 역행렬이 된다. 그 이유는 $AB=I$를 만족하는 역행렬 B의 열들이 $[A \mid I]$를 기약 행 사다리꼴로 만들 때 오른쪽에 나타나기 때문이다. 즉 다음과 같이 구할 수 있다.

$$[A \mid I]=\left[\begin{array}{ccc|ccc} 1 & 3 & 2 & 1 & 0 & 0 \\ 2 & 2 & 0 & 0 & 1 & 0 \\ -3 & 1 & 1 & 0 & 0 & 1 \end{array}\right] \underset{(1\text{행})*3+(3\text{행})}{\overset{(1\text{행})*(-2)+(2\text{행})}{\Longrightarrow}} \left[\begin{array}{ccc|ccc} 1 & 3 & 2 & 1 & 0 & 0 \\ 0 & -4 & -4 & -2 & 1 & 0 \\ 0 & 10 & 7 & 3 & 0 & 1 \end{array}\right]$$

$$\overset{(2\text{행})*\left(-\frac{1}{4}\right)}{\Longrightarrow} \left[\begin{array}{ccc|ccc} 1 & 3 & 2 & 1 & 0 & 0 \\ 0 & 1 & 1 & \frac{1}{2} & -\frac{1}{4} & 0 \\ 0 & 10 & 7 & 3 & 0 & 1 \end{array}\right]$$

$$\overset{(2\text{행})*(-10)+(3\text{행})}{\Longrightarrow} \left[\begin{array}{ccc|ccc} 1 & 3 & 2 & 1 & 0 & 0 \\ 0 & 1 & 1 & \frac{1}{2} & -\frac{1}{4} & 0 \\ 0 & 0 & -3 & -2 & \frac{5}{2} & 1 \end{array}\right]$$

$$\overset{(3\text{행})*\left(-\frac{1}{3}\right)}{\Longrightarrow} \left[\begin{array}{ccc|ccc} 1 & 3 & 2 & 1 & 0 & 0 \\ 0 & 1 & 1 & \frac{1}{2} & -\frac{1}{4} & 0 \\ 0 & 0 & 1 & \frac{2}{3} & -\frac{5}{6} & -\frac{1}{3} \end{array}\right]$$

$$\underset{(3\text{행})*(-1)+(2\text{행})}{\overset{(3\text{행})*(-2)+(1\text{행})}{\Longrightarrow}} \left[\begin{array}{ccc|ccc} 1 & 3 & 0 & -\frac{1}{3} & \frac{5}{3} & \frac{2}{3} \\ 0 & 1 & 0 & -\frac{1}{6} & \frac{7}{12} & \frac{1}{3} \\ 0 & 0 & 1 & \frac{2}{3} & -\frac{5}{6} & -\frac{1}{3} \end{array}\right]$$

$$\overset{(2\text{행})*(-3)+(1\text{행})}{\Longrightarrow} \left[\begin{array}{ccc|ccc} 1 & 0 & 0 & \frac{1}{6} & -\frac{1}{12} & -\frac{1}{3} \\ 0 & 1 & 0 & -\frac{1}{6} & \frac{7}{12} & \frac{1}{3} \\ 0 & 0 & 1 & \frac{2}{3} & -\frac{5}{6} & -\frac{1}{3} \end{array}\right]$$

따라서 행렬 A의 역행렬은 다음과 같다.

$$A^{-1}=\begin{bmatrix} \frac{1}{6} & -\frac{1}{12} & -\frac{1}{3} \\ -\frac{1}{6} & \frac{7}{12} & \frac{1}{3} \\ \frac{2}{3} & -\frac{5}{6} & -\frac{1}{3} \end{bmatrix}$$

파이썬 코드

```
import numpy as np

# 행렬 A의 역행렬 계산
# np.linalg.inv(A) : 행렬 A의 역행렬
A = np.array([[1,3,2],[2,2,0],[-3,1,1]])
A_inv =  np.linalg.inv(A)
print("Inverse matrix of A = \n", A_inv)
```
[2]

실행 결과

```
Inverse matrix of A =
 [[ 0.16666667 -0.08333333 -0.33333333]
 [-0.16666667  0.58333333  0.33333333]
 [ 0.66666667 -0.83333333 -0.33333333]]
```

정리 2-4 역행렬의 성질

n차 정방행렬 A, B가 가역행렬일 때, 0이 아닌 스칼라 c에 대해 다음이 성립한다.

(1) $(A^{-1})^{-1}=A$

(2) $(AB)^{-1}=B^{-1}A^{-1}$

(3) $(A^{-1})^k=(A^k)^{-1}$ (단, k는 0 이상인 정수)

(4) $(cA)^{-1}=\frac{1}{c}A^{-1}$

증명

여기서는 (1), (2)에 대해서만 증명한다.

(1) $AA^{-1}=I$이므로 A^{-1}의 기준에서는 A가 A^{-1}의 역행렬이다. 즉 $(A^{-1})^{-1}=A$이다.

(2) $(AB)(B^{-1}A^{-1})=A(BB^{-1})A^{-1}=AIA^{-1}=AA^{-1}=I$이므로 $(AB)^{-1}=B^{-1}A^{-1}$가 성립한다. ■

2 Fractions(a, b)를 이용해 역행렬의 성분을 분수 a/b 꼴로 표현할 수 있으나 print 명령어를 사용할 때만 나오므로, 실행 결과인 행렬을 분수 꼴로 나타내는 과정은 여기서 생략한다.

참고로 $(AB)^{-1} = B^{-1}A^{-1}$를 양말-신발 성질(socks-shoes property)이라고 한다. AB의 오른쪽부터 읽으면 행렬 B는 '양말을 신는 것', 행렬 A는 '신발을 신는 것'으로 보고, 역(inverse) $^{-1}$는 '벗는 것'으로 본다. 즉 양말을 신고 신발을 신은 후 벗는 것은 신발을 벗고 양말을 벗는 것과 같다는 의미이다.

예제 2-5 역행렬의 성질

두 n차 정방행렬 A, P에 대하여 P^{-1}가 존재할 때, $(PAP^{-1})^k$ (단, k는 자연수)을 PA^kP^{-1}로 간단히 나타낼 수 있음을 보여라.

풀이

다음과 같이 $(PAP^{-1})^k$을 전개한 후 $P^{-1}P = I$라는 역행렬의 성질을 이용하면 간단히 나타낼 수 있다.

$$\begin{aligned}(PAP^{-1})^k &= (PAP^{-1})(PAP^{-1})\cdots(PAP^{-1}) \\ &= PAP^{-1}PAP^{-1}\cdots PAP^{-1} \\ &= PA^kP^{-1}\end{aligned}$$

역행렬을 이용하면 연립선형방정식 혹은 행렬방정식의 해를 쉽게 구할 수 있다. 다음 예제를 통해 계산해 보자.

예제 2-6 행렬방정식의 풀이

[예제 2-1]에서 살펴본 다음 행렬방정식의 해를 역행렬을 이용하여 구하라.

$$\begin{bmatrix} 1 & 3 & 2 \\ 2 & 2 & 0 \\ -3 & 1 & 1 \end{bmatrix}\begin{bmatrix} x_1 \\ x_2 \\ x_3 \end{bmatrix} = \begin{bmatrix} 2 \\ 0 \\ -2 \end{bmatrix}$$

풀이

위 행렬방정식을 $A\boldsymbol{x} = \boldsymbol{b}$ 형태로 볼 경우 A, $\boldsymbol{x}$, $\boldsymbol{b}$는 각각 다음과 같다.

$$A = \begin{bmatrix} 1 & 3 & 2 \\ 2 & 2 & 0 \\ -3 & 1 & 1 \end{bmatrix}, \ \boldsymbol{x} = \begin{bmatrix} x_1 \\ x_2 \\ x_3 \end{bmatrix} \ \boldsymbol{b} = \begin{bmatrix} 2 \\ 0 \\ -2 \end{bmatrix}$$

행렬 A가 가역행렬이면 $\boldsymbol{x}=A^{-1}\boldsymbol{b}$이므로 해를 구할 수 있다. [예제 2-4]에서 행렬 A의 역행렬을 다음과 같이 구했다.

$$A^{-1}=\begin{bmatrix} \frac{1}{6} & -\frac{1}{12} & -\frac{1}{3} \\ -\frac{1}{6} & \frac{7}{12} & \frac{1}{3} \\ \frac{2}{3} & -\frac{5}{6} & -\frac{1}{3} \end{bmatrix}$$

이 역행렬을 이용하여 해 $\boldsymbol{x}$를 구하면 다음과 같다.

$$\boldsymbol{x}=A^{-1}\boldsymbol{b}=\begin{bmatrix} \frac{1}{6} & -\frac{1}{12} & -\frac{1}{3} \\ -\frac{1}{6} & \frac{7}{12} & \frac{1}{3} \\ \frac{2}{3} & -\frac{5}{6} & -\frac{1}{3} \end{bmatrix}\begin{bmatrix} 2 \\ 0 \\ -2 \end{bmatrix}=\begin{bmatrix} 1 \\ -1 \\ 2 \end{bmatrix}$$

[예제 2-1]에서 이 행렬방정식의 해가 $x_1=1,\ x_2=-1,\ x_3=2$임을 이미 확인하였다. 따라서 두 방법 모두 행렬방정식의 해를 구할 때 이용할 수 있다.

2.3 여러 가지 행렬

이 절에서는 1장에서 살펴본 대각행렬과 전치행렬, 대칭행렬, 삼각행렬 등의 여러 특수한 행렬의 개념과 성질을 자세히 살펴본다.

전치행렬과 대칭행렬

정의 2-4 전치행렬

행렬 $A=(a_{ij})$의 모든 행을 대응하는 열과 바꾼 행렬 $A^{\mathrm{T}}=(a_{ji})$를 행렬 A의 **전치행렬**(transposed matrix)이라고 한다.

예를 들어 행렬 $A=\begin{bmatrix}-1 & 9 & 2\\ 3 & 5 & 7\end{bmatrix}$의 전치행렬은 $A^{\mathrm{T}}=\begin{bmatrix}-1 & 3\\ 9 & 5\\ 2 & 7\end{bmatrix}$이다. 이제 전치행렬의 성질을 알아보자.

정리 2-5 전치행렬의 성질

행렬 A, B와 스칼라 c에 대해 다음이 성립한다.

(1) $(A^{\mathrm{T}})^{\mathrm{T}}=A$

(2) $(A+B)^{\mathrm{T}}=A^{\mathrm{T}}+B^{\mathrm{T}}$

(3) $(AB)^{\mathrm{T}}=B^{\mathrm{T}}A^{\mathrm{T}}$

(4) $(cA)^{\mathrm{T}}=cA^{\mathrm{T}}$

(5) 가역행렬 A에 대해 $(A^{\mathrm{T}})^{-1}=(A^{-1})^{\mathrm{T}}$이다.

예제 2-7 **전치행렬**

다음 두 행렬의 전치행렬을 구하라.

$$A=\begin{bmatrix}-1 & 3\\ 3 & 7\end{bmatrix},\quad B=\begin{bmatrix}1 & 3 & 5\\ 7 & 2 & 9\\ 10 & 11 & 3\end{bmatrix}$$

풀이

$A^{\mathrm{T}}=\begin{bmatrix}-1 & 3\\ 3 & 7\end{bmatrix}=A$이고, $B^{\mathrm{T}}=\begin{bmatrix}1 & 7 & 10\\ 3 & 2 & 11\\ 5 & 9 & 3\end{bmatrix}$이다.

파이썬 코드

```
import numpy as np

# 행렬 A의 전치행렬 구하기
# A.T : 행렬 A의 전치행렬
A = np.array([[-1,3],[3,7]])
A_T =  A.T
print("Transposed matrix of A = \n", A_T)
print("\n")

# 행렬 B의 전치행렬 구하기
B = np.array([[1,3,5],[7,2,9],[10,11,3]])
B_T =  B.T
print("Transposed matrix of B = \n", B_T)
print("\n")
```

실행 결과

```
Transposed matrix of A =
 [[-1  3]
 [ 3  7]]

Transposed matrix of B =
 [[ 1  7 10]
 [ 3  2 11]
 [ 5  9  3]]
```

정의 2-5 **대칭행렬과 반대칭행렬**

(1) $A=A^{\mathrm{T}}$인 정방행렬 A를 **대칭행렬**(symmetric matrix)이라고 한다.

(2) $A=-A^{\mathrm{T}}$인 정방행렬 A를 **반대칭행렬**(skew-symmetric matrix)이라고 한다.

대칭행렬은 어떤 특징을 가질까? 대칭행렬은 주대각선을 기준으로 거울처럼 대칭이다. 예를 들어 행렬 $A=\begin{bmatrix}2&7&4\\7&9&1\\4&1&7\end{bmatrix}$의 전치행렬은 $A^T=\begin{bmatrix}2&7&4\\7&9&1\\4&1&7\end{bmatrix}$이므로 행렬 A는 대칭행렬이다. 그렇다면 반대칭행렬은 어떤 특징을 가질까? 반대칭행렬의 주대각 성분은 모두 0이다. 예를 들어 행렬 $A=\begin{bmatrix}0&-2&1\\2&0&4\\-1&-4&0\end{bmatrix}$의 전치행렬은 $A^T=\begin{bmatrix}0&2&-1\\-2&0&-4\\1&4&0\end{bmatrix}$이므로 $-A^T=\begin{bmatrix}0&-2&1\\2&0&4\\-1&-4&0\end{bmatrix}$이다. 따라서 행렬 A는 반대칭행렬이다.

예제 2-8 **대칭행렬과 반대칭행렬**

다음 행렬이 각각 어떤 행렬인지 설명하라.

(a) $A=\begin{bmatrix}1&2&1\\2&3&4\\1&4&5\end{bmatrix}$ (b) $B=\begin{bmatrix}1&0&0\\0&3&0\\0&0&5\end{bmatrix}$ (c) $C=\begin{bmatrix}0&1&3\\-1&0&5\\-3&-5&0\end{bmatrix}$

풀이

(a) $A^T=\begin{bmatrix}1&2&1\\2&3&4\\1&4&5\end{bmatrix}$이므로 $A^T=A$이다. 따라서 행렬 A는 대칭행렬이다.

(b) $B^T=\begin{bmatrix}1&0&0\\0&3&0\\0&0&5\end{bmatrix}$이므로 $B^T=B$이다. 따라서 행렬 B는 대칭행렬이다. 또한 행렬 B의 주대각 성분을 제외한 모든 성분이 0이므로 대각행렬이기도 하다.

(c) $C^T=-C$를 만족하므로 C는 반대칭행렬이다.

정리 2-6 **정방행렬의 표현 방법**

정방행렬 A에 대해 다음이 성립한다.

(1) $A+A^T$는 대칭행렬이고, $A-A^T$는 반대칭행렬이다.

(2) 정방행렬 A는 다음과 같이 대칭행렬과 반대칭행렬의 합으로 표현할 수 있다.

$$A=\frac{1}{2}(A+A^T)+\frac{1}{2}(A-A^T)$$

대각행렬과 삼각행렬

정의 2-6 **대각행렬**

정방행렬 $A=(a_{ij})$에서 $i \neq j$인 모든 i, j에 대하여 $a_{ij}=0$이면, 행렬 A를 **대각행렬**(diagonal matrix)이라 하고 간단히 $A=(a_{ii})$ 또는 D로 표기한다.

대각행렬의 주대각 성분 a_{ii}는 0일 수도 있다. 따라서 영행렬도 대각행렬이다. 또한 단위행렬은 모든 주대각 성분이 1인 대각행렬이다. 이제 대각행렬의 곱에 대한 몇 가지 성질을 알아보자.

정리 2-7 **대각행렬의 성질**

n차 대각행렬 D_1, D_2와 n차 정방행렬 A에 대해 다음이 성립한다.

(1) $D_1=(a_{ii})$, $D_2=(b_{ii})$일 때 $D_1D_2=(a_{ii}b_{ii})$이다. 즉 크기가 같은 두 대각행렬의 곱은 대각행렬이다.

(2) $AD_1=D_1A$이다. 즉 대각행렬은 행렬의 곱에 대한 교환법칙을 만족한다.

예제 2-9 **대각행렬**

다음 세 행렬이 각각 대각행렬인지 아닌지 확인하라.

$$A=\begin{bmatrix}1&1&0\\1&1&0\\0&0&1\end{bmatrix},\ B=\begin{bmatrix}1&0&0\\0&4&0\\0&0&7\end{bmatrix},\ C=\begin{bmatrix}1&2&3\\0&4&6\\0&0&7\end{bmatrix}$$

풀이

대각행렬은 주대각 성분을 제외한 모든 성분이 0이어야 하므로 B만 대각행렬이다. 참고로 A는 대칭행렬이며, C는 이후에 살펴볼 상삼각행렬이다.

정의 2-7 **대각합**

n차 정방행렬 $A=(a_{ij})$의 주대각 성분의 합을 A의 **대각합**(trace)이라 하고 $tr(A)$로 표기한다.

예를 들어 행렬 $A=\begin{bmatrix}1&2&3\\4&5&6\\7&8&9\end{bmatrix}$의 대각합은 $tr(A)=1+5+9=15$이다. 이제 대각합의 성질을 알아보자.

정리 2-8 대각합의 성질

n차 정방행렬 A, B, C와 $n\times m$ 행렬 D, $m\times n$ 행렬 E, 그리고 스칼라 c에 대해 다음이 성립한다.

(1) $tr(A+B)=tr(A)+tr(B)$

(2) $tr(cA)=c\cdot tr(A)$

(3) $tr(ABC)=tr(CAB)=tr(BCA)$

(4) $tr(DE)=tr(ED)$

예제 2-10 대각합

다음 두 행렬에 대하여 대각합 $tr(AB)$와 $tr(BA)$를 각각 구하고, 두 결과가 서로 같음을 보여라.

$$A=\begin{bmatrix}1&2&0\\3&2&1\\2&-1&1\end{bmatrix},\ B=\begin{bmatrix}1&-2&3\\1&4&2\\-1&0&7\end{bmatrix}$$

풀이

행렬 곱 AB와 BA를 각각 구하면 다음과 같다.

$$AB=\begin{bmatrix}1&2&0\\3&2&1\\2&-1&1\end{bmatrix}\begin{bmatrix}1&-2&3\\1&4&2\\-1&0&7\end{bmatrix}=\begin{bmatrix}3&6&7\\4&2&20\\0&-8&11\end{bmatrix}$$

$$BA=\begin{bmatrix}1&-2&3\\1&4&2\\-1&0&7\end{bmatrix}\begin{bmatrix}1&2&0\\3&2&1\\2&-1&1\end{bmatrix}=\begin{bmatrix}1&-5&1\\17&8&6\\13&-9&7\end{bmatrix}$$

비록 $AB\neq BA$이지만, $tr(AB)=3+2+11=16$이고 $tr(BA)=1+8+7=16$이므로 $tr(AB)=tr(BA)$가 성립한다.

파이썬 코드

```
import numpy as np

A = np.array([[1,2,0],[3,2,1],[2,-1,1]])
B = np.array([[1,-2,3],[1,4,2],[-1,0,7]])
```

```
# 행렬 AB의 계산과 행렬 AB의 대각합 계산
# np.trace(A) : 행렬 A의 대각합
AB = np.matmul(A,B)
tr_AB = np.trace(AB)
print("AB = \n", AB)
print("\n")
print("Trace of AB = ", tr_AB)
print("\n")

# 행렬 BA의 계산과 행렬 BA의 대각합 계산
BA = np.matmul(B, A)
tr_BA = np.trace(BA)
print("BA = \n", BA)
print("\n")
print("Trace of BA = ", tr_BA)
print("\n")

print("행렬 AB와 행렬 BA는 같은가?" , np.array_equal(AB, BA))
print("tr(AB)와 tr(BA)는 같은가?" , tr_AB == tr_BA)
```

실행 결과

```
AB =
 [[ 3  6  7]
 [ 4  2 20]
 [ 0 -8 11]]

Trace of AB = 16

BA =
 [[ 1 -5  1]
 [17  8  6]
 [13 -9  7]]

Trace of BA = 16

행렬 AB와 행렬 BA는 같은가? False
tr(AB)와 tr(BA)는 같은가? True
```

정의 2-8 상삼각행렬과 하삼각행렬

(1) $i > j$일 때 모든 성분이 $u_{ij} = 0$인 정방행렬 $U = (u_{ij})$를 **상삼각행렬**(upper triangular matrix)이라고 한다.

(2) $i < j$일 때 모든 성분이 $l_{ij} = 0$인 정방행렬 $L = (l_{ij})$를 **하삼각행렬**(lower triangular matrix)이라고 한다.

다시 말해 상삼각행렬은 주대각선의 아래에 있는 성분이 모두 0인 행렬이고, 하삼각행렬은 주대각선의 위에 있는 성분이 모두 0인 행렬이다. 삼각행렬과 하삼각행렬을 합쳐서 삼각행렬(triangular matrix)이라고 한다.

예를 들어 두 행렬 $U=\begin{bmatrix}1&3&2\\0&5&6\\0&0&9\end{bmatrix}$와 $U'=\begin{bmatrix}0&1&2\\0&0&1\\0&0&0\end{bmatrix}$은 모두 상삼각행렬이다. 이때 주대각 성분이 모두 0인 상삼각행렬 U'을 순상삼각행렬(strictly upper triangular matrix)이라고 한다. 또한 행렬 $L=\begin{bmatrix}1&0&0\\2&1&0\\3&1&1\end{bmatrix}$은 하삼각행렬이고, 주대각 성분이 모두 0인 하삼각행렬을 순하삼각행렬(strictly lower triangular matrix)이라고 한다.

정리 2-9　삼각행렬의 성질

(1) 두 상삼각행렬의 곱은 상삼각행렬이다.

(2) 두 하삼각행렬의 곱은 하삼각행렬이다.

CHAPTER 02 연습문제

2.1 다음 행렬 A, B, C, D가 대칭행렬, 반대칭행렬, 대각행렬, 삼각행렬 중 어떤 행렬에 해당하는지 답하라.

$$A = \begin{bmatrix} 1 & 5 & 6 \\ 0 & 0 & 7 \\ 0 & 0 & -4 \end{bmatrix}, \quad B = \begin{bmatrix} 1 & 4 & 6 \\ 4 & 0 & 7 \\ 6 & 7 & -1 \end{bmatrix}, \quad C = \begin{bmatrix} 5 & 0 & 0 \\ 0 & 0 & 0 \\ 0 & 0 & -9 \end{bmatrix}, \quad D = \begin{bmatrix} 0 & 4 & 6 \\ -4 & 0 & 9 \\ -6 & -9 & 0 \end{bmatrix}$$

2.2 A, B가 정방행렬이라고 할 때, $tr(A+B) = tr(A^{\mathrm{T}} + B^{\mathrm{T}})$임을 보여라.

2.3 다음 행렬 A가 대칭행렬일 때 실수 x, y 값을 구하라.

$$A = \begin{bmatrix} 1 & x & x^2 \\ y^2 & 5 & -1 \\ y & -1 & 10 \end{bmatrix}$$

2.4 행렬 A, B가 다음과 같을 때, B가 A의 역행렬임을 보여라.

$$A = \begin{bmatrix} 8 & -2 & 0 \\ 2 & 0 & -2 \\ 2 & 0 & 2 \end{bmatrix}, \quad B = \frac{1}{4}\begin{bmatrix} 0 & 1 & 1 \\ -2 & 4 & 4 \\ 0 & -1 & 1 \end{bmatrix}$$

2.5 다음 행렬의 역행렬을 구하라.

(a) $A = \begin{bmatrix} 5 & -2 \\ -2 & 4 \end{bmatrix}$

(b) $B = \begin{bmatrix} 2 & 5 \\ 9 & 6 \end{bmatrix}$

2.6 [정리 2-2]를 증명하라.

2.7 가우스-조르당 소거법을 이용하여 n차 정방행렬 A의 역행렬은 유일함을 증명하라.

2.8 n차 정방행렬 $A=(a_{ij})$에 대하여, A의 행렬식(determinant) $\det A$를 다음과 같이 귀납적으로 정의한다. 여기서 A_{ij}는 행렬 A의 i행과 j열을 지워서 얻는 $n-1$차 정방행렬이다.

$$\sum_{j=1}^{n} a_{ij}(-1)^{i+j}\det A_{ij} \quad (\text{단, } i=1, \cdots, n)$$

위 식은 i행을 기준으로 전개한 행렬식이다. 마찬가지로 j열을 기준으로 전개하면 다음과 같다.

$$\sum_{i=1}^{n} a_{ij}(-1)^{i+j}\det A_{ij} \quad (\text{단, } j=1, \cdots, n)$$

위의 두 식은 임의의 i, j에 대해 값이 같으며, 이 값을 $\det A$라고 한다(단, 1×1 행렬 $A=[a]$의 행렬식은 a이다). 다음 물음에 답하라.

(a) 행렬식의 정의를 이용해 2×2 행렬 $A=(a_{ij})$의 행렬식이 $a_{11}a_{22}-a_{12}a_{21}$임을 보여라.

(b) 행렬식의 정의를 이용해 3×3 행렬 $A=(a_{ij})$의 행렬식의 공식을 구하라. 그리고 이 공식을 이용해 행렬 $A=\begin{bmatrix} 1 & -3 & 5 \\ -5 & 6 & 0 \\ 3 & 0 & -1 \end{bmatrix}$의 행렬식을 1행과 1열을 기준으로 구하라.

2.9 3×3 행렬 $A=\begin{bmatrix} 1 & 2 & 1 \\ 1 & 1 & 1 \\ 2 & 4 & 3 \end{bmatrix}$의 역행렬을 구하라.

2.10 역행렬을 이용하여 다음 행렬방정식의 해 $\boldsymbol{X}$를 구하라.

(a) $\begin{bmatrix} 1 & 2 \\ 3 & 4 \end{bmatrix}\boldsymbol{X}=\begin{bmatrix} 10 & 7 \\ 7 & 5 \end{bmatrix}$

(b) $\begin{bmatrix} 3 & 2 \\ 1 & 1 \end{bmatrix}\boldsymbol{X}=\begin{bmatrix} 6 & 0 \\ 3 & 3 \end{bmatrix}$

(c) $\begin{bmatrix} 4 & 2 & 1 \\ 2 & 1 & 3 \\ 1 & 3 & 6 \end{bmatrix}\boldsymbol{X}=\begin{bmatrix} 3 & 3 \\ 5 & 9 \\ 7 & 18 \end{bmatrix}$

2.11 가우스-조르당 소거법을 이용하여 다음 연립선형방정식의 해를 구하라.

(a) $\begin{cases} 5x_1+3x_2=7 \\ 6x_1+2x_2=-4 \end{cases}$

(b) $\begin{cases} 3x_1+6x_2-3x_3=-3 \\ x_1-x_2=3 \\ -2x_1+x_3=-5 \end{cases}$

2.12 역행렬을 이용하여 다음 연립선형방정식의 해를 구하라.

(a) $\begin{cases} x_1+3x_2+2x_3=4 \\ -2x_1+3x_2+6x_3=-11 \\ 3x_1+x_2+x_3=0 \end{cases}$

(b) $\begin{cases} x_1+2x_2-x_3+4x_4=18 \\ 3x_1+x_2+2x_4=13 \\ 2x_2+x_3+3x_4=19 \\ 2x_1+4x_3-x_4=10 \end{cases}$

2.13 행렬 $A=\begin{bmatrix} 2 & 3 & -1 \\ 1 & 8 & 1 \end{bmatrix}$과 $B=\begin{bmatrix} 2 & 3 \\ -3 & 1 \\ 1 & -1 \end{bmatrix}$에 대해 다음을 구하라.

(a) $tr(AB)$

(b) $tr(BA)$

2.14 n차 정방행렬 A, B에 대하여 $tr(B^{-1}AB)=tr(A)$임을 보여라.

2.15 [정리 2-8]의 (4)를 증명하라.

2.16 [정리 2-9]를 증명하라.

CHAPTER 02 프로그래밍 실습

2.1 가우스-조르당 소거법을 코드로 구현하여 다음 방정식의 해를 구하라.

(a) $\begin{bmatrix} 1 & 2 & -1 \\ 2 & 3 & -1 \\ 3 & -2 & 3 \end{bmatrix} \begin{bmatrix} x_1 \\ x_2 \\ x_3 \end{bmatrix} = \begin{bmatrix} 6 \\ 8 \\ -4 \end{bmatrix}$

(b) $\begin{cases} x_1 + x_2 + 2x_3 = 9 \\ 2x_1 + 6x_2 + 4x_3 = 26 \\ 3x_1 + x_2 + 3x_3 = 14 \end{cases}$

파이썬 코드

```
import numpy as np

# 가우스-조르당 소거법을 수행하는 함수
# range(n) : 0부터 n까지 나열, min(i,j) : 숫자 i와 j 중 작은 값
# abs(i) : i의 절댓값
# np.zeros(n) : 0으로 이루어진 n차 정방행렬
def Gauss_Jordan_method(A):
    (n,m) = A.shape
    A = A.astype(np.float32)

    for i in range(0, min(n,m)):
    # i번째 열에서 절댓값이 최대인 성분의 행 선택
        maxEl = abs(A[i,i])
        maxRow_num = i
        for k in range(i+1, n):
            if abs(A[k,i]) > maxEl:
                maxEl = abs(A[k,i])
                maxRow_num = k

        # 현재 i번째 행과 최댓값을 갖는 행을 교환
        for k in range(i, m):
            tmp = A[maxRow_num,k]
            A[maxRow_num,k] = A[i,k]
            A[i,k] = tmp

        # 추축성분을 1로 만들기
        piv = A[i,i]
        for k in range(i, m):
            A[i,k] = A[i,k]/piv

        # 현재 i번째 열의 i번째 행을 제외한 모두 성분을 0으로 만들기
        for k in range(0, n):
            if k != i:
                c = A[k,i]/A[i,i]
                for j in range(i, m):
                    if i == j:
                        A[k,j] = 0
                    else:
                        A[k,j] = A[k,j] - c * A[i,j]
```

```
        # 중간 과정 출력
        print(str(i+1)+"번째 반복 ")
        print(A)

    # Ax=b의 해 반환
    sol_x = np.zeros(m-1)
    for i in range(0,m-1):
        sol_x[i] = A[i,m-1]
    return sol_x

# 문제 (a)의 방정식의 해
# np.round(i) : 실수 i를 반올림
print("문제 (a)\n")
A = np.array([[1,2,-1],[2,3,-1],[3,-2,3]])
b = np.array([[6,8,-4]])
augmented_A = np.hstack((A,b.T))
sol = np.round(Gauss_Jordan_method(augmented_A)).astype(np.int64)

print("x_1 = ", sol[0])
print("x_2 = ", sol[1])
print("x_3 = ", sol[2])
print("\n")

# 문제 (b)의 방정식의 해
print("문제 (b)\n")
A = np.array([[1,1,2],[2,6,4],[3,1,3]])
b = np.array([[9,26,14]])
augmented_A = np.hstack((A,b.T))
sol = np.round(Gauss_Jordan_method(augmented_A)).astype(np.int64)

print("x_1 = ", sol[0])
print("x_2 = ", sol[1])
print("x_3 = ", sol[2])
print("\n")
```

실행 결과

```
문제 (a)

1번째 반복
[[ 1.         -0.6666667  1.         -1.3333334]
 [ 0.          4.3333335 -3.         10.666667 ]
 [ 0.          2.6666667 -2.          7.3333335]]
2번째 반복
[[ 1.          0.          0.53846157  0.3076924 ]
 [ 0.          1.         -0.69230765  2.4615386 ]
 [ 0.          0.         -0.15384626  0.76923037]]
3번째 반복
[[ 1.          0.          0.          2.9999967 ]
 [ 0.          1.          0.         -0.99999547]
 [ 0.          0.          1.         -4.999994  ]]
```

```
x_1 =  3
x_2 =  -1
x_3 =  -5

문제 (b)

1번째 반복
[[ 1.          0.33333334  1.          4.6666665 ]
 [ 0.          5.3333335   2.         16.666668  ]
 [ 0.          0.6666666   1.          4.3333335 ]]
2번째 반복
[[1.        0.        0.875     3.6249998]
 [0.        1.        0.375     3.1250002]
 [0.        0.        0.75      2.2500002]]
3번째 반복
[[1.        0.        0.        0.9999995]
 [0.        1.        0.        2.       ]
 [0.        0.        1.        3.0000002]]
x_1 =  1
x_2 =  2
x_3 =  3
```

2.2 다음 행렬 A, B, C의 역행렬을 각각 구하라.

$$A=\begin{bmatrix}1&0&0&1\\0&1&2&0\\0&2&1&0\\1&0&0&5\end{bmatrix},\quad B=\begin{bmatrix}2&3\\3&4\end{bmatrix},\quad C=\begin{bmatrix}9&-4&6\\5&-3&6\\-3&1&-2\end{bmatrix}$$

(a) A^{-1} (b) B^{-1} (c) C^{-1}

파이썬 코드

```
import numpy as np

# 문제 (a)
A = np.array([[1,0,0,1],[0,1,2,0],[0,2,1,0],[1,0,0,5]])
A_inv = np.linalg.matrix_power(A, -1)
print("(a) Inverse matrix of A = \n", A_inv)
print("\n")

# 문제 (b)
B = np.array([[2,3],[3,4]])
B_inv = np.linalg.matrix_power(B, -1)
```

```python
print("(b) Inverse matrix of B = \n", B_inv)
print("\n")

# 문제 (c)
C = np.array([[9,-4,6],[5,-3,6],[-3,1,-2]])
C_inv = np.linalg.matrix_power(C, -1)
print("(c) Inverse matrix of C = \n", C_inv)
```

실행 결과

```
(a) Inverse matrix of A =
 [[ 1.25        0.          0.         -0.25      ]
 [ 0.         -0.33333333  0.66666667  0.        ]
 [ 0.          0.66666667 -0.33333333  0.        ]
 [-0.25        0.          0.          0.25      ]]

(b) Inverse matrix of B =
 [[-4.  3.]
 [ 3. -2.]]

(c) Inverse matrix of C =
 [[ 0.    -0.25  -0.75 ]
 [-1.    -0.    -3.   ]
 [-0.5    0.375 -0.875]]
```

CHAPTER 03

벡터공간과 내적

• Contents

행렬과 벡터는 밀접한 관련이 있다. 왜냐하면 행렬의 각 행 또는 열을 벡터로 볼 수 있기 때문이다. 어떤 집합의 벡터들이 합과 스칼라곱 연산에 대해 닫혀있을 경우 벡터공간이라고 한다. 유클리드 공간이 잘 알려진 벡터공간 중 하나이다. 이 장에서는 벡터공간에서 중요한 개념인 내적에 대해 알아본다. 내적을 이용하면 거리를 정의할 수 있고, 이 거리의 개념이 데이터 사이의 유사도를 판별하는 데 유용하게 쓰인다. 마지막으로 다변수함수를 편미분하여 얻는 그래디언트, 자코비안 행렬, 헤시안 행렬을 살펴본다.

학습목표

1. 벡터의 정의와 기하학적 의미를 이해한다.
2. 벡터공간의 정의를 이해하고 다양한 벡터공간의 예를 살펴본다.
3. 벡터의 내적과 사영을 이해한다.
4. 다변수함수를 편미분하여 얻는 벡터들을 이해한다.
5. 벡터에 관한 파이썬 코드를 학습한다.

3.1 벡터와 벡터공간

벡터는 선형대수학에서 행렬만큼 중요한 주제이다. n차원 벡터는 보통 $\boldsymbol{a}=(a_1, a_2, \cdots, a_n)$과 같은 형태로 표현된다. 우리에게 친숙한 실수는 1차원 벡터, 평면 위의 좌표는 2차원 벡터, 그리고 공간 위의 좌표는 3차원 벡터로 생각할 수 있다. 3차원 공간에 시간까지 함께 표현하여 3차원 위치를 나타내고 싶다면 4차원 벡터가 필요할 것이다. 데이터 분석에서 사용하는 데이터 혹은 표본은 보통 3차원 이상의 성분으로 이루어져 있다. 이때 각 성분을 **특성**(feature)이라고도 한다. 데이터 분석은 여러 개의 벡터들을 하나의 공통 알고리즘으로 이해하는 과정이라고 이야기할 수 있다.

벡터로 이루어진 집합 V가 벡터의 합과 스칼라곱에 대해 닫혀있을 때 집합 V를 **벡터공간**(vector space)이라고 한다. 그리고 두 벡터공간 V와 W를 연결하는 함수를 **선형변환**(linear transformation)이라고 한다. 선형변환에 대해서는 4장에서 자세히 소개하겠지만, 선형변환이 행렬로 표현된다는 것은 굉장히 중요한 사실이다. 또한 행렬은 단순히 격자로 이루어진 배열이 아닌 함수로도 볼 수 있다. 왜냐하면 $m\times n$ 행렬 A에 n차원 (열)벡터 $\boldsymbol{x}$를 곱하는 $A\boldsymbol{x}$는 m차원 벡터가 되므로 행렬 A를 선형변환으로 볼 수 있기 때문이다. 따라서 유한차원의 벡터공간으로 제한하면 행렬과 선형변환은 본질적으로 같은 개념이다.

벡터의 연산

벡터에서 성립하는 다양한 연산에 대해 알아보자.

정의 3-1 벡터의 합과 차

두 벡터 $\boldsymbol{x}=(x_1, \cdots, x_n)$, $\boldsymbol{y}=(y_1, \cdots, y_n)$에 대해 벡터의 합과 차를 다음과 같이 정의한다.

(1) **합** : $\boldsymbol{x}+\boldsymbol{y}=(x_1+y_1, \cdots, x_n+y_n)$

(2) **차** : $\boldsymbol{x}-\boldsymbol{y}=(x_1-y_1, \cdots, x_n-y_n)$

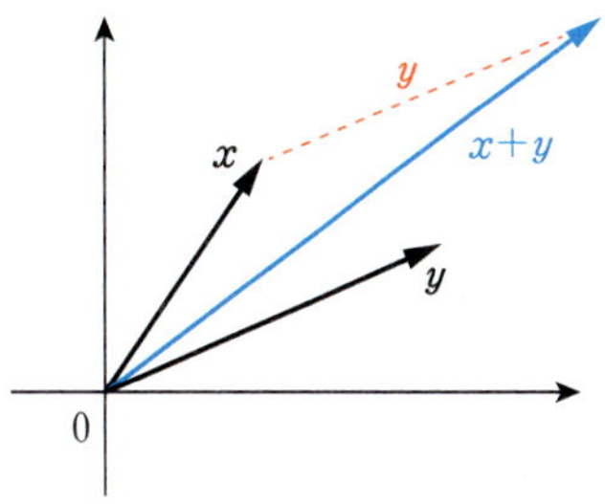

(a) 벡터의 합 $x+y$

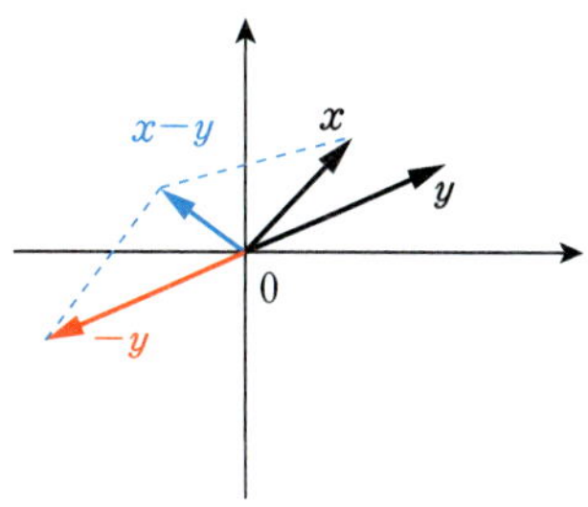

(b) 벡터의 차 $x-y$

[그림 3-1] 벡터의 합과 차

정의 3-2 **벡터의 스칼라곱**

벡터 $\boldsymbol{x}=(x_1, \cdots, x_n)$과 스칼라 α에 대해 벡터의 **스칼라곱**을 다음과 같이 정의한다.

$$\alpha\boldsymbol{x}=(\alpha x_1, \cdots, \alpha x_n)$$

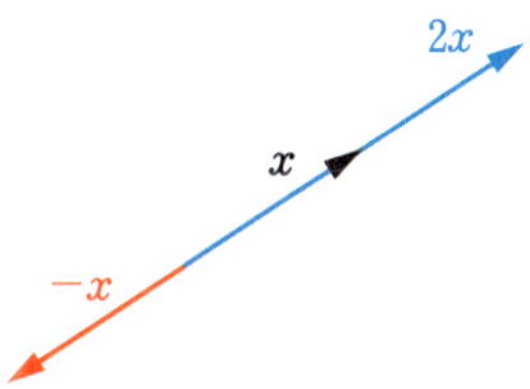

[그림 3-2] 벡터 x의 스칼라곱

두 벡터 $\boldsymbol{x}$와 $\boldsymbol{y}$의 차는 $\boldsymbol{x}-\boldsymbol{y}=\boldsymbol{x}+(-1)\boldsymbol{y}$로 표현할 수 있으므로 벡터의 합과 스칼라곱만 있으면 정의된다.

예제 3-1 **벡터의 연산**

두 벡터 $\boldsymbol{x}=(1, 3, -6)$, $\boldsymbol{y}=(2, -1, 3)$에 대하여 $\boldsymbol{x}+\boldsymbol{y}$, $\boldsymbol{x}-\boldsymbol{y}$, $3\boldsymbol{x}$, $5\boldsymbol{y}$를 구하라.

풀이

두 벡터 $\boldsymbol{x}$, $\boldsymbol{y}$의 합과 차는 다음과 같이 각 성분끼리의 합과 차를 구해 얻는다.

$$\begin{aligned}\boldsymbol{x}+\boldsymbol{y} &= (1+2, 3-1, -6+3)=(3, 2, -3)\\ \boldsymbol{x}-\boldsymbol{y} &= (1-2, 3-(-1), -6-3)=(-1, 4, -9)\end{aligned}$$

벡터의 스칼라곱은 각 성분에 스칼라를 곱해 얻으므로 다음과 같다.

$$\begin{aligned}3\boldsymbol{x} &= (3\times 1, 3\times 3, 3\times(-6))=(3, 9, -18)\\ 5\boldsymbol{y} &= (5\times 2, 5\times(-1), 5\times 3)=(10, -5, 15)\end{aligned}$$

벡터공간과 벡터

이제 벡터공간과 벡터의 정의를 이해하고 다양한 벡터공간의 예를 살펴보자.

정의 3-3 **벡터공간과 벡터**

V가 공집합이 아닐 때 $\boldsymbol{x}$, $\boldsymbol{y}$, $\boldsymbol{z}$가 V에 속한 벡터이고 α, β가 스칼라[1]라고 하자. 이때 다음이 성립하면 집합 V를 **벡터공간**(vector space)이라 하고, V의 각 원소를 **벡터**(vector)라고 한다.

(1) $\boldsymbol{x}, \boldsymbol{y} \in V$이면 $\boldsymbol{x}+\boldsymbol{y} \in V$이다.

(2) $\boldsymbol{x}+(\boldsymbol{y}+\boldsymbol{z})=(\boldsymbol{x}+\boldsymbol{y})+\boldsymbol{z}$

(3) $\boldsymbol{x}+\boldsymbol{y}=\boldsymbol{y}+\boldsymbol{x}$

(4) $\boldsymbol{x}+\mathbf{0}=\boldsymbol{x}$를 만족하는 영벡터 $\mathbf{0} \in V$가 유일하게 존재한다.

(5) V의 임의의 벡터 $\boldsymbol{x}$에 대해 $\boldsymbol{x}+(-\boldsymbol{x})=\mathbf{0}$를 만족하는 $-\boldsymbol{x} \in V$가 존재한다.

(6) $\alpha\boldsymbol{x} \in V$

(7) $\alpha(\boldsymbol{x}+\boldsymbol{y})=\alpha\boldsymbol{x}+\alpha\boldsymbol{y}$

(8) $(\alpha+\beta)\boldsymbol{x}=\alpha\boldsymbol{x}+\beta\boldsymbol{x}$

(9) $\alpha(\beta\boldsymbol{x})=(\alpha\beta)\boldsymbol{x}$

(10) $1\boldsymbol{x}=\boldsymbol{x}$

특히 [정의 3-3]의 조건 (1), (2), (4), (5)를 만족하는 집합을 군(group)이라고 한다. 더불어 조건 (3)까지 만족하면 가환군(abelian group)이라고 한다.

이제 벡터공간의 몇 가지 예를 살펴보자.

❶ n차원 실수 벡터들로 이루어진 집합 $\mathbb{R}^n$은 벡터공간이다.

❷ $\mathbb{R}^n$의 부분집합으로서 그 자체가 벡터공간을 이루는 집합을 $\mathbb{R}^n$의 부분공간(subspace)이라고 한다. 예를 들어 $\mathbb{R}^2$의 부분집합 $S=\{(x,\ y) \in \mathbb{R}^2 \mid x+y=0\}$을 생각해보자. 이때 집합 S는 벡터공간일까? 답은 '그렇다'이다. $x+y=0$은 $y=-x$와 동치이므로, 원점을 지나고 기울기가 -1인 직선을 의미한다. 따라서 집합 S의 원소는 $(x,\ -x)$의 형태이다. 집합 S의 임의의 두 원소 $(x_1,\ -x_1)$, $(x_2,\ -x_2)$와 스칼라 α에 대해 다음 조건이 성립한다.

1 보통 스칼라는 실수 집합 $\mathbb{R}$ 또는 복소수 집합 $\mathbb{C}$의 원소를 나타내는데, 일반적으로는 체(field)의 원소를 의미한다.

- $(x_1, -x_1)+(x_2, -x_2)=(x_1+x_2, -(x_1+x_2))\in S$
- $\alpha(x_1, -x_1)=(\alpha x_1, -\alpha x_1)\in S$
- $\mathbf{0}=(0, 0)=(0, -0)$이므로 $\mathbf{0}$가 S에 존재한다.
- $(x_1, -x_1)$의 역원은 $-(x_1, -x_1)=(-x_1, x_1)=(-x_1, -(-x_1))$이 S에 존재한다.

[정의 3-3]의 다른 조건들도 집합 S에 대해 자동으로 성립한다. 따라서 집합 S는 벡터공간이다.

이번에는 $\mathbb{R}^2$의 부분집합 $T=\{(x, y)\in\mathbb{R}^2 \mid x+y=1\}$을 생각해보자. 집합 T는 벡터공간일까? 아니다. 왜냐하면 $\mathbf{0}=(0, 0)$이 집합 T에 포함되지 않기 때문이다. 실제로 $\mathbb{R}^2$의 부분공간은 $\{\mathbf{0}\}$, 원점을 지나는 직선들, $\mathbb{R}^2$뿐이다.

❸ 차수(degree)가 최대 n인 실수 계수를 갖는 다항식의 모임 $P_n=\{a_0+a_1x+a_2x^2+\cdots+a_nx^n \mid a_i\in\mathbb{R}, \forall i\}$는 벡터공간임을 쉽게 확인할 수 있다. 이 다항식에 등장하는 $1, x, x^2, \cdots, x^n$을 합과 스칼라곱을 이용하여 전개하면 차수가 최대 n인 모든 다항식을 생성(span)[2]할 수 있다. 따라서 P_n은 $P_n=\text{span}\{1, x, x^2, \cdots, x^n\}$ 또는 간략히 $\langle 1, x, x^2, \cdots, x^n\rangle$으로 나타낸다.

만일 차수가 정확히 n인 실수 계수를 갖는 다항식과 0의 모임을 S라고 하면 부분집합 S는 벡터공간을 이룰까? 아니다. 왜냐하면 x^n+x^{n-1}과 $-x^n$은 집합 S에 포함되지만 이 둘의 합인 x^{n-1}은 집합 S에 포함되지 않기 때문이다.

❹ 실수 위에서 정의된 $m\times n$ 행렬들의 모임 $M_{m\times n}(\mathbb{R})$은 벡터공간을 이룬다. 왜냐하면 임의의 행렬 $A\in M_{m\times n}(\mathbb{R})$에 대해 다음 조건을 만족하기 때문이다. 아래에 나열하지 않은 벡터공간의 나머지 조건들도 행렬의 성질에 의해 성립한다.

- 두 행렬의 합과 스칼라곱이 정의된다.
- 영행렬 O가 $M_{m\times n}(\mathbb{R})$에 존재한다.
- 행렬 $A\in M_{m\times n}(\mathbb{R})$의 합에 대한 역원 $-A=(-1)A$가 $M_{m\times n}(\mathbb{R})$에 존재한다.

만일 $m=n$일 경우 $M_{m\times m}(\mathbb{R})$은 벡터공간을 이루면서 동시에 곱셈에 대해서도 닫혀있다. 또한 덧셈과 곱셈이 어우러진 분배법칙도 만족하므로 $M_{m\times m}(\mathbb{R})$은 환(ring)이라는 대수적 구조를 갖는다. 환은 체의 일반화된 수 체계이고, 자세한 내용은 여기서 다루지 않는다.

2 '생성'에 대해서는 뒤에서 자세히 다룬다.

예제 3-2 **벡터공간**

복소수 집합 $\mathbb{C}=\{a+bi \mid a, b \in \mathbb{R}\}$이 실수 집합 $\mathbb{R}$을 스칼라로 갖는 벡터공간임을 보여라.

풀이

두 복소수 $z_1=a_1+b_1i$, $z_2=a_2+b_2i$를 생각해보자. $z_1+z_2=a_1+a_2+(b_1+b_2)i \in \mathbb{C}$이므로 [정의 3-3]의 조건 (1)을 만족한다. 조건 (2)와 (3)을 만족함은 쉽게 확인할 수 있다. 또한 $0=0+0i$이므로 조건 (4)를 만족한다. $z_1=a_1+b_1i$의 역원은 $-z_1=-a_1-b_1i \in \mathbb{C}$이므로 조건 (5)도 만족한다. 그리고 실수 α에 대하여 $\alpha z_1=\alpha(a_1+b_1i)=\alpha a_1+\alpha b_1 i \in \mathbb{C}$이므로 조건 (6)을 만족한다. 이 결과를 이용하면 조건 (7)~(10)을 만족함을 쉽게 보일 수 있으니 직접 해보자.

앞서 간략하게 살펴본 벡터공간의 부분공간을 정의하고, 부분공간 판정법(subspace test)에 대해 알아보자.

정의 3-4 **부분공간**

벡터공간 V의 부분집합 S가 V의 연산에 대해 벡터공간이 될 때, 집합 S를 **부분공간**(subspace)이라고 한다.

정리 3-1 **부분공간 판정법**

벡터공간 V의 부분집합 S가 다음 세 조건을 모두 만족하면 집합 S는 V의 부분공간이다.

(1) $\mathbf{0} \in S$

(2) $\boldsymbol{x}, \boldsymbol{y} \in S$이면 $\boldsymbol{x}+\boldsymbol{y} \in S$이다.

(3) $\boldsymbol{x} \in S$일 때 임의의 스칼라 α에 대해 $\alpha\boldsymbol{x} \in S$이다.

부분공간 판정법에서 왜 역원의 존재성에 대한 조건이 빠졌을까? $\boldsymbol{y} \in S$라고 하자. $\boldsymbol{y}$의 역원은 $-\boldsymbol{y}$이며 $-\boldsymbol{y}$는 분명히 V에 속한다. 그런데 $-\boldsymbol{y}=(-1)\boldsymbol{y}$이고 [정리 3-1]의 조건 (3)에 따라 임의의 스칼라 α에 대해 $\alpha\boldsymbol{y} \in S$이므로 $-\boldsymbol{y}$도 S에 포함된다. 따라서 조건 (3)만 있으면 역원의 존재성을 유도할 수 있으므로, 부분공간 판정법에 이 조건을 포함하지 않는다.

예제 3-3 **부분공간**

벡터공간 $\mathbb{R}^n$의 부분집합 $S = \left\{(x_1, x_2, \cdots, x_n) \in \mathbb{R}^n \mid x_1 + x_2 + \cdots + x_n = 0\right\}$이 $\mathbb{R}^n$의 부분공간임을 보여라.

풀이

부분공간 판정법을 이용한다.

(1) 우선 $\mathbf{0} = (0, 0, \cdots, 0)$은 당연히 S에 속한다.

(2) 두 벡터 $\boldsymbol{x} = (x_1, x_2, \cdots, x_n)$, $\boldsymbol{y} = (y_1, y_2, \cdots, y_n)$이 S에 속한다고 가정하자. 그러면 $x_1 + x_2 + \cdots + x_n = 0$, $y_1 + y_2 + \cdots + y_n = 0$을 만족하므로 다음이 성립한다.

$$\begin{aligned} 0 &= x_1 + x_2 + \cdots + x_n + y_1 + y_2 + \cdots + y_n \\ &= (x_1 + y_1) + (x_2 + y_2) + \cdots + (x_n + y_n) \end{aligned}$$

따라서 $\boldsymbol{x} + \boldsymbol{y} = (x_1 + y_1, x_2 + y_2, \cdots, x_n + y_n)$은 S에 속한다.

(3) α를 임의의 스칼라라고 하고 $\boldsymbol{x} = (x_1, x_2, \cdots, x_n) \in S$라고 하면 $\alpha\boldsymbol{x} = (\alpha x_1, \alpha x_2, \cdots, \alpha x_n)$이 다음을 만족한다.

$$\alpha x_1 + \alpha x_2 + \cdots + \alpha x_n = \alpha(x_1 + x_2 + \cdots + x_n) = \alpha 0 = 0$$

따라서 $\alpha\boldsymbol{x} \in S$이다.

그러므로 집합 S는 $\mathbb{R}^n$의 부분공간이다.

선형독립과 선형종속

선형독립과 선형종속에 대해 알아보기 전에 임의의 벡터를 다른 벡터들의 결합으로 표현하는 선형결합과 생성집합을 정의해보자.

정의 3-5 **선형결합**

벡터공간 V에 속한 집합 $S = \{\boldsymbol{x}_1, \cdots, \boldsymbol{x}_k\}$와 스칼라 $a_1, \cdots, a_k$에 대해 $a_1\boldsymbol{x}_1 + \cdots + a_k\boldsymbol{x}_k$를 $\boldsymbol{x}_1, \cdots, \boldsymbol{x}_k$의 **선형결합**(linear combination)이라고 한다.

예제 3-4 선형결합

두 벡터 $\boldsymbol{a}=(1, 0, 3)$, $\boldsymbol{b}=(2, 1, 2)$의 선형결합 $2\boldsymbol{a}+3\boldsymbol{b}$를 구하라.

풀이

$2\boldsymbol{a}+3\boldsymbol{b}=2(1, 0, 3)+3(2, 1, 2)=(8, 3, 12)$

파이썬 코드

```
import numpy as np

a = np.array([1,0,3])
b = np.array([2,1,2])

# 2a+3b
print("2*a + 3*b = ", 2*a + 3*b)
```

실행 결과

```
2*a + 3*b =  [ 8  3 12]
```

정의 3-6 선형독립과 선형종속

(1) 벡터공간 V의 부분집합 $S=\{\boldsymbol{x}_1, \cdots, \boldsymbol{x}_k\}$에 대해 $a_1\boldsymbol{x}_1+\cdots+a_k\boldsymbol{x}_k=\mathbf{0}$를 만족하는 경우가 모든 $1\leq i\leq k$에 대해 $a_i=0$뿐이면, S는 **선형독립**(linearly independent)이라고 한다.

(2) 벡터공간 V의 부분집합 $S=\{\boldsymbol{x}_1, \cdots, \boldsymbol{x}_k\}$가 선형독립이 아니면, 즉 $a_1\boldsymbol{x}_1+\cdots+a_k\boldsymbol{x}_k=\mathbf{0}$를 만족하는 0이 아닌 a_i가 적어도 하나 존재하면 S는 **선형종속**(linearly dependent)이라고 한다.

예제 3-5 선형독립과 선형종속

$\mathbb{R}^3$에서 집합 $S=\{\boldsymbol{e}_1=(1, 0, 0), \boldsymbol{e}_2=(0, 1, 0), \boldsymbol{e}_3=(0, 0, 1)\}$이 선형독립인지 선형종속인지 확인하라.

풀이

실수 a_1, a_2, a_3에 대해 다음이 성립한다.

$$a_1\boldsymbol{e}_1+a_2\boldsymbol{e}_2+a_3\boldsymbol{e}_3=\mathbf{0} \iff (a_1, a_2, a_3)=(0, 0, 0)$$
$$\iff a_1=a_2=a_3=0$$

따라서 $a_1\boldsymbol{e}_1+a_2\boldsymbol{e}_2+a_3\boldsymbol{e}_3=\mathbf{0}$를 만족하는 경우가 $a_1=a_2=a_3=0$뿐이므로 S는 선형독립이다.

예제 3-6 **선형독립과 선형종속**

$\mathbb{R}^3$에서 집합 $S=\{(1,\ 1,\ 0),\ (0,\ -1,\ 1),\ (1,\ 0,\ 1)\}$이 선형독립인지 선형종속인지 확인하라.

풀이

실수 $a_1,\ a_2,\ a_3$에 대해 다음이 성립한다.

$$a_1(1,\ 1,\ 0)+a_2(0,\ -1,\ 1)+a_3(1,\ 0,\ 1)=0 \quad \Leftrightarrow \quad \begin{cases} a_1 \qquad\ \ + a_3 = 0 \\ a_1 - a_2 \qquad\ \ = 0 \\ \qquad\ a_2 + a_3 = 0 \end{cases}$$

위 연립선형방정식을 행렬 형태로 나타내고 행 연산을 적용하면 다음과 같다.

$$\left[\begin{array}{ccc|c} 1 & 0 & 1 & 0 \\ 1 & -1 & 0 & 0 \\ 0 & 1 & 1 & 0 \end{array}\right] \sim \left[\begin{array}{ccc|c} 1 & 0 & 1 & 0 \\ 0 & -1 & -1 & 0 \\ 0 & 1 & 1 & 0 \end{array}\right] \sim \left[\begin{array}{ccc|c} 1 & 0 & 1 & 0 \\ 0 & 1 & 1 & 0 \\ 0 & 0 & 0 & 0 \end{array}\right]$$

따라서 임의의 실수 a_3에 대해 $a_1=-a_3,\ a_2=-a_3$이다. 예를 들어 $a_3=-1$이라고 하면 $a_1=1=a_2$이다. 따라서 $(1,\ 1,\ 0)+(0,\ -1,\ 1)-(1,\ 0,\ 1)=(0,\ 0,\ 0)$이므로 S는 선형종속이다.

벡터공간의 기저와 차원

이제 벡터공간의 부분집합으로 생성되는 생성집합의 개념을 살펴보고, 이를 이용하여 벡터공간의 기저와 차원에 대해 알아보자.

정의 3-7 **생성집합**

벡터공간 V의 임의의 벡터를 V의 부분집합 S의 원소들의 선형결합으로 표현할 수 있을 때, S가 V를 **생성한다**(span)고 한다. 즉 V의 부분집합 $S=\{\boldsymbol{x}_1,\ \cdots,\ \boldsymbol{x}_k\}\subset V$와 V의 임의의 벡터 $\boldsymbol{x}$, 그리고 스칼라 $a_1,\ \cdots,\ a_k$에 대해 다음과 같이 나타낼 수 있으면 S가 V를 생성한다고 한다.

$$\boldsymbol{x}=a_1\boldsymbol{x}_1+\ \cdots\ +a_k\boldsymbol{x}_k$$

이때 S를 V의 **생성집합**(spanning set)이라고 하며 $V=\mathrm{span}(S)$로 표기한다.

예제 3-7 생성집합

집합 $S = \{(2, 3, 4), (-1, 2, 1)\}$을 $\mathbb{R}^3$의 부분집합이라고 할 때 $\text{span}(S)$를 구하라.

풀이

$$\begin{aligned}\text{span}(S) &= \{a_1(2, 3, 4) + a_2(-1, 2, 1) \mid a_1, a_2 \in \mathbb{R}\} \\ &= \{(2a_1 - a_2, 3a_1 + 2a_2, 4a_1 + a_2) \mid a_1, a_2 \in \mathbb{R}\}\end{aligned}$$

정의 3-8 기저

벡터공간 V의 부분집합 S가 V를 생성하는 동시에 선형독립일 때, 집합 S를 V의 **기저**(basis)라고 한다.

기본적인 형태로 자주 사용되는 $\mathbb{R}^n$의 기저가 있다. 다음과 같이 딱 하나의 성분만 1이고 나머지 성분은 모두 0인 벡터 $\boldsymbol{e}_i\ (i = 1, 2, \cdots, n)$로만 이루어진 기저 SB를 $\mathbb{R}^n$의 표준기저(standard basis)라고 한다.

$$SB = \{\boldsymbol{e}_i = (0, 0, \cdots, 1, 0, \cdots, 0) \mid i = 1, 2, \cdots, n\}$$

직교좌표계의 근본을 이루는 좌표체계가 바로 표준기저이다. 표준기저 SB는 자명하게 선형독립이며, 표준기저 SB가 $\mathbb{R}^n$을 생성한다는 사실은 임의의 $\boldsymbol{x} = (x_1, x_2, \cdots, x_n) \in \mathbb{R}^n$에 대해 $\boldsymbol{x} = x_1\boldsymbol{e}_1 + x_2\boldsymbol{e}_2 + \cdots + x_n\boldsymbol{e}_n \in \text{span}(SB)$가 성립함을 보이면 확인할 수 있다.

정리 3-2 기저를 이용한 벡터 표현의 유일성

벡터공간 V의 기저 $\beta = \{\boldsymbol{x}_1, \boldsymbol{x}_2, \cdots, \boldsymbol{x}_n\}$이 주어질 때, V의 임의의 벡터는 기저 원소의 선형결합으로 **유일하게** 표현된다. 즉 임의의 $\boldsymbol{x} \in V$에 대해 $\boldsymbol{x} = a_1\boldsymbol{x}_1 + a_2\boldsymbol{x}_2 + \cdots + a_n\boldsymbol{x}_n$으로 표현되는 $a_i\ (i = 1, 2, \cdots, n)$가 유일하게 존재한다.

[정리 3-2]에서 a_i의 존재성은 $\beta = \{\boldsymbol{x}_1, \boldsymbol{x}_2, \cdots, \boldsymbol{x}_n\}$이 벡터공간 V를 생성한다는 성질을 이용하고, 유일성은 $\beta = \{\boldsymbol{x}_1, \boldsymbol{x}_2, \cdots, \boldsymbol{x}_n\}$이 선형독립이라는 성질을 이용하여 증명한다. 직접 증명해보자.

만약 $\beta = \{\boldsymbol{x}_1, \boldsymbol{x}_2, \cdots, \boldsymbol{x}_n\}$이 벡터공간 V의 기저라면 영벡터 $\mathbf{0}$를 표현하는 방법은 유일하다. 즉 $\mathbf{0} = 0\boldsymbol{x}_1 + 0\boldsymbol{x}_2 + \cdots + 0\boldsymbol{x}_n$으로만 표현할 수 있다. 왜냐하면 기저 β가 선형독립 집합이기 때문이다.

예제 3-8 **기저**

벡터공간 $\mathbb{R}^3$의 부분집합 $S=\{(1,\ 1,\ 0),\ (0,\ 1,\ 1),\ (1,\ 0,\ 1)\}$이 $\mathbb{R}^3$의 기저임을 보여라.

풀이

우선 S가 선형독립임을 보인다. 실수 $a_1,\ a_2,\ a_3$에 대해 $a_1(1,\ 1,\ 0)+a_2(0,\ 1,\ 1)+a_3(1,\ 0,\ 1)=(0,\ 0,\ 0)$이라고 하자. 이 식은 아래의 첨가행렬과 동치이다.

$$\left[\begin{array}{ccc|c}1&0&1&0\\1&1&0&0\\0&1&1&0\end{array}\right]\sim\left[\begin{array}{ccc|c}1&0&1&0\\0&1&-1&0\\0&1&1&0\end{array}\right]\sim\left[\begin{array}{ccc|c}1&0&1&0\\0&1&-1&0\\0&0&1&0\end{array}\right]\sim\left[\begin{array}{ccc|c}1&0&0&0\\0&1&0&0\\0&0&1&0\end{array}\right]$$

따라서 $a_1=a_2=a_3=0$이다. 즉 S는 선형독립이다.

다음으로 $\mathrm{span}(S)=\mathbb{R}^3$임을 보이자. 이를 보이기 위해 임의의 벡터 $\boldsymbol{x}=(x_1,\ x_2,\ x_3)\in\mathbb{R}^3$에 대해 $a_1(1,\ 1,\ 0)+a_2(0,\ 1,\ 1)+a_3(1,\ 0,\ 1)=(x_1,\ x_2,\ x_3)$를 만족하는 $a_1,\ a_2,\ a_3$가 존재함을 보여야 한다. 이 과정은 선형독립임을 보인 것과 마찬가지로 다음과 같이 첨가행렬을 만들어서 해를 구할 수 있는지 결정하면 된다.

$$\left[\begin{array}{ccc|c}1&0&1&x_1\\1&1&0&x_2\\0&1&1&x_3\end{array}\right]\sim\left[\begin{array}{ccc|c}1&0&1&x_1\\0&1&-1&x_2-x_1\\0&1&1&x_3\end{array}\right]$$

$$\sim\left[\begin{array}{ccc|c}1&0&1&x_1\\0&1&-1&x_2-x_1\\0&0&2&x_3-x_2+x_1\end{array}\right]\sim\left[\begin{array}{ccc|c}1&0&1&x_1\\0&1&-1&x_2-x_1\\0&0&1&(x_3-x_2+x_1)/2\end{array}\right]$$

마지막 첨가행렬의 왼쪽에 있는 3×3 행렬이 피벗을 3개 가진 행 사다리꼴이므로, 다음을 만족하는 $a_1,\ a_2,\ a_3$는 유일하게 존재한다.

$$a_1(1,\ 1,\ 0)+a_2(0,\ 1,\ 1)+a_3(1,\ 0,\ 1)=(x_1,\ x_2,\ x_3)$$

따라서 S는 $\mathbb{R}^3$의 기저이다.

정의 3-9 **차원**

벡터공간 V의 기저 β의 원소 개수를 벡터공간 V의 **차원**(dimension)이라 하고 $\dim(V)$로 표기한다.

만약 $\beta=\{\boldsymbol{x}_1,\ \boldsymbol{x}_2,\ \cdots,\ \boldsymbol{x}_n\}$이면 V는 유한차원(finite dimension)을 갖는다고 하고 $\dim(V)=n$이다. 유한차원이 아니면 V는 무한차원(infinite dimension)을 갖는다고 하고 $\dim(V)=\infty$로 표기한다.

예를 들어 차수가 최대 n인 실수 계수를 갖는 다항식의 모임인 벡터공간 $P_n = \{a_0 + a_1x + a_2x^2 + \cdots + a_nx^n \mid a_i \in \mathbb{R}, \forall i\}$의 차원은 $\dim(P_n) = n+1$이다. 왜냐하면 $\beta = \{1, x, x^2, \cdots, x^n\}$이 벡터공간 P_n의 표준기저이기 때문이다. 반면에 실수 계수를 갖는 임의의 다항식의 모임인 벡터공간 $P_\infty = \{a_0 + a_1x + a_2x^2 + \cdots + a_nx^n + \cdots \mid a_i \in \mathbb{R}, \forall i\}$의 표준기저는 $\beta = \{1, x, x^2, \cdots, x^n, \cdots\}$이다. 따라서 $\dim(P_\infty) = \infty$이다.

예제 3-9 차원

벡터공간 $\mathbb{R}^3$의 부분집합 $S = \{(1, 1, 0), (0, 1, 1), (1, 2, 1)\}$에 대해 $W = \text{span}(S)$의 차원을 구하라.

풀이

$(1, 1, 0) + (0, 1, 1) = (1, 2, 1)$이므로 $S' = \{(1, 1, 0), (0, 1, 1)\}$이라고 하면 $W = \text{span}(S')$이다. 즉 S'은 W를 생성한다. 또한 $(1, 1, 0)$은 $(0, 1, 1)$의 스칼라곱이 아니므로, S'은 선형독립 집합이다. 따라서 S'은 W의 기저이며 W의 차원은 2이다.

벡터의 노름

벡터의 크기를 나타내는 노름에 대해 알아보자.

정의 3-10 노름

$\mathbb{R}^n$의 벡터 $\boldsymbol{x} = (x_1, x_2, \cdots, x_n)$의 크기를 나타내는 **노름**(norm)은 다음과 같다. 이와 같은 노름을 **유클리드 노름**(Euclidean norm)이라고도 한다.

$$\|\boldsymbol{x}\| = \sqrt{x_1^2 + x_2^2 + \cdots + x_n^2}$$

즉 벡터 $\boldsymbol{x}$의 노름은 원점 0와 벡터 $\boldsymbol{x}$ 사이의 거리[3]를 의미한다.

벡터 $\boldsymbol{x}$의 노름을 기하학적으로 나타내면 [그림 3-3]과 같다.

3 이 거리를 **유클리드 거리**(Euclidean distance)라고 한다.

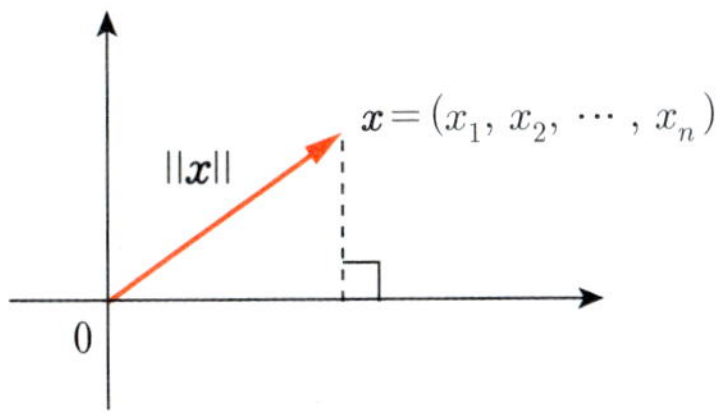

[그림 3-3] 벡터의 노름

예제 3-10 **노름**

$\mathbb{R}^4$의 벡터 $\boldsymbol{x}=(1, 2, 0, 2)$의 노름을 구하라.

풀이

[정의 3-10]에 의해 $\|\boldsymbol{x}\|=\sqrt{1^2+2^2+0^2+2^2}=\sqrt{9}=3$이다.

파이썬 코드

```
import numpy as np

# 노름을 구하는 함수
# np.sqrt(q) : √q 계산
# np.sum() : () 안에 있는 숫자의 합
def cal_norm(vec1):
    norm_vec = np.sqrt(np.sum(vec1*vec1))
    return norm_vec

# x의 노름 계산
x = np.array([1,2,0,2])
print("Norm of x = ", cal_norm(x))
```

실행 결과

```
Norm of x =  3.0
```

이제 벡터의 노름에 대한 기본 성질을 알아보자.

정리 3-3 **노름의 성질**

$\mathbb{R}^n$의 두 벡터 $\boldsymbol{x}$, $\boldsymbol{y}$와 스칼라 α에 대해 다음이 성립한다.

(1) $\|\boldsymbol{x}\| \geq 0$

(2) $\|\alpha\boldsymbol{x}\|=|\alpha|\,\|\boldsymbol{x}\|$

(3) $\|\boldsymbol{x}+\boldsymbol{y}\| \le \|\boldsymbol{x}\|+\|\boldsymbol{y}\|$
(4) $\|\boldsymbol{x}\|=0$일 필요충분조건은 $\boldsymbol{x}=\mathbf{0}$이다.

조건 (3)의 부등식은 삼각부등식(triangle inequality)이라 하고 다양한 벡터 계산에 사용된다. 삼각부등식은 기하적인 방법과 대수적인 방법으로 증명할 수 있다. 여기서는 기하적인 방법만 살펴본다. 앞서 살펴본 [그림 3-1(a)]와 같이 주어진 두 벡터 $\boldsymbol{x}$, $\boldsymbol{y}$에 대해 $\boldsymbol{x}$의 끝점과 $\boldsymbol{y}$의 시작점이 일치하도록 벡터 $\boldsymbol{y}$를 이동하면 두 벡터의 합 $\boldsymbol{x}+\boldsymbol{y}$를 나타낼 수 있다.

[그림 3-1(a)]의 세 벡터 $\boldsymbol{x}$, $\boldsymbol{y}$, $\boldsymbol{x}+\boldsymbol{y}$에 노름을 취하여 크기를 나타내면 다음 그림과 같다.

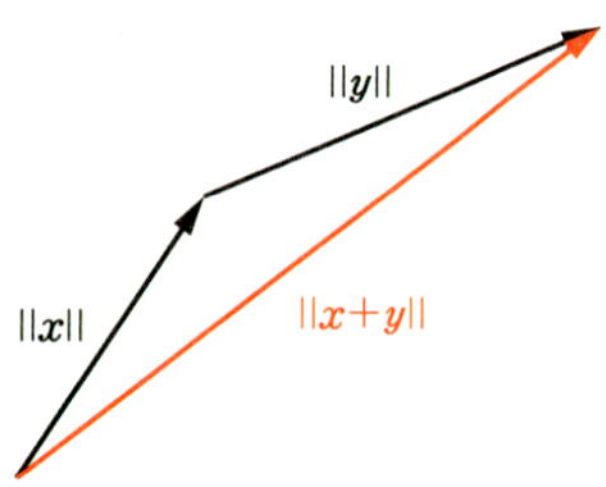

[그림 3-4] 삼각부등식

따라서 [그림 3-4]를 통해 $\|\boldsymbol{x}+\boldsymbol{y}\| \le \|\boldsymbol{x}\|+\|\boldsymbol{y}\|$가 성립함을 확인할 수 있다. 대수적인 방법은 직접 증명해보자.

예제 3-11 **노름의 성질**

두 벡터 $\boldsymbol{x}=(1,\ -1,\ 2)$, $\boldsymbol{y}=(0,\ 1,\ 1)$에 대해 삼각부등식이 성립함을 보여라.

풀이

$\|\boldsymbol{x}+\boldsymbol{y}\|$, $\|\boldsymbol{x}\|$, $\|\boldsymbol{y}\|$를 각각 구하면 다음과 같다.

$$\begin{aligned} \|\boldsymbol{x}+\boldsymbol{y}\| &= \|(1,\ 0,\ 3)\| = \sqrt{1^2+3^2} = \sqrt{10} \\ \|\boldsymbol{x}\| &= \sqrt{1^2+(-1)^2+2^2} = \sqrt{6} \\ \|\boldsymbol{y}\| &= \sqrt{0^2+1^2+1^2} = \sqrt{2} \end{aligned}$$

삼각부등식이 성립함을 보이기 위해서는 다음과 같이 $(\|\boldsymbol{x}\|+\|\boldsymbol{y}\|)^2 \ge (\|\boldsymbol{x}+\boldsymbol{y}\|)^2$이 성립함을 확인하면 된다.

$$(\sqrt{6}+\sqrt{2})^2 = 6+2+4\sqrt{3} = 8+4\sqrt{3} > 8+4(1.7) > 10 = (\sqrt{10})^2$$

3.2 벡터의 내적

이제 $\mathbb{R}^n$의 두 벡터를 이용하여 내적이라는 연산을 정의해보자.

정의 3-11 내적

$\mathbb{R}^n$의 두 벡터 $\boldsymbol{x}=(x_1, x_2, \cdots, x_n)$, $\boldsymbol{y}=(y_1, y_2, \cdots, y_n)$의 **내적**(inner product, dot product)을 다음과 같이 정의한다.

$$\boldsymbol{x}\cdot\boldsymbol{y}=x_1y_1+x_2y_2+\cdots+x_ny_n\in\mathbb{R}$$

이러한 내적을 **유클리드 내적**(Euclidean inner product)이라고도 한다.

이제 벡터의 내적에 대한 기본 성질을 알아보자.

정리 3-4 내적의 성질

$\mathbb{R}^n$의 세 벡터 $\boldsymbol{x}$, $\boldsymbol{y}$, $\boldsymbol{z}$와 스칼라 α에 대해 다음이 성립한다.

(1) $\boldsymbol{x}\cdot\boldsymbol{y}=\boldsymbol{y}\cdot\boldsymbol{x}$

(2) $\boldsymbol{z}\cdot(\boldsymbol{x}+\boldsymbol{y})=\boldsymbol{z}\cdot\boldsymbol{x}+\boldsymbol{z}\cdot\boldsymbol{y}$

(3) $(\boldsymbol{x}+\boldsymbol{y})\cdot\boldsymbol{z}=\boldsymbol{x}\cdot\boldsymbol{z}+\boldsymbol{y}\cdot\boldsymbol{z}$

(4) $\alpha(\boldsymbol{x}\cdot\boldsymbol{y})=(\alpha\boldsymbol{x})\cdot\boldsymbol{y}=\boldsymbol{x}\cdot(\alpha\boldsymbol{y})$

(5) $\boldsymbol{x}\cdot\boldsymbol{x}=\|\boldsymbol{x}\|^2\geq 0$

(6) $\boldsymbol{x}=0$일 필요충분조건은 $\boldsymbol{x}\cdot\boldsymbol{x}=0$이다.

증명

여기서는 (5)에 대해서만 증명한다. $\boldsymbol{x}=(x_1, x_2, \cdots, x_n)$이라고 할 때 다음이 성립한다.

$$\begin{aligned}\boldsymbol{x}\cdot\boldsymbol{x} &= (x_1, x_2, \cdots, x_n)\cdot(x_1, x_2, \cdots, x_n)\\ &= x_1^2+x_2^2+\cdots+x_n^2\\ &= \|\boldsymbol{x}\|^2 \geq 0\end{aligned}$$

■

예제 3-12 내적

$\mathbb{R}^3$의 세 벡터 $\boldsymbol{x}=(1, 2, 3, -1)$, $\boldsymbol{y}=(0, 1, 2, 1)$, $\boldsymbol{z}=(2023, 1, -1, 1)$에 대해 $\boldsymbol{x}\cdot\boldsymbol{y}$와 $\boldsymbol{y}\cdot\boldsymbol{z}$의 값을 구하라.

풀이

내적의 정의에 따라 다음과 같이 계산한다.

$$\boldsymbol{x}\cdot\boldsymbol{y}=(1, 2, 3, -1)\cdot(0, 1, 2, 1)=0+2+6-1=7$$
$$\boldsymbol{y}\cdot\boldsymbol{z}=(0, 1, 2, 1)\cdot(2023, 1, -1, 1)=0+1-2+1=0$$

파이썬 코드

```
import numpy as np

# 내적을 구하는 함수
def cal_innerproduct(vec1, vec2):
    innerprod_vecs = np.sum(vec1*vec2)
    return innerprod_vecs

# x와 y의 내적 계산
x = np.array([1,2,3,-1])
y = np.array([0,1,2,1])
print("Inner product of x and y = ", cal_innerproduct(x, y))
print("\n")

# y와 z의 내적 계산
y = np.array([0,1,2,1])
z = np.array([2023,1,-1,1])
print("Inner product of y and z = ", cal_innerproduct(y, z))
print("\n")
```

실행 결과

```
Inner product of x and y =  7
Inner product of y and z =  0
```

정의 3-12 **벡터의 사잇값을 이용한 내적**

$\mathbb{R}^n$의 두 벡터 $\boldsymbol{x}$와 $\boldsymbol{y}$가 이루는 각이 θ일 때, 두 벡터 $\boldsymbol{x}$, $\boldsymbol{y}$의 내적은 다음과 같다.

$$\boldsymbol{x} \cdot \boldsymbol{y} = \|\boldsymbol{x}\| \|\boldsymbol{y}\| \cos(\theta)$$

예제 3-13 **벡터의 사잇값을 이용한 내적**

$\mathbb{R}^3$의 두 벡터 $\boldsymbol{x}$와 $\boldsymbol{y}$가 이루는 각이 $30°$이고 $\|\boldsymbol{x}\| = 2$, $\|\boldsymbol{y}\| = 3$일 때 $\boldsymbol{x} \cdot \boldsymbol{y}$를 구하라.

풀이

$$\boldsymbol{x} \cdot \boldsymbol{y} = \|\boldsymbol{x}\| \|\boldsymbol{y}\| \cos(\theta) = 2 \times 3 \times \cos(30°) = 6 \times \frac{\sqrt{3}}{2} = 3\sqrt{3}$$

파이썬 코드

```
import numpy as np

# 내적을 구하는 함수
# np.cos() : ()의 코사인 값, np.pi : π
def cal_innerproduct_v2(norm_vec1, norm_vec2, angle):
    denominator = 180/angle
    innerprod_vecs = norm_vec1 * norm_vec2 *np.cos(np.pi/denominator)
    return innerprod_vecs

# x와 y의 내적 계산
norm_x = 2
norm_y = 3
angle = 30
print("Inner product of x and y = ", cal_innerproduct_v2(norm_x, norm_y, angle))
```

실행 결과

```
Inner product of x and y =  5.196152422706632
```

이제 벡터에 관한 계산을 할 때 유용하게 사용되는 **코시-슈바르츠 부등식**(Cauchy-Schwarz inequality)을 살펴보자.

정리 3-5 **코시-슈바르츠 부등식**

$\mathbb{R}^n$의 두 벡터 $\boldsymbol{x}$, $\boldsymbol{y}$에 대해 다음이 성립한다.

$$|\boldsymbol{x} \cdot \boldsymbol{y}| \leq \|\boldsymbol{x}\| \|\boldsymbol{y}\|$$

코시-슈바르츠 부등식은 [정의 3-12]를 이용하여 증명할 수 있으니 직접 증명해보자.

예제 3-14 **코시-슈바르츠 부등식**

두 벡터 $\boldsymbol{x} = (1, -1, 3)$, $\boldsymbol{y} = (1, 1, 3)$에 대해 코시-슈바르츠 부등식이 성립함을 보여라.

풀이

$\boldsymbol{x} \cdot \boldsymbol{y} = (1, -1, 3) \cdot (1, 1, 3) = 1 - 1 + 9 = 9$이고 두 벡터 $\boldsymbol{x}$와 $\boldsymbol{y}$의 노름은 $\|\boldsymbol{x}\| = \sqrt{1+1+9} = \sqrt{11}$, $\|\boldsymbol{y}\| = \sqrt{1+1+9} = \sqrt{11}$이므로, $\|\boldsymbol{x}\|\|\boldsymbol{y}\| = \sqrt{11}\sqrt{11} = 11$이다. 따라서 코시-슈바르츠 부등식 $9 = |\boldsymbol{x} \cdot \boldsymbol{y}| \le \|\boldsymbol{x}\|\|\boldsymbol{y}\| = 11$이 성립한다.

파이썬 코드

```
import numpy as np

# 코시-슈바르츠 부등식을 확인하는 함수
# np.abs() : ()의 절댓값
def check_Cauchy_Schwarz_inequality(vec1, vec2):
    innerprod_vecs = np.sum(vec1*vec2)
    norm_vec1 = np.sqrt(np.sum(vec1*vec1))
    norm_vec2 = np.sqrt(np.sum(vec2*vec2))
    check_CS_inequal = np.abs(innerprod_vecs) <= norm_vec1*norm_vec2
    return check_CS_inequal

# x와 y로 확인
x = np.array([1,-1,3])
y = np.array([1,1,3])
print("Cauchy-Schwarz inequality is", check_Cauchy_Schwarz_inequality(x,y))
```

실행 결과

```
Cauchy-Schwarz inequality is True
```

직교와 정사영

벡터의 내적 정의를 이용하여 두 벡터가 서로 직교한다는 개념을 정의할 수 있다.

정의 3-13 **직교**

$\mathbb{R}^n$의 두 벡터 $\boldsymbol{x}$, $\boldsymbol{y}$에 대해 $\boldsymbol{x} \cdot \boldsymbol{y} = 0$이 성립하면 두 벡터는 **직교**(orthogonal)한다고 하고, $\boldsymbol{x} \perp \boldsymbol{y}$로 나타낸다.

직교라는 개념은 $\mathbb{R}^n$뿐만 아니라 내적이 정의되는 일반적인 벡터공간 V에서도 성립한다.

예제 3-15 직교

$\mathbb{R}^3$의 세 벡터 $\boldsymbol{x}=(2, -5, 1)$, $\boldsymbol{y}=(2, 1, 1)$, $\boldsymbol{z}=(4, 1, -3)$ 중 서로 직교하는 두 벡터를 찾으라.

풀이

두 벡터의 내적을 각각 구하면 다음과 같다.

$$\begin{aligned} \boldsymbol{x} \cdot \boldsymbol{y} &= (2, -5, 1) \cdot (2, 1, 1) = 4-5+1=0 \\ \boldsymbol{y} \cdot \boldsymbol{z} &= (2, 1, 1) \cdot (4, 1, -3) = 8+1-3 \neq 0 \\ \boldsymbol{x} \cdot \boldsymbol{z} &= (2, -5, 1) \cdot (4, 1, -3) = 8-5-3=0 \end{aligned}$$

따라서 $\boldsymbol{x}$와 $\boldsymbol{y}$, $\boldsymbol{x}$와 $\boldsymbol{z}$는 직교한다. 그러나 $\boldsymbol{y}$와 $\boldsymbol{z}$는 직교하지 않는다.

파이썬 코드

```
import numpy as np

# 직교성을 확인하는 함수
def check_Orthogonal(vec1, vec2):
    innerprod_vecs = np.sum(vec1*vec2)
    check_Orthogonal = innerprod_vecs == 0
    return check_Orthogonal

# x와 y로 확인
x = np.array([2,-5,1])
y = np.array([2,1,1])
print("Orthogonal of x and y is", check_Orthogonal(x,y))
print("\n")

# y와 z로 확인
y = np.array([2,1,1])
z = np.array([4,1,-3])
print("Orthogonal of y and z is", check_Orthogonal(y,z))
print("\n")

# x와 z로 확인
x = np.array([2,-5,1])
z = np.array([4,1,-3])
print("Orthogonal of x and z is", check_Orthogonal(x,z))
print("\n")
```

실행 결과

```
Orthogonal of x and y is True
Orthogonal of y and z is False
Orthogonal of x and z is True
```

직교 개념을 이용하면 2차원 벡터 사이에 성립하는 피타고라스 정리(Pythagorean theorem)가 n차원 벡터 사이에서도 성립함을 확인할 수 있다.

정리 3-6 **피타고라스 정리**

$\mathbb{R}^n$의 두 벡터 $\boldsymbol{x}$, $\boldsymbol{y}$가 서로 직교(즉 $\boldsymbol{x} \cdot \boldsymbol{y} = 0$)할 필요충분조건은 다음과 같다.

$$\|\boldsymbol{x}+\boldsymbol{y}\|^2 = \|\boldsymbol{x}\|^2 + \|\boldsymbol{y}\|^2$$

증명

두 벡터 $\boldsymbol{x}$, $\boldsymbol{y}$가 서로 직교한다고 하고, $\|\boldsymbol{x}+\boldsymbol{y}\|^2 = (\boldsymbol{x}+\boldsymbol{y}) \cdot (\boldsymbol{x}+\boldsymbol{y})$를 직접 계산하면 다음과 같다.

$$\begin{aligned}\|\boldsymbol{x}+\boldsymbol{y}\|^2 &= (\boldsymbol{x}+\boldsymbol{y}) \cdot (\boldsymbol{x}+\boldsymbol{y}) \\ &= \boldsymbol{x} \cdot \boldsymbol{x} + \boldsymbol{x} \cdot \boldsymbol{y} + \boldsymbol{y} \cdot \boldsymbol{x} + \boldsymbol{y} \cdot \boldsymbol{y} \\ &= \|\boldsymbol{x}\|^2 + 0 + 0 + \|\boldsymbol{y}\|^2 \\ &= \|\boldsymbol{x}\|^2 + \|\boldsymbol{y}\|^2\end{aligned}$$

위 과정의 역도 자명하게 성립한다. ■

예제 3-16 **피타고라스 정리**

$\mathbb{R}^3$의 두 벡터 $\boldsymbol{x}$, $\boldsymbol{y}$가 직교하고 $\|\boldsymbol{x}\| = 3$, $\|\boldsymbol{y}\| = 4$일 때, $\|\boldsymbol{x}+\boldsymbol{y}\|$의 값을 구하라.

풀이

피타고라스 정리에 의해 $\|\boldsymbol{x}+\boldsymbol{y}\|^2 = \|\boldsymbol{x}\|^2 + \|\boldsymbol{y}\|^2$이므로, $\|\boldsymbol{x}+\boldsymbol{y}\|^2 = 3^2 + 4^2 = 25$이다. 따라서 $\|\boldsymbol{x}+\boldsymbol{y}\| = 5$이다.

다음으로 최소제곱 문제(least squares problem)와 주성분분석(Principal Component Analysis, PCA)을 계산할 때 사용되는 정사영에 대해 알아보자.

정의 3-14 **정사영**

$\mathbb{R}^n$의 임의의 두 벡터 $\boldsymbol{x}$, $\boldsymbol{y}$에 대해, 벡터 $\boldsymbol{x}$의 벡터 $\boldsymbol{y}$ 방향으로의 벡터를 $\boldsymbol{x}$의 $\boldsymbol{y}$ 위로의 **정사영**(orthogonal projection)이라 하고 $\text{proj}_{\boldsymbol{y}}\boldsymbol{x}$[4]로 표기한다.

4 영어로 projection of x onto y라고 읽는다.

정사영의 기하학적 의미를 생각해보자. [그림 3-5]와 같이 벡터 $\boldsymbol{x}$를 벡터 $\boldsymbol{y}$ 위에 수직으로 내린 벡터 $\text{proj}_{\boldsymbol{y}}\boldsymbol{x}$를 $\boldsymbol{x}$의 $\boldsymbol{y}$ 위로의 정사영이라고 한다.

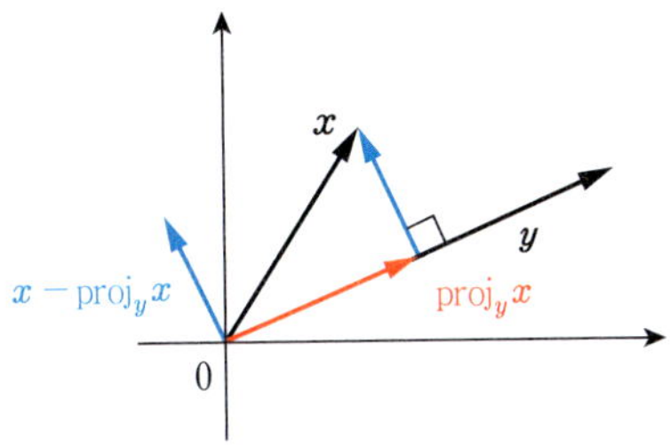

[그림 3-5] $\boldsymbol{x}$의 $\boldsymbol{y}$ 위로의 정사영

[그림 3-5]를 통해 다음이 성립함을 확인할 수 있다.

- $\boldsymbol{x} = \text{proj}_{\boldsymbol{y}}\boldsymbol{x} + (\boldsymbol{x} - \text{proj}_{\boldsymbol{y}}\boldsymbol{x})$
- $\text{proj}_{\boldsymbol{y}}\boldsymbol{x} \perp (\boldsymbol{x} - \text{proj}_{\boldsymbol{y}}\boldsymbol{x}) \quad \Leftrightarrow \quad (\text{proj}_{\boldsymbol{y}}\boldsymbol{x}) \cdot (\boldsymbol{x} - \text{proj}_{\boldsymbol{y}}\boldsymbol{x}) = 0$

이제 내적을 이용하여 간단히 정사영을 구하는 방법을 알아보자.

정리 3-7 **정사영**

$\mathbb{R}^n$의 임의의 두 벡터 $\boldsymbol{x}$, $\boldsymbol{y}$에 대해 $\boldsymbol{x}$의 $\boldsymbol{y}$ 위로의 정사영을 내적으로 표현하면 다음과 같다.

$$\text{proj}_{\boldsymbol{y}}\boldsymbol{x} = \frac{\boldsymbol{x} \cdot \boldsymbol{y}}{\boldsymbol{y} \cdot \boldsymbol{y}}\boldsymbol{y}$$

증명

벡터 $\boldsymbol{y}$에 대해 벡터 $\boldsymbol{u}$를 단위벡터[5] $\boldsymbol{u} = \frac{\boldsymbol{y}}{\|\boldsymbol{y}\|}$라고 하자. 즉 $\boldsymbol{u}$는 $\boldsymbol{y}$ 방향의 단위벡터이다. [그림 3-6]과 같이 $\boldsymbol{x}$의 $\boldsymbol{y}$ 위로의 정사영을 $\text{proj}_{\boldsymbol{y}}\boldsymbol{x} = k\boldsymbol{u}$라고 하자(단, k는 실수).

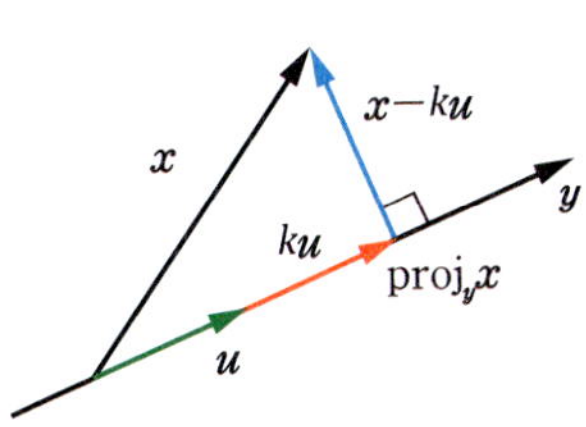

[그림 3-6] $\boldsymbol{x}$의 $\boldsymbol{y}$ 위로의 정사영

5 노름 $\|\boldsymbol{u}\|$가 1인 벡터 $\boldsymbol{u}$를 **단위벡터**(unit vector)라고 한다.

정사영의 정의에 의해 $(\boldsymbol{x}-k\boldsymbol{u})\cdot k\boldsymbol{u}=0$이다. 이 식을 k에 대해 풀면 $k=\dfrac{\boldsymbol{x}\cdot\boldsymbol{u}}{\boldsymbol{u}\cdot\boldsymbol{u}}$이다. 따라서 다음이 성립한다.

$$\mathrm{proj}_{\boldsymbol{y}}\boldsymbol{x}=k\boldsymbol{u}=\frac{\boldsymbol{x}\cdot\boldsymbol{u}}{\boldsymbol{u}\cdot\boldsymbol{u}}\boldsymbol{u}=\frac{\boldsymbol{x}\cdot\left(\dfrac{\boldsymbol{y}}{\|\boldsymbol{y}\|}\right)}{\dfrac{\boldsymbol{y}}{\|\boldsymbol{y}\|}\cdot\dfrac{\boldsymbol{y}}{\|\boldsymbol{y}\|}}\frac{\boldsymbol{y}}{\|\boldsymbol{y}\|}=\frac{\boldsymbol{x}\cdot\boldsymbol{y}}{\boldsymbol{y}\cdot\boldsymbol{y}}\boldsymbol{y}$$ ■

예제 3-17 정사영

벡터 $\boldsymbol{x}=(1,\ 1)$의 벡터 $\boldsymbol{y}=(2,\ 0)$ 위로의 정사영을 구하라.

풀이

[정리 3-7]에 의해 $\mathrm{proj}_{\boldsymbol{y}}\boldsymbol{x}=\dfrac{(1,\ 1)\cdot(2,\ 0)}{(2,\ 0)\cdot(2,\ 0)}(2,\ 0)=\dfrac{2}{4}(2,\ 0)=(1,\ 0)$이다.

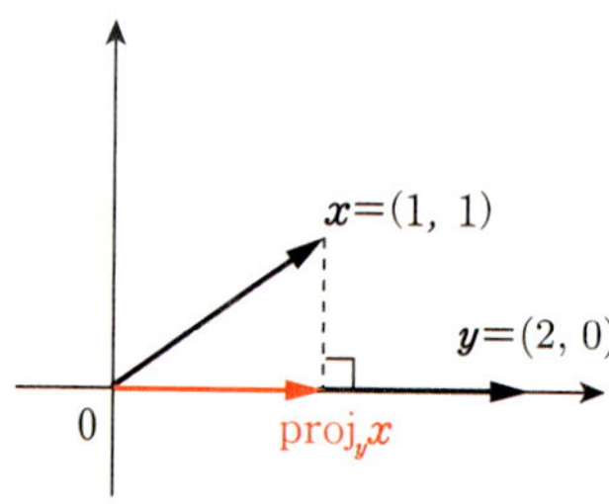

파이썬 코드

```python
import numpy as np

# 정사영을 구하는 함수
def proj_a_b(vec_1, vec_2):
    p = (np.dot(vec_1, vec_2)/np.dot(vec_2, vec_2))*vec_2
    return p

x = np.array([1, 1])
y = np.array([2, 0])

print("Projection of x onto y = ", proj_a_b(x, y))
```

실행 결과

```
Projection of x onto y =  [1. 0.]
```

만약 $\boldsymbol{x}=(0,\ 1)$이고 $\boldsymbol{y}=(c,\ 0)$ (단, $c\neq 0$)이면 $\mathrm{proj}_{\boldsymbol{y}}\boldsymbol{x}=0$이다.

예제 3-18 **정사영**

벡터 $\boldsymbol{x}=(4, 5)$의 벡터 $\boldsymbol{y}=(6, 1)$ 위로의 정사영을 구하라.

풀이

[정리 3-7]에 의해 $\text{proj}_{\boldsymbol{y}}\boldsymbol{x}=\dfrac{(4, 5)\cdot(6, 1)}{(6, 1)\cdot(6, 1)}(6, 1)=\dfrac{29}{37}(6, 1)$이다.

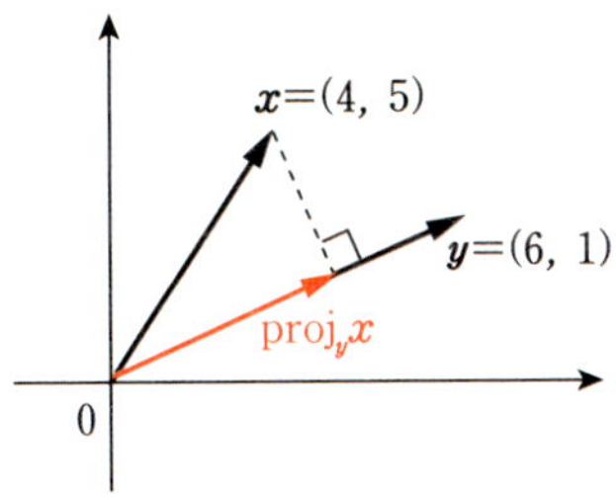

파이썬 코드

```
import numpy as np

# 정사영을 구하는 함수
def proj_a_b(vec_1, vec_2):
    p = (np.dot(vec_1, vec_2)/np.dot(vec_2, vec_2))*vec_2
    return p

x = np.array([4, 5])
y = np.array([6, 1])

print("Projection of x onto y = ", proj_a_b(x, y))
```

실행 결과

```
Projection of x onto y =  [4.7027027  0.78378378]
```

내적공간과 노름공간

이제 내적과 노름이 정의되는 벡터공간에 대해 알아보고자 한다. 앞서 [정의 3-11]에서는 특정 벡터공간인 $\mathbb{R}^n$에서의 내적을 정의하였다. 여기서는 실수 위에서 정의된 일반적인 벡터공간에서의 내적을 알아보고 이와 관련한 내적공간을 정의한다.

정의 3-15 **내적공간**

실수 위에서 정의된 벡터공간 V의 임의의 세 벡터 $\boldsymbol{x}$, $\boldsymbol{y}$, $\boldsymbol{z}$와 스칼라 α, β에 대해 다음 네 가지 조건을 만족하는 함수 $\langle\ ,\ \rangle : V \times V \to \mathbb{R}$, $(\boldsymbol{x}, \boldsymbol{y}) \mapsto \langle \boldsymbol{x}, \boldsymbol{y} \rangle$[6]를 **내적**(inner product)이라고 한다. 그리고 이와 같은 내적이 정의되는 벡터공간 V를 **내적공간**(inner product space)이라 하고 $\langle \boldsymbol{x}, \boldsymbol{y} \rangle$를 **$\boldsymbol{x}$와 $\boldsymbol{y}$의 내적**이라고 한다.

(1) $\langle \boldsymbol{x}, \boldsymbol{x} \rangle \geq 0$

(2) $\langle \boldsymbol{x}, \boldsymbol{x} \rangle = 0$일 필요충분조건은 $\boldsymbol{x} = \boldsymbol{0}$이다.

(3) $\langle \boldsymbol{x}, \boldsymbol{y} \rangle = \langle \boldsymbol{y}, \boldsymbol{x} \rangle$

(4) $\langle \alpha\boldsymbol{x} + \beta\boldsymbol{y}, \boldsymbol{z} \rangle = \alpha\langle \boldsymbol{x}, \boldsymbol{z} \rangle + \beta\langle \boldsymbol{y}, \boldsymbol{z} \rangle$

앞서 벡터공간 $V = \mathbb{R}^n$의 두 벡터 $\boldsymbol{x} = (x_1, \cdots, x_n)$, $\boldsymbol{y} = (y_1, \cdots, y_n)$에 대한 내적을 유클리드 내적 $\boldsymbol{x} \cdot \boldsymbol{y} = \sum_{i=1}^{n} x_i y_i$로 정의하였다. 이 내적은 [정의 3-15]의 네 가지 조건을 모두 만족하므로 유클리드 내적에 대해 $V = \mathbb{R}^n$은 내적공간이다.

또한 벡터공간 $V = M_{m \times n}(\mathbb{R})$을 실수 위에서 정의된 $m \times n$ 행렬의 모임이라고 할 때 $A, B \in M_{m \times n}(\mathbb{R})$의 내적을 다음과 같이 정의할 수 있다. 단, $A = (a_{ij})$, $B = (b_{ij})$이다.

$$\langle A, B \rangle = \sum_{i=1}^{m} \sum_{j=1}^{n} a_{ij} b_{ij} \qquad \cdots ①$$

이 내적의 의미는 무엇일까? 바로 두 행렬 A와 B의 성분끼리 곱한 후 합한 결과이다. 즉 이 내적은 $1 \times n$ 행렬인 n차원 벡터의 내적을 $m \times n$ 행렬로 자연스럽게 확장한 것이다.

6 $\mathbb{R}^n$에서의 내적은 $\boldsymbol{x} \cdot \boldsymbol{y}$로 표기하기도 한다.

예제 3-19 **내적공간**

실수 위에서 정의된 $m \times n$ 행렬의 모임 $V = M_{m \times n}(\mathbb{R})$은 식 ①의 내적이 정의된 내적공간임을 보여라.

풀이

$V = M_{m \times n}(\mathbb{R})$의 세 행렬 $A = (a_{ij})$, $B = (b_{ij})$, $C = (c_{ij})$와 스칼라 α, β에 대해 다음 네 가지 조건이 성립한다.

(1) $\langle A, A \rangle = \sum_{i=1}^{m}\sum_{j=1}^{n} a_{ij}^2 \geq 0$

(2) $\langle A, A \rangle = \sum_{i=1}^{m}\sum_{j=1}^{n} a_{ij}^2 = 0$일 필요충분조건은 모든 $1 \leq i \leq m$, $1 \leq j \leq n$에 대해 $a_{ij} = 0$인 것이다. 따라서 $\langle A, A \rangle = \sum_{i=1}^{n} a_{ij}^2 = 0$일 필요충분조건은 $A = O$이다.

(3) $\langle A, B \rangle = \sum_{i=1}^{m}\sum_{j=1}^{n} a_{ij} b_{ij} = \sum_{i=1}^{m}\sum_{j=1}^{n} b_{ij} a_{ij} = \langle B, A \rangle$

(4)
$$\begin{aligned}\langle \alpha A + \beta B, C \rangle &= \sum_{i=1}^{m}\sum_{j=1}^{n} (\alpha a_{ij} + \beta b_{ij})(c_{ij}) \\ &= \sum_{i=1}^{m}\sum_{j=1}^{n} (\alpha a_{ij} c_{ij} + \beta b_{ij} c_{ij}) \\ &= \sum_{i=1}^{m}\sum_{j=1}^{n} \alpha a_{ij} c_{ij} + \sum_{i=1}^{m}\sum_{j=1}^{n} \beta b_{ij} c_{ij} = \alpha \langle A, C \rangle + \beta \langle B, C \rangle\end{aligned}$$

따라서 [정의 3-15]에 의해 $V = M_{m \times n}(\mathbb{R})$은 주어진 내적이 정의된 내적공간이다.

예제 3-20 **내적공간**

구간 $[c, d]$ 위에서 정의된 연속함수 $f(x)$, $g(x)$로 이루어진 벡터공간 V가 다음과 같은 내적이 정의된 내적공간임을 보여라.

$$\langle f, g \rangle = \int_c^d f(x) g(x)\, dx$$

풀이

V의 세 연속함수 f, g, h와 실수 α, β에 대해 다음 네 가지 조건이 성립한다.

(1) $\langle f, f \rangle = \int_c^d f(x) f(x)\, dx = \int_c^d f(x)^2\, dx \geq \int_c^d 0\, dx \geq 0$

(2) $\langle f, f \rangle = 0$이라고 하자. 그러면 $\int_c^d f(x)^2\, dx = 0$이고 $f(x)^2 \geq 0$이므로, 임의의 $x \in \mathbb{R}$에 대해 $f(x)^2 = 0$이다. 즉 임의의 $x \in \mathbb{R}$에 대해 $f(x) = 0$이다.

(3) $\langle f, g \rangle = \int_c^d f(x)g(x)\, dx = \int_c^d g(x)f(x)\, dx = \langle g, f \rangle$

(4) $$\begin{aligned}\langle \alpha f + \beta g, h \rangle &= \int_c^d (\alpha f + \beta g)h\, dx = \int_c^d \alpha f h\, dx + \int_c^d \beta g h\, dx \\ &= \alpha \langle f, h \rangle + \beta \langle g, h \rangle\end{aligned}$$

따라서 [정의 3-15]에 의해 V는 주어진 내적이 정의된 내적공간이다.

이제 슈바르츠 방정식(Schwarz inequality)에 대해 알아보자.

정리 3-8 슈바르츠 부등식

내적공간 V의 두 벡터 $\boldsymbol{x}$, $\boldsymbol{y}$에 대해 다음이 성립한다.

$$|\langle \boldsymbol{x}, \boldsymbol{y} \rangle| \leq \sqrt{\langle \boldsymbol{x}, \boldsymbol{x} \rangle}\sqrt{\langle \boldsymbol{y}, \boldsymbol{y} \rangle}$$

다음으로 주어진 노름에 대해 몇 가지 성질을 만족하는 벡터공간에 대해 알아보자.

정의 3-16 노름공간

실수 위에서 정의된 벡터공간 V가 임의의 벡터 $\boldsymbol{x}$, $\boldsymbol{y}$와 스칼라 α에 대해 다음을 만족하는 함수 $\|\cdot\| : V \to \mathbb{R}$, $\boldsymbol{x} \mapsto \|\boldsymbol{x}\|$를 가질 때, V를 **노름공간**(normed space)이라 하고 $\|\boldsymbol{x}\|$를 $\boldsymbol{x}$의 **노름**(norm)이라고 한다.

(1) $\|\boldsymbol{x}\| \geq 0$

(2) $\|\boldsymbol{x}\| = 0$일 필요충분조건은 $\boldsymbol{x} = \boldsymbol{0}$이다.

(3) $\|\alpha \boldsymbol{x}\| = |\alpha|\, \|\boldsymbol{x}\|$

(4) $\|\boldsymbol{x} + \boldsymbol{y}\| \leq \|\boldsymbol{x}\| + \|\boldsymbol{y}\|$

예제 3-21 **노름공간**

실수 위에서 정의된 벡터공간 V가 내적공간이라고 하자. 그러면 V는 임의의 $\boldsymbol{x} \in V$에 대해 노름 $\|\boldsymbol{x}\| = \sqrt{\langle \boldsymbol{x}, \boldsymbol{x} \rangle}$가 정의된 노름공간임을 보여라.

풀이

벡터공간 V의 임의의 벡터 $\boldsymbol{x}$, $\boldsymbol{y}$와 스칼라 α에 대해 다음이 성립한다.

(1) $\langle \boldsymbol{x}, \boldsymbol{x} \rangle \geq 0$이므로 $\|\boldsymbol{x}\| \geq 0$

(2) $\|\boldsymbol{x}\| = 0 \Leftrightarrow \langle \boldsymbol{x}, \boldsymbol{x} \rangle = 0 \Leftrightarrow \boldsymbol{x} = 0$

(3) $\|\alpha\boldsymbol{x}\| = \sqrt{\langle \alpha\boldsymbol{x}, \alpha\boldsymbol{x} \rangle} = \sqrt{\alpha^2 \langle \boldsymbol{x}, \boldsymbol{x} \rangle} = |\alpha| \sqrt{\langle \boldsymbol{x}, \boldsymbol{x} \rangle} = |\alpha| \|\boldsymbol{x}\|$

(4)
$$\begin{aligned}(\|\boldsymbol{x}+\boldsymbol{y}\|)^2 &= \langle \boldsymbol{x}+\boldsymbol{y}, \boldsymbol{x}+\boldsymbol{y} \rangle \\ &= \langle \boldsymbol{x}, \boldsymbol{x} \rangle + 2\langle \boldsymbol{x}, \boldsymbol{y} \rangle + \langle \boldsymbol{y}, \boldsymbol{y} \rangle \\ &= \|\boldsymbol{x}\|^2 + 2\langle \boldsymbol{x}, \boldsymbol{y} \rangle + \|\boldsymbol{y}\|^2 \\ &\leq \|\boldsymbol{x}\|^2 + 2\|\boldsymbol{x}\| \|\boldsymbol{y}\| + \|\boldsymbol{y}\|^2 \quad \text{(슈바르츠 부등식에 의해)} \\ &= (\|\boldsymbol{x}\| + \|\boldsymbol{y}\|)^2\end{aligned}$$

따라서 $\|\boldsymbol{x}+\boldsymbol{y}\| \leq \|\boldsymbol{x}\| + \|\boldsymbol{y}\|$이다.

그러므로 [정의 3-16]에 의해 V는 주어진 노름이 정의된 노름공간이다. 따라서 내적공간은 노름공간이 된다고 말할 수 있다.

노름 개념은 유클리드 거리 개념을 추상화한 것이다. 유클리드 거리란 $\mathbb{R}^n$에 있는 임의의 두 점 사이의 거리를 의미한다. 이 개념은 피타고라스 정리와 관련이 있다. 이제 유클리드 거리 외의 다양한 거리 개념을 알아보자. 이와 같은 거리 개념은 다양한 데이터 사이의 거리를 구할 때 적용되므로 머신러닝에도 활용된다.

정의 3-17 **해밍 거리**

집합 $\mathbb{F}_2^n = \{(v_1, v_2, \cdots, v_n) \mid v_i = 0, 1 \ \forall i\}$는 벡터공간이다. $\mathbb{F}_2^n$의 두 원소 $\boldsymbol{v} = (v_1, v_2, \cdots, v_n)$, $\boldsymbol{w} = (w_1, w_2, \cdots, w_n)$ 사이의 **해밍 거리**(Hamming distance)는 다음과 같이 정의된다.

$$d_H(\boldsymbol{v}, \boldsymbol{w}) = \left| \{ i \mid v_i \neq w_i \ \forall i \} \right|$$

즉 $d_H(\boldsymbol{v}, \boldsymbol{w})$는 $\boldsymbol{v}$와 $\boldsymbol{w}$의 성분 중 서로 다른 성분들의 개수를 의미한다.

예제 3-22 해밍 거리

$\mathbb{F}_2^5$의 두 벡터 $\boldsymbol{v}$, $\boldsymbol{w}$가 $\boldsymbol{v}=(0, 1, 1, 0, 1)$, $\boldsymbol{w}=(1, 1, 0, 1, 0)$이라고 할 때, $\boldsymbol{v}$와 $\boldsymbol{w}$ 사이의 해밍 거리를 구하라.

풀이

$\boldsymbol{v}$와 $\boldsymbol{w}$의 두 번째 성분을 제외하고 모두 다르므로 $d_H(\boldsymbol{v}, \boldsymbol{w})=4$이다.

파이썬 코드

```
import numpy as np

# 해밍 거리를 구하는 함수
# len(vec) : vec의 성분 개수
def cal_hamming_dist(vec1, vec2):
    Num_vec = len(vec1)
    hamming_dist = 0
    for i in range(Num_vec):
        if vec1[i] != vec2[i]:
            hamming_dist = hamming_dist+1
    return hamming_dist

# v와 w 사이의 해밍 거리 계산
v = np.array([0,1,1,0,1])
w = np.array([1,1,0,1,0])
print("Hamming distance = ", cal_hamming_dist(v,w))
```

실행 결과

```
Hamming distance =  4
```

정의 3-18 맨하튼 거리

$\mathbb{R}^n$의 두 원소 $\boldsymbol{p}=(p_1, p_2, \cdots, p_n)$, $\boldsymbol{q}=(q_1, q_2, \cdots, q_n)$ 사이의 **맨하튼 거리**(Manhattan distance)는 다음과 같이 정의된다.

$$d_M(\boldsymbol{p}, \boldsymbol{q})=\sum_{i=1}^{n}|p_i-q_i|$$

예제 3-23 맨하튼 거리

[그림 3-7]에서 두 점 A, B 사이의 유클리드 거리와 맨하튼 거리를 구하라.

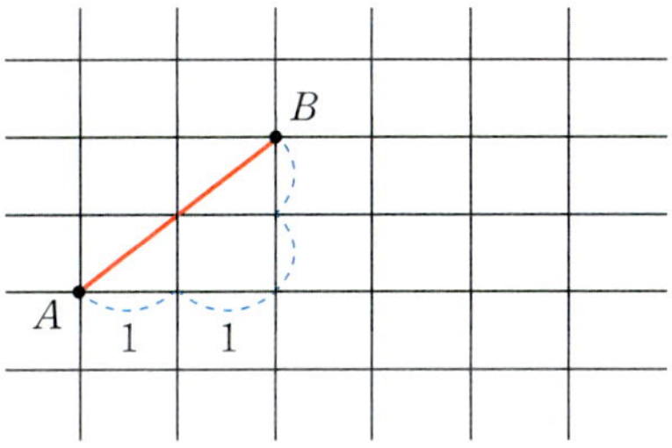

[그림 3-7] 두 점 A, B 사이의 거리

풀이

두 점 A, B 사이의 유클리드 거리를 $d_E(A, B)$라고 할 때 $d_E(A, B) = \sqrt{2^2 + 2^2} = 2\sqrt{2}$이다. 또한 두 점 A, B 사이의 맨하튼 거리는 A가 동쪽 방향으로 2만큼 간 후, 북쪽 방향으로 2만큼 이동하므로 $d_M(A, B) = 4$이다. 이를 좀 더 수학적으로 나타내기 위해 두 점 A, B를 $A(p_1, p_2)$, $B(q_1, q_2)$라고 하면 $d_M(A, B) = |p_1 - q_1| + |p_2 - q_2| = 2 + 2 = 4$이다.

이제 파이썬 코드를 이용해 두 점 사이의 맨하튼 거리를 구해보자.

파이썬 코드

```
import numpy as np

# 맨하튼 거리를 구하는 함수
def cal_Manhattan_dist(vec1, vec2):
    Manhattan_dist = np.sum(np.abs(vec1-vec2))
    return Manhattan_dist

# A=(1,1), B=(3,3)이라 할 때, 두 점 A, B 사이의 맨하튼 거리 계산
A = np.array([1,1])
B = np.array([3,3])
print("Manhattan distance = ", cal_Manhattan_dist(A,B))
```

실행 결과

```
Manhattan distance =  4
```

3.3 벡터의 미분

이제 벡터와 미분 개념을 연결해보자. 3.3절에서 살펴볼 그래디언트, 자코비안 행렬, 헤시안 행렬 개념은 이후 9장에서 한 번 더 자세히 살펴본다. 먼저 $\mathbb{R}^n$에서 $\mathbb{R}$로 가는 다변수함수 $f(x_1, x_2, \cdots, x_n)$은 벡터 $(x_1, x_2, \cdots, x_n)$에 대해 다음과 같이 미분할 수 있다.

정의 3-19 그래디언트

다변수함수 $f(x_1, x_2, \cdots, x_n)$의 벡터 $\boldsymbol{x} = (x_1, x_2, \cdots, x_n)$에 대한 미분은 다음과 같은 벡터로 정의한다. 이 벡터를 다변수함수 f의 **그래디언트**(gradient)라 하고 ∇f로 표기한다.

$$\nabla f = \frac{\partial f}{\partial \boldsymbol{x}} = \begin{bmatrix} \frac{\partial f}{\partial x_1} \\ \frac{\partial f}{\partial x_2} \\ \vdots \\ \frac{\partial f}{\partial x_n} \end{bmatrix}$$

참고로 변수가 여러 개인 다변수함수를 미분할 때는 기호 ∂를 사용한다. 예를 들어 $\frac{\partial f}{\partial x_i}$는 x_i만 변수로 보고 나머지는 상수로 취급하여 미분하라는 의미이다.

예제 3-24 그래디언트

주어진 다변수함수 $f(x, y, z)$에 대하여 ∇f를 구하라.

(a) $f(x, y, z) = xyz$

(b) $f(x, y, z) = x^2y^3 + z^2 + e^{xy}$

풀이

(a) $\frac{\partial f}{\partial x} = yz$, $\frac{\partial f}{\partial y} = xz$, $\frac{\partial f}{\partial z} = xy$이므로 다변수함수 f의 그래디언트는 $\nabla f = \begin{bmatrix} yz \\ xz \\ xy \end{bmatrix}$이다.

(b) $\dfrac{\partial f}{\partial x} = 2xy^3 + ye^{xy}$, $\dfrac{\partial f}{\partial y} = 3x^2y^2 + xe^{xy}$, $\dfrac{\partial f}{\partial z} = 2z$ 이므로 다변수함수 f의 그래디언트는 다음과 같다.

$$\nabla f = \begin{bmatrix} 2xy^3 + ye^{xy} \\ 3x^2y^2 + xe^{xy} \\ 2z \end{bmatrix}$$

파이썬 코드

```
from sympy import *
import numpy as np

# 문제 (a)
# symbols('x') : x를 미지수로 선언
# diff(f, x) : 함수 f를 x로 미분
x, y, z = symbols('x y z')
f = x*y*z

df_dx = diff(f, x)
df_dy = diff(f, y)
df_dz = diff(f, z)

gradient_f_1 = np.array([[df_dx], [df_dy], [df_dz]])
print("(a) gradient of f = \n", gradient_f_1)
print("\n")

# 문제 (b)
x, y, z = symbols('x y z')
f = x**2*y**3+z**2+exp(x*y)

df_dx = diff(f, x)
df_dy = diff(f, y)
df_dz = diff(f, z)

gradient_f_1 = np.array([[df_dx], [df_dy], [df_dz]])
print("(b) gradient of f = \n", gradient_f_1)
```

실행 결과

```
(a) gradient of f =
    [[y*z]
    [x*z]
    [x*y]]

(b) gradient of f =
    [[2*x*y**3 + y*exp(x*y)]
    [3*x**2*y**2 + x*exp(x*y)]
    [2*z]]
```

이번에는 $\mathbb{R}^n$에서 $\mathbb{R}^n$으로 가는 벡터함수를 벡터에 대해 미분하는 방법을 알아보자.

정의 3-20 **자코비안 행렬**

벡터함수 $F(x_1, \cdots, x_n) = \begin{bmatrix} f_1(x_1, \cdots, x_n) \\ f_2(x_1, \cdots, x_n) \\ \vdots \\ f_n(x_1, \cdots, x_n) \end{bmatrix}$에 대하여 각 변수 x_i에 대한 F의 미분은 다음과 같다.

$$\frac{\partial F}{\partial x_i} = \begin{bmatrix} \frac{\partial f_1}{\partial x_i} & \frac{\partial f_2}{\partial x_i} & \cdots & \frac{\partial f_n}{\partial x_i} \end{bmatrix}$$

$\boldsymbol{x} = (x_1, x_2, \cdots, x_n)$이라고 할 때, 벡터함수 F의 $\boldsymbol{x}$에 대한 미분은 다음과 같은 행렬로 정의한다. 이 행렬을 벡터함수 F의 **자코비안 행렬**(Jacobian matrix)이라 하고 J_F로 표기한다.

$$J_F = \frac{\partial F}{\partial \boldsymbol{x}} = \begin{bmatrix} \frac{\partial F}{\partial x_1} \\ \frac{\partial F}{\partial x_2} \\ \vdots \\ \frac{\partial F}{\partial x_n} \end{bmatrix}$$

예제 3-25 **자코비안 행렬**

벡터함수 $F(x, y, z) = \begin{bmatrix} x - y + z^2 \\ x\cos y \\ y^2 e^{3z} \end{bmatrix}$의 자코비안 행렬 J_F를 구하라.

풀이

$\frac{\partial F}{\partial x}$, $\frac{\partial F}{\partial y}$, $\frac{\partial F}{\partial z}$를 각각 구하면 다음과 같다.

$$\frac{\partial F}{\partial x} = \begin{bmatrix} \frac{\partial f_1}{\partial x} & \frac{\partial f_2}{\partial x} & \frac{\partial f_3}{\partial x} \end{bmatrix} = [1 \ \cos y \ \ 0]$$

$$\frac{\partial F}{\partial y} = \begin{bmatrix} \frac{\partial f_1}{\partial y} & \frac{\partial f_2}{\partial y} & \frac{\partial f_3}{\partial y} \end{bmatrix} = [-1 \ \ -x\sin y \ \ 2ye^{3z}]$$

$$\frac{\partial F}{\partial z} = \begin{bmatrix} \frac{\partial f_1}{\partial z} & \frac{\partial f_2}{\partial z} & \frac{\partial f_3}{\partial z} \end{bmatrix} = [2z \ 0 \ 3y^2 e^{3z}]$$

따라서 벡터함수 F의 자코비안 행렬은 다음과 같다.

$$\frac{\partial F}{\partial \boldsymbol{x}} = \begin{bmatrix} \dfrac{\partial F}{\partial x} \\ \dfrac{\partial F}{\partial y} \\ \dfrac{\partial F}{\partial z} \end{bmatrix} = \begin{bmatrix} 1 & \cos y & 0 \\ -1 & -x\sin y & 2ye^{3z} \\ 2z & 0 & 3y^2e^{3z} \end{bmatrix}$$

파이썬 코드

```
from sympy import *
import numpy as np

x, y, z = symbols('x y z')
F_1 = x-y+z**2
F_2 = x*cos(y)
F_3 = y**2*exp(3*z)

# F1, F2, F3를 x로 미분
df1_dx = diff(F_1, x)
df2_dx = diff(F_2, x)
df3_dx = diff(F_3, x)

# F1, F2, F3를 y로 미분
df1_dy = diff(F_1, y)
df2_dy = diff(F_2, y)
df3_dy = diff(F_3, y)

# F1, F2, F3를 z로 미분
df1_dz = diff(F_1, z)
df2_dz = diff(F_2, z)
df3_dz = diff(F_3, z)

Jacobian_F = np.array([[df1_dx, df2_dx, df3_dx], [df1_dy, df2_dy, df3_dy], [df1_dz, df2_dz, df3_dz]])
print("Jacobian of F = \n", Jacobian_F)
```

실행 결과

```
Jacobian of F =
 [[1 cos(y) 0]
 [-1 -x*sin(y) 2*y*exp(3*z)]
 [2*z 0 3*y**2*exp(3*z)]]
```

이번에는 $\mathbb{R}^n$에서 $\mathbb{R}$로 가는 다변수함수의 벡터에 대한 이차 미분인 헤시안 행렬을 생각해보자.

정의 3-21 **헤시안 행렬**

다변수함수 $f(x_1, x_2, \cdots, x_n)$에 대하여 벡터 $\boldsymbol{x} = (x_1, x_2, \cdots, x_n)$에 대한 이차 미분 $\dfrac{\partial^2 f}{\partial \boldsymbol{x}^2}$를 다음과 같은 행렬로 정의한다. 이 행렬을 다변수함수 f의 **헤시안 행렬**(Hessian matrix)이라 하고 $H(f)$로 표기한다.

$$H(f) = \frac{\partial^2 f}{\partial \boldsymbol{x}^2} = \begin{bmatrix} \dfrac{\partial^2 f}{\partial x_1^2} & \dfrac{\partial^2 f}{\partial x_1 \partial x_2} & \cdots & \dfrac{\partial^2 f}{\partial x_1 \partial x_n} \\ \dfrac{\partial^2 f}{\partial x_2 \partial x_1} & \dfrac{\partial^2 f}{\partial x_2^2} & \cdots & \dfrac{\partial^2 f}{\partial x_2 \partial x_n} \\ \vdots & \vdots & \ddots & \vdots \\ \dfrac{\partial^2 f}{\partial x_n \partial x_1} & \dfrac{\partial^2 f}{\partial x_n \partial x_2} & \cdots & \dfrac{\partial^2 f}{\partial x_n^2} \end{bmatrix}$$

예제 3-26 **헤시안 행렬**

다변수함수 $f(x, y, z) = x^2 - y^2 + z^3$의 헤시안 행렬 $H(f)$를 구하라.

풀이

$\dfrac{\partial f}{\partial x} = 2x$이므로 $\dfrac{\partial^2 f}{\partial x^2} = 2$, $\dfrac{\partial^2 f}{\partial y \partial x} = 0$, $\dfrac{\partial^2 f}{\partial z \partial x} = 0$이다.

$\dfrac{\partial f}{\partial y} = -2y$이므로 $\dfrac{\partial^2 f}{\partial x \partial y} = 0$, $\dfrac{\partial^2 f}{\partial y^2} = -2$, $\dfrac{\partial^2 f}{\partial z \partial y} = 0$이다.

$\dfrac{\partial f}{\partial z} = 3z^2$이므로 $\dfrac{\partial^2 f}{\partial x \partial z} = 0$, $\dfrac{\partial^2 f}{\partial y \partial z} = 0$, $\dfrac{\partial^2 f}{\partial z^2} = 6z$이다.

따라서 주어진 다변수함수 f의 헤시안 행렬은 $H(f) = \begin{bmatrix} 2 & 0 & 0 \\ 0 & -2 & 0 \\ 0 & 0 & 6z \end{bmatrix}$이다.

파이썬 코드

```
from sympy import *
import numpy as np

# diff(f, x, n) : 함수 f를 x로 n번 미분
# diff(f, x, y) : 함수 f를 x와 y 순으로 미분
x, y, z = symbols('x y z')
```

```
f = x**2-y**2+z**3

d2f_dx2 = diff(f, x, 2)
d2f_dyx = diff(f, y, x)
d2f_dzx = diff(f, z, x)

d2f_dxy = diff(f, x, y)
d2f_dy2 = diff(f, y, 2)
d2f_dzy = diff(f, z, y)

d2f_dxz = diff(f, x, z)
d2f_dyz = diff(f, y, z)
d2f_dz2 = diff(f, z, 2)

Hessian_f = np.array([[d2f_dx2, d2f_dyx, d2f_dzx], [d2f_dxy, d2f_dy2, d2f_dzy],
                      [d2f_dxz, d2f_dyz, d2f_dz2]])
print("Hessian of f = \n", Hessian_f)
```

실행 결과

```
Hessian of f =
 [[2 0 0]
 [0 -2 0]
 [0 0 6*z]]
```

헤시안 행렬 $H(f)$의 주대각 성분들의 합인 대각합 $tr(H(f))$를 라플라시안이라고 한다. 따라서 라플라시안은 행렬 $H(f)$의 고윳값[7]들의 합과 같다.

정의 3-22 라플라시안

다변수함수 $f(x_1, x_2, \cdots, x_n)$의 **라플라시안**(Laplacian)은 다음과 같이 정의한다.

$$\nabla^2 f = \frac{\partial^2 f}{\partial x_1^2} + \frac{\partial^2 f}{\partial x_2^2} + \cdots + \frac{\partial^2 f}{\partial x_n^2}$$

예제 3-27 라플라시안

주어진 다변수함수 f에 대하여 라플라시안 $\nabla^2 f$를 구하라.

(a) $f(x, y) = x^3 + 2x + y^2$

(b) $f(x, y, z) = x^3yz^2 + 2\cos y + xe^{yz}$

7 고윳값에 대한 내용은 5장에서 자세히 살펴본다.

풀이

(a) 다변수함수 f를 x에 대해 두 번 미분하면 $\frac{\partial^2 f}{\partial x^2}=6x$이다. 또한 다변수함수 f를 y에 대해 두 번 미분하면 $\frac{\partial^2 f}{\partial y^2}=2$이다. 따라서 다변수함수 f의 라플라시안은 $\nabla^2 f = 6x+2$이다.

(b) 다변수함수 f를 x에 대해 미분하면 $\frac{\partial f}{\partial x}=3x^2yz^2+e^{yz}$이므로 $\frac{\partial^2 f}{\partial x^2}=6xyz^2$이다. 또한 다변수함수 f를 y에 대해 미분하면 $\frac{\partial f}{\partial y}=x^3z^2-2\sin y+xze^{yz}$이므로 $\frac{\partial^2 f}{\partial y^2}=-2\cos y+xz^2e^{yz}$이다. 마지막으로 다변수함수 f를 z에 대해 미분하면 $\frac{\partial f}{\partial z}=2x^3yz+xye^{yz}$이므로 $\frac{\partial^2 f}{\partial z^2}=2x^3y+xy^2e^{yz}$이다. 따라서 다변수함수 f의 라플라시안은 다음과 같다.

$$\nabla^2 f = 6xyz^2-2\cos y+xz^2e^{yz}+2x^3y+xy^2e^{yz}$$

파이썬 코드

```
from sympy import *
import numpy as np

# 문제 (a)
x, y = symbols('x y')
f = x**3+2*x+y**2

d2f_dx2 = diff(f, x, 2)
d2f_dy2 = diff(f, y, 2)

Laplacian_f = d2f_dx2 + d2f_dy2
print("(a) Laplacian of f = ", Laplacian_f)
print("\n")

# 문제 (b)
x, y, z = symbols('x y z')
f = x**3*y*z**2+2*cos(y)+x*exp(y*z)

d2f_dx2 = diff(f, x, 2)
d2f_dy2 = diff(f, y, 2)
d2f_dz2 = diff(f, z, 2)

Laplacian_f = d2f_dx2 + d2f_dy2 + d2f_dz2
print("(b) Laplacian of f = ", Laplacian_f)
```

실행 결과

```
(a) Laplacian of f = 6*x + 2

(b) Laplacian of f = 6*x*y*z**2 + x*y*(2*x**2 + y*exp(y*z)) + x*z**2*exp(y*z) - 2*cos(y)
```

CHAPTER 03 연습문제

3.1 정수 $n \geq 1$에 대하여 집합 $\mathbb{P}_e$를 다음과 같이 다항식의 차수가 짝수인 모든 다항식의 집합이라고 할 때, 집합 $\mathbb{P}_e$가 벡터공간임을 보여라.

$$\mathbb{P}_e = \{p(t) \mid p(t) = a_0 + a_1 t^2 + a_2 t^4 + \cdots + a_n t^{2n},\ \text{계수 } a_i (i = 0, 1, \cdots, n)\text{는 실수},\ t\text{는 부정원(indeterminate)}\}$$

3.2 다음과 같은 집합 H가 $\mathbb{R}^3$의 부분공간임을 보여라.

$$H = \{(a, b, 0) \in \mathbb{R}^3 \mid a, b \in \mathbb{R}\}$$

3.3 다음과 같은 집합 H가 $\mathbb{R}^3$의 부분공간임을 보여라.

$$H = \{(3a, 2a - b, 4b) \in \mathbb{R}^3 \mid a, b \in \mathbb{R}\}$$

3.4 주어진 벡터가 각 벡터공간에서 선형독립인지 선형종속인지 판단하라.

(a) 벡터공간 $\mathbb{R}^3$의 벡터 $\boldsymbol{x}_1 = (1, 2, 3)$, $\boldsymbol{x}_2 = (-1, 0, 2)$, $\boldsymbol{x}_3 = (0, 2, 4)$

(b) 벡터공간 $\mathbb{P}_2$의 벡터 $p_1(t) = 1$, $p_2(t) = t - t^2$, $p_3(t) = 2t^2 - 2t + 5$

3.5 집합 $B = \{1, t, t^2, \cdots, t^n\}$이 벡터공간 $\mathbb{P}_n$의 기저임을 보여라.

3.6 벡터공간 $\mathbb{R}^3$의 세 벡터 $\boldsymbol{x}_1 = (1, 2, 0)$, $\boldsymbol{x}_2 = (0, 2, 4)$, $\boldsymbol{x}_3 = (3, 14, 16)$에 대하여 H를 $H = \mathrm{span}\{\boldsymbol{x}_1, \boldsymbol{x}_2, \boldsymbol{x}_3\}$라고 할 때, 부분공간 H의 기저를 구하라.

3.7 두 벡터 $\boldsymbol{x}=(1, 2, 3)$과 $\boldsymbol{y}=(2, -2, 1)$에 대해, $\boldsymbol{x}$의 $\boldsymbol{y}$ 위로의 정사영 $\text{proj}_{\boldsymbol{y}}\boldsymbol{x}$를 구하라.

3.8 두 벡터 $\boldsymbol{x}$와 $\boldsymbol{y}$가 이루는 각 θ에 대해 $\cos\theta$를 구하라.

(a) $\boldsymbol{x}=\begin{bmatrix} 1 \\ 3 \\ -2 \end{bmatrix}$, $\boldsymbol{y}=\begin{bmatrix} 2 \\ 1 \\ 3 \end{bmatrix}$

(b) $\boldsymbol{x}=\begin{bmatrix} 1 \\ -2 \\ 5 \\ -3 \end{bmatrix}$, $\boldsymbol{y}=\begin{bmatrix} 1 \\ 0 \\ 1 \\ 0 \end{bmatrix}$

3.9 벡터 $(x^2-1, 2)$가 두 벡터 $(2, x-1)$, (x, x^2+3x-4)와 직교한다고 할 때 x 값을 구하라.

3.10 두 벡터 $\boldsymbol{x}$와 $\boldsymbol{y}$에 대해 $\|\boldsymbol{x}\|=4$, $\|\boldsymbol{y}\|=1$이고, 두 벡터가 이루는 각이 $45°$라고 하자. 이때 $(2\boldsymbol{x}+3\boldsymbol{y})\cdot(\boldsymbol{x}-2\boldsymbol{y})$를 구하라.

3.11 [정리 3-8]의 슈바르츠 부등식을 증명하라. 즉 내적공간 V의 두 벡터 $\boldsymbol{x}$, $\boldsymbol{y}$에 대해 다음이 성립함을 보여라.

$$|\langle \boldsymbol{x}, \boldsymbol{y}\rangle| \leq \sqrt{\langle \boldsymbol{x}, \boldsymbol{x}\rangle}\sqrt{\langle \boldsymbol{y}, \boldsymbol{y}\rangle}$$

3.12 다변수함수 $f(x, y)=x^2+4y^2+7xy$의 그래디언트 ∇f를 구하라. 그리고 $(2, 5)$에서 다변수함수 f의 그래디언트를 구하라.

3.13 다변수함수 $f(x, y, z)=x^2+xy^2+yz+z$의 그래디언트 ∇f와 헤시안 행렬 $H(f)$를 구하라. 그리고 $(1, 2, 3)$에서 다변수함수 f의 그래디언트와 헤시안 행렬을 구하라.

CHAPTER 03 프로그래밍 실습

3.1 주어진 벡터 x, y, z, v, w에 대하여 다음을 구하라.

$$x=(1,0,1,0),\ y=(0,2,2,0),\ z=(1,0,1,2),\ v=(1,1,1,1),\ w=(2,2,0,1)$$

(a) x의 노름, y의 노름, z의 노름

(b) $x \cdot y$

(c) $z \cdot (x+y)$

(d) x와 v 사이의 해밍 거리

(e) v와 w 사이의 맨하튼 거리

파이썬 코드

```
import numpy as np

# 노름을 구하는 함수
def cal_norm(vec1):
    norm_vec = np.sqrt(np.sum(vec1*vec1))
    return norm_vec

# 내적을 구하는 함수
def cal_innerproduct(vec1, vec2):
    innerprod_vecs = np.sum(vec1*vec2)
    return innerprod_vecs

# 해밍 거리를 구하는 함수
def cal_hamming_dist(vec1, vec2):
    Num_vec = len(vec1)
    hamming_dist = 0
    for i in range(Num_vec):
        if vec1[i] != vec2[i]:
            hamming_dist = hamming_dist+1
    return hamming_dist

# 맨하튼 거리를 구하는 함수
def cal_Manhattan_dist(vec1, vec2):
    Manhattan_dist = np.sum(np.abs(vec1-vec2))
    return Manhattan_dist

# 벡터 x, y, z, v, w
x = np.array([1,0,1,0])
y = np.array([0,2,2,0])
z = np.array([1,0,1,2])
v = np.array([1,1,1,1])
w = np.array([2,2,0,1])
```

```python
# 문제 (a)
print("문제 (a)")
print("Norm of x = ", cal_norm(x))
print("Norm of y = ", cal_norm(y))
print("Norm of z = ", cal_norm(z))
print("\n")

# 문제 (b)
print("문제 (b)")
print("Inner product of x and y = ", cal_innerproduct(x,y))
print("\n")

# 문제 (c)
print("문제 (c)")
print("Inner product of z and x+y = ", cal_innerproduct(z, x+y))
print("\n")

# 문제 (d)
print("문제 (d)")
print("Hamming distance of x and v = ", cal_hamming_dist(x,v))
print("\n")

# 문제 (e)
print("문제 (e)")
print("Manhattan distance of v and w = ", cal_Manhattan_dist(v,w))
print("\n")
```

실행 결과

```
문제 (a)
Norm of x =  1.4142135623730951
Norm of y =  2.8284271247461903
Norm of z =  2.449489742783178

문제 (b)
Inner product of x and y =  2

문제 (c)
Inner product of z and x+y =  4

문제 (d)
Hamming distance of x and v =  2

문제 (e)
Manhattan distance of v and w =  3
```

3.2 다음과 같은 두 벡터 $\boldsymbol{x}$, $\boldsymbol{y}$가 이루는 각을 구하고, $\boldsymbol{x}$의 $\boldsymbol{y}$ 위로의 정사영 $\mathrm{proj}_{\boldsymbol{y}}\boldsymbol{x}$를 구하라.

(a) $\boldsymbol{x} = \begin{bmatrix} 1 \\ 0 \end{bmatrix}$, $\boldsymbol{y} = \begin{bmatrix} 4 \\ 4 \end{bmatrix}$

(b) $\boldsymbol{x} = \begin{bmatrix} 1 \\ 2 \\ 5 \end{bmatrix}$, $\boldsymbol{y} = \begin{bmatrix} 1 \\ -1 \\ 2 \end{bmatrix}$

(c) $\boldsymbol{x} = \begin{bmatrix} 0 \\ -1 \\ 2 \\ 2 \end{bmatrix}$, $\boldsymbol{y} = \begin{bmatrix} 1 \\ 1 \\ 3 \\ 2 \end{bmatrix}$

파이썬 코드

```
import numpy as np

# 두 벡터가 이루는 각을 구하는 함수
# np.linalg.norm(vec) : vec의 노름
# np.arctan() : tan()의 역함수 값
def angle_to_vectors(vec_1, vec_2):
    vec_1_norm = np.linalg.norm(vec_1)
    vec_2_norm = np.linalg.norm(vec_2)
    vec_1_2_dot = np.dot(vec_1.T, vec_2)
    angle = np.arctan(vec_1_2_dot/(vec_1_norm*vec_2_norm))*360/np.pi
    return angle

# 정사영을 구하는 함수
def Proj_onto(vec_1, vec_2):
    vec_2_1_dot = np.dot(vec_2.T, vec_1)
    vec_2_dot = np.dot(vec_2.T, vec_2)
    proj_vec = (vec_2_1_dot/vec_2_dot)*vec_2
    return proj_vec

# 문제 (a)
x = np.array([[1], [0]])
y = np.array([[4], [4]])
angle = angle_to_vectors(x, y)
projxy = Proj_onto(y, x)
print("문제 (a)")
print("x와 y가 이루는 각 = ", angle)
print("x의 y 위로의 정사영 = \n", projxy)
print("\n")

# 문제 (b)
x = np.array([[1], [2], [5]])
y = np.array([[1], [-1], [2]])
angle = angle_to_vectors(x, y)
projxy = Proj_onto(y, x)
print("문제 (b)")
print("x와 y가 이루는 각 = ", angle)
```

```
print("x의 y 위로의 정사영 = \n", projxy)
print("\n")

# 문제 (c)
x = np.array([[0], [-1], [2], [2]])
y = np.array([[1], [1], [3], [2]])
angle = angle_to_vectors(x, y)
projxy = Proj_onto(y, x)
print("문제 (c)")
print("x와 y가 이루는 각 = ", angle)
print("x의 y 위로의 정사영 = \n", projxy)
print("\n")
```

실행 결과

```
문제 (a)
x와 y가 이루는 각 =  [[70.52877937]]
x의 y 위로의 정사영 =
 [[4.]
 [0.]]

문제 (b)
x와 y가 이루는 각 =  [[67.70902963]]
x의 y 위로의 정사영 =
 [[0.3]
 [0.6]
 [1.5]]

문제 (c)
x와 y가 이루는 각 =  [[75.52248781]]
x의 y 위로의 정사영 =
 [[ 0.]
 [-1.]
 [ 2.]
 [ 2.]]
```

3.3 다음과 같이 주어진 점 P를 포함하며 법선벡터[8]가 $\boldsymbol{n}$인 평면이 있다고 하자. 내적을 이용하여 이 평면과 점 P' 사이의 거리를 구하라.

(a) $P=(1, 9, 8)$, $\boldsymbol{n}=(7, 5, 2)$, $P'=(5, 1, 9)$

(b) $P=(1, 4, 5, 0)$, $\boldsymbol{n}=(4, 1, 2, 0)$, $P'=(17, 9, 4, 11)$

8 직선 또는 평면에 수직인 벡터를 **법선벡터**(normal vector)라고 한다.

파이썬 코드

```python
import numpy as np

# 평면과 점 사이의 거리를 구하는 함수
# np.absolute() : np.abs()와 같은 함수
def dist_Pt_to_Pl(P, N_vec, PP) :
    num = np.dot((PP-P).T, N_vec)
    N_norm = np.linalg.norm(N_vec)
    dist = np.absolute(num)/N_norm
    return dist

# 문제 (a)
print("문제 (a)")
P = np.array([1, 9, 8])
N = np.array([7, 5, 2])
PP = np.array([5, 1, 9])
print("평면과 점 사이의 거리 = ", dist_Pt_to_Pl(P, N, PP))
print("\n")

# 문제 (b)
print("문제 (b)")
P = np.array([1, 4, 5, 0])
N = np.array([4, 1, 2, 0])
PP = np.array([17, 9, 4, 11])
print("평면과 점 사이의 거리 = ", dist_Pt_to_Pl(P, N, PP))
print("\n")
```

실행 결과

```
문제 (a)
평면과 점 사이의 거리 =  1.1322770341445956

문제 (b)
평면과 점 사이의 거리 =  14.62059864581149
```

CHAPTER

04

선형변환과 랭크 정리

• Contents

선형변환은 우리 일상생활에서 자주 마주치는 함수이다. 거울을 통해서 본 자신의 모습은 좌우가 대칭인 선형변환이고, 핸드폰의 줌 기능을 이용해 사물을 보는 것은 확대 혹은 축소하는 선형변환이다. 또한 디지털 사진에 적용되는 선형필터도 선형변환이다. 선형변환 개념은 머신러닝에서 종종 쓰인다. 이 장에서는 선형변환에 대해 설명하고 이 개념이 이전 장에서 학습한 행렬과 근본적으로 같음을 보이고자 한다. 또한 주어진 행렬의 랭크와 영공간의 차원의 합이 그 행렬의 열의 개수와 같다는 랭크 정리를 직접 증명한다.

학습목표

1. 선형변환의 정의를 이해하고, 선형변환과 행렬의 관계를 알아본다.
2. 다양한 종류의 선형변환을 알아본다.
3. 부분공간 중 열공간, 행공간, 영공간에 대해 알아본다.
4. 계수와 퇴화차수를 정의하고, 두 개념을 연결하는 랭크 정리를 이해하고 증명한다.
5. 선형변환과 랭크 정리에 관한 파이썬 코드를 학습한다.

4.1 선형변환

벡터공간 V, W가 주어질 때 두 벡터공간 사이의 관계를 어떻게 이해할 수 있을까? 그리고 두 벡터공간이 본질적으로 같다는 것은 어떤 의미이며, 유사하다는 것은 어떤 의미일까? 이와 같은 질문에 답하기 위해서는 선형변환이라는 개념을 알아야 한다.

선형변환은 하나의 벡터공간 V에서 자기 자신 V 또는 다른 벡터공간 W로 가는 함수 L로서, V의 연산(벡터의 합과 스칼라곱)이 그대로 보존된다는 성질을 갖는다. 따라서 V의 원소들 사이의 연산값이 L에 의하여 이동된 원소(L의 상)들 사이의 연산값과 같다.

선형변환에는 다양한 종류가 있다. 실생활에서 쉽게 접할 수 있는 상황을 생각해보면 거울은 우리 모습의 좌우가 바뀐 상태를 반영하여 비춘다. 또한 망원경이나 현미경은 작은 물체를 크게 확대하지만 그 모양은 그대로 유지한다. 선형변환을 이용하면 이와 같은 성질을 수학적으로 설명할 수 있다. 선형변환은 다음과 같이 정의된다.

정의 4-1 선형변환

벡터공간 V에서 벡터공간 W로 가는 함수 $L : V \to W$가 다음 두 조건을 만족하면 L을 **선형변환**(linear transformation, linear map)이라고 한다.

(1) 모든 $\boldsymbol{x}, \boldsymbol{y} \in V$에 대해 $L(\boldsymbol{x}+\boldsymbol{y}) = L(\boldsymbol{x}) + L(\boldsymbol{y}) \in W$이다.

(2) 모든 $\boldsymbol{x} \in V$와 스칼라 α에 대해 $L(\alpha\boldsymbol{x}) = \alpha L(\boldsymbol{x}) \in W$이다.

[정의 4-1]의 (1)은 벡터 합 연산이 유지된다는 의미이고, (2)는 스칼라곱 연산이 유지된다는 의미이다. 선형변환을 그림으로 나타내면 [그림 4-1]과 같다.

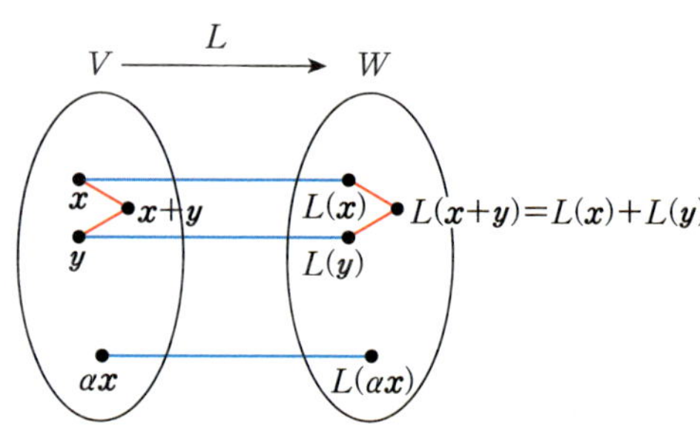

[그림 4-1] 선형변환 L

예제 4-1 **선형변환**

벡터공간 $V=\mathbb{R}^n$에 대해 V에서 V로 가는 함수 L이 $L(\boldsymbol{x})=3\boldsymbol{x}$일 때, L이 선형변환인지 확인하라.

풀이

(1) 모든 $\boldsymbol{x}, \boldsymbol{y} \in V$에 대해 다음과 같다.

$$L(\boldsymbol{x}+\boldsymbol{y})=3(\boldsymbol{x}+\boldsymbol{y})=3\boldsymbol{x}+3\boldsymbol{y}=L(\boldsymbol{x})+L(\boldsymbol{y})$$

(2) 모든 $\boldsymbol{x} \in V$와 스칼라 α에 대해 다음과 같다.

$$L(\alpha\boldsymbol{x})=3(\alpha\boldsymbol{x})=(3\alpha)\boldsymbol{x}=(\alpha 3)\boldsymbol{x}=\alpha(3\boldsymbol{x})=\alpha L(\boldsymbol{x})$$

따라서 (1), (2)에 의해 L은 선형변환이다.

일반적으로 $V=\mathbb{R}^n$에 대해 V에서 V로 가는 함수 L이 $L(\boldsymbol{x})=a\boldsymbol{x}$(단, a는 실수)로 정의되면 L은 선형변환이다. 만약 $a=0$이면 $L(\boldsymbol{x})=\boldsymbol{0}$이며 이를 **자명한 선형변환**(trivial linear transformation)이라고 한다. 만약 $a\neq 0$이면 이 선형변환 L은 일대일 대응 함수이다. 그 이유는 다음과 같다.

(i) 모든 $\boldsymbol{x}_1, \boldsymbol{x}_2 \in V=\mathbb{R}^n$에 대해 $L(\boldsymbol{x}_1)=L(\boldsymbol{x}_2)$라고 하자. 그러면 $a\boldsymbol{x}_1=a\boldsymbol{x}_2$이고 $a\neq 0$이므로, 양변을 a로 나누면 $\boldsymbol{x}_1=\boldsymbol{x}_2$이다. 따라서 L은 단사이다.

(ii) $\boldsymbol{y}$를 $V=\mathbb{R}^n$의 임의의 벡터라고 하자. $a\neq 0$이므로 $\boldsymbol{x}=\dfrac{\boldsymbol{y}}{a}$라고 하면 $L(\boldsymbol{x})=L\left(\dfrac{\boldsymbol{y}}{a}\right)=a\left(\dfrac{\boldsymbol{y}}{a}\right)=\boldsymbol{y}$이므로 L은 전사이다.

따라서 (i), (ii)에 의해 L은 일대일 대응 함수이다.

예제 4-2 **선형변환**

벡터공간 $V=\mathbb{R}^n$에 대해 V에서 V로 가는 함수 L이 $L(\boldsymbol{x})=a\boldsymbol{x}+b$(단, a, b는 실수이며 $b\neq 0$)일 때, L이 선형변환인지 확인하라.

풀이

L이 선형변환이라고 하면, 모든 $\boldsymbol{x}, \boldsymbol{y} \in V$에 대해 $L(\boldsymbol{x}+\boldsymbol{y})=L(\boldsymbol{x})+L(\boldsymbol{y})$가 성립해야 한다. $L(\boldsymbol{x}+\boldsymbol{y})$와 $L(\boldsymbol{x})+L(\boldsymbol{y})$를 각각 구하면 다음과 같다.

$$L(\boldsymbol{x}+\boldsymbol{y})=a(\boldsymbol{x}+\boldsymbol{y})+b=a\boldsymbol{x}+a\boldsymbol{y}+b$$
$$L(\boldsymbol{x})+L(\boldsymbol{y})=a\boldsymbol{x}+b+a\boldsymbol{y}+b$$

$L(\boldsymbol{x}+\boldsymbol{y}) = L(\boldsymbol{x}) + L(\boldsymbol{y})$이면, 즉 $a\boldsymbol{x}+a\boldsymbol{y}+b = a\boldsymbol{x}+b+a\boldsymbol{y}+b$이면 $b=0$이어야 한다. 이는 $b \neq 0$이라는 가정에 모순이다. 따라서 L은 선형변환이 아니다.

선형변환과 관련한 예를 몇 가지 더 생각해보자. 일반적으로 $V=\mathbb{R}^n$에 대해 V에서 V로 가는 함수 L이 $L(\boldsymbol{x}) = a\boldsymbol{x}^2$(단, $a \neq 0$은 실수)으로 정의되면 L은 선형변환일까? 만약 $n \geq 2$인 경우라면 $L(\boldsymbol{x}) = a\boldsymbol{x}^2$이 정의되지 않으므로 이 질문은 성립하지 않는다. 단 $n=1$인 경우에는 $L(x)=ax^2$이 정의되므로 질문이 성립한다. 모든 $x, y \in V$에 대해 $L(x+y)$와 $L(x)+L(y)$를 각각 구하면 다음과 같다.

$$L(x+y) = a(x+y)^2 = a(x+2xy+y^2) = ax^2+2axy+ay^2$$
$$L(x)+L(y) = ax^2+ay^2$$

따라서 $L(x+y)=L(x)+L(y)$이려면 $2axy=0$이어야 한다. 이때 x, y는 임의의 실수이므로 $a=0$이어야 한다. 이는 $a \neq 0$이라는 가정에 모순이다. 그러므로 L은 선형변환이 아니다.

그렇다면 $V=\mathbb{R}$에 대해 V에서 V로 가는 함수 L이 $L(x)=ax^m$(단, $m \geq 2$이고 $a \neq 0$은 실수)으로 정의되면 L은 선형변환일까? 이 경우에는 $L(1+1)=L(1)+L(1)$이 성립하는지 확인한다. $L(1+1)$ $=L(2)=a2^m$이고 $L(1)=a1^m=a$이므로, $L(1+1)=L(1)+L(1)$이 성립하려면 $a2^m=a+a$여야 한다. 즉 $2^m=2$이므로 $m=1$이어야 한다. 이는 $m \geq 2$라는 가정에 모순이다. 따라서 $L(1+1) \neq$ $L(1)+L(1)$이므로 L은 선형변환이 아니다.

위 내용으로부터 선형변환의 일반적인 형태를 구하는 일이 다소 어렵게 느껴질 수 있다. 하지만 선형변환의 두 조건을 만족하는 수학 개념을 우리는 이미 배웠다. 이제 이 내용을 좀 더 알아보자.

선형변환과 행렬

선형변환과 행렬 사이에는 어떤 관계가 있을까? $V=\mathbb{R}^2$이라 하고 임의의 $\boldsymbol{x} = \begin{bmatrix} x_1 \\ x_2 \end{bmatrix} \in V$에 대해 $L(\boldsymbol{x})=3\boldsymbol{x}$인 선형변환을 다음과 같이 조금 다르게 표현해보자.

$$L(\boldsymbol{x}) = L\begin{bmatrix} x_1 \\ x_2 \end{bmatrix} = 3\begin{bmatrix} x_1 \\ x_2 \end{bmatrix} = \begin{bmatrix} 3x_1 \\ 3x_2 \end{bmatrix} = \begin{bmatrix} 3 & 0 \\ 0 & 3 \end{bmatrix}\begin{bmatrix} x_1 \\ x_2 \end{bmatrix}$$

따라서 스칼라 3으로 표현한 선형변환 $3\boldsymbol{x}$는 대각행렬 $\begin{bmatrix} 3 & 0 \\ 0 & 3 \end{bmatrix}$을 이용해 표현할 수 있다. 여기서 아이디어를 얻어 대각행렬 대신 임의의 행렬로도 선형변환을 나타낼 수 있을지 생각해보자. 결론적으로 말하면 가능하다. 다음 정리를 통해 선형변환과 행렬의 관계를 정립해보자.

정리 4-1 **선형변환과 행렬의 관계**

두 벡터공간 $V=\mathbb{R}^n$, $W=\mathbb{R}^m$과 실수 위에서 정의된 $m\times n$ 행렬 A를 생각하자. 그러면 임의의 $n\times 1$ 열벡터 $\boldsymbol{x}\in\mathbb{R}^n$에 대해 $L(\boldsymbol{x})=A\boldsymbol{x}\in\mathbb{R}^m$으로 정의한 함수 L은 선형변환이다.

증명

임의의 벡터 $\boldsymbol{x}, \boldsymbol{y}\in V$와 스칼라 α에 대해 다음이 성립한다.

$$L(\boldsymbol{x}+\boldsymbol{y})=A(\boldsymbol{x}+\boldsymbol{y})=A\boldsymbol{x}+A\boldsymbol{y}=L(\boldsymbol{x})+L(\boldsymbol{y})$$
$$L(\alpha\boldsymbol{x})=A(\alpha\boldsymbol{x})=\alpha A\boldsymbol{x}=\alpha L(\boldsymbol{x})$$

따라서 L은 선형변환이다. ■

즉 [정리 4-1]에 따르면 행렬과 열벡터를 곱하여 선형변환을 얻을 수 있다. 놀라운 사실은 $V=\mathbb{R}^n$에서 $W=\mathbb{R}^m$으로 가는 임의의 선형변환 L을 행렬로 표현할 수 있다는 것이다. 다음 정리를 통해 이 사실을 살펴보자.

정리 4-2 **선형변환의 행렬 표현**

함수 $L:\mathbb{R}^n\to\mathbb{R}^m$이 선형변환이면 임의의 $\boldsymbol{x}\in\mathbb{R}^n$에 대해 $L(\boldsymbol{x})=A\boldsymbol{x}$를 만족하는 $m\times n$ 행렬 A가 존재한다.

증명

임의의 벡터 $\boldsymbol{x}=(x_1, x_2, \cdots, x_n)\in\mathbb{R}^n$은 $\mathbb{R}^n$의 표준기저 $\{\boldsymbol{e}_1, \boldsymbol{e}_2, \cdots, \boldsymbol{e}_n\}$을 이용하여 다음과 같이 표현할 수 있다.

$$\boldsymbol{x}=x_1\boldsymbol{e}_1+x_2\boldsymbol{e}_2+\cdots+x_n\boldsymbol{e}_n$$

따라서 다음이 성립한다.

$$\begin{aligned}L(\boldsymbol{x})&=L(x_1\boldsymbol{e}_1+x_2\boldsymbol{e}_2+\cdots+x_n\boldsymbol{e}_n)\\&=x_1L(\boldsymbol{e}_1)+x_2L(\boldsymbol{e}_2)+\cdots+x_nL(\boldsymbol{e}_n) \quad (L\text{이 선형변환이므로})\\&=\begin{bmatrix}L(\boldsymbol{e}_1) & L(\boldsymbol{e}_2) & \cdots & L(\boldsymbol{e}_n)\end{bmatrix}\begin{bmatrix}x_1\\x_2\\\vdots\\x_n\end{bmatrix}\end{aligned}$$

그러므로 $L(\boldsymbol{e}_i)$ (단, $i=1, 2, \cdots, n$)를 열벡터로 갖는 행렬을 A라고 하면, 즉 $A=\begin{bmatrix}L(\boldsymbol{e}_1) & L(\boldsymbol{e}_2) & \cdots & L(\boldsymbol{e}_n)\end{bmatrix}$이라고 하면 위 식은 $L(\boldsymbol{x})=A\boldsymbol{x}$를 만족한다. 따라서 $L(\boldsymbol{x})=A\boldsymbol{x}$를 만족하는 $m\times n$ 행렬 A가 존재한다. ■

결론을 말하면 본질적으로 유한차원 벡터공간에서 정의된 선형변환과 행렬이라는 개념은 서로 동일하다. 두 벡터공간 V, W 사이에 선형변환 L이 존재하면 두 벡터공간은 준동형(homomorphic)이라고 한다. 만약에 $\dim(W) = \dim(\mathrm{Im}(V))$라는 조건까지 추가로 성립한다면 두 벡터공간은 동형(isomorphic)이라고 한다. 여기서 $\mathrm{Im}(V)$는 $\{L(\boldsymbol{x}) \in W \mid \boldsymbol{x} \in V\}$를 의미한다.

예제 4-3 선형변환의 행렬 표현

벡터공간 $V = \mathbb{R}^n$에 대해 V에서 V로 가는 함수 L이 $L(\boldsymbol{x}) = 3\boldsymbol{x}$로 정의되면 L은 선형변환이다. $L(\boldsymbol{x}) = 3\boldsymbol{x} = A\boldsymbol{x}$를 만족하는 $n \times n$ 행렬 A를 구하라.

풀이

[정리 4-2]에 의해 구하고자 하는 행렬 A는 다음과 같다.

$$A = [L(\boldsymbol{e}_1)\ L(\boldsymbol{e}_2)\ \cdots\ L(\boldsymbol{e}_n)] = [3\boldsymbol{e}_1\ 3\boldsymbol{e}_2\ \cdots\ 3\boldsymbol{e}_n] = 3I_n$$

여기서 $\boldsymbol{e}_i$는 $n \times 1$ 열벡터이고, I_n은 $n \times n$ 단위행렬이다.

정의 4-2 표준행렬

[정리 4-2]에서 $L(\boldsymbol{x}) = A\boldsymbol{x}$를 만족하는 행렬 A를 선형변환 L의 **표준행렬**(standard matrix)이라고 한다.

예제 4-4 표준행렬

벡터공간 $V = \mathbb{R}^2$에 대해 L이 $L((1, 0)) = (2, 3)$, $L((1, 1)) = (4, 5)$를 만족하는 V에서 V로의 선형변환이라고 하자. 임의의 $\boldsymbol{x} \in \mathbb{R}^2$에 대해 $L(\boldsymbol{x}) = A\boldsymbol{x}$를 만족하는 2×2 표준행렬 A를 구하라.

풀이

$L(\boldsymbol{e}_1) = (2, 3)$이고 $L(\boldsymbol{e}_1 + \boldsymbol{e}_2) = (4, 5)$이므로 $L(\boldsymbol{e}_2)$는 다음과 같다.

$$L(\boldsymbol{e}_2) = (4, 5) - L(\boldsymbol{e}_1) = (4, 5) - (2, 3) = (2, 2)$$

따라서 $A = [L(\boldsymbol{e}_1)\ L(\boldsymbol{e}_2)]$이므로 구하고자 하는 행렬은 $A = \begin{bmatrix} 2 & 2 \\ 3 & 2 \end{bmatrix}$이다. 여기서 $L(\boldsymbol{e}_1)$과 $L(\boldsymbol{e}_2)$가 실제로는 열벡터이므로 행렬 A의 열벡터를 순서대로 적어야 함에 유의하자.

예제 4-5 **표준행렬**

벡터공간 $V=\mathbb{R}^2$에 대해 L이 $L((1,\ 2))=(2,\ 3)$, $L((3,\ 4))=(4,\ 5)$를 만족하는 V에서 V로의 선형변환이라고 하자. 임의의 $\boldsymbol{x}\in\mathbb{R}^2$에 대해 $L(\boldsymbol{x})=A\boldsymbol{x}$를 만족하는 2×2 표준행렬 A를 구하라.

풀이

$L(\boldsymbol{x})=A\boldsymbol{x}$라고 하면 $A\begin{bmatrix}1\\2\end{bmatrix}=\begin{bmatrix}2\\3\end{bmatrix}$, $A\begin{bmatrix}3\\4\end{bmatrix}=\begin{bmatrix}4\\5\end{bmatrix}$가 성립한다. 따라서 $A\begin{bmatrix}1&3\\2&4\end{bmatrix}=\begin{bmatrix}2&4\\3&5\end{bmatrix}$이므로 다음이 성립한다.

$$A=\begin{bmatrix}2&4\\3&5\end{bmatrix}\begin{bmatrix}1&3\\2&4\end{bmatrix}^{-1}=-\frac{1}{2}\begin{bmatrix}2&4\\3&5\end{bmatrix}\begin{bmatrix}4&-3\\-2&1\end{bmatrix}=-\frac{1}{2}\begin{bmatrix}0&-2\\2&-4\end{bmatrix}=\begin{bmatrix}0&1\\-1&2\end{bmatrix}$$

구한 행렬 A가 실제로 $A\begin{bmatrix}1\\2\end{bmatrix}=\begin{bmatrix}2\\3\end{bmatrix}$, $A\begin{bmatrix}3\\4\end{bmatrix}=\begin{bmatrix}4\\5\end{bmatrix}$를 만족하는지 확인해보자.

이제 자주 사용되는 선형변환인 반사변환과 회전변환의 표준행렬을 알아보자. 먼저 $\mathbb{R}^2$의 반사변환은 다음과 같이 정의한다.

정의 4-3 **반사변환**

$\mathbb{R}^2$의 벡터 $\begin{bmatrix}x\\y\end{bmatrix}$를 x축 또는 y축을 기준으로 반사하는 선형변환을 **반사변환**(reflection transformation)이라고 한다.

(1) 벡터 $\begin{bmatrix}x\\y\end{bmatrix}$를 x축을 기준으로 반사한 벡터 $\begin{bmatrix}x'\\y'\end{bmatrix}$은 다음과 같이 구한다.

$$\begin{bmatrix}x'\\y'\end{bmatrix}=\begin{bmatrix}1&0\\0&-1\end{bmatrix}\begin{bmatrix}x\\y\end{bmatrix}$$

따라서 $x'=x$이고 $y'=-y$이다. 이때 반사변환의 표준행렬은 $A=\begin{bmatrix}1&0\\0&-1\end{bmatrix}$이다.

(2) 벡터 $\begin{bmatrix}x\\y\end{bmatrix}$를 y축을 기준으로 반사한 벡터 $\begin{bmatrix}x'\\y'\end{bmatrix}$은 다음과 같이 구한다.

$$\begin{bmatrix}x'\\y'\end{bmatrix}=\begin{bmatrix}-1&0\\0&1\end{bmatrix}\begin{bmatrix}x\\y\end{bmatrix}$$

따라서 $x'=-x$이고 $y'=y$이다. 이때 반사변환의 표준행렬은 $A=\begin{bmatrix}-1&0\\0&1\end{bmatrix}$이다.

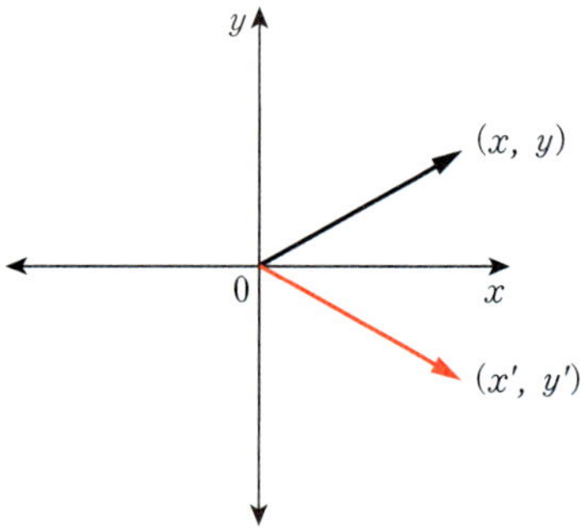

(a) x축 기준 반사변환

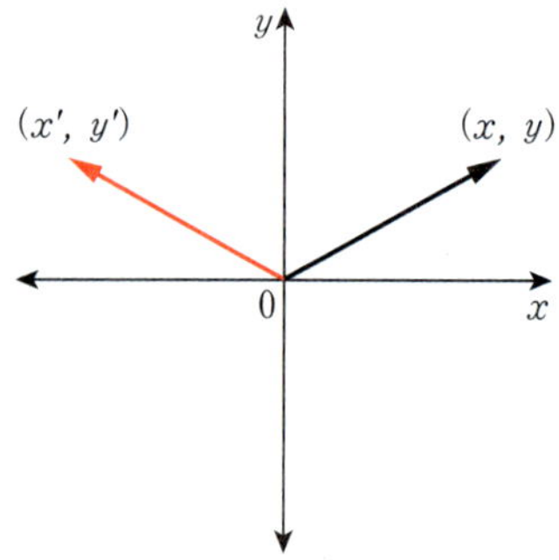

(b) y축 기준 반사변환

[그림 4-2] 반사변환

예제 4-6 **반사변환의 표준행렬**

반사변환의 표준행렬을 이용하여 다음 물음에 답하라.

(a) $\mathbb{R}^2$에서 벡터 $(2, 1)$을 x축을 기준으로 반사한 벡터를 구하라.

(b) $\mathbb{R}^2$에서 벡터 $(3, 5)$를 y축을 기준으로 반사한 벡터를 구하라.

풀이

(a) x축을 기준으로 한 반사변환의 표준행렬은 $A=\begin{bmatrix}1 & 0\\ 0 & -1\end{bmatrix}$이다. 따라서 $A\begin{bmatrix}2\\1\end{bmatrix}=\begin{bmatrix}1 & 0\\ 0 & -1\end{bmatrix}\begin{bmatrix}2\\1\end{bmatrix}=\begin{bmatrix}2\\-1\end{bmatrix}$이므로, 벡터 $(2, 1)$을 x축을 기준으로 반사한 벡터는 $(2, -1)$이다.

(b) y축을 기준으로 한 반사변환의 표준행렬은 $A=\begin{bmatrix}-1 & 0\\ 0 & 1\end{bmatrix}$이다. 따라서 $A\begin{bmatrix}3\\5\end{bmatrix}=\begin{bmatrix}-1 & 0\\ 0 & 1\end{bmatrix}\begin{bmatrix}3\\5\end{bmatrix}=\begin{bmatrix}-3\\5\end{bmatrix}$이므로, 벡터 $(3, 5)$를 y축을 기준으로 반사한 벡터는 $(-3, 5)$이다.

정의 4-4 **회전변환**

$\mathbb{R}^2$의 벡터 $\begin{bmatrix}x\\y\end{bmatrix}$를 반시계방향으로 각 θ만큼 회전이동하는 선형변환을 **회전변환**(rotation transformation)이라고 한다. 이때 벡터 $\begin{bmatrix}x\\y\end{bmatrix}$를 회전이동한 벡터 $\begin{bmatrix}x'\\y'\end{bmatrix}$은 다음과 같이 구한다.

$$\begin{bmatrix}x'\\y'\end{bmatrix}=\begin{bmatrix}\cos\theta & -\sin\theta\\ \sin\theta & \cos\theta\end{bmatrix}\begin{bmatrix}x\\y\end{bmatrix}$$

따라서 $x'=x\cos\theta-y\sin\theta$이고 $y'=x\sin\theta+y\cos\theta$이다. 이때 반시계방향으로 각 θ만큼 회전이동하는 회전변환의 표준행렬은 $A=\begin{bmatrix}\cos\theta & -\sin\theta\\ \sin\theta & \cos\theta\end{bmatrix}$이다.

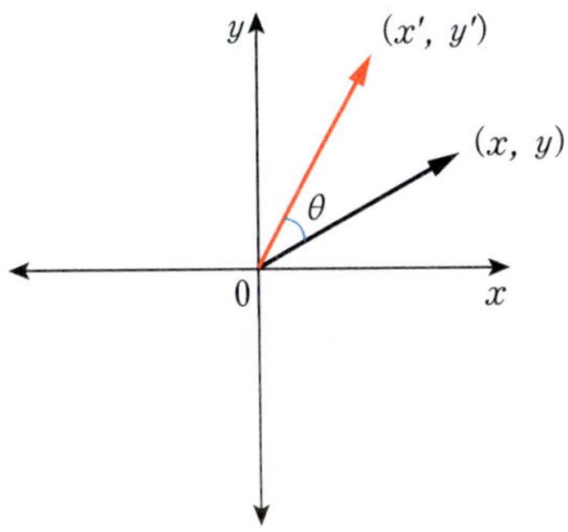

[그림 4-3] 회전변환

예제 4-7 **회전변환의 표준행렬**

반시계방향으로 30°, 45°, 60°, 90°만큼 회전이동하는 회전변환에 대응하는 표준행렬을 구하라.

풀이

30°, 45°, 60°, 90°에 해당하는 표준행렬은 각각 다음과 같다.

$$A_{30} = \begin{bmatrix} \frac{\sqrt{3}}{2} & -\frac{1}{2} \\ \frac{1}{2} & \frac{\sqrt{3}}{2} \end{bmatrix}, \quad A_{45} = \begin{bmatrix} \frac{\sqrt{2}}{2} & -\frac{\sqrt{2}}{2} \\ \frac{\sqrt{2}}{2} & \frac{\sqrt{2}}{2} \end{bmatrix}, \quad A_{60} = \begin{bmatrix} \frac{1}{2} & -\frac{\sqrt{3}}{2} \\ \frac{\sqrt{3}}{2} & \frac{1}{2} \end{bmatrix}, \quad A_{90} = \begin{bmatrix} 0 & -1 \\ 1 & 0 \end{bmatrix}$$

따라서 벡터 $\begin{bmatrix} x \\ y \end{bmatrix}$에 대해 $A_{90}\begin{bmatrix} x \\ y \end{bmatrix} = \begin{bmatrix} -y \\ x \end{bmatrix}$가 성립한다. 예를 들면 $A_{90}(e_1) = A_{90}\begin{bmatrix} 1 \\ 0 \end{bmatrix} = \begin{bmatrix} -0 \\ 1 \end{bmatrix} = \begin{bmatrix} 0 \\ 1 \end{bmatrix} = e_2$이고 $A_{90}\begin{bmatrix} 3 \\ 2 \end{bmatrix} = \begin{bmatrix} -2 \\ 3 \end{bmatrix}$이다.

합성변환과 역변환

함수에서 합성함수를 정의하는 것처럼 두 선형변환도 합성할 수 있고, 합성한 결과 역시 선형변환이다.

정의 4-5 **합성변환**

세 벡터공간 U, V, W에 대하여 두 선형변환 $L_1 : U \to V$와 $L_2 : V \to W$를 합성한 $L_2 \circ L_1 : U \to W$도 선형변환이다. 이를 두 선형변환 L_1, L_2의 **합성변환**(composite transformation)이라고 한다.

이제 합성변환의 표준행렬은 어떤 형태인지 알아보자.

정리 4-3 **합성변환의 표준행렬**

두 선형변환 $L_1 : U \rightarrow V$와 $L_2 : V \rightarrow W$의 표준행렬을 각각 A_1과 A_2라고 할 때, 합성변환 $L_2 \circ L_1 : U \rightarrow W$의 표준행렬은 $A_2 A_1$이다.

예제 4-8 **합성변환의 표준행렬**

두 선형변환 $L_1 : U \rightarrow V$와 $L_2 : V \rightarrow W$의 표준행렬이 각각 $A_1 = \begin{bmatrix} 0 & 1 \\ -1 & 2 \end{bmatrix}$와 $A_2 = \begin{bmatrix} 1 & 0 \\ 2 & 1 \end{bmatrix}$일 때, 합성변환 $L_2 \circ L_1 : U \rightarrow W$의 표준행렬을 구하라.

풀이

[정리 4-3]에 의해 합성변환 $L_2 \circ L_1$의 표준행렬은 $A_2 A_1 = \begin{bmatrix} 1 & 0 \\ 2 & 1 \end{bmatrix} \begin{bmatrix} 0 & 1 \\ -1 & 2 \end{bmatrix} = \begin{bmatrix} 0 & 1 \\ -1 & 4 \end{bmatrix}$이다.

파이썬 코드

```
import numpy as np

# 합성변환의 표준행렬을 구하는 함수
# A@B : 행렬 A와 B의 곱
def cal_CompositeTransformation(Matrix1, Matrix2):
    cal_Comp_Transformation = Matrix2@Matrix1
    return cal_Comp_Transformation

A_1 = np.array([[0, 1],
                [-1, 2]]);
A_2 = np.array([[1, 0],
                [2, 1]]);

print("L_2*L_1 = \n", cal_CompositeTransformation(A_1, A_2))
print("\n")
```

실행 결과

```
L_2*L_1 =
 [[ 0  1]
 [-1  4]]
```

실수에서 곱셈에 대한 항등원 1이 있듯이, 선형변환에서도 항등원 역할을 하는 선형변환이 있다.

정의 4-6 항등변환

벡터공간 V와 임의의 벡터 $\boldsymbol{x} \in V$에 대하여 $I_V : V \to V$, $I_V(\boldsymbol{x}) = \boldsymbol{x}$를 만족하는 선형변환 I_V를 **항등변환**(identity linear transformation)이라고 한다. 항등변환 I_V의 표준행렬은 단위행렬 I이다.

예제 4-9 항등변환

벡터공간 $\mathbb{R}^n$에서의 항등변환의 표준행렬을 구하라.

풀이

$\mathbb{R}^n$에서의 항등변환의 표준행렬은 $n \times n$ 단위행렬 I_n이다.

마찬가지로 실수 a의 곱셈에 대한 역원 a^{-1}가 있듯이, 선형변환에서 역원 역할을 하는 역변환을 다음과 같이 정의할 수 있다.

정의 4-7 역변환

두 선형변환 $L_1 : U \to V$와 $L_2 : V \to U$에 대하여 $L_2 \circ L_1 = I_U$, $L_1 \circ L_2 = I_V$가 성립할 때, L_2를 L_1의 **역변환**(inverse linear transformation)이라 하고 $L_2 = L_1^{-1}$로 표기한다. 마찬가지로 L_1을 L_2의 역변환이라 하며 $L_1 = L_2^{-1}$로 표기한다.

만약 정의역과 공역이 동일한, 즉 $U = V$인 선형변환 $L : V \to V$의 역변환이 존재하고 선형변환 L의 표준행렬이 A라면 역변환 L^{-1}의 표준행렬은 A^{-1}이다.

예제 4-10 **역변환**

선형변환 $L:\mathbb{R}^2 \to \mathbb{R}^2$의 표준행렬이 $A=\begin{bmatrix}1 & 2\\1 & 3\end{bmatrix}$이라고 할 때, 역변환 L^{-1}의 표준행렬을 구하라. 그리고 $L^{-1}((1,\ 2))$를 구하라.

풀이

역변환 L^{-1}의 표준행렬은 $A^{-1}=\begin{bmatrix}1 & 2\\1 & 3\end{bmatrix}^{-1}=\dfrac{1}{3-2}\begin{bmatrix}3 & -2\\-1 & 1\end{bmatrix}=\begin{bmatrix}3 & -2\\-1 & 1\end{bmatrix}$이다.

따라서 $L^{-1}((1,\ 2))=\begin{bmatrix}3 & -2\\-1 & 1\end{bmatrix}\begin{bmatrix}1\\2\end{bmatrix}=\begin{bmatrix}-1\\1\end{bmatrix}$이다.

파이썬 코드

```python
import numpy as np

# 역변환의 표준행렬을 구하는 함수
def cal_InverseTransformation(Matrix1):
    cal_Inv_Transformation = np.linalg.inv(Matrix1)
    return cal_Inv_Transformation

A = np.array([[1, 2],
              [1, 3]]);

print("Inverse transformation of L = \n", cal_InverseTransformation(A))
print("\n")

print("L^(-1)(1,2) = ", np.matmul(cal_InverseTransformation(A), np.array([1,2])))
print("\n")
```

실행 결과

```
Inverse transformation of L =
 [[ 3. -2.]
 [-1.  1.]]

L^(-1)(1,2) = [-1.  1.]
```

직교연산자

지금까지 $L: U \to V$ 형태의 선형변환을 주로 살펴보았다. 만약 선형변환의 정의역과 공역이 동일하다면, 즉 $U=V$를 만족한다면 선형변환 $L: V \to V$를 **선형연산자**(linear operator)라고 한다. 선형연산자 중에서 다음과 같이 내적을 보존하는 성질을 갖는 직교연산자에 대해 알아보자.

정의 4-8 **직교연산자**

선형연산자 $L: V \to V$와 모든 $\boldsymbol{x}, \boldsymbol{y} \in V$에 대하여 $L(\boldsymbol{x}) \cdot L(\boldsymbol{y}) = \boldsymbol{x} \cdot \boldsymbol{y}$이면 L을 **직교연산자**(orthogonal linear operator)라고 한다. 참고로 $\cdot$은 앞에서 살펴본 내적을 의미한다.

L이 직교연산자일 때 만약 $\boldsymbol{x} \cdot \boldsymbol{y} = 0$이면 $L(\boldsymbol{x}) \cdot L(\boldsymbol{y}) = 0$이고, 그 역도 성립한다. 따라서 L이 직교연산자이면 서로 직교하는 두 벡터 $\boldsymbol{x}$, $\boldsymbol{y}$의 상도 서로 직교한다.

예제 4-11 **직교연산자**

선형변환 $L: \mathbb{R}^2 \to \mathbb{R}^2$의 표준행렬이 $A = \begin{bmatrix} \frac{\sqrt{2}}{2} & \frac{\sqrt{2}}{2} \\ \frac{\sqrt{2}}{2} & -\frac{\sqrt{2}}{2} \end{bmatrix}$라고 할 때, L이 직교연산자임을 보여라.

풀이

$L(\boldsymbol{x}) = A\boldsymbol{x}$이고 $\boldsymbol{x} \cdot \boldsymbol{y} = \boldsymbol{x}^{\mathrm{T}}\boldsymbol{y}$이므로 다음과 같다.

$$\begin{aligned} L(\boldsymbol{x}) \cdot L(\boldsymbol{y}) &= A\boldsymbol{x} \cdot A\boldsymbol{y} = (A\boldsymbol{x})^{\mathrm{T}} A\boldsymbol{y} \\ &= \boldsymbol{x}^{\mathrm{T}} A^{\mathrm{T}} A\boldsymbol{y} = \boldsymbol{x}^{\mathrm{T}} \begin{bmatrix} \frac{\sqrt{2}}{2} & \frac{\sqrt{2}}{2} \\ -\frac{\sqrt{2}}{2} & \frac{\sqrt{2}}{2} \end{bmatrix} \begin{bmatrix} \frac{\sqrt{2}}{2} & -\frac{\sqrt{2}}{2} \\ \frac{\sqrt{2}}{2} & \frac{\sqrt{2}}{2} \end{bmatrix} \boldsymbol{y} \\ &= \boldsymbol{x}^{\mathrm{T}} I_2 \boldsymbol{y} = \boldsymbol{x}^{\mathrm{T}}\boldsymbol{y} = \boldsymbol{x} \cdot \boldsymbol{y} \end{aligned}$$

따라서 L은 직교연산자이다.

[예제 4-11]에서 본 것처럼 L이 직교연산자이기 위한 필요충분조건은 L의 표준행렬 A가 $A^{\mathrm{T}}A = I$를 만족하는 것이다.

정리 4-4 **노름을 보존하는 선형연산자**

선형연산자 $L: \mathbb{R}^n \to \mathbb{R}^n$이 모든 $\boldsymbol{x} \in \mathbb{R}^n$에 대해 $\|L(\boldsymbol{x})\| = \|\boldsymbol{x}\|$일 필요충분조건은 모든 $\boldsymbol{x}, \boldsymbol{y} \in \mathbb{R}^n$에 대해 $L(\boldsymbol{x}) \cdot L(\boldsymbol{y}) = \boldsymbol{x} \cdot \boldsymbol{y}$가 성립하는 것이다.

증명

증명하기에 앞서 벡터 $\boldsymbol{x}=(x_1, x_2, \cdots, x_n) \in \mathbb{R}^n$에 대해 $\|\boldsymbol{x}\|=\sqrt{x_1^2+x_2^2+\cdots+x_n^2}$ 임을 기억하자.

($\Leftarrow$) 우선 $L(\boldsymbol{x}) \cdot L(\boldsymbol{y})=\boldsymbol{x} \cdot \boldsymbol{y}$라고 가정하자. 이때 $\boldsymbol{x}=\boldsymbol{y}$라고 하면 다음이 성립한다.

$$L(\boldsymbol{x}) \cdot L(\boldsymbol{y})=L(\boldsymbol{x}) \cdot L(\boldsymbol{x})=\|L(\boldsymbol{x})\|^2$$
$$\boldsymbol{x} \cdot \boldsymbol{y}=\boldsymbol{x} \cdot \boldsymbol{x}=\|\boldsymbol{x}\|^2$$

따라서 $\|L(\boldsymbol{x})\|^2=\|\boldsymbol{x}\|^2$이 성립하므로 $\|L(\boldsymbol{x})\|=\|\boldsymbol{x}\|$이다.

($\Rightarrow$) 모든 $\boldsymbol{x} \in \mathbb{R}^n$에 대해 $\|L(\boldsymbol{x})\|=\|\boldsymbol{x}\|$라고 가정하자. 또한 $\boldsymbol{x}, \boldsymbol{y} \in \mathbb{R}^n$이라고 하면 $\|L(\boldsymbol{x}+\boldsymbol{y})\|=\|\boldsymbol{x}+\boldsymbol{y}\|$이므로 $\|L(\boldsymbol{x}+\boldsymbol{y})\|^2=\|\boldsymbol{x}+\boldsymbol{y}\|^2$이 성립한다. 이때 $\|L(\boldsymbol{x}+\boldsymbol{y})\|^2$과 $\|\boldsymbol{x}+\boldsymbol{y}\|^2$을 각각 계산하면 다음과 같다.

$$\begin{aligned}\|L(\boldsymbol{x}+\boldsymbol{y})\|^2 &= L(\boldsymbol{x}+\boldsymbol{y}) \cdot L(\boldsymbol{x}+\boldsymbol{y}) \quad \text{(노름의 정의에 의해)} \\ &= (L(\boldsymbol{x})+L(\boldsymbol{y})) \cdot (L(\boldsymbol{x})+L(\boldsymbol{y})) \quad (L\text{이 선형변환이므로}) \\ &= L(\boldsymbol{x}) \cdot L(\boldsymbol{x})+L(\boldsymbol{x}) \cdot L(\boldsymbol{y})+L(\boldsymbol{y}) \cdot L(\boldsymbol{x})+L(\boldsymbol{y}) \cdot L(\boldsymbol{y}) \\ &= \|L(\boldsymbol{x})\|^2+\|L(\boldsymbol{y})\|^2+2L(\boldsymbol{x}) \cdot L(\boldsymbol{y})\end{aligned}$$

$$\begin{aligned}\|\boldsymbol{x}+\boldsymbol{y}\|^2 &= (\boldsymbol{x}+\boldsymbol{y}) \cdot (\boldsymbol{x}+\boldsymbol{y}) \\ &= \boldsymbol{x} \cdot \boldsymbol{x}+\boldsymbol{x} \cdot \boldsymbol{y}+\boldsymbol{y} \cdot \boldsymbol{x}+\boldsymbol{y} \cdot \boldsymbol{y} \\ &= \|\boldsymbol{x}\|^2+\|\boldsymbol{y}\|^2+2\boldsymbol{x} \cdot \boldsymbol{y}\end{aligned}$$

따라서 $\|L(\boldsymbol{x})\|^2+\|L(\boldsymbol{y})\|^2+2L(\boldsymbol{x}) \cdot L(\boldsymbol{y})=\|\boldsymbol{x}\|^2+\|\boldsymbol{y}\|^2+2\boldsymbol{x} \cdot \boldsymbol{y}$이다. 가정에 의해 $\|L(\boldsymbol{x})\|=\|\boldsymbol{x}\|$이고 $\|L(\boldsymbol{y})\|=\|\boldsymbol{y}\|$이므로 $L(\boldsymbol{x}) \cdot L(\boldsymbol{y})=\boldsymbol{x} \cdot \boldsymbol{y}$가 성립한다. ■

즉 [정리 4-4]에서 모든 $\boldsymbol{x} \in \mathbb{R}^n$에 대해 $\|L(\boldsymbol{x})\|=\|\boldsymbol{x}\|$가 성립한다는 것은 L이 직교연산자라는 말과 동치이다. 따라서 직교연산자는 **노름을 보존하는 선형연산자**(norm-preserving linear operator)라고도 한다.

회전변환과 반사변환은 대표적인 직교연산자이다. 왜냐하면 두 선형변환은 모두 노름을 보존하기 때문이다. 그러나 벡터의 크기를 크게 하거나 작게 하는 선형변환은 직교연산자가 될 수 없다.

예제 4-12 노름을 보존하는 선형연산자

선형변환 $L:\mathbb{R}^4 \to \mathbb{R}^4$의 표준행렬이 $A=\begin{bmatrix}0&1&0&0\\0&0&1&0\\1&0&0&0\\0&0&0&1\end{bmatrix}$이라고 할 때, L이 노름을 보존함을 보여라.

풀이

노름을 보존하는 선형연산자는 직교연산자와 같으므로 $A^TA=I_4$임을 확인하면 된다. 실제로 다음을 만족한다.

$$A^TA=\begin{bmatrix}0&0&1&0\\1&0&0&0\\0&1&0&0\\0&0&0&1\end{bmatrix}\begin{bmatrix}0&1&0&0\\0&0&1&0\\1&0&0&0\\0&0&0&1\end{bmatrix}=\begin{bmatrix}1&0&0&0\\0&1&0&0\\0&0&1&0\\0&0&0&1\end{bmatrix}=I_4$$

파이썬 코드

```
import numpy as np

# 직교연산자인지 확인하는 함수
def check_OrthogonalOperator(Mat1):
    cal_mat_mul = Mat1.T@Mat1
    check_Orthogonal = np.array_equal(cal_mat_mul,  np.eye(A.shape[0]))
    return check_Orthogonal

# 행렬 A로 확인
A = np.array([[0, 1, 0, 0],
              [0, 0, 1, 0],
              [1, 0, 0, 0],
              [0, 0, 0, 1]]);
print("Orthogonal operator is", check_OrthogonalOperator(A))
print("\n")
```

실행 결과

```
Orthogonal operator is True
```

4.2 랭크 정리

이 절에서는 선형변환의 다양한 부분공간에 대해 알아보고, 각 공간이 서로 어떤 관계를 갖는지 살펴본다.

정의 4-9 열공간, 행공간, 영공간

선형변환 $L:\mathbb{R}^n \to \mathbb{R}^m$의 표준행렬인 $m\times n$ 행렬 A에 대하여 다음과 같이 정의한다.

(1) 행렬 A의 열벡터로 생성된 벡터공간을 A의 **열공간**(column space)이라 하고 $\mathrm{Col}(A)$로 표기한다.

$$\mathrm{Col}(A) := \mathrm{span}\{\text{행렬 } A\text{의 열벡터}\} \subseteq \mathbb{R}^m$$

(2) 행렬 A의 행벡터로 생성된 벡터공간을 A의 **행공간**(row space)이라 하고 $\mathrm{Row}(A)$로 표기한다.

$$\mathrm{Row}(A) := \mathrm{span}\{\text{행렬 } A\text{의 행벡터}\} \subseteq \mathbb{R}^n$$

(3) $L(\boldsymbol{x}) = A\boldsymbol{x} = 0$를 만족하는 벡터 $\boldsymbol{x} \in \mathbb{R}^n$의 집합을 A의 **영공간**(null space)[1] 또는 **핵**(kernel)이라 하고 $\mathrm{Nul}(A)$로 표기한다.

$$\mathrm{Nul}(A) := \{\boldsymbol{x} \in \mathbb{R}^n \mid L(\boldsymbol{x}) = A\boldsymbol{x} = 0\} \subseteq \mathbb{R}^n$$

즉 행렬 A의 영공간을 구하기 위해서는 $A\boldsymbol{x} = 0$의 해집합을 구하면 된다. 다음으로 행렬의 열공간의 차원을 정의해보자.

정의 4-10 랭크

$m\times n$ 행렬 A의 열공간의 차원을 A의 **랭크**(rank) 또는 **계수**라 하고 $\mathrm{rank}(A)$로 표기한다.

$$\mathrm{rank}(A) = \dim(\mathrm{Col}(A))$$

1 영공간을 'A를 패리티 검사 행렬(parity check matrix)로 갖는 오류 정정 부호(error-correcting code)'라고도 한다.

즉 행렬 A의 랭크는 열공간 $\mathrm{Col}(A)$의 기저의 원소 개수로 계산한다. $\mathrm{Col}(A)$는 $\mathbb{R}^m$의 부분공간이므로 $\mathrm{rank}(A) \le m$이다.

예제 4-13 선형변환의 부분공간과 랭크

행렬 $A = \begin{bmatrix} 1 & 0 & 1 \\ 0 & 1 & 2 \end{bmatrix}$에 대해 다음 물음에 답하라.

(a) A의 열공간과 랭크

(b) A의 행공간

(c) A의 영공간

풀이

(a) 행렬 A의 세 번째 열벡터는 $\begin{bmatrix} 1 \\ 2 \end{bmatrix} = 1\begin{bmatrix} 1 \\ 0 \end{bmatrix} + 2\begin{bmatrix} 0 \\ 1 \end{bmatrix}$로 표현할 수 있다. 그러므로 행렬 A의 열공간은 다음과 같다.

$$\begin{aligned} \mathrm{Col}(A) &= \left\{ a_1\begin{bmatrix} 1 \\ 0 \end{bmatrix} + a_2\begin{bmatrix} 0 \\ 1 \end{bmatrix} + a_3\begin{bmatrix} 1 \\ 2 \end{bmatrix} \,\middle|\, a_1,\ a_2,\ a_3 \in \mathbb{R} \right\} \\ &= \left\{ a_1\begin{bmatrix} 1 \\ 0 \end{bmatrix} + a_2\begin{bmatrix} 0 \\ 1 \end{bmatrix} \,\middle|\, a_1,\ a_2 \in \mathbb{R} \right\} \\ &= \mathrm{span}\left\{ \begin{bmatrix} 1 \\ 0 \end{bmatrix}, \begin{bmatrix} 0 \\ 1 \end{bmatrix} \right\} \end{aligned}$$

따라서 행렬 A의 랭크는 $\mathrm{rank}(A) = 2$이다.

(b) 먼저 $a_1[1\ 0\ 1] + a_2[0\ 1\ 2] = [0\ 0\ 0]$이라고 할 때 $a_1 = 0$, $a_2 = 0$이다. 따라서 $\{[1\ 0\ 1], [0\ 1\ 2]\}$는 선형독립이고 동시에 기저를 이룬다. 그러므로 행렬 A의 행공간은 다음과 같다.

$$\begin{aligned} \mathrm{Row}(A) &= \{ a_1[1\ 0\ 1] + a_2[0\ 1\ 2] \mid a_1,\ a_2 \in \mathbb{R} \} \\ &= \mathrm{span}\{[1\ 0\ 1], [0\ 1\ 2]\} \end{aligned}$$

따라서 행렬 A의 행공간의 차원은 $\dim(\mathrm{Row}(A)) = 2$이다.

(c) $\mathrm{Nul}(A) = \left\{ \boldsymbol{x} = \begin{bmatrix} x_1 \\ x_2 \\ x_3 \end{bmatrix} \in \mathbb{R}^3 \,\middle|\, A\boldsymbol{x} = \mathbf{0} \right\}$이다. 따라서 가우스-조르당 소거법을 이용하기 위하여 $[A \mid \mathbf{0}]$로 나타내면 $\left[\begin{array}{ccc|c} 1 & 0 & 1 & 0 \\ 0 & 1 & 2 & 0 \end{array}\right]$은 기약 행 사다리꼴이므로 $x_1 = -x_3$, $x_2 = -2x_3$이다. 이를 벡터 형태로 나타내기 위해 다음과 같이 표현한다.

$$\begin{aligned} x_1 &= 0x_1 + 0x_2 - x_3 \\ x_2 &= 0x_1 + 0x_2 - 2x_3 \\ x_3 &= 0x_1 + 0x_2 + x_3 \end{aligned}$$

따라서 $\begin{bmatrix} x_1 \\ x_2 \\ x_3 \end{bmatrix} = t\begin{bmatrix} -1 \\ -2 \\ 1 \end{bmatrix}$(단, t는 임의의 실수)이므로, $\text{Nul}(A) = \text{span}\left\{\begin{bmatrix} -1 \\ -2 \\ 1 \end{bmatrix}\right\}$이다. 그러므로 $\dim(\text{Nul}(A)) = 1$이다.

(a)와 (b)의 결과에 의하면 $\text{rank}(A) = \dim(\text{Row}(A))$이다. 또한 (a)~(c)의 결과에 의하면 $\text{rank}(A) + \dim(\text{Nul}(A)) = n$이다. 이 두 결과는 일반적으로 참이다. 파이썬 코드를 통해 행렬 A의 랭크를 구해보자.

파이썬 코드

```python
import numpy as np

# 랭크를 구하는 함수
# np.linalg.matrix_rank(A) : 행렬 A의 랭크
def Cal_rank(Mat_1):
    rank_r = np.linalg.matrix_rank(Mat_1)
    return rank_r

A = np.array([[1, 0, 1], [0, 1, 2]])
print("Rank(A) = ",  Cal_rank(A))
```

실행 결과

```
Rank(A) =  2
```

정리 4-5　영공간

선형변환 $L : \mathbb{R}^n \to \mathbb{R}^m$의 표준행렬 A의 영공간은 정의역 $\mathbb{R}^n$의 부분공간이다.

증명

(1) $A\mathbf{0} = \mathbf{0}$이므로 $\mathbf{0} \in \text{Nul}(A)$이다.

(2) $\boldsymbol{x}, \boldsymbol{y} \in \text{Nul}(A)$이면 $A(\boldsymbol{x}+\boldsymbol{y}) = A(\boldsymbol{x}) + A(\boldsymbol{y}) = \mathbf{0}$이므로 $\boldsymbol{x}+\boldsymbol{y} \in \text{Nul}(A)$이다.

(3) $\boldsymbol{x} \in \text{Nul}(A)$이면 임의의 스칼라 α에 대해 $A(\alpha\boldsymbol{x}) = \alpha A\boldsymbol{x} = \mathbf{0}$이므로 $\alpha\boldsymbol{x} \in \text{Nul}(A)$이다.

따라서 [정리 3-1]에 의해 행렬 A의 영공간 $\text{Nul}(A)$는 $\mathbb{R}^n$의 부분공간이다. ■

이제 행렬의 영공간의 차원을 정의해보자.

정의 4-11 **퇴화차수**

행렬 A의 영공간의 차원을 **퇴화차수**(nullity)라 하고 $\mathrm{nullity}(A)$로 표기한다. 즉 $\mathrm{nullity}(A) = \dim(\mathrm{Nul}(A))$이다.

예제 4-14 **퇴화차수**

행렬 $A = \begin{bmatrix} 1 & 1 & 3 & 2 \\ 0 & 1 & 2 & 2 \end{bmatrix}$의 퇴화차수를 구하라.

풀이

우선 행렬 A의 영공간을 구해보자. 이를 위해 다음과 같이 $[A \mid 0]$의 해를 구한다.

$$[A \mid 0] = \left[\begin{array}{cccc|c} 1 & 1 & 3 & 2 & 0 \\ 0 & 1 & 2 & 2 & 0 \end{array}\right] = \left[\begin{array}{cccc|c} 1 & 1 & 3 & 2 & 0 \\ 0 & 1 & 2 & 2 & 0 \end{array}\right] \sim \left[\begin{array}{cccc|c} 1 & 0 & 1 & 0 & 0 \\ 0 & 1 & 2 & 2 & 0 \end{array}\right]$$

따라서 $[A \mid 0]$의 해 $\boldsymbol{x}$는 다음과 같다.

$$\begin{cases} x_1 = -x_3 \\ x_2 = -2x_3 - 2x_4 \\ x_3 = x_3 \\ x_4 = x_4 \end{cases} \quad \Leftrightarrow \quad \boldsymbol{x} = \begin{bmatrix} -1 \\ -2 \\ 1 \\ 0 \end{bmatrix} s + \begin{bmatrix} 0 \\ -2 \\ 0 \\ 1 \end{bmatrix} t \quad (\text{단, } s, t\text{는 임의의 실수})$$

즉 행렬 A의 영공간은 $\mathrm{Nul}(A) = \mathrm{span}\left\{ \begin{bmatrix} -1 \\ -2 \\ 1 \\ 0 \end{bmatrix}, \begin{bmatrix} 0 \\ -2 \\ 0 \\ 1 \end{bmatrix} \right\}$이다. 따라서 행렬 A의 퇴화차수는 2이다.

파이썬 코드

```python
import numpy as np

# 퇴화차수를 구하는 함수
def cal_Nullity(Matrix_1):
    rank_Mat = np.linalg.matrix_rank(Matrix_1)
    Nullity_Mat = len(Matrix_1[0,:]) - rank_Mat
    return Nullity_Mat

A = np.array([[1, 1, 3, 2],
              [0, 1, 2, 2]]);
print("Nullity(A) = ", cal_Nullity(A))
print("\n")
```

실행 결과

```
Nullity(A) =  2
```

마지막으로 열공간, 행공간, 영공간의 차원 사이에 성립하는 관계를 나타내는 랭크 정리(rank theorem)를 알아보자.

정리 4-6 **랭크 정리**

$m \times n$ 행렬 A에 대하여 다음이 성립한다.

$$\dim(\text{Col}(A)) + \dim(\text{Nul}(A)) = n$$

다시 말해 행렬 A의 랭크와 퇴화차수의 합은 A의 열벡터 개수와 같다.

$$\text{rank}(A) + \text{nullity}(A) = n$$

증명

가우스-조르당 소거법에 의하여 행렬 A의 기약 행 사다리꼴 행렬 B에 대해 $A\boldsymbol{x} = 0 \Leftrightarrow B\boldsymbol{x} = 0$이다. 또한 $A = [\boldsymbol{a}_1, \boldsymbol{a}_2, \cdots, \boldsymbol{a}_n]$(단, 모든 i에 대해 $\boldsymbol{a}_i$는 행렬 A의 i번째 열벡터)이고, $\boldsymbol{x} = (x_1, x_2, \cdots, x_n)$이라고 하면 다음과 같이 나타낼 수 있다.

$$A\boldsymbol{x} = [\boldsymbol{a}_1, \boldsymbol{a}_2, \cdots, \boldsymbol{a}_n](x_1, x_2, \cdots, x_n)^{\text{T}} = x_1\boldsymbol{a}_1 + x_2\boldsymbol{a}_2 + \cdots + x_n\boldsymbol{a}_n \ (\text{행렬 } A\text{의 열벡터의 선형결합})$$

그러므로 $A\boldsymbol{x} = 0$를 만족하는 벡터 $\boldsymbol{x} \neq 0$는 행렬 A의 열벡터들이 선형종속이 되도록 만드는 계수(coefficient)이다. 따라서 행렬 A의 열벡터들의 선형종속을 생성하는 계수(즉 $\boldsymbol{x}$ 성분)는 행렬 B의 열들의 선형종속을 생성하는 계수와 같다. 즉 행렬 A의 선형종속인 열벡터의 위치와 행렬 B의 선형종속인 열벡터의 위치가 같다. 이 열들을 지우면 결국 $\text{Col}(A)$의 기저 개수와 $\text{Col}(B)$의 기저 개수가 같아진다. 그러나 일반적으로 $\text{Col}(A)$와 $\text{Col}(B)$는 같지 않다. 이유는 각자 생각해보자.

따라서 $\text{rank}(A) = \dim(\text{Col}(A)) = \dim(\text{Col}(B))$이다. 또한 $\dim(\text{Col}(B)) =$ (행렬 B의 피벗 개수)이다. 한편, $\dim(\text{Row}(A)) = \dim(\text{Row}(B)) =$ (행렬 B의 피벗 개수)이므로 $\text{nullity}(A) =$ (행렬 B의 열 중 피벗을 포함하지 않는 열의 개수)이다. 따라서 다음이 성립한다.

$$\begin{aligned}\text{rank}(A) + \text{nullity}(A) &= (\text{행렬 } B\text{의 피벗 개수}) \\ &\quad + (\text{행렬 } B\text{의 열 중 피벗을 포함하지 않는 열의 개수}) \\ &= (\text{행렬 } B\text{의 열의 개수}) \\ &= n\end{aligned}$$

■

예제 4-15 **랭크 정리**

행렬 $A = \begin{bmatrix} 1 & 1 & 3 & 2 \\ 0 & 2 & 2 & 2 \\ 1 & 1 & 2 & 5 \end{bmatrix}$ 의 랭크와 퇴화차수를 구하라.

풀이

행렬 A의 랭크는 행렬 A의 피벗 개수를 구하면 된다. 따라서 다음과 같이 행렬 A의 기약 행 사다리꼴을 구한다.

$$A = \begin{bmatrix} 1 & 1 & 3 & 2 \\ 0 & 2 & 2 & 2 \\ 1 & 1 & 2 & 5 \end{bmatrix} \sim \begin{bmatrix} 1 & 1 & 3 & 2 \\ 0 & 1 & 1 & 1 \\ 1 & 1 & 2 & 5 \end{bmatrix} \sim \begin{bmatrix} 1 & 1 & 3 & 2 \\ 0 & 1 & 1 & 1 \\ 0 & 0 & -1 & 3 \end{bmatrix} \sim \begin{bmatrix} 1 & 1 & 3 & 2 \\ 0 & 1 & 1 & 1 \\ 0 & 0 & 1 & -3 \end{bmatrix} \text{ (행 사다리꼴)}$$

$$\sim \begin{bmatrix} 1 & 1 & 0 & 11 \\ 0 & 1 & 0 & 4 \\ 0 & 0 & 1 & -3 \end{bmatrix} \sim \begin{bmatrix} 1 & 0 & 0 & 7 \\ 0 & 1 & 0 & 4 \\ 0 & 0 & 1 & -3 \end{bmatrix} \text{ (기약 행 사다리꼴)}$$

따라서 행렬 A의 랭크는 3이고, 랭크 정리에 의해 퇴화차수는 $4-3=1$이다.

파이썬 코드

```
import numpy as np

# 퇴화차수를 구하는 함수
def cal_Nullity(Matrix_1):
    rank_Mat = np.linalg.matrix_rank(Matrix_1)
    Nullity_Mat = len(Matrix_1[0,:]) - rank_Mat
    return Nullity_Mat

A = np.array([[1, 1, 3, 2],
              [0, 2, 2, 2],
              [1, 1, 2, 5]]);

print("Rank(A) = ", np.linalg.matrix_rank(A))
print("Nullity(A) = ", cal_Nullity(A))
print("\n")
```

실행 결과

```
Rank(A) =  3
Nullity(A) =  1
```

CHAPTER 04 연습문제

4.1 다음 변환이 선형변환인지 아닌지 판단하라.

(a) $L : \mathbb{R}^2 \to \mathbb{R}^2,\ L(x, y) = (x + 3y, 3x - 2y)$

(b) $L : \mathbb{R}^3 \to \mathbb{R}^2,\ L(x, y, z) = (x^2 + y - z, x - yz + 2)$

4.2 다음과 같이 주어진 선형변환에 대응하는 표준행렬을 구하라.

(a) $L : \mathbb{R}^2 \to \mathbb{R}^3,\ L(x, y) = (x - 3y, 2x + y, x - 2y)$

(b) $L : \mathbb{R}^4 \to \mathbb{R}^2,\ L(\boldsymbol{e}_1) = (2, 4),\ L(\boldsymbol{e}_2) = (2, 1),\ L(\boldsymbol{e}_3) = (-1, 2),\ L(\boldsymbol{e}_4) = (5, 5)$

4.3 선형변환 $L : \mathbb{R}^3 \to \mathbb{R}^2$에 대응하는 표준행렬이 다음과 같을 때, 선형변환 L이 일대일 변환인지 위로의 변환인지 판단하라.

$$A = \begin{bmatrix} 1 & -2 & 4 \\ 0 & 8 & -16 \end{bmatrix}$$

4.4 선형변환 $L : \mathbb{R}^2 \to \mathbb{R}^3$이 $L(x_1, x_2) = (x_1 + x_2, 2x_1 - x_2, x_1 - 2x_2)$로 주어질 때, 선형변환 L이 일대일 변환임을 보여라.

4.5 원점을 중심으로 반시계방향으로 $45°$만큼 회전이동하는 회전변환을 T, y축을 기준으로 반사하는 반사변환을 U라고 하자. 점 $P(2, 4)$가 합성변환 $U \circ T$에 의해 변환되는 점을 구하라.

4.6 선형변환 $L : \mathbb{R}^3 \to \mathbb{R}^3$이 $L(x_1, x_2, x_3) = (x_1 + 2x_2 - x_3, x_1 - x_2, -2x_1 + x_3)$로 정의될 때, 선형변환 L의 역변환 L^{-1}를 구하고, 선형변환 L에 의해 점 $(1, 2, 4)$로 변환되는 점의 좌표를 구하라.

4.7 다음 행렬의 랭크를 구하라.

(a) $\begin{bmatrix} 1 & 2 & 5 \\ 3 & 5 & 0 \end{bmatrix}$　　(b) $\begin{bmatrix} 1 & 2 & 5 & 7 \\ 3 & 5 & 0 & 2 \\ 6 & 4 & 2 & 5 \end{bmatrix}$

4.8 다음 행렬의 랭크와 퇴화차수를 구하라.

(a) $\begin{bmatrix} 1 & 2 & 1 & 5 \\ 2 & 4 & -3 & 0 \\ -3 & 1 & 2 & -1 \\ 2 & 4 & -2 & 2 \end{bmatrix}$　　(b) $\begin{bmatrix} 3 & -6 & 3 \\ 3 & -3 & 9 \\ 3 & 3 & 21 \end{bmatrix}$

4.9 다음과 같은 벡터 $\boldsymbol{x}_1$, $\boldsymbol{x}_2$, $\boldsymbol{x}_3$, $\boldsymbol{x}_4$로 생성되는 $\mathbb{R}^4$의 부분공간의 차원을 구하라.

$$\boldsymbol{x}_1 = \begin{bmatrix} 1 \\ 2 \\ -1 \\ 3 \end{bmatrix},\ \boldsymbol{x}_2 = \begin{bmatrix} -2 \\ -3 \\ 1 \\ -5 \end{bmatrix},\ \boldsymbol{x}_3 = \begin{bmatrix} 1 \\ -1 \\ 2 \\ 0 \end{bmatrix},\ \boldsymbol{x}_4 = \begin{bmatrix} 1 \\ 0 \\ 1 \\ 0 \end{bmatrix}$$

4.10 $L : \mathbb{R}^4 \to \mathbb{R}^3$이 선형변환이고 $L(x_1, x_2, x_3, x_4) = (x_1 + 2x_2,\ x_3 + x_4,\ x_2 + 2x_4)$로 정의될 때, L의 표준행렬의 랭크와 영공간을 구하라.

4.11 표준행렬이 다음과 같은 선형변환이 직교연산자인지 확인하라.

(a) $\begin{bmatrix} \frac{1}{\sqrt{2}} & \frac{1}{\sqrt{2}} \\ \frac{1}{\sqrt{2}} & -\frac{1}{\sqrt{2}} \end{bmatrix}$　　(b) $\begin{bmatrix} \cos\theta & -\sin\theta \\ \sin\theta & \cos\theta \end{bmatrix}$　　(c) $\begin{bmatrix} \frac{1}{2} & \frac{1}{2} & \frac{1}{2} & \frac{1}{2} \\ \frac{1}{2} & -\frac{1}{2} & \frac{1}{2} & -\frac{1}{2} \\ \frac{1}{2} & \frac{1}{2} & -\frac{1}{2} & -\frac{1}{2} \\ \frac{1}{2} & -\frac{1}{2} & -\frac{1}{2} & \frac{1}{2} \end{bmatrix}$

4.12 두 선형변환 L_1, L_2가 직교연산자일 때, L_1과 L_2의 합성변환 $L_2 \circ L_1$도 직교연산자임을 보여라.

CHAPTER 04 프로그래밍 실습

4.1 주어진 선형변환 L에 대응하는 표준행렬에 대하여 점 P에서의 L의 상을 구하라.

(a) 선형변환 $L:\mathbb{R}^3 \to \mathbb{R}^2$의 표준행렬 $A=\begin{bmatrix} 1 & 2 & 4 \\ 0 & -1 & 3 \end{bmatrix}$, 점 $P=(2,\ -3,\ 5)$

(b) 선형변환 $L:\mathbb{R}^3 \to \mathbb{R}^2$의 표준행렬 $A=\begin{bmatrix} 1 & -1 & 1 \\ 1 & 0 & 1 \end{bmatrix}$, 점 $P=(13,\ -22,\ -11)$

(c) 선형변환 $L:\mathbb{R}^3 \to \mathbb{R}^4$의 표준행렬 $A=\begin{bmatrix} 2 & 1 & 4 \\ 1 & 1 & 2 \\ 0 & 1 & 2 \\ 1 & 1 & 3 \end{bmatrix}$, 점 $P=(-4,\ 7,\ 1)$

파이썬 코드

```
import numpy as np

# 선형변환 계산
def cal_LinearTransformation(Matrix, point):
    cal_output = np.matmul(Matrix, point)
    return cal_output

# 문제 (a)
print("문제 (a) ")
L = np.array([[1, 2, 4],
              [0, -1, 3]]);

p = np.array([2, -3, 5]);
print("L = \n", L)
print("P = ", p)
print("L(p) = ", cal_LinearTransformation(L, p))
print("\n")

# 문제 (b)
print("문제 (b) ")
L = np.array([[1, -1, 1],
              [1,  0, 1]]);

p = np.array([13, -22, -11]);
print("L = \n", L)
print("P = ", p)
print("L(p) = ", cal_LinearTransformation(L, p))
print("\n")
```

```
# 문제 (c)
print("문제 (c) ")
L = np.array([[2, 1, 4],
              [1, 1, 2],
              [0, 1, 2],
              [1, 1, 3]]);

p = np.array([-4, 7, 1]);
print("L = \n", L)
print("P = ", p)
print("L(p) = ", cal_LinearTransformation(L, p))
```

실행 결과

```
문제 (a)
L =
 [[ 1  2  4]
 [ 0 -1  3]]
P =  [ 2 -3  5]
L(p) =  [16 18]

문제 (b)
L =
 [[ 1 -1  1]
 [ 1  0  1]]
P =  [ 13 -22 -11]
L(p) =  [24  2]

문제 (c)
L =
 [[2 1 4]
 [1 1 2]
 [0 1 2]
 [1 1 3]]
P =  [-4  7  1]
L(p) =  [3 5 9 6]
```

4.2 다음 행렬 A, B, C의 랭크와 퇴화차수를 구하라.

$$A = \begin{bmatrix} 1 & 2 & 0 & 2 & 1 \\ -1 & -2 & 1 & 1 & 0 \\ 1 & 2 & -3 & -7 & 2 \\ 1 & 2 & -2 & -4 & 3 \end{bmatrix}, \; B = \begin{bmatrix} 1 & 3 & 1 & 7 \\ 2 & 3 & -1 & 9 \\ -1 & -2 & 0 & -5 \end{bmatrix}, \; C = \begin{bmatrix} 1 & 2 & 1 & 4 \\ 0 & 1 & 2 & 1 \end{bmatrix}$$

파이썬 코드

```
import numpy as np

# 퇴화차수를 구하는 함수
def cal_Nullity(Matrix_1):
    rank_Mat = np.linalg.matrix_rank(Matrix_1)
    Nullity_Mat = len(Matrix_1[0,:]) - rank_Mat
    return Nullity_Mat

# 행렬 A
A = np.array([[1, 2, 0, 2, 1],
              [-1, -2, 1, 1, 0],
              [1, 2, -3, -7, 2],
              [1, 2, -2, -4, 3]]);
print("A = \n", A)
print("Rank(A) = ", np.linalg.matrix_rank(A))
print("Nullity(A) = ", cal_Nullity(A))
print("\n")

# 행렬 B
B = np.array([[1, 3, 1, 7],
              [2, 3, -1, 9],
              [-1, -2, 0, -5]]);
print("B = \n", B)
print("Rank(B) = ", np.linalg.matrix_rank(B))
print("Nullity(B) = ", cal_Nullity(B))
print("\n")

# 행렬 C
C = np.array([[1, 2, 1, 4],
              [0, 1, 2, 1]]);
print("C = \n", C)
print("Rank(C) = ", np.linalg.matrix_rank(C))
print("Nullity(C) = ", cal_Nullity(C))
print("\n")
```

실행 결과

```
A =
 [[ 1  2  0  2  1]
 [-1 -2  1  1  0]
 [ 1  2 -3 -7  2]
 [ 1  2 -2 -4  3]]
Rank(A) =  3
Nullity(A) =  2

B =
 [[ 1  3  1  7]
 [ 2  3 -1  9]
 [-1 -2  0 -5]]
Rank(B) =  3
Nullity(B) =  1

C =
 [[1 2 1 4]
 [0 1 2 1]]
Rank(C) =  2
Nullity(C) =  2
```

CHAPTER 05

고윳값과 케일리-해밀턴 정리

• Contents

고윳값과 고유벡터는 선형대수학의 꽃이라고 할 수 있을 만큼 중요하며 두루 사용된다. 선형변환에 고유벡터를 작용하면 결괏값은 그 고유벡터의 스칼라곱이 된다. 이 스칼라곱을 고윳값이라고 한다. 고윳값을 모두 구하면 선형변환을 나타내는 표준행렬은 특별한 성질을 갖는 다른 행렬들의 곱으로 분해할 수 있다. 그리고 고윳값을 이용하면 차원의 저주 문제를 해결할 수도 있다. 또한 주어진 정방행렬이 적당한 방정식의 해가 될 수 있다는 정리를 케일리-해밀턴 정리라고 한다. 다시 말해, 주어진 정방행렬의 특성방정식에 그 행렬을 대입하면 영행렬이 된다. 이 말은 마치 무리수인 황금비율 ϕ가 이차방정식 $\phi^2 - \phi - 1 = 0$을 만족하는 것과 같다. 여기서 ϕ는 0이 아니지만 적당한 방정식의 해가 된다.

학습목표

1. 고윳값과 고유벡터의 정의를 이해한다.
2. 케일리-해밀턴 정리를 이해한다.
3. 고윳값과 고유벡터에 관한 파이썬 코드를 학습한다.

5.1 고윳값과 고유벡터

고윳값은 선형대수학에서 특별한 성질을 갖는 수이다. 주어진 선형변환 $L: V \to V$가 적당한 원소 $\boldsymbol{x} \in V$를 스칼라곱으로 변환시키는 경우를 생각해보자. 즉 $L(\boldsymbol{x}) = \lambda \boldsymbol{x}$를 만족한다. 이때 등장하는 스칼라 λ를 고윳값이라 하고 벡터 $\boldsymbol{x}$를 고유벡터라고 한다. 고윳값과 고유벡터는 선형변환의 특징을 반영하는 중요한 개념이다. 머신러닝에서 등장하는 주성분분석(PCA)은 고윳값의 크기가 큰 순서로 나열한 후 그에 대응하는 고유벡터들을 새로운 축으로 변환하여 기존 데이터를 읽어 들이는 방법이다. 이 방법은 차원의 저주(curse of dimension) 문제를 부분적으로 해결한다. 이제 고윳값과 고유벡터가 무엇인지 자세히 알아보자.

정의 5-1 **고윳값과 고유벡터**

n차 정방행렬 A에 대하여 $A\boldsymbol{x} = \lambda \boldsymbol{x}$를 만족하는 벡터 $\boldsymbol{x} \neq \boldsymbol{0}$가 존재할 때, λ를 A의 **고윳값**(eigenvalue)이라 하고 $\boldsymbol{x}$를 이에 대응하는 **고유벡터**(eigenvector)라고 한다.

고유벡터는 영벡터일 수 없으나 고윳값은 0일 수 있다. 사실 모든 실수 λ에 대하여 $A\boldsymbol{0} = \boldsymbol{0} = \lambda \boldsymbol{0}$가 성립하므로 이 경우에 대한 고윳값 개념은 필요하지 않다. 따라서 영벡터인 경우를 제외한다.

$\lambda = 0$과 동치인 명제는 무엇일까? $\lambda = 0$이면 $A\boldsymbol{x} = \lambda\boldsymbol{x}$는 $A\boldsymbol{x} = 0\boldsymbol{x} = \boldsymbol{0}$가 된다. 따라서 $\boldsymbol{x}(\neq \boldsymbol{0})$는 $\mathrm{Nul}(A)$에 포함된다. 또한 $\boldsymbol{x} \neq \boldsymbol{0}$이므로 행렬 A의 열벡터들이 선형종속이라는 말과도 동치이다.

$A\boldsymbol{x} = \lambda\boldsymbol{x}\ (\boldsymbol{x} \neq \boldsymbol{0})$와 동치인 명제를 모두 나열하면 다음과 같다.

$$\begin{aligned} A\boldsymbol{x} = \lambda\boldsymbol{x}\ (\boldsymbol{x} \neq \boldsymbol{0}) \quad &\Leftrightarrow \quad A\boldsymbol{x} - \lambda\boldsymbol{x} = \boldsymbol{0}\ (\boldsymbol{x} \neq \boldsymbol{0}) \\ &\Leftrightarrow \quad (\lambda I - A)\boldsymbol{x} = \boldsymbol{0}\ (\boldsymbol{x} \neq \boldsymbol{0}) \\ &\Leftrightarrow \quad \det(\lambda I - A) = 0 \quad (\boldsymbol{x} \neq \boldsymbol{0}\text{이므로}) \\ &\Leftrightarrow \quad |\lambda I - A|^{1} = 0 \end{aligned}$$

따라서 위 동치 명제를 만족하는 λ를 찾으면 행렬 A의 고윳값을 구할 수 있다.

1 행렬 A의 행렬식은 $\det A$ 또는 $|A|$로 나타낸다. 행렬식의 정의는 2장 [연습문제 2.8]을 참고한다.

예제 5-1 **고윳값**

행렬 $A=\begin{bmatrix}1&2&3\\0&4&5\\0&0&6\end{bmatrix}$의 고윳값을 구하라.

풀이

행렬 A의 고윳값은 다음과 같이 $\det(\lambda I-A)=0$을 만족하는 λ이다.

$$\begin{aligned}\det(\lambda I-A)&=\det\begin{bmatrix}\lambda-1&-2&-3\\0&\lambda-4&-5\\0&0&\lambda-6\end{bmatrix}\\&=(\lambda-1)\begin{vmatrix}\lambda-4&-5\\0&\lambda-6\end{vmatrix}-(-2)\begin{vmatrix}0&-5\\0&\lambda-6\end{vmatrix}+(-3)\begin{vmatrix}0&\lambda-4\\0&0\end{vmatrix}\\&=(\lambda-1)(\lambda-4)(\lambda-6)+2\cdot 0+(-3)\cdot 0\\&=0\end{aligned}$$

따라서 행렬 A의 고윳값은 $\lambda_1=1,\ \lambda_2=4,\ \lambda_3=6$이다.

파이썬 코드

```
import numpy as np

# np.linalg.eig(A) : 행렬 A의 고윳값과 고유벡터
A = np.array([[1,2,3],[0,4,5],[0,0,6]])
print("A의 고윳값 : ", np.linalg.eig(A)[0])
```

실행 결과

```
A의 고윳값 :  [1. 4. 6.]
```

예제 5-2 **고윳값과 고유벡터**

행렬 $A=\begin{bmatrix}2&3\\3&2\end{bmatrix}$의 고윳값과 고유벡터를 구하라.

풀이

우선 행렬 A의 고윳값을 구해보자.

$$\det(\lambda I-A)=\det\begin{bmatrix}\lambda-2&-3\\-3&\lambda-2\end{bmatrix}=(\lambda-2)^2-9=\lambda^2-4\lambda-5=(\lambda-5)(\lambda+1)=0$$

따라서 행렬 A의 고윳값은 -1 또는 5이다.

(i) $\lambda = -1$이라고 하자. $(\lambda I - A)\boldsymbol{x} = \mathbf{0}$를 만족하는 $\boldsymbol{x} \neq \mathbf{0}$를 찾아야 하는데, 이는 $[(\lambda I - A) \mid \mathbf{0}]$를 푸는 것과 같다. 따라서 가우스-조르당 소거법을 이용하여 다음과 같이 기약 행 사다리꼴로 만든다.

$$[((-1)I - A) \mid \mathbf{0}] = \left[\begin{array}{cc|c} -1-2 & -3 & 0 \\ -3 & -1-2 & 0 \end{array}\right] = \left[\begin{array}{cc|c} -3 & -3 & 0 \\ -3 & -3 & 0 \end{array}\right] \sim \left[\begin{array}{cc|c} 1 & 1 & 0 \\ 0 & 0 & 0 \end{array}\right]$$

따라서 $\begin{cases} x_1 = -x_2 \\ x_2 = x_2 \end{cases} \Leftrightarrow \boldsymbol{x} = \begin{bmatrix} x_1 \\ x_2 \end{bmatrix} = \begin{bmatrix} -1 \\ 1 \end{bmatrix} x_2$이므로, $\begin{bmatrix} -1 \\ 1 \end{bmatrix}$은 $\lambda = -1$에 대응하는 고유벡터이다. 실제로 $A\boldsymbol{x} = \begin{bmatrix} 1 \\ -1 \end{bmatrix} = (-1)\begin{bmatrix} -1 \\ 1 \end{bmatrix}$을 만족한다.

(ii) $\lambda = 5$라고 하자. 마찬가지로 $[(\lambda I - A) \mid \mathbf{0}]$를 풀면 다음과 같다.

$$[(5I - A) \mid \mathbf{0}] = \left[\begin{array}{cc|c} 5-2 & -3 & 0 \\ -3 & 5-2 & 0 \end{array}\right] = \left[\begin{array}{cc|c} 3 & -3 & 0 \\ -3 & 3 & 0 \end{array}\right] \sim \left[\begin{array}{cc|c} 1 & -1 & 0 \\ 0 & 0 & 0 \end{array}\right]$$

따라서 $\begin{cases} x_1 = x_2 \\ x_2 = x_2 \end{cases} \Leftrightarrow \boldsymbol{x} = \begin{bmatrix} x_1 \\ x_2 \end{bmatrix} = \begin{bmatrix} 1 \\ 1 \end{bmatrix} x_2$이므로, $\begin{bmatrix} 1 \\ 1 \end{bmatrix}$은 $\lambda = 5$에 대응하는 고유벡터이다.

파이썬 코드

```python
import numpy as np

A = np.array([[2,3],[3,2]])
print("A = \n", A)
print("\n")

# 첫 번째 고윳값과 고유벡터
print("A의 첫 번째 고윳값 : ", int(np.linalg.eig(A)[0][0]))
print("A의 첫 번째 고유벡터 : \n", np.linalg.eig(A)[1][:,0])
print("\n")

# 두 번째 고윳값과 고유벡터
print("A의 두 번째 고윳값 : ", int(np.linalg.eig(A)[0][1]))
print("A의 두 번째 고유벡터 : \n", np.linalg.eig(A)[1][:,1])
print("\n")
```

실행 결과

```
A =
 [[2 3]
 [3 2]]

A의 첫 번째 고윳값 :  5
A의 첫 번째 고유벡터 :
 [0.70710678 0.70710678]

A의 두 번째 고윳값 :  -1
A의 두 번째 고유벡터 :
 [-0.70710678  0.70710678]
```

정의 5-2 **특성다항식과 특성방정식**

n차 정방행렬 A에 대하여 $p_A(\lambda) = \det(\lambda I - A)$를 행렬 A의 **특성다항식**(characteristic polynomial)이라 하고, $\det(\lambda I - A) = 0$을 행렬 A의 **특성방정식**(characteristic equation)이라고 한다.

n차 정방행렬 A의 고윳값은 없을 수도 있고 중복될 수도 있지만 최대 n개 존재한다. n차 정방행렬 A의 고윳값 중 하나를 λ라고 하자. 그러면 이에 대응하는 고유벡터들은 벡터공간을 이룬다. 이 벡터공간을 고유공간(eigenspace)이라 하고 E_λ로 표기한다. 따라서 $E_\lambda = \{\boldsymbol{x} \in \mathbb{R}^n \mid A\boldsymbol{x} = \lambda\boldsymbol{x}\}$이다. 즉 E_λ는 λ에 대응하는 모든 고유벡터와 영벡터를 합한 것이다. E_λ가 $\mathbb{R}^n$의 부분공간이 된다는 사실은 직접 증명해 보자.

예제 5-3 **특성다항식과 고유공간**

행렬 $A = \begin{bmatrix} 1 & 0 & 0 \\ 0 & 1 & 4 \\ 0 & 4 & 1 \end{bmatrix}$의 특성다항식과 고유공간을 구하라.

풀이

우선 행렬 A의 특성다항식을 구하면 다음과 같다.

$$\begin{aligned} p_A(\lambda) = \det(\lambda I - A) &= \det\begin{bmatrix} \lambda - 1 & 0 & 0 \\ 0 & \lambda - 1 & -4 \\ 0 & -4 & \lambda - 1 \end{bmatrix} \\ &= (\lambda - 1)\det\begin{bmatrix} \lambda - 1 & -4 \\ -4 & \lambda - 1 \end{bmatrix} \\ &= (\lambda - 1)\{(\lambda - 1)^2 - 16\} \\ &= (\lambda - 1)\{(\lambda - 1) - 4\}\{(\lambda - 1) + 4\} \\ &= (\lambda - 1)(\lambda - 5)(\lambda + 3) \end{aligned}$$

따라서 행렬 A의 특성방정식은 $(\lambda - 1)(\lambda - 5)(\lambda + 3) = 0$이고, 이 식을 반드시 전개할 필요는 없다. 이제 고유공간을 구해보자.

(i) $\lambda = 1$이라고 하자. 다음 식의 해가 고유벡터이다.

$$\left[\begin{array}{ccc|c} 1-1 & 0 & 0 & 0 \\ 0 & 1-1 & 4 & 0 \\ 0 & 4 & 1-1 & 0 \end{array}\right] = \left[\begin{array}{ccc|c} 0 & 0 & 0 & 0 \\ 0 & 0 & 4 & 0 \\ 0 & 4 & 0 & 0 \end{array}\right] \sim \left[\begin{array}{ccc|c} 0 & 0 & 0 & 0 \\ 0 & 1 & 0 & 0 \\ 0 & 0 & 1 & 0 \end{array}\right]$$

따라서 $\begin{cases} x_1 = x_1 \\ x_2 = 0 \\ x_3 = 0 \end{cases} \Leftrightarrow \boldsymbol{x} = \begin{bmatrix} x_1 \\ x_2 \\ x_3 \end{bmatrix} = \begin{bmatrix} 1 \\ 0 \\ 0 \end{bmatrix} x_1$이므로, $\begin{bmatrix} 1 \\ 0 \\ 0 \end{bmatrix}$은 $\lambda = 1$에 대응하는 고유벡터이다. 그러므로 $\lambda = 1$에 대응하는 고유공간은 $E_1 = \text{span}\left\{ \begin{bmatrix} 1 \\ 0 \\ 0 \end{bmatrix} \right\}$이다.

(ii) $\lambda = 5$라고 하자. 다음 식의 해가 고유벡터이다.

$$\left[\begin{array}{ccc|c} 4 & 0 & 0 & 0 \\ 0 & 4 & -4 & 0 \\ 0 & -4 & 4 & 0 \end{array}\right] = \left[\begin{array}{ccc|c} 1 & 0 & 0 & 0 \\ 0 & 1 & -1 & 0 \\ 0 & 0 & 0 & 0 \end{array}\right]$$

따라서 $\begin{cases} x_1 = 0 \\ x_2 = x_3 \\ x_3 = x_3 \end{cases} \Leftrightarrow \boldsymbol{x} = \begin{bmatrix} x_1 \\ x_2 \\ x_3 \end{bmatrix} = \begin{bmatrix} 0 \\ 1 \\ 1 \end{bmatrix} x_3$이므로, $\begin{bmatrix} 0 \\ 1 \\ 1 \end{bmatrix}$은 $\lambda = 5$에 대응하는 고유벡터이다. 그러므로 $\lambda = 5$에 대응하는 고유공간은 $E_5 = \text{span}\left\{ \begin{bmatrix} 0 \\ 1 \\ 1 \end{bmatrix} \right\}$이다.

(iii) $\lambda = -3$이라고 하자. 다음 식의 해가 고유벡터이다.

$$\left[\begin{array}{ccc|c} -4 & 0 & 0 & 0 \\ 0 & -4 & -4 & 0 \\ 0 & -4 & -4 & 0 \end{array}\right] = \left[\begin{array}{ccc|c} 1 & 0 & 0 & 0 \\ 0 & 1 & 1 & 0 \\ 0 & 0 & 0 & 0 \end{array}\right]$$

따라서 $\begin{cases} x_1 = 0 \\ x_2 = x_2 \\ x_3 = -x_2 \end{cases} \Leftrightarrow \boldsymbol{x} = \begin{bmatrix} x_1 \\ x_2 \\ x_3 \end{bmatrix} = \begin{bmatrix} 0 \\ 1 \\ -1 \end{bmatrix} x_2$이므로, $\begin{bmatrix} 0 \\ 1 \\ -1 \end{bmatrix}$은 $\lambda = -3$에 대응하는 고유벡터이다. 그러므로 $\lambda = -3$에 대응하는 고유공간은 $E_{-3} = \text{span}\left\{ \begin{bmatrix} 0 \\ 1 \\ -1 \end{bmatrix} \right\}$이다.

파이썬 코드

```
import numpy as np
import sympy as sp

A = np.array([[1,0,0],[0,1,4],[0,4,1]])
print("A = \n", A)
print("\n")

# 첫 번째 고윳값과 고유벡터
print("A의 첫 번째 고윳값 : ", int(np.linalg.eig(A)[0][0]))
print("A의 첫 번째 고유벡터 : \n", np.linalg.eig(A)[1][:,0])
print("\n")

# 두 번째 고윳값과 고유벡터
print("A의 두 번째 고윳값 : ", int(np.linalg.eig(A)[0][1]))
print("A의 두 번째 고유벡터 : \n", np.linalg.eig(A)[1][:,1])
print("\n")
```

```
# 세 번째 고윳값과 고유벡터
print("A의 세 번째 고윳값 : ", int(np.linalg.eig(A)[0][2]))
print("A의 세 번째 고유벡터 : \n", np.linalg.eig(A)[1][:,2])
print("\n")

# 행렬 A의 특성다항식 구하기
# sp.Matrix( ) : 행렬을 나타냄
# A.charpoly( ) : 행렬 A의 특성다항식
# p.coeffs() : 행렬 A의 특성다항식 p의 계수
A = sp.Matrix([[1,0,0],[0,1,4],[0,4,1]])
lamda = sp.symbols('lamda')
p = A.charpoly(lamda)
print("characteristic polynomial : ", p)
print("The coefficient of characteristic polynomial : ", p.coeffs())
```

실행결과

```
A =
 [[1 0 0]
 [0 1 4]
 [0 4 1]]

A의 첫 번째 고윳값 :  5
A의 첫 번째 고유벡터 :
 [0.         0.70710678 0.70710678]

A의 두 번째 고윳값 :  -3
A의 두 번째 고유벡터 :
 [ 0.         0.70710678 -0.70710678]

A의 세 번째 고윳값 :  1
A의 세 번째 고유벡터 :
 [1. 0. 0.]

characteristic polynomial :  PurePoly(lamda**3 - 3*lamda**2 - 13*lamda + 15, lamda, domain='ZZ')
The coefficient of characteristic polynomial :  [1, -3, -13, 15]
```

정리 5-1 고윳값의 최대 개수

n차 정방행렬 A의 서로 다른 고윳값은 최대 n개이다.

증명

[정리 5-1]을 증명하려면 우선 n차방정식이 복소수를 포함하여 n개의 근을 갖는다는 대수학의 기본정리(fundamental theorem of algebra)[2]를 적용해야 한다.

2 대수학의 기본정리에 대한 증명은 이 교재의 범위를 넘어서므로 생략한다.

n차 정방행렬 A에 대한 특성방정식 $\det(\lambda I - A) = 0$은 고윳값 λ를 근으로 갖는 n차방정식이다. 따라서 λ가 복소수인 경우까지 고려하여 λ의 **대수적 중복도**(algebraic multiplicity)[3]를 허용하면, 대수학의 기본정리에 의해 $\det(\lambda I - A) = 0$의 근인 고윳값은 최대 n개 존재한다. ■

정리 5-2 고윳값의 성질

n차 정방행렬 A의 고윳값이 λ일 때 다음이 성립한다.

(1) A가 가역행렬이면 행렬 A^{-1}의 고윳값은 $\dfrac{1}{\lambda}$이다.

(2) 자연수 k에 대하여 행렬 A^k의 고윳값은 λ^k이다.

증명

(1) 행렬 A의 고윳값 λ와 이에 대응하는 고유벡터 $\boldsymbol{x}$에 대해 다음이 성립한다.

$$\begin{aligned} A\boldsymbol{x} = \lambda \boldsymbol{x} \quad &\Rightarrow \quad \boldsymbol{x} = \lambda A^{-1}\boldsymbol{x} \\ &\Rightarrow \quad A^{-1}\boldsymbol{x} = \frac{1}{\lambda}\boldsymbol{x} \end{aligned}$$

따라서 $\dfrac{1}{\lambda}$은 행렬 A^{-1}의 고윳값이다. 또한 A가 가역행렬이므로 λ는 0이 아님을 알 수 있다.

(2) $A\boldsymbol{x} = \lambda\boldsymbol{x}$이므로 $A^k\boldsymbol{x} = A^{k-1}(A\boldsymbol{x}) = A^{k-1}\lambda\boldsymbol{x} = \lambda A^{k-1}\boldsymbol{x} = \cdots = \lambda^k\boldsymbol{x}$이다. 따라서 행렬 A^k의 고윳값은 λ^k이고, 이에 대응하는 고유벡터는 $\boldsymbol{x}$이다. ■

항등행렬 $A = I_n$의 고윳값은 무엇일까? 오직 1뿐이다. $\lambda\boldsymbol{x} = A\boldsymbol{x} = I_n\boldsymbol{x} = \boldsymbol{x}$이고 $\boldsymbol{x} \neq \boldsymbol{0}$이므로 $\lambda = 1$이기 때문이다. 또는 $0 = |\lambda I_n - A| = |\lambda I_n - I_n| = |(\lambda - 1)I_n| = (\lambda - 1)^n$이므로, 고윳값이 $\lambda = 1$뿐임을 알 수 있다.

예제 5-4 고윳값의 성질

n차 정방행렬 A의 고윳값이 λ일 때, 자연수 k에 대하여 kA의 고윳값을 구하라.

풀이

$A\boldsymbol{x} = \lambda\boldsymbol{x}$이므로 $(kA)\boldsymbol{x} = k(\lambda\boldsymbol{x}) = (k\lambda)\boldsymbol{x}$이다. 따라서 kA의 고윳값은 $k\lambda$이다.

3 주어진 방정식에서 중복된 고윳값이 나타나는 횟수를 말한다.

정리 5-3　행렬식과 대각합에 관한 고윳값의 성질

n차 정방행렬 A의 고윳값이 $\lambda_1, \lambda_2, \cdots, \lambda_n$(중복 허용)으로 n개 존재할 때 다음이 성립한다.

(1) $\det(A) = \lambda_1 \lambda_2 \cdots \lambda_n$

(2) $tr(A) = \lambda_1 + \lambda_2 + \cdots + \lambda_n$

증명

행렬 A의 고윳값이 $\lambda_1, \lambda_2, \cdots, \lambda_n$일 때 행렬 A의 특성다항식은 다음과 같다.

$$\begin{aligned} p_A(\lambda) &= |\lambda I - A| \\ &= (\lambda - \lambda_1)(\lambda - \lambda_2)\cdots(\lambda - \lambda_n) \\ &= \lambda^n - (\lambda_1 + \lambda_2 + \cdots + \lambda_n)\lambda^{n-1} + \cdots + (-1)^n \lambda_1 \cdots \lambda_n \end{aligned}$$

(1) 위 식에 $\lambda = 0$을 대입하면 $\det(A) = \lambda_1 \lambda_2 \cdots \lambda_n$이 성립한다.

(2) $$|\lambda I - A| = \det\begin{bmatrix} \lambda - a_{11} & -a_{12} & \cdots & -a_{1n} \\ -a_{21} & \lambda - a_{22} & \cdots & -a_{2n} \\ \vdots & \vdots & \ddots & \vdots \\ -a_{n1} & -a_{n2} & \cdots & \lambda - a_{nn} \end{bmatrix}$$

$$\begin{aligned} &= \lambda^n - (a_{11} + \cdots + a_{nn})\lambda^{n-1} + r(\lambda) \\ &= \lambda^n - tr(A)\lambda^{n-1} + r(\lambda) \end{aligned}$$

위 식에서 $r(\lambda)$는 λ에 관한 다항식으로서 차수는 $\deg(r(\lambda)) = n-2$이다. 한편

$$\begin{aligned} |\lambda I - A| &= (\lambda - \lambda_1)(\lambda - \lambda_2)\cdots(\lambda - \lambda_n) \\ &= \lambda^n - (\lambda_1 + \lambda_2 + \cdots + \lambda_n)\lambda^{n-1} + \cdots + (-1)^n \lambda_1 \cdots \lambda_n \end{aligned}$$

이므로, $tr(A) = \lambda_1 + \lambda_2 + \cdots + \lambda_n$이 성립한다. ■

예제 5-5　고윳값의 성질

2차 정방행렬 A의 특성방정식이 $\lambda^2 - 2\lambda - 24 = 0$일 때, 행렬 A의 고윳값의 합과 고윳값의 곱을 구하라.

풀이

고윳값의 합은 특성방정식에서 λ의 계수에 -1을 곱하면 얻을 수 있으므로 $\lambda_1 + \lambda_2 = 2$이다. 또한 고윳값의 곱은 특성방정식에서 상수에 해당하므로 $\lambda_1 \lambda_2 = -24$이다.

5.2 케일리-해밀턴 정리

케일리-해밀턴 정리는 n차 정방행렬의 특성방정식에 대한 n차 행렬방정식이다. 이 정리를 이용하면 차수가 큰 행렬식의 크기를 줄여 간단히 나타낼 수 있다. 케일리-해밀턴 정리의 증명을 이해하려면 직교행렬과 유니타리 행렬의 정의와 슈어 분해를 먼저 알아야 한다.

정의 5-3 **직교행렬**

$A^{\mathrm{T}}A = AA^{\mathrm{T}} = I_n$을 만족하는 정방행렬 A를 **직교행렬**(orthogonal matrix)이라고 한다.

즉 직교행렬 A의 역행렬은 $A^{-1} = A^{\mathrm{T}}$이다.

예제 5-6 **직교행렬**

행렬 $A = \begin{bmatrix} 1 & 1 & 1 & 1 \\ 1 & 1 & -1 & -1 \\ 1 & -1 & 1 & -1 \\ 1 & -1 & -1 & 1 \end{bmatrix}$이 $AA^{\mathrm{T}} = 4I_4$를 만족함을 보여라.[4] 그리고 행렬 A를 활용하여 직교행렬 B를 구성하라.

풀이

$$AA^{\mathrm{T}} = \begin{bmatrix} 1 & 1 & 1 & 1 \\ 1 & 1 & -1 & -1 \\ 1 & -1 & 1 & -1 \\ 1 & -1 & -1 & 1 \end{bmatrix}\begin{bmatrix} 1 & 1 & 1 & 1 \\ 1 & 1 & -1 & -1 \\ 1 & -1 & 1 & -1 \\ 1 & -1 & -1 & 1 \end{bmatrix} = \begin{bmatrix} 4 & 0 & 0 & 0 \\ 0 & 4 & 0 & 0 \\ 0 & 0 & 4 & 0 \\ 0 & 0 & 0 & 4 \end{bmatrix} = 4I_4$$

따라서 $B = \frac{1}{2}A$라고 하면 $BB^{\mathrm{T}} = \frac{1}{4}AA^{\mathrm{T}} = \frac{1}{4}4I_4 = I_4$를 만족하므로 B는 직교행렬이다.

4 n차 정방행렬 A가 $AA^{\mathrm{T}} = nI_n$을 만족할 때, 행렬 A를 **아다마르 행렬**(Hadamard matrix)이라고 한다. 이 행렬은 수학 및 공학 분야에서 많이 사용된다.

정의 5-4 **유니타리 행렬**

$A^*A = AA^* = I_n$을 만족하는 복소수 위의 n차 정방행렬 A를 **유니타리 행렬**(unitary matrix)이라고 한다. 여기서 A^*는 모든 자연수 i, j에 대하여 성분이 $(A^*)_{ij} = \overline{A}_{ji}$[5]인 n차 정방행렬이다. 행렬 A^*를 A의 **켤레 전치행렬**(conjugate transposed matrix) 또는 **수반행렬**(adjoint matrix)이라고 한다.

예제 5-7 **유니타리 행렬**

행렬 $A = \frac{1}{\sqrt{2}}\begin{bmatrix} i & -i \\ 1 & 1 \end{bmatrix}$이 유니타리 행렬임을 보여라.

풀이

$A^* = \frac{1}{\sqrt{2}}\begin{bmatrix} -i & 1 \\ i & 1 \end{bmatrix}$이므로 $AA^* = \frac{1}{2}\begin{bmatrix} 1+1 & i-i \\ -i+i & 1+1 \end{bmatrix} = I_2$이다. 따라서 A는 유니타리 행렬이다.

다음으로 슈어 분해 정리(Schur's decomposition theorem)에 대해 알아보자. 이 정리의 증명은 다소 복잡하므로 생략한다.

정리 5-4 **슈어 분해 정리**

행렬 $A \in M_{n\times n}(F)$의 특성다항식이 집합 F 위에서 완전히 인수분해되면 다음이 성립한다.

(1) $F = \mathbb{C}$이면 $A = UTU^{-1}$(단, U는 유니타리 행렬이고 T는 상삼각행렬)로 표현할 수 있다.

(2) $F = \mathbb{R}$이면 $A = QTQ^{-1}$(단, Q는 실수 성분을 갖는 직교행렬이고 T는 실수 성분을 갖는 상삼각행렬)로 표현할 수 있다.

특히 행렬 A가 실수 성분을 갖는 대칭행렬일 경우 $A = PDP^{-1}$(단, P는 실수 성분을 갖는 직교행렬이고 D는 실수 성분을 갖는 대각행렬)로 표현할 수 있는데, 이를 대각화(diagonalization)라고 한다. 즉 대칭행렬은 대각화가 가능하다.

5 $\overline{A}_{ji}$는 A_{ji}의 켤레복소수 행렬을 의미한다.

예제 5-8 슈어 분해

행렬 $A=\begin{bmatrix}1&0&0\\0&1&4\\0&4&1\end{bmatrix}$을 슈어 분해하라.

풀이

[예제 5-3]에서 살펴보았듯이, 행렬 A의 특성다항식은 $(\lambda-1)(\lambda-5)(\lambda+3)$으로 실수 위에서 완전히 인수분해된다. 따라서 슈어 분해 정리에 의해 주어진 행렬은 직교행렬 Q와 상삼각행렬 T에 대해 $A=QTQ^{-1}$로 표현할 수 있다. 실제로 Q는 길이가 1인 고유벡터들로 이루어진 행렬이고, T는 행렬 A의 고윳값으로 이루어진 대각행렬이다. 즉 다음과 같다.

$$Q=\begin{bmatrix}1&0&0\\0&\frac{1}{\sqrt{2}}&-\frac{1}{\sqrt{2}}\\0&\frac{1}{\sqrt{2}}&\frac{1}{\sqrt{2}}\end{bmatrix},\quad T=\begin{bmatrix}1&0&0\\0&5&0\\0&0&-3\end{bmatrix}$$

$A=QTQ^{-1}$로 표현할 수 있는지 다음과 같이 확인해보자.

$$\begin{aligned}QTQ^{-1}=QTQ^{\mathrm{T}}&=\begin{bmatrix}1&0&0\\0&\frac{1}{\sqrt{2}}&-\frac{1}{\sqrt{2}}\\0&\frac{1}{\sqrt{2}}&\frac{1}{\sqrt{2}}\end{bmatrix}\begin{bmatrix}1&0&0\\0&5&0\\0&0&-3\end{bmatrix}\begin{bmatrix}1&0&0\\0&\frac{1}{\sqrt{2}}&\frac{1}{\sqrt{2}}\\0&-\frac{1}{\sqrt{2}}&\frac{1}{\sqrt{2}}\end{bmatrix}\\&=\begin{bmatrix}1&0&0\\0&\frac{5}{\sqrt{2}}&\frac{3}{\sqrt{2}}\\0&\frac{5}{\sqrt{2}}&-\frac{3}{\sqrt{2}}\end{bmatrix}\begin{bmatrix}1&0&0\\0&\frac{1}{\sqrt{2}}&\frac{1}{\sqrt{2}}\\0&-\frac{1}{\sqrt{2}}&\frac{1}{\sqrt{2}}\end{bmatrix}\\&=\begin{bmatrix}1&0&0\\0&\frac{2}{2}&\frac{8}{2}\\0&\frac{8}{2}&\frac{2}{2}\end{bmatrix}=\begin{bmatrix}1&0&0\\0&1&4\\0&4&1\end{bmatrix}=A\end{aligned}$$

파이썬 코드

```
# 슈어 분해를 구성하는 행렬 Q와 T 구하기
import numpy as np
from scipy.linalg import schur
```

```
# schur(A) : 행렬 A의 슈어 분해
A = np.array([[1, 0, 0], [0, 1, 4], [0, 4, 1]])
T, Q = schur(A)
print("Q = \n", Q)
print("\n")
print("T = \n", T)
```

실행 결과

```
Q =
 [[ 0.          0.          1.        ]
 [ 0.70710678  0.70710678  0.        ]
 [ 0.70710678 -0.70710678  0.        ]]

T =
 [[ 5.  0.  0.]
 [ 0. -3.  0.]
 [ 0.  0.  1.]]
```

이제 케일리-해밀턴 정리(Cayley-Hamilton theorem)에 대해 알아보고, 앞서 살펴본 개념들을 이용하여 이 정리를 직접 증명해보자.

정리 5-5 케일리-해밀턴 정리

n차 정방행렬 A의 특성방정식

$$p_A(\lambda) = |\lambda I_n - A| = \lambda^n + a_{n-1}\lambda^{n-1} + a_{n-2}\lambda^{n-2} + \cdots + a_1\lambda + a_0 = 0$$

에 λ 대신에 A를 대입하면 다음이 성립한다.

$$p_A(A) = A^n + a_{n-1}A^{n-1} + a_{n-2}A^{n-2} + \cdots + a_1 A + a_0 I_n = O$$

증명

$\lambda_1, \lambda_2, \cdots, \lambda_n$을 행렬 A의 고윳값이라고 하자. 슈어 분해 정리에 따라 $A = UTU^{-1} = UTU^*$를 만족하는 직교행렬 U(또는 유니타리 행렬 U)와 주대각 성분이 $\lambda_1, \lambda_2, \cdots, \lambda_n$인 상삼각행렬 T가 존재한다.

$p_A(\lambda) = (\lambda - \lambda_1)(\lambda - \lambda_2)\cdots(\lambda - \lambda_n)$이고 $p_A(\lambda)$는 다항식이므로, $p_A(A) = p_A(UTU^*) = Up_A(T)U^*$이다([연습문제 12] 참고). 또한 $p_A(T) = (T - \lambda_1 I_n)(T - \lambda_2 I_n)\cdots(T - \lambda_n I_n)$이다.

이제 $p_A(T) = O$임을 보이면 $p_A(A) = Up_A(T)U^* = UOU^* = O$이다. 상삼각행렬 T를 $T := [t_{ij}]_{n\times n}$이라고 하자. 행렬 T의 첫 번째 주대각 성분이 λ_1이므로 $T - \lambda_1 I_n$의 첫 번째 열벡터는 $\mathbf{0}$이다. $k \in \{1, 2, \cdots, n-1\}$이고 $(T - \lambda_1 I_n)(T - \lambda_2 I_n)\cdots(T - \lambda_k I_n)$의 $1, 2, \cdots, k$번째 열벡터가 각각 $\mathbf{0}$라고 가정하자. 또한 $(T - \lambda_1 I_n)$

$(T-\lambda_2 I_n)\cdots(T-\lambda_k I_n)$의 $k+1, k+2, \cdots, n$번째 열벡터는 각각 $\mathbf{c}_{k+1}, \mathbf{c}_{k+2}, \cdots, \mathbf{c}_n$이라고 하자. 그러면 다음이 성립한다.

$$(T-\lambda_1 I_n)\cdots(T-\lambda_k I_n)(T-\lambda_{k+1} I_n) = [\mathbf{0} \ \cdots \ \mathbf{0} \ \mathbf{c}_{k+1} \ \cdots \ \mathbf{c}_n]\begin{bmatrix} t_{11} & \cdots & t_{1k} & t_{1(k+1)} & \cdots & t_{1n} \\ \vdots & \ddots & \vdots & \vdots & \ddots & \vdots \\ 0 & \cdots & t_{kk} & t_{k(k+1)} & \cdots & t_{kn} \\ 0 & \cdots & 0 & 0 & \cdots & t_{(k+1)n} \\ \vdots & \ddots & \vdots & \vdots & \ddots & \vdots \\ 0 & \cdots & 0 & 0 & \cdots & t_{nn} \end{bmatrix}$$

$(T-\lambda_1 I_n)(T-\lambda_2 I_n)\cdots(T-\lambda_{k+1} I_n)$의 $1, 2, \cdots, k$번째 열벡터는 $\mathbf{0}$이고, $k+1$번째 열벡터도 $\sum_{i=1}^{k} t_{i(k+1)}\mathbf{0}=\mathbf{0}$이다. 수학적 귀납법에 의해 $p_A(T)=\mathbf{0}$이다. 그러므로 다음이 성립한다.

$$p_A(A) = A^n + a_{n-1}A^{n-1} + a_{n-2}A^{n-2} + \cdots + a_1 A + a_0 I_n = O$$ ■

예를 들어 2차 정방행렬에 대한 케일리-해밀턴 정리는 다음과 같다.

> 임의의 2차 정방행렬 $A = \begin{bmatrix} a & b \\ c & d \end{bmatrix}$에 대하여 $A^2 - (a+d)A + (ad-bc)I_2 = O$이다.

예제 5-9 케일리-해밀턴 정리

행렬 $A = \begin{bmatrix} 1 & 3 \\ 2 & 1 \end{bmatrix}$에 대하여 $A^4 - 14A^2 + 26I_2$를 계산하라.

풀이

케일리-해밀턴 정리에 의해 $A^2 - 2A - 5I_2 = O$가 성립한다.

한편, $x^4 - 14x^2 + 26 = (x^2 - 2x - 5)(x^2 + 2x - 5) + 1$이므로 다음이 성립한다.

$$\begin{aligned} A^4 - 14A^2 + 26I_2 &= (A^2 - 2A - 5I_2)(A^2 + 2A - 5I_2) + I_2 \\ &= O + I_2 = I_2 \end{aligned}$$

파이썬 코드

```
import numpy as np

A = np.array([[1,3],[2,1]])
A2 = np.matmul(A, A)
A3 = np.matmul(A, A2)
A4 = np.matmul(A, A3)
```

```python
print("A = \n",A)
print("\n")
print("A^2 -2A -5 = \n", A2-2*A-5*np.eye(2))
print("\n")
print("A^4 -14A +26I = \n", A4-14*A2 + 26*np.eye(2))
```

실행 결과

```
A =
 [[1 3]
 [2 1]]

A^2 -2A -5 =
 [[0. 0.]
 [0. 0.]]

A^4 -14A +26I =
 [[1. 0.]
 [0. 1.]]
```

CHAPTER 05 연습문제

5.1 다음과 같은 행렬의 고윳값을 구하라.

(a) $A = \begin{bmatrix} 2 & 8 \\ 4 & 6 \end{bmatrix}$ (b) $B = \begin{bmatrix} 3 & 0 \\ 2 & 4 \end{bmatrix}$

5.2 다음과 같은 행렬의 특성다항식을 구하라.

(a) $A = \begin{bmatrix} 1 & 1 \\ 4 & 1 \end{bmatrix}$ (b) $B = \begin{bmatrix} 1 & 2 & 3 \\ 0 & 2 & 2 \\ 0 & 0 & 8 \end{bmatrix}$

5.3 다음과 같은 행렬 A의 고윳값을 구하고, 각 고윳값에 대한 고유공간을 구하라.

$$A = \begin{bmatrix} 1 & 0 & 5 \\ 0 & 7 & 0 \\ 5 & 0 & 4 \end{bmatrix}$$

5.4 다음과 같은 행렬 A의 특성다항식과 고윳값, 고유공간을 구하라.

$$A = \begin{bmatrix} -2 & 0 & 0 \\ 3 & 2 & 3 \\ 4 & -1 & 6 \end{bmatrix}$$

5.5 다음과 같은 선형변환 L의 표준행렬에 대하여 고윳값과 고유공간을 구하라.

(a) $L(x,\ y) = (x - 4y,\ -2x - 3y)$

(b) $L(x,\ y,\ z) = (2x - y - z,\ -x + z,\ x - y - 2z)$

5.6 다음과 같은 특성다항식 $p_A(\lambda)$를 갖는 정방행렬 A가 존재할 때, 행렬 A의 $\det(A)$를 구하라.

(a) $p_A(\lambda) = \lambda^2 + 3\lambda - 18$

(b) $p_A(\lambda) = \lambda^3 - 2\lambda^2 + \lambda + 5$

(c) $p_A(\lambda) = \lambda^4 - \lambda^3 + 7$

5.7 다음과 같은 행렬 A에 대하여, A^{20}을 구하라.

$$A = \begin{bmatrix} 0 & 1 & 0 \\ 0 & 0 & 1 \\ 1 & -4 & 4 \end{bmatrix}$$

5.8 다음과 같은 행렬 A의 고윳값을 구하라.

$$A = \begin{bmatrix} 0 & 1 & 0 \\ 0 & 0 & 1 \\ k^3 & -4k^2 & 4k \end{bmatrix}$$

5.9 벡터공간 V에서 정의된 다음과 같은 선형변환 L에 대하여, L의 행렬식과 L의 특성다항식을 구하라.

(a) $V = \mathbb{R}^2,\ L\begin{bmatrix} a \\ b \end{bmatrix} = \begin{bmatrix} 2a - b \\ 5a + 3b \end{bmatrix}$

(b) $V = \mathbb{R}^3,\ L\begin{bmatrix} a \\ b \\ c \end{bmatrix} = \begin{bmatrix} a - 3b + 2c \\ -2a + b + c \\ 4a - c \end{bmatrix}$

5.10 행렬 $A = \begin{bmatrix} 1 & 0 & 1 \\ 0 & 2 & 0 \\ 0 & 0 & 2 \end{bmatrix}$에 대하여 다음 물음에 답하라.

(a) 고윳값, 고유벡터와 특성다항식을 구하라.

(b) 케일리-해밀턴 정리를 이용하여 A^{10}과 A^{-1}를 구하라.

5.11 고윳값이 $\lambda_1 = -1$, $\lambda_2 = 2$, $\lambda_3 = 3$, $\lambda_4 = -3$인 4×4 행렬 A에 대하여, $tr(A)$와 $\det(A)$를 구하라.

5.12 n차 정방행렬 U가 유니타리 행렬이고 T가 임의의 n차 정방행렬이라고 할 때, 임의의 자연수 $k \geq 1$에 대하여 $(UTU^*)^k = UT^kU^*$임을 보여라. 이에 따라 $p(x)$를 변수가 x인 다항식이라고 할 때, $p(UTU^*) = Up(T)U^*$가 성립함을 보여라.

CHAPTER 05 프로그래밍 실습

5.1 다음 행렬 A, B, C의 고윳값과 고유벡터를 구하라.

$$A=\begin{bmatrix}1 & -4 & -1\\3 & 2 & 3\\1 & 1 & 3\end{bmatrix},\ B=\begin{bmatrix}0&1&0&1\\1&0&1&0\\0&1&0&1\\1&0&1&0\end{bmatrix},\ C=\begin{bmatrix}2&-1&0&-1\\-1&2&-1&0\\0&-1&2&-1\\-1&0&-1&2\end{bmatrix}$$

파이썬 코드

```
import numpy as np

# 행렬 A의 고윳값과 고유벡터 계산
A = np.array([[1, -4, 1], [3, 2, 3], [1, 1, 3]])
w1, V1 = np.linalg.eig(A)

print("A의 고윳값 = \n", w1)
print("A의 고유벡터 = \n", V1)

# 행렬 B의 고윳값과 고유벡터 계산
B = np.array([[0,1,0,1], [1,0,1,0], [0,1,0,1], [1,0,1,0]])
w2, V2 = np.linalg.eig(B)

print("\nB의 고윳값 = ", w2)
print("B의 고유벡터 = ", V2)

# 행렬 C의 고윳값과 고유벡터 계산
C = np.array([[2,-1,0,-1], [-1,2,-1,0], [0,-1,2,-1], [-1,0,-1,2]])
w3, V3 = np.linalg.eig(C)

print("\nC의 고윳값 = \n", w3)
print("C의 고유벡터 = \n", V3)
```

실행 결과

```
A의 고윳값 =
 [1.60629927+2.73221536j 1.60629927-2.73221536j 2.78740146+0.j         ]
A의 고유벡터 =
 [[ 0.77197967+0.j          0.77197967-0.j         -0.57870193+0.j        ]
 [-0.1789124 -0.54999483j -0.1789124 +0.54999483j  0.43158808+0.j        ]
 [-0.24759891-0.09076462j -0.24759891+0.09076462j  0.69197963+0.j        ]]

B의 고윳값 =  [-2.00000000e+00  6.59737022e-17  2.00000000e+00  0.00000000e+00]
B의 고유벡터 =  [[ 5.00000000e-01 -7.07106781e-01  5.00000000e-01  0.00000000e+00]
 [-5.00000000e-01 -4.63633825e-17  5.00000000e-01 -7.07106781e-01]
 [ 5.00000000e-01  7.07106781e-01  5.00000000e-01  0.00000000e+00]
 [-5.00000000e-01 -3.76905605e-17  5.00000000e-01  7.07106781e-01]]
```

```
C의 고윳값 =
 [-6.66133815e-16  2.00000000e+00  4.00000000e+00  2.00000000e+00]
C의 고유벡터 =
 [[ 5.00000000e-01  7.07106781e-01 -5.00000000e-01  5.55111512e-17]
 [ 5.00000000e-01 -2.74466000e-16  5.00000000e-01 -7.07106781e-01]
 [ 5.00000000e-01 -7.07106781e-01 -5.00000000e-01  2.58507341e-16]
 [ 5.00000000e-01  3.08103393e-17  5.00000000e-01  7.07106781e-01]]
```

5.2 다음 행렬 A, B, C에 대하여 케일리-해밀턴 정리가 성립함을 보여라.

$$A=\begin{bmatrix}1 & -4 & -1\\ 3 & 2 & 3\\ 1 & 1 & 3\end{bmatrix},\ B=\begin{bmatrix}0 & 1 & 0 & 1\\ 1 & 0 & 1 & 0\\ 0 & 1 & 0 & 1\\ 1 & 0 & 1 & 0\end{bmatrix},\ C=\begin{bmatrix}2 & -1 & 0 & -1\\ -1 & 2 & -1 & 0\\ 0 & -1 & 2 & -1\\ -1 & 0 & -1 & 2\end{bmatrix}$$

파이썬 코드

```
import numpy as np
import sympy as sp

# 행렬 A의 케일리-해밀턴 정리 만족 여부 확인
print("문제 (a)")
A = sp.Matrix([[1, -4, 1], [3, 2, 3], [1, 1, 3]])
print("A = ", A)
lamda = sp.symbols('lamda')
p_A = A.charpoly(lamda)
print("A의 특성다항식 : ", p_A)
print("특성다항식의 영이 아닌 계수들 : ", p_A.coeffs())

# 행렬 A의 특성다항식을 먼저 구한 후 직접 행렬다항식을 코드로 작성하는 방법
A2 = np.matmul(A, A)
A3 = np.matmul(A, A2)
char_coeff = p_A.coeffs()
print("p_A(A) = ",char_coeff[0]*A3 + char_coeff[1]*A2 + char_coeff[2]*A +
      char_coeff[3]*np.eye(3))
print("\n")

# 행렬 B의 케일리-해밀턴 정리 만족 여부 확인
print("문제 (b)")
B = sp.Matrix([[0, 1, 0, 1], [1, 0, 1, 0], [0, 1, 0, 1], [1, 0, 1, 0]])
print("B = ", B)
lamda = sp.symbols('lamda')
p_B = B.charpoly(lamda)
print("B의 특성다항식 : ", p_B)
print("특성다항식의 영이 아닌 계수들 : ", p_B.coeffs())
```

```
# 행렬 B의 특성다항식을 먼저 구한 후 직접 행렬다항식을 코드로 작성하는 방법
B2 = np.matmul(B, B)
B3 = np.matmul(B, B2)
B4 = np.matmul(B, B3)
char_coeff = p_B.coeffs()
print("p_B(B) = \n", char_coeff[0]*B4 + char_coeff[1]*B2 )
print("\n")

# 행렬 C의 케일리-해밀턴 정리 만족 여부 확인
print("문제 (c)")
C = sp.Matrix([[2, -1, 0, -1], [-1, 2, -1, 0], [0, -1, 2, -1], [-1, 0, -1, 2]])
print("C = ", C)
lamda = sp.symbols('lamda')
p_C = C.charpoly(lamda)
print("C의 특성다항식 : ", p_C)
print("특성다항식의 영이 아닌 계수들 : ", p_C.coeffs())

# 행렬 C의 특성다항식을 먼저 구한 후 직접 행렬다항식을 코드로 작성하는 방법
C2 = np.matmul(C, C)
C3 = np.matmul(C, C2)
C4 = np.matmul(C, C3)
char_coeff = p_C.coeffs()
print("p_C(C) = ",char_coeff[0]*C4 + char_coeff[1]*C3 + char_coeff[2]*C2 +
      char_coeff[3]*C)
```

실행 결과

```
문제 (a)
A =  Matrix([[1, -4, 1], [3, 2, 3], [1, 1, 3]])
A의 특성다항식 : PurePoly(lamda**3 - 6*lamda**2 + 19*lamda - 28, lamda, domain='ZZ')
특성다항식의 영이 아닌 계수들 :  [1, -6, 19, -28]
p_A(A) =  Matrix([[0, 0, 0], [0, 0, 0], [0, 0, 0]])

문제 (b)
B =  Matrix([[0, 1, 0, 1], [1, 0, 1, 0], [0, 1, 0, 1], [1, 0, 1, 0]])
B의 특성다항식 : PurePoly(lamda**4 - 4*lamda**2, lamda, domain='ZZ')
특성다항식의 영이 아닌 계수들 :  [1, -4]
p_B(B) =
 [[0 0 0 0]
 [0 0 0 0]
 [0 0 0 0]
 [0 0 0 0]]

문제 (c)
C =  Matrix([[2, -1, 0, -1], [-1, 2, -1, 0], [0, -1, 2, -1], [-1, 0, -1, 2]])
C의 특성다항식 : PurePoly(lamda**4 - 8*lamda**3 + 20*lamda**2 - 16*lamda, lamda, domain='ZZ')
특성다항식의 영이 아닌 계수들 :  [1, -8, 20, -16]
p_C(C) = Matrix([[0, 0, 0, 0], [0, 0, 0, 0], [0, 0, 0, 0], [0, 0, 0, 0]])
```

CHAPTER 06

행렬 분해

• Contents

행렬 분해는 주어진 행렬을 구조가 간단한 다른 행렬들의 곱으로 나타내는 것이다. 이 장에서는 가우스-조르당 소거법을 이용하여 주어진 행렬을 두 삼각행렬의 곱으로 표현하는 LU 분해와 데이터 분석에서 활용하는 특잇값 분해에 대해 알아본다. LU 분해인 $A = LU$를 이용하면 행렬 A가 가역행렬인지 여부를 쉽게 확인할 수 있다. 특잇값 분해는 데이터를 압축하거나 차원을 축소하는 데 사용된다.

학습목표

1. LU 분해의 개념과 계산 방법을 이해한다.
2. 특잇값 분해의 개념과 계산 방법을 이해한다.
3. LU 분해와 특잇값 분해에 관한 파이썬 코드를 학습한다.

6.1 LU 분해

2장에서 살펴본 가우스-조르당 소거법에서 등장하는 기본행렬을 이용하여 주어진 정방행렬을 행 사다리꼴로 만들면 상삼각행렬이 된다. 이 방법을 이용하여 주어진 정방행렬을 하삼각행렬과 상삼각행렬로 분해하는 방법을 알아보자. 또 다른 행렬 분해인 QR 분해에서는 행렬 Q를 구하는 게 쉽지 않으므로, 행렬방정식에서는 보통 LU 분해를 사용한다.

정의 6-1 **LU 분해**

n차 정방행렬 A를 하삼각행렬 L과 상삼각행렬 U의 곱인 LU로 나타낼 수 있을 때, 이 표현을 행렬 A의 **LU 분해**(LU matrix decomposition)라고 한다.

보통은 하삼각행렬 L의 주대각 성분을 1로 만드는데, 이러한 형태의 하삼각행렬을 단위 하삼각행렬(unit lower triangular matrix)이라고 한다. 한편, 정방행렬이 아닌 행렬의 LU 분해를 설명하기도 하는데 하삼각행렬 L과 상삼각행렬 U를 만드는 과정은 동일하므로, 본문에서는 정방행렬에 대해서만 다루고 정방행렬이 아닌 행렬은 연습문제에서 다룬다.

LU 분해의 간단한 예를 살펴보자. 2차 정방행렬 $A=\begin{bmatrix}1&2\\2&5\end{bmatrix}$의 LU 분해는 $A=\begin{bmatrix}1&0\\2&1\end{bmatrix}\begin{bmatrix}1&2\\0&1\end{bmatrix}=LU$이다. 또한 행렬 A를 다음과 같이 두 행렬의 합으로 표현할 수도 있다.

$$A=\begin{bmatrix}1&0\\2&1\end{bmatrix}\left(\begin{bmatrix}1&2\\0&0\end{bmatrix}+\begin{bmatrix}0&0\\0&1\end{bmatrix}\right)=\begin{bmatrix}1&2\\2&4\end{bmatrix}+\begin{bmatrix}0&0\\0&1\end{bmatrix}$$

행렬의 성분을 비교해보면 두 행렬 A와 $\begin{bmatrix}1&2\\2&4\end{bmatrix}$가 많이 유사해 보인다. 여기서 행렬 $\begin{bmatrix}1&2\\2&4\end{bmatrix}$는 랭크가 1인 행렬이므로 행렬 A보다는 구조가 간단하다. 정리하면 랭크가 2인 행렬 A를 랭크가 1인 행렬로 근사한 것으로 볼 수 있다.

이제 LU 분해가 가능하기 위한, 즉 주어진 행렬이 LU로 표현될 수 있기 위한 충분조건을 알아본다. 먼저 이 충분조건을 증명하기 위해 필요한 개념인 기본행렬을 정의하자. 기본행렬은 [정리 1-4]와 [정리 1-5]에서 살펴본 행 연산을 단위행렬에 적용한 것과 같다.

정의 6-2 **기본행렬**

n차 단위행렬에 [정리 1-5]의 세 가지 행 연산 중에서 하나를 적용하여 얻은 행렬을 **기본행렬**(elementary matrix)이라고 한다. 구체적으로 말하면 다음과 같은 세 유형의 기본행렬이 있다.

(1) **유형** Ⅰ : 단위행렬에서 i행과 j행을 서로 바꾼 행렬 E_{ij}

(2) **유형** Ⅱ : 단위행렬에서 i행에 0이 아닌 상수 k를 곱한 행렬 E_i^k

(3) **유형** Ⅲ : 단위행렬에서 i행에 상수 k를 곱한 후 j행에 더한 행렬 E_{ij}^k (단, $i<j$)

[정의 6-2]에 따라 모든 기본행렬은 가역행렬이다. 즉 $E_{ij}^{-1}=E_{ji}$, $(E_i^k)^{-1}=E_i^{(1/k)}$, $(E_{ij}^k)^{-1}=E_{ij}^{(-k)}$이다. 또한 [유형 Ⅱ]의 기본행렬은 대각행렬이며, [유형 Ⅲ]의 기본행렬은 단위 하삼각행렬이다.

정리 6-1 **LU 분해가 되는 충분조건**

n차 정방행렬 A에 [유형 Ⅲ]의 기본행렬 E_{ij}^k를 적용해 상삼각행렬로 만들 수 있으면, 행렬 A는 단위 하삼각행렬 L과 상삼각행렬 U의 곱으로 표현할 수 있다.

증명

주어진 행렬 A에 대하여 가우스-조르당 소거법을 적용한다. 이때 한 행의 상수배를 다른 행에 더하는 [유형 Ⅲ]의 기본행렬들을 편의상 $E_i\ (i=1, 2, \cdots, k)$라고 하자. 그러면 다음과 같이 나타낼 수 있다.

$$E_k E_{k-1} \cdots E_2 E_1 A = U \text{ (단, } U\text{는 상삼각행렬)}$$

또한 기본행렬 $E_i\ (i=1, 2, \cdots, k)$는 모두 가역행렬이므로 다음이 성립한다.

$$A = E_1^{-1}E_2^{-1}\cdots E_{k-1}^{-1}E_k^{-1}U$$

이때 행렬 L이 다음과 같다고 하자.

$$L = E_1^{-1}E_2^{-1}\cdots E_{k-1}^{-1}E_k^{-1}$$

그러면 행렬 L은 단위 하삼각행렬이다. 왜냐하면 각 $E_i\ (i=1, 2, \cdots, k)$가 단위 하삼각행렬이고 이 행렬들의 역행렬 또한 단위 하삼각행렬이며, 이 역행렬들의 곱도 단위 하삼각행렬이기 때문이다. 따라서 단위 하삼각행렬 L과 상삼각행렬 U에 대해 $A=LU$로 표현할 수 있다. ■

이제 주어진 행렬을 직접 LU 분해해보자.

예제 6-1 **LU 분해**

행렬 $A = \begin{bmatrix} 1 & 2 & 0 \\ 0 & 1 & 2 \\ 2 & 0 & 1 \end{bmatrix}$ 을 LU 분해하라.

풀이

행렬 A의 3행에 성분 2가 있으므로, 1행에 -2를 곱한 결과를 3행에 더해야 한다. 이 행 연산을 의미하는 기본행렬 E_{13}^{-2}를 편의상 다음과 같은 행렬 E_1으로 나타내자.

$$E_1 = \begin{bmatrix} 1 & 0 & 0 \\ 0 & 1 & 0 \\ -2 & 0 & 1 \end{bmatrix}$$

그러면 E_1A는 다음과 같다.

$$E_1A = \begin{bmatrix} 1 & 0 & 0 \\ 0 & 1 & 0 \\ -2 & 0 & 1 \end{bmatrix} \begin{bmatrix} 1 & 2 & 0 \\ 0 & 1 & 2 \\ 2 & 0 & 1 \end{bmatrix} = \begin{bmatrix} 1 & 2 & 0 \\ 0 & 1 & 2 \\ 0 & -4 & 1 \end{bmatrix}$$

위 행렬의 3행에 성분 -4가 있으므로, 2행에 4를 곱하고 3행에 더해야 한다. 이 행 연산을 의미하는 기본행렬 E_{23}^{4}를 편의상 행렬 $E_2 = \begin{bmatrix} 1 & 0 & 0 \\ 0 & 1 & 0 \\ 0 & 4 & 1 \end{bmatrix}$로 나타내고, 행렬 E_2를 위 식에 곱하면 다음과 같다.

$$E_2(E_1A) = \begin{bmatrix} 1 & 0 & 0 \\ 0 & 1 & 0 \\ 0 & 4 & 1 \end{bmatrix} \begin{bmatrix} 1 & 2 & 0 \\ 0 & 1 & 2 \\ 0 & -4 & 1 \end{bmatrix} = \begin{bmatrix} 1 & 2 & 0 \\ 0 & 1 & 2 \\ 0 & 0 & 9 \end{bmatrix} = U$$

따라서 하삼각행렬 L은 다음과 같다.

$$\begin{aligned} L &= E_1^{-1} E_2^{-1} \\ &= \begin{bmatrix} 1 & 0 & 0 \\ 0 & 1 & 0 \\ -2 & 0 & 1 \end{bmatrix}^{-1} \begin{bmatrix} 1 & 0 & 0 \\ 0 & 1 & 0 \\ 0 & 4 & 1 \end{bmatrix}^{-1} \\ &= \begin{bmatrix} 1 & 0 & 0 \\ 0 & 1 & 0 \\ 2 & 0 & 1 \end{bmatrix} \begin{bmatrix} 1 & 0 & 0 \\ 0 & 1 & 0 \\ 0 & -4 & 1 \end{bmatrix} = \begin{bmatrix} 1 & 0 & 0 \\ 0 & 1 & 0 \\ 2 & -4 & 1 \end{bmatrix} \end{aligned}$$

실제로 다음이 성립한다.

$$LU = \begin{bmatrix} 1 & 0 & 0 \\ 0 & 1 & 0 \\ 2 & -4 & 1 \end{bmatrix} \begin{bmatrix} 1 & 2 & 0 \\ 0 & 1 & 2 \\ 0 & 0 & 9 \end{bmatrix} = \begin{bmatrix} 1 & 2 & 0 \\ 0 & 1 & 2 \\ 2 & 0 & 1 \end{bmatrix} = A$$

파이썬 코드

```
import numpy as np

A = np.array([[1,2,0],[0,1,2],[2,0,1]])
E_1 = np.array([[1,0,0],[0,1,0],[-2,0,1]])
E_2 = np.array([[1,0,0],[0,1,0],[0,4,1]])

# 행렬 E_1*A 계산
print("E_1*A = \n", np.dot(E_1,A))
print("\n")

# 행렬 U = E_2*(E_1*A) 계산
U = np.dot(E_2,np.dot(E_1,A))
print("U = E_2*(E_1*A) = \n", U)
print("\n")

# 행렬 L = (E_2*E_1)^-1 계산
L = np.linalg.inv(np.dot(E_2,E_1))
print("L = (E_2*E_1)^-1 = E_1^-1*E_2^-1 = \n", L)
print("\n")

# A=LU 확인
print("LU = \n", np.dot(L,U))
print("\n")
```

실행 결과

```
E_1*A =
 [[ 1  2  0]
 [ 0  1  2]
 [ 0 -4  1]]

U = E_2*(E_1*A) =
 [[1 2 0]
 [0 1 2]
 [0 0 9]]

L = (E_2*E_1)^-1 = E_1^-1*E_2^-1 =
 [[ 1. -0. -0.]
 [ 0.  1.  0.]
 [ 2. -4.  1.]]

LU =
 [[1. 2. 0.]
 [0. 1. 2.]
 [2. 0. 1.]]
```

예제 6-2 LU 분해

주어진 행렬 $A=\begin{bmatrix}1&1&1\\1&1&1\\1&1&1\end{bmatrix}$에 대해 다음 물음에 답하라.

(a) 행렬 A를 LU 분해하라.

(b) $A=LU$ 표현이 유일한지 확인하라.

풀이

(a) [예제 6-1]과 같은 방법으로 기본행렬을 구하면 E_1은 다음과 같다.

$$E_1=\begin{bmatrix}1&0&0\\-1&1&0\\0&0&1\end{bmatrix}$$

그러면 E_1A는 다음과 같다.

$$E_1A=\begin{bmatrix}1&0&0\\-1&1&0\\0&0&1\end{bmatrix}\begin{bmatrix}1&1&1\\1&1&1\\1&1&1\end{bmatrix}=\begin{bmatrix}1&1&1\\0&0&0\\1&1&1\end{bmatrix}$$

위 결과에 기본행렬 $E_2=\begin{bmatrix}1&0&0\\0&1&0\\-1&0&1\end{bmatrix}$을 곱하면 다음과 같다.

$$E_2(E_1A)=\begin{bmatrix}1&0&0\\0&1&0\\-1&0&1\end{bmatrix}\begin{bmatrix}1&1&1\\0&0&0\\1&1&1\end{bmatrix}=\begin{bmatrix}1&1&1\\0&0&0\\0&0&0\end{bmatrix}=U$$

따라서 하삼각행렬 L은 다음과 같다.

$$\begin{aligned}L&=E_1^{-1}E_2^{-1}\\&=\begin{bmatrix}1&0&0\\1&1&0\\0&0&1\end{bmatrix}\begin{bmatrix}1&0&0\\0&1&0\\1&0&1\end{bmatrix}=\begin{bmatrix}1&0&0\\1&1&0\\1&0&1\end{bmatrix}\end{aligned}$$

실제로 다음이 성립한다.

$$LU=\begin{bmatrix}1&0&0\\1&1&0\\1&0&1\end{bmatrix}\begin{bmatrix}1&1&1\\0&0&0\\0&0&0\end{bmatrix}=\begin{bmatrix}1&1&1\\1&1&1\\1&1&1\end{bmatrix}=A$$

(b) (a)의 방법은 L과 U를 쉽게 구하는 방법일뿐 이 방법만이 유일하지는 않다. 일반적으로 $A=LU$는 존재하지 않을 수도 있고, 존재하더라도 두 개 이상의 분해가 가능하다. 이 문제의 경우에는 $A=LU$ 표현이 유일하지 않음을 보일 수 있다. 왜냐하면 직관적으로 L과 U가 다음과 같다고

하면 $LU = A$가 성립함을 쉽게 확인할 수 있기 때문이다.

$$L = \begin{bmatrix} 1 & 0 & 0 \\ 1 & 1 & 0 \\ 1 & x & 1 \end{bmatrix} \text{ (단, } x\text{는 임의의 실수)}, \quad U = \begin{bmatrix} 1 & 1 & 1 \\ 0 & 0 & 0 \\ 0 & 0 & 0 \end{bmatrix}$$

파이썬 코드

```
import numpy as np

A = np.array([[1,1,1],[1,1,1],[1,1,1]])
E_1 = np.array([[1,0,0],[-1,1,0],[0,0,1]])
E_2 = np.array([[1,0,0],[0,1,0],[-1,0,1]])

# 행렬 E_1*A 계산
print("E_1*A = \n", np.dot(E_1,A))
print("\n")

# 행렬 U = E_2*(E_1*A) 계산
U = np.dot(E_2,np.dot(E_1,A))
print("U = E_2*(E_1*A) = \n", U)
print("\n")

# 행렬 L = (E_2*E_1)^-1 계산
L = np.linalg.inv(np.dot(E_2,E_1))
print("L = (E_2*E_1)^-1 = E_1^-1*E_2^-1 = \n", L)
print("\n")

# A=LU 확인
print("LU = \n", np.dot(L,U))
print("\n")
```

실행 결과

```
E_1*A =
 [[1 1 1]
 [0 0 0]
 [1 1 1]]

U = E_2*(E_1*A) =
 [[1 1 1]
 [0 0 0]
 [0 0 0]]

L = (E_2*E_1)^-1 = E_1^-1*E_2^-1 =
 [[1. 0. 0.]
 [1. 1. 0.]
 [1. 0. 1.]]

LU =
 [[1. 1. 1.]
 [1. 1. 1.]
 [1. 1. 1.]]
```

$A=LU$로 LU 분해를 할 수 없는 경우에는 어떻게 해야 할까? 이러한 경우 치환행렬(permutation matrix)[1] P를 이용하여 다음 예제와 같이 $A=PLU$로 PLU 분해하는 방법을 이용할 수 있다.

예제 6-3 PLU 분해

행렬 $A=\begin{bmatrix}1&1&1\\1&1&0\\0&1&1\end{bmatrix}$을 PLU 분해하라.

풀이

$A=\begin{bmatrix}1&1&1\\1&1&0\\0&1&1\end{bmatrix}\sim\begin{bmatrix}1&1&1\\0&0&-1\\0&1&1\end{bmatrix}\sim\begin{bmatrix}1&1&1\\0&0&-1\\0&1&0\end{bmatrix}$이므로 상삼각행렬 U를 만들 수 없다. 만약 행렬 A의 2행과 3행을 서로 바꾼다면 상삼각행렬 U를 만들 수 있다.

치환행렬을 $P=\begin{bmatrix}1&0&0\\0&0&1\\0&1&0\end{bmatrix}$이라고 하면 다음이 성립한다.

$$PA=\begin{bmatrix}1&0&0\\0&0&1\\0&1&0\end{bmatrix}\begin{bmatrix}1&1&1\\1&1&0\\0&1&1\end{bmatrix}=\begin{bmatrix}1&1&1\\0&1&1\\1&1&0\end{bmatrix}$$

행렬 PA에 대하여 LU 분해를 적용하고자 한다. [유형 Ⅲ]의 기본행렬 E_1이 다음과 같다고 하자.

$$E_1=\begin{bmatrix}1&0&0\\0&1&0\\-1&0&1\end{bmatrix}$$

그러면 다음이 성립한다.

$$E_1PA=\begin{bmatrix}1&1&1\\0&1&1\\0&0&-1\end{bmatrix}=U$$

따라서 행렬 PA는 다음과 같이 LU 분해할 수 있다.

$$PA=E_1^{-1}\begin{bmatrix}1&1&1\\0&1&1\\0&0&-1\end{bmatrix}=\begin{bmatrix}1&0&0\\0&1&0\\1&0&1\end{bmatrix}\begin{bmatrix}1&1&1\\0&1&1\\0&0&-1\end{bmatrix}=LU$$

따라서 다음이 성립한다.

$$A=P^{-1}\begin{bmatrix}1&0&0\\0&1&0\\1&0&1\end{bmatrix}\begin{bmatrix}1&1&1\\0&1&1\\0&0&-1\end{bmatrix}=P^{\mathrm{T}}LU=PLU$$

1 치환행렬은 0과 1로 이루어진 정방행렬로, 모든 행과 열에 성분 1이 정확히 한 번 나타난다는 성질을 갖는다.

일반적으로 치환행렬 P는 $PP^{\mathrm{T}} = I$를 만족하므로 $P^{-1} = P^{\mathrm{T}}$이다. 따라서 행렬 A가 그 자체로 LU 분해가 되지 않을 경우에는 $A = PLU$로 PLU 분해를 시도할 수 있다.

파이썬 코드

```
import numpy as np

A = np.array([[1,1,1],[1,1,0],[0,1,1]])
P = np.array([[1,0,0],[0,0,1],[0,1,0]])
E_1 = np.array([[1,0,0],[0,1,0],[-1,0,1]])
E_2 = np.array([[1,0,0],[1,1,0],[0,1,1]])

# 행렬 P*A 계산
print("P*A = \n", np.dot(P,A))
print("\n")

# 행렬 U = E_1*(P*A) 계산
U = np.dot(E_1,np.dot(P,A))
print("U = E_1*(P*A) = \n", U)
print("\n")

# 행렬 L = E_1^-1 계산
L = np.linalg.inv(E_1)
print("L = E_1^-1 = \n", L)
print("\n")

# P*A=L*U 확인
print("P*A = L*U = \n", np.dot(L,U))
print("\n")

# A = P*(L*U) 확인
print("A = P*(L*U) = \n", np.dot(P,np.dot(L,U)))
print("\n")
```

실행 결과

```
P*A =
 [[1 1 1]
 [0 1 1]
 [1 1 0]]

U = E_1*(P*A) =
 [[ 1  1  1]
 [ 0  1  1]
 [ 0  0 -1]]

L = E_1^-1 =
 [[1. 0. 0.]
 [0. 1. 0.]
 [1. 0. 1.]]

P*A = L*U =
 [[1. 1. 1.]
 [0. 1. 1.]
 [1. 1. 0.]]
```

```
A = P*(L*U) =
 [[1. 1. 1.]
 [1. 1. 0.]
 [0. 1. 1.]]
```

LU 분해를 이용하여 연립선형방정식을 풀 수도 있다. 예를 들어 다음 연립선형방정식의 해를 구해보자.

$$\begin{cases} x_1 + 2x_2 \qquad = 1 \\ \qquad x_2 + 2x_3 = 2 \\ 2x_1 + \qquad x_3 = 3 \end{cases}$$

$A = \begin{bmatrix} 1 & 2 & 0 \\ 0 & 1 & 2 \\ 2 & 0 & 1 \end{bmatrix}$ 이고 $\boldsymbol{x} = \begin{bmatrix} x_1 \\ x_2 \\ x_3 \end{bmatrix}$, $\boldsymbol{b} = \begin{bmatrix} 1 \\ 2 \\ 3 \end{bmatrix}$ 이라고 하면, 위 연립선형방정식은 $A\boldsymbol{x} = \boldsymbol{b}$를 푸는 문제가 된다. 이때 [예제 6-1]에 의해 다음과 같다.

$$A = LU = \begin{bmatrix} 1 & 0 & 0 \\ 0 & 1 & 0 \\ 2 & -4 & 1 \end{bmatrix} \begin{bmatrix} 1 & 2 & 0 \\ 0 & 1 & 2 \\ 0 & 0 & 9 \end{bmatrix}$$

따라서 주어진 문제는 $A\boldsymbol{x} = LU\boldsymbol{x} = \boldsymbol{b}$를 푸는 문제와 같다. 또한 $U\boldsymbol{x} = \boldsymbol{y}$라고 하면 $L\boldsymbol{y} = \boldsymbol{b}$를 푸는 문제로 변형된다. $L\boldsymbol{y} = \boldsymbol{b}$는 다음과 같이 간단히 풀 수 있다.

$$[L \mid \boldsymbol{b}] = \left[\begin{array}{ccc|c} 1 & 0 & 0 & 1 \\ 0 & 1 & 0 & 2 \\ 2 & -4 & 1 & 3 \end{array}\right] \sim \left[\begin{array}{ccc|c} 1 & 0 & 0 & 1 \\ 0 & 1 & 0 & 2 \\ 0 & -4 & 1 & 1 \end{array}\right] \sim \left[\begin{array}{ccc|c} 1 & 0 & 0 & 1 \\ 0 & 1 & 0 & 2 \\ 0 & 0 & 1 & 9 \end{array}\right]$$

따라서 $\boldsymbol{y} = \begin{bmatrix} 1 \\ 2 \\ 9 \end{bmatrix}$ 이다. 또한 $U\boldsymbol{x} = \boldsymbol{y}$로부터

$$[U \mid \boldsymbol{y}] = \left[\begin{array}{ccc|c} 1 & 2 & 0 & 1 \\ 0 & 1 & 2 & 2 \\ 0 & 0 & 9 & 9 \end{array}\right] \sim \left[\begin{array}{ccc|c} 1 & 2 & 0 & 1 \\ 0 & 1 & 2 & 2 \\ 0 & 0 & 1 & 1 \end{array}\right] \sim \left[\begin{array}{ccc|c} 1 & 0 & 0 & 1 \\ 0 & 1 & 0 & 0 \\ 0 & 0 & 1 & 1 \end{array}\right]$$

이므로 $\boldsymbol{x} = \begin{bmatrix} 1 \\ 0 \\ 1 \end{bmatrix}$ 이다. 실제로 다음이 성립한다.

$$A\boldsymbol{x} = \begin{bmatrix} 1 & 2 & 0 \\ 0 & 1 & 2 \\ 2 & 0 & 1 \end{bmatrix} \begin{bmatrix} 1 \\ 0 \\ 1 \end{bmatrix} = \begin{bmatrix} 1 \\ 2 \\ 3 \end{bmatrix}$$

6.2 특잇값 분해

이 장에서는 $m \times n$ 행렬을 직교행렬과 고윳값으로 이루어진 행렬의 곱으로 나타내는 방법인 특잇값 분해를 살펴본다. 먼저 특잇값이 무엇인지 알아보자. 특잇값은 고윳값을 이용해 정의한다.

정의 6-3 특잇값

$m \times n$ 실수행렬 A에 대하여, 행렬 $\widetilde{A} = A^{\mathrm{T}}A$의 고윳값 λ에 대한 양의 제곱근 $\sqrt{\lambda}$를 행렬 A의 **특잇값**(singular value)이라 하고 $\sigma = \sqrt{\lambda}$로 표기한다.

예제 6-4 특잇값

행렬 $A = \begin{bmatrix} 1 & 2 & 0 \\ 0 & 1 & 2 \end{bmatrix}$의 특잇값을 구하라.

풀이

$\widetilde{A} = A^{\mathrm{T}}A = \begin{bmatrix} 1 & 0 \\ 2 & 1 \\ 0 & 2 \end{bmatrix} \begin{bmatrix} 1 & 2 & 0 \\ 0 & 1 & 2 \end{bmatrix} = \begin{bmatrix} 1 & 2 & 0 \\ 2 & 5 & 2 \\ 0 & 2 & 4 \end{bmatrix}$이므로, 행렬 $\widetilde{A}$의 특성방정식은 다음과 같다.

$$|\lambda I - \widetilde{A}| = \begin{vmatrix} \lambda - 1 & -2 & 0 \\ -2 & \lambda - 5 & -2 \\ 0 & -2 & \lambda - 4 \end{vmatrix} = \lambda(\lambda - 3)(\lambda - 7) = 0$$

따라서 행렬 $\widetilde{A}$의 고윳값은 7, 3, 0이다. 그러므로 행렬 A의 특잇값은 $\sigma_1 = \sqrt{7}$, $\sigma_2 = \sqrt{3}$, $\sigma_3 = 0$이다.

앞서 정의한 특잇값 개념을 바탕으로, 주어진 행렬을 분해하는 방법 중 하나인 특잇값 분해에 대해 알아보자.

정의 6-4 **특잇값 분해**

A가 $m \times n$ 실수행렬일 때, m차 직교행렬 U와 n차 직교행렬 V, 그리고 행렬 A의 특잇값 $\sigma_1, \sigma_2, \cdots, \sigma_n \, (\sigma_1 > \sigma_2 > \cdots > \sigma_n)$을 큰 것부터 순서대로 주대각 성분에 대입한 $m \times n$ 직사각 대각행렬 $\Sigma = \begin{bmatrix} \sigma_1 & 0 & \cdots & 0 \\ 0 & \sigma_2 & \vdots & \vdots \\ \vdots & & \ddots & 0 \\ 0 & \cdots & 0 & \sigma_n \\ 0 & \cdots & \cdots & 0 \\ \vdots & \vdots & \vdots & \vdots \\ 0 & \cdots & \cdots & 0 \end{bmatrix}$에 대하여, 행렬 A를 $A = U\Sigma V^{\mathrm{T}}$로 표현할 수 있다면 이를 행렬 A의 **특잇값 분해**(Singular Value Decomposition, SVD)라고 한다.

실수행렬에 대하여 특잇값 분해가 항상 존재하는지는 살펴보자. 이를 살펴보기 위해서는 다음과 같은 정리들을 먼저 이해해야 한다.

정리 6-2 **행렬 $\widetilde{A} = A^{\mathrm{T}}A$의 고윳값**

A가 $m \times n$ 실수행렬일 때, 행렬 $\widetilde{A} = A^{\mathrm{T}}A$의 고윳값은 항상 0 이상이다.

증명

임의의 $\boldsymbol{x}$에 대하여 행렬 $\widetilde{A} = A^{\mathrm{T}}A$는 다음을 만족한다.

$$\boldsymbol{x}^{\mathrm{T}}A^{\mathrm{T}}A\boldsymbol{x} = (A\boldsymbol{x})^{\mathrm{T}}(A\boldsymbol{x}) = \|A\boldsymbol{x}\|^2 \geq 0$$

만약 $(A^{\mathrm{T}}A)\boldsymbol{x} = \lambda\boldsymbol{x}$를 만족한다면, 즉 λ가 행렬 $A^{\mathrm{T}}A$의 고윳값이라고 하면 위 계산에 따라 다음이 성립해야 한다.

$$\boldsymbol{x}^{\mathrm{T}}(A^{\mathrm{T}}A)\boldsymbol{x} = \boldsymbol{x}^{\mathrm{T}}\lambda\boldsymbol{x} = \lambda\boldsymbol{x}^{\mathrm{T}}\boldsymbol{x} = \lambda\|\boldsymbol{x}\|^2 \geq 0$$

따라서 $\lambda \geq 0$이어야 한다. ■

정리 6-3 **행렬 $\widetilde{A} = A^{\mathrm{T}}A$의 고윳값과 고유벡터**

A가 $m \times n$ 실수행렬이라고 하자. $i = 1, \cdots, n$에 대하여 행렬 $\widetilde{A} = A^{\mathrm{T}}A$의 고윳값이 λ_i이고 이에 대응하는 고유벡터 $\boldsymbol{x}_i$가 $\|\boldsymbol{x}_i\| = 1$을 만족할 때, $\{A\boldsymbol{x}_1, A\boldsymbol{x}_2, \cdots, A\boldsymbol{x}_n\}$은 직교집합이다. 이때 $\|A\boldsymbol{x}_i\| = \sqrt{\lambda_i} = \sigma_i$이다.

증명

$i=1, \cdots, n$에 대해 λ_i와 $\boldsymbol{x}_i$를 각각 행렬 $A^{\mathrm{T}}A$의 고윳값과 고유벡터라고 하면 다음이 성립한다.

$$A^{\mathrm{T}}A\boldsymbol{x}_i = \lambda_i \boldsymbol{x}_i \ (i=1, \cdots, n) \quad \cdots ①$$

이때 $A^{\mathrm{T}}A$는 대칭행렬이므로 [정리 5-4] 하단의 대각화에 대한 내용에 의해 행렬 $A^{\mathrm{T}}A$의 고유벡터 $\boldsymbol{x}_i\,(i=1, \cdots, n)$는 서로 직교한다. 즉 다음이 성립한다.

$$\boldsymbol{x}_i \cdot \boldsymbol{x}_j = \begin{cases} 1, & i=j \\ 0, & i \neq j \end{cases} \quad \cdots ②$$

따라서 식 ①에 의해 $(A\boldsymbol{x}_i)\cdot(A\boldsymbol{x}_j)=(A\boldsymbol{x}_i)^{\mathrm{T}}(A\boldsymbol{x}_j)=\boldsymbol{x}_i^{\mathrm{T}}A^{\mathrm{T}}A\boldsymbol{x}_j=\lambda_j\boldsymbol{x}_i^{\mathrm{T}}\boldsymbol{x}_j=\lambda_j\boldsymbol{x}_i\cdot\boldsymbol{x}_j$이다. 그러므로 식 ②에 의해 $(A\boldsymbol{x}_i)\cdot(A\boldsymbol{x}_j)=\begin{cases} \lambda_i, & i=j \\ 0\,, & i \neq j \end{cases}$이다. 따라서 $\{A\boldsymbol{x}_1, A\boldsymbol{x}_2, \cdots, A\boldsymbol{x}_n\}$은 직교집합이다.

그리고 $\|A\boldsymbol{x}_i\|$를 계산하면 다음과 같다.

$$\begin{aligned} \|A\boldsymbol{x}_i\| &= \sqrt{(A\boldsymbol{x}_i)\cdot(A\boldsymbol{x}_i)} = \sqrt{(A\boldsymbol{x}_i)^{\mathrm{T}}A\boldsymbol{x}_i} \\ &= \sqrt{\boldsymbol{x}_i^{\mathrm{T}}A^{\mathrm{T}}A\boldsymbol{x}_i} = \sqrt{\lambda_i\boldsymbol{x}_i^{\mathrm{T}}\boldsymbol{x}_i} = \sqrt{\lambda_i}\,\|\boldsymbol{x}_i\| \end{aligned}$$

이때 $\|\boldsymbol{x}_i\|=1$이므로 $\|A\boldsymbol{x}_i\|=\sqrt{\lambda_i}=\sigma_i$이다. ■

예제 6-5 행렬 $\widetilde{A}=A^{\mathrm{T}}A$의 고윳값과 고유벡터

행렬 $A=\begin{bmatrix} 3 & 2 \\ 2 & 3 \\ 2 & -2 \end{bmatrix}$에 대하여 $\widetilde{A}=A^{\mathrm{T}}A$의 고윳값과 단위 고유벡터 $\boldsymbol{x}_1, \boldsymbol{x}_2$를 구하라. 또한 $A\boldsymbol{x}_1$과 $A\boldsymbol{x}_2$가 서로 직교함을 보이고, $\|A\boldsymbol{x}_i\|=\sqrt{\lambda_i}$ (단, $i=1, 2$)가 성립함을 보여라.

풀이

$\widetilde{A}=A^{\mathrm{T}}A=\begin{bmatrix} 3 & 2 & 2 \\ 2 & 3 & -2 \end{bmatrix}\begin{bmatrix} 3 & 2 \\ 2 & 3 \\ 2 & -2 \end{bmatrix}=\begin{bmatrix} 17 & 8 \\ 8 & 17 \end{bmatrix}$이다. 행렬 $\widetilde{A}$의 고윳값을 구해보자.

$$\begin{vmatrix} \lambda-17 & -8 \\ -8 & \lambda-17 \end{vmatrix}=(\lambda-17)^2-64=(\lambda-17-8)(\lambda-17+8)=(\lambda-25)(\lambda-9)=0$$

따라서 행렬 $\widetilde{A}$의 고윳값은 $\lambda_1=25, \lambda_2=9$이다.

(i) $\lambda_1=25$인 경우

$\left[\begin{array}{cc|c} 25-17 & -8 & 0 \\ -8 & 25-17 & 0 \end{array}\right] \sim \left[\begin{array}{cc|c} 8 & -8 & 0 \\ -8 & 8 & 0 \end{array}\right] \sim \left[\begin{array}{cc|c} 1 & -1 & 0 \\ 0 & 0 & 0 \end{array}\right]$이므로, 단위 고유벡터는 $\boldsymbol{x}_1=\dfrac{1}{\sqrt{2}}\begin{bmatrix} 1 \\ 1 \end{bmatrix}$이다.

(ii) $\lambda_2 = 9$인 경우

$\begin{bmatrix} 9-17 & -8 & | & 0 \\ -8 & 9-17 & | & 0 \end{bmatrix} \sim \begin{bmatrix} -8 & -8 & | & 0 \\ -8 & -8 & | & 0 \end{bmatrix} \sim \begin{bmatrix} 1 & 1 & | & 0 \\ 0 & 0 & | & 0 \end{bmatrix}$이므로, 단위 고유벡터는 $\boldsymbol{x}_2 = \frac{1}{\sqrt{2}} \begin{bmatrix} -1 \\ 1 \end{bmatrix}$이다.

그러므로 $A\boldsymbol{x}_1 = \frac{1}{\sqrt{2}} \begin{bmatrix} 5 \\ 5 \\ 0 \end{bmatrix}$이고 $\| A\boldsymbol{x}_1 \| = \sqrt{25} = \sqrt{\lambda_1}$이다. 마찬가지로 $A\boldsymbol{x}_2 = \frac{1}{\sqrt{2}} \begin{bmatrix} -1 \\ 1 \\ -4 \end{bmatrix}$이고 $\| A\boldsymbol{x}_2 \| = \sqrt{9} = \sqrt{\lambda_2}$이다. 또한 $A\boldsymbol{x}_1 \cdot A\boldsymbol{x}_2 = 0$이므로 $A\boldsymbol{x}_1$과 $A\boldsymbol{x}_2$는 서로 직교한다.

정리 6-4 **특잇값 분해의 존재성**

임의의 $m \times n$ 실수행렬 A에 대하여 특잇값 분해 $A = U\Sigma V^{\mathrm{T}}$는 항상 존재한다.

이 정리의 증명은 어렵지 않으나 다소 길기 때문에 생략한다. 이제 앞서 [정의 6-4]에서 살펴본 특잇값 분해를 구성하는 행렬이 구체적으로 어떤 행렬인지 알아보자.

정리 6-5 **특잇값 분해를 구성하는 행렬**

임의의 $m \times n$ 실수행렬 A를 $A = U\Sigma V^{\mathrm{T}}$로 특잇값 분해했다고 하자. 특잇값 분해를 구성하는 행렬 V는 행렬 $A^{\mathrm{T}}A$의 고유벡터를 열로 갖는 직교행렬이고, 행렬 Σ는 행렬 A의 특잇값을 주대각 성분으로 갖는 직사각 대각행렬이며, 행렬 U는 행렬 AA^{T}의 고유벡터를 열로 갖는 직교행렬이다.

임의의 $m \times n$ 실수행렬 A를 $A = U\Sigma V^{\mathrm{T}}$로 특잇값 분해했을 때, 행렬 Σ는 유일하지만 행렬 U와 V는 여러 개 존재할 수 있다. 왜냐하면 길이가 1인 고유벡터는 유일하지 않기 때문이다. 이제 [정리 6-5]를 이용하여 직접 특잇값 분해를 해보자.

예제 6-6 **특잇값 분해**

행렬 $A = \begin{bmatrix} 1 & 2 & 0 \\ 0 & 1 & 2 \end{bmatrix}$를 특잇값 분해하라.

풀이

[예제 6-4]의 계산 결과에 따라 행렬 $\widetilde{A} = A^{\mathrm{T}}A$의 고윳값은 7, 3, 0이다. 따라서 행렬 A의 특잇값은 $\sigma_1 = \sqrt{7}$, $\sigma_2 = \sqrt{3}$, $\sigma_3 = 0$이므로 $\Sigma = \begin{bmatrix} \sqrt{7} & 0 & 0 \\ 0 & \sqrt{3} & 0 \end{bmatrix}$이다. 왜냐하면 Σ는 2×3 행렬이므로

$\sigma_3 = 0$은 사용하지 않기 때문이다. 각 고윳값에 대응하는 고유벡터는 다음과 같다.[2]

$$\text{(i) } \lambda_1 = 7,\ \boldsymbol{x}_1 = \begin{bmatrix} -\frac{1}{2} \\ -\frac{3}{2} \\ -1 \end{bmatrix} \qquad \text{(ii) } \lambda_2 = 3,\ \boldsymbol{x}_2 = \begin{bmatrix} -\frac{1}{2} \\ -\frac{1}{2} \\ 1 \end{bmatrix} \qquad \text{(iii) } \lambda_3 = 0,\ \boldsymbol{x}_3 = \begin{bmatrix} 4 \\ -2 \\ 1 \end{bmatrix}$$

각 고유벡터를 열로 갖는 직교행렬 V를 구해보자. 각 고유벡터를 정규화된 단위벡터로 표현하면 행렬 V는 직교행렬이며 다음과 같다.

$$V = \begin{bmatrix} -\frac{\sqrt{14}}{14} & -\frac{\sqrt{6}}{6} & \frac{4\sqrt{21}}{21} \\ -\frac{3\sqrt{14}}{14} & -\frac{\sqrt{6}}{6} & -\frac{2\sqrt{21}}{21} \\ -\frac{\sqrt{14}}{7} & \frac{\sqrt{6}}{3} & \frac{\sqrt{21}}{21} \end{bmatrix} = [\boldsymbol{v}_1\ \boldsymbol{v}_2\ \boldsymbol{v}_3]$$

이제 $A = U\Sigma V^{\mathrm{T}}$로부터

$$A(V^{\mathrm{T}})^{-1} = U\Sigma \iff AV = U\Sigma \iff A\boldsymbol{v}_i = \sigma_i \boldsymbol{u}_i,\ \forall i \iff \sigma_i \boldsymbol{u}_i = A\boldsymbol{v}_i,\ \forall i$$

이므로, $\boldsymbol{u}_i = \frac{1}{\sigma_i} \cdot \begin{bmatrix} 1 & 2 & 0 \\ 0 & 1 & 2 \end{bmatrix} \cdot \boldsymbol{v}_i$를 계산하여 행렬 U를 구해보자. $\boldsymbol{u}_i$는 다음과 같다.

$$\text{(i) } \boldsymbol{u}_1 = \begin{bmatrix} -\frac{\sqrt{2}}{2} \\ -\frac{\sqrt{2}}{2} \end{bmatrix} \qquad \text{(ii) } \boldsymbol{u}_2 = \begin{bmatrix} -\frac{\sqrt{2}}{2} \\ \frac{\sqrt{2}}{2} \end{bmatrix}$$

따라서 $U = \begin{bmatrix} -\frac{\sqrt{2}}{2} & -\frac{\sqrt{2}}{2} \\ -\frac{\sqrt{2}}{2} & \frac{\sqrt{2}}{2} \end{bmatrix}$이므로, 행렬 $A = \begin{bmatrix} 1 & 2 & 0 \\ 0 & 1 & 2 \end{bmatrix}$를 특잇값 분해하면 다음과 같다.

$$\begin{aligned} A = \begin{bmatrix} 1 & 2 & 0 \\ 0 & 1 & 2 \end{bmatrix} &= \begin{bmatrix} -\frac{\sqrt{2}}{2} & -\frac{\sqrt{2}}{2} \\ -\frac{\sqrt{2}}{2} & \frac{\sqrt{2}}{2} \end{bmatrix} \begin{bmatrix} \sqrt{7} & 0 & 0 \\ 0 & \sqrt{3} & 0 \end{bmatrix} \begin{bmatrix} -\frac{\sqrt{14}}{14} & -\frac{\sqrt{6}}{6} & \frac{4\sqrt{21}}{21} \\ -\frac{3\sqrt{14}}{14} & -\frac{\sqrt{6}}{6} & -\frac{2\sqrt{21}}{21} \\ -\frac{\sqrt{14}}{7} & \frac{\sqrt{6}}{3} & \frac{\sqrt{21}}{21} \end{bmatrix}^{\mathrm{T}} \\ &= U\Sigma V^{\mathrm{T}} \end{aligned}$$

2 고유벡터를 이와 같이 나타낸 이유는 numpy 패키지에서 사용한 파이썬 코드의 결과와 같게 만들기 위함이다.

파이썬 코드

```
import numpy as np

# 행렬 A의 특잇값 분해
A = np.array([[1, 2, 0], [0, 1, 2]])
print("A = \n", A)
print("\n")

U, Sig, VT = np.linalg.svd(A) # 특잇값 분해
print("U= \n", U)
print("\n")

m, n = A.shape
Sigma = np.zeros((m, n)) # m×n 행렬 Σ
k = np.size(Sig)
Sigma[:k, :k] = np.diag(Sig) # 특잇값
print("Sigma = \n", Sigma)
print("\n")

print("V^T = \n", VT) # n×n 행렬 V^T
print("\n")
```

실행 결과

```
A =
 [[1 2 0]
 [0 1 2]]

U=
 [[-0.70710678 -0.70710678]
 [-0.70710678  0.70710678]]

Sigma =
 [[2.64575131 0.         0.        ]
 [0.         1.73205081 0.        ]]

V^T =
 [[-0.26726124 -0.80178373 -0.53452248]
 [-0.40824829 -0.40824829  0.81649658]
 [ 0.87287156 -0.43643578  0.21821789]]
```

CHAPTER 06 연습문제

6.1 다음 행렬 A를 LU 분해하라.

(a) $A = \begin{bmatrix} 1 & 4 \\ -1 & -1 \end{bmatrix}$ (b) $A = \begin{bmatrix} 1 & -1 & -1 \\ 0 & -2 & 2 \\ -1 & 5 & 2 \end{bmatrix}$ (c) $A = \begin{bmatrix} 2 & 1 & 1 & 0 \\ 4 & 1 & 0 & 1 \\ -2 & 2 & 1 & 1 \end{bmatrix}$

6.2 행렬 $A = \begin{bmatrix} 4 & 2 & 3 \\ 6 & 3 & 6 \\ 5 & 7 & 9 \end{bmatrix}$의 LU 분해가 존재하지 않음을 보여라.

6.3 LU 분해를 이용하여 다음 연립선형방정식의 해를 구하라.

$$\begin{cases} 2x_1 + x_2 + x_3 = 1 \\ 4x_1 + x_2 + x_4 = -2 \\ -2x_1 + 2x_2 + x_3 + x_4 = 7 \end{cases}$$

6.4 행렬 $A = \begin{bmatrix} -1 & -1 & 0 \\ -1 & 2 & -1 \\ 0 & -1 & 2 \end{bmatrix}$에 대해 $\boldsymbol{b}$가 다음과 같을 때, LU 분해를 이용하여 $A\boldsymbol{x} = \boldsymbol{b}$의 해를 구하라.

(a) $\boldsymbol{b} = \begin{bmatrix} 1 \\ 1 \\ 1 \end{bmatrix}$ (b) $\boldsymbol{b} = \begin{bmatrix} 2 \\ 0 \\ -1 \end{bmatrix}$

6.5 행렬 $A = \begin{bmatrix} 2 & -1 & 0 \\ -1 & 2 & -1 \\ 0 & -1 & 2 \end{bmatrix}$를 LU 분해하고, $\boldsymbol{b} = \begin{bmatrix} 1 \\ 0 \\ -1 \end{bmatrix}$일 때 $A\boldsymbol{x} = \boldsymbol{b}$의 해를 구하라.

6.6 두 행렬 $L=\begin{bmatrix}1 & 0 & 0\\ -1 & 1 & 0\\ 0 & -1 & 1\end{bmatrix}$과 $U=\begin{bmatrix}1 & -1 & 0\\ 0 & 1 & -1\\ 0 & 0 & 1\end{bmatrix}$에 대해 $A=LU$이다. $\boldsymbol{b}=\begin{bmatrix}2\\ -3\\ 4\end{bmatrix}$일 때, $A\boldsymbol{x}=\boldsymbol{b}$의 해를 구하라.

6.7 다음 행렬 A를 특잇값 분해하라.

(a) $A=\begin{bmatrix}4 & 6\\ 0 & 4\end{bmatrix}$ (b) $A=\begin{bmatrix}2 & 2\\ 2 & 2\end{bmatrix}$ (c) $A=\begin{bmatrix}1 & 1\\ 0 & 1\\ 1 & 0\end{bmatrix}$

(d) $A=\begin{bmatrix}-3 & -1 & 2\\ 2 & 1 & -2\end{bmatrix}$ (e) $A=\begin{bmatrix}0 & 5 & 0\\ -2 & 0 & 4\\ 0 & 0 & 0\end{bmatrix}$

6.8 다음과 같은 선형변환 L의 표준행렬을 특잇값 분해하라.

(a) $L(x, y)=(3x, 4y)$

(b) $L(x, y)=(x+y, y, x)$

(c) $L(x, y, z)=(x+z, y)$

6.9 다음과 같은 행렬 A에 대하여 $A^{\mathrm{T}}A$와 AA^{T}를 계산하고, 계산한 각 행렬을 특잇값 분해하라.

(a) $A=\begin{bmatrix}1 & 0\\ 1 & 1\\ -1 & 1\end{bmatrix}$ (b) $A=\begin{bmatrix}3 & 0 & 2\\ 2 & 0 & 0\end{bmatrix}$

6.10 $m\times n$ 행렬 A를 특잇값 분해하여 $A=U\Sigma V^{\mathrm{T}}$로 표현할 때, 행렬 A의 의사 역행렬(pseudo inverse)은 $A^{+}=V\Sigma^{+}U^{\mathrm{T}}$로 정의한다. 여기서 Σ^{+}를 행렬 A의 특잇값 $\sigma_i>0$에 대하여 $n\times m$ 대각행렬 $diag\left(\frac{1}{\sigma_1}, \frac{1}{\sigma_2}, \cdots, \frac{1}{\sigma_r}, 0, \cdots, 0\right)$으로 정의할 때, 행렬 $A=\begin{bmatrix}-3 & -1 & 2\\ 2 & 1 & -2\end{bmatrix}$의 의사 역행렬을 구하라.

6.1 LU 분해 함수를 이용하여 다음과 같은 정방행렬 A를 LU 분해하라.

$$A = \begin{bmatrix} 1 & 2 & 1 \\ 2 & 3 & 3 \\ -3 & -10 & 2 \end{bmatrix}$$

파이썬 코드

```
import numpy as np

# LU 분해 함수
def LU_decomp(A):
    (n,m) = A.shape
    L = np.zeros((n,n)) # 빈 행렬 L 만들기
    U = np.zeros((n,n)) # 빈 행렬 U 만들기

    # 행렬 L과 U 계산
    for i in range(0, n):
        for j in range(i, n):
            U[i, j] = A[i, j]
            for k in range(0, i):
                U[i, j] = U[i, j] - L[i, k]*U[k, j]
        L[i,i] = 1
        if i < n-1:
            p = i + 1
            for j in range(0,p):
                L[p, j] = A[p, j]
                for k in range(0, j):
                    L[p, j] = L[p, j] - L[p, k]*U[k, j]
                    L[p,j] = L[p,j]/U[j,j]
    return L, U

A = np.array([[1, 2, 1], [2, 3, 3], [-3, -10, 2]])

# 행렬 A의 LU 분해
L, U = LU_decomp(A)

print("A = \n", A)
print("\n")
print("L = \n", L)
print("\n")
print("U = \n", U)
print("\n")
```

실행 결과

```
A =
 [[  1   2   1]
 [  2   3   3]
 [ -3 -10   2]]

L =
 [[ 1.  0.  0.]
 [ 2.  1.  0.]
 [-3.  4.  1.]]

U =
 [[ 1.  2.  1.]
 [ 0. -1.  1.]
 [ 0.  0.  1.]]
```

6.2 [프로그래밍 실습 6.1]의 LU 분해 함수를 이용하여 $A = \begin{bmatrix} 1 & 2 & 1 \\ 2 & 3 & 3 \\ -3 & -10 & 2 \end{bmatrix}$와 $\boldsymbol{b} = \begin{bmatrix} 2 \\ 1 \\ 0 \end{bmatrix}$을 입력하여 $A\boldsymbol{x} = \boldsymbol{b}$의 해를 구하라.

파이썬 코드

```python
import numpy as np

# [프로그래밍 실습 6.1]의 LU 분해 함수
def LU_decomp(A):
    (n,m) = A.shape
    L = np.zeros((n,n)) # 빈 행렬 L 만들기
    U = np.zeros((n,n)) # 빈 행렬 U 만들기

    # 행렬 L과 U 계산
    for i in range(0, n):
        for j in range(i, n):
            U[i, j] = A[i, j]
            for k in range(0, i):
                U[i, j] = U[i, j] - L[i, k]*U[k, j]
        L[i,i] = 1
        if i < n-1:
            p = i + 1
            for j in range(0,p):
                L[p, j] = A[p, j]
                for k in range(0, j):
                    L[p, j] = L[p, j] - L[p, k]*U[k, j]
                L[p,j] = L[p,j]/U[j,j]
    return L, U
```

```python
# LU 분해를 이용하여 Ax=b의 해를 구하는 함수
def LU_Solver(A, b):
    L, U = LU_decomp(A)
    n = len(L)
    # Ly=b 계산
    y = np.zeros((n,1))
    for i in range(0,n):
        y[i] = b[i]
        for k in range(0,i):
            y[i] -= y[k]*L[i,k]
    # Ux=y 계산
    x = np.zeros((n,1))
    for i in range(n-1, -1, -1):
        x[i] = y[i]
        if i < n-1:
            for k in range(i+1,n):
                x[i] -= x[k]*U[i,k]
        x[i] = x[i]/float(U[i,i])
    return x

A = np.array([[1, 2, 1], [2, 3, 3], [-3, -10, 2]])
b = np.array([[2], [1], [0]])

# LU 분해를 이용하여 Ax=b의 해 구하기
x = LU_Solver(A,b)
print("x = \n", x)
```

실행 결과

```
x =
 [[-58.]
 [ 21.]
 [ 18.]]
```

6.3 다음 두 행렬을 특잇값 분해하라.

$$A=\begin{bmatrix}6&4\\0&0\\4&0\end{bmatrix},\qquad B=\begin{bmatrix}1&1&-1\\0&1&1\end{bmatrix}$$

파이썬 코드

```
import numpy as np

# 행렬 A의 특잇값 분해
A = np.array([[6, 4], [0,0], [4,0]])
print("A = \n", A)
print("\n")

U, Sig, VT = np.linalg.svd(A) # 특잇값 분해
print("U= \n", U)
print("\n")

m, n = A.shape
Sigma = np.zeros((m, n)) # m×n 행렬 Σ
k = np.size(Sig)
Sigma[:k, :k] = np.diag(Sig) # 특잇값
print("Sigma = \n", Sigma)
print("\n")
print("V^T = \n", VT) # n×n 행렬 V^T
print("\n")

# 행렬 B의 특잇값 분해
B = np.array([[1, 1, -1], [0,1,1]])
print("B = \n", B)
print("\n")

U, Sig, VT = np.linalg.svd(B) # 특잇값 분해
print("U= \n", U)
print("\n")

m, n = B.shape
Sigma = np.zeros((m, n)) # m×n 행렬 Σ
k = np.size(Sig)
Sigma[:k, :k] = np.diag(Sig) # 특잇값
print("Sigma = \n", Sigma)
print("\n")
print("V^T = \n", VT) # n×n 행렬 V^T
print("\n")
```

실행 결과

```
A =
 [[6 4]
 [0 0]
 [4 0]]

U=
 [[-0.89442719 -0.4472136   0.        ]
 [ 0.          0.          1.        ]
 [-0.4472136   0.89442719  0.        ]]

Sigma =
 [[8. 0.]
 [0. 2.]
 [0. 0.]]

V^T =
 [[-0.89442719 -0.4472136 ]
 [ 0.4472136  -0.89442719]]

B =
 [[ 1  1 -1]
 [ 0  1  1]]

U=
 [[1. 0.]
 [0. 1.]]

Sigma =
 [[1.73205081 0.         0.        ]
 [0.         1.41421356 0.        ]]

V^T =
 [[ 5.77350269e-01  5.77350269e-01 -5.77350269e-01]
 [ 8.75605293e-17  7.07106781e-01  7.07106781e-01]
 [ 8.16496581e-01 -4.08248290e-01  4.08248290e-01]]
```

PART 02

미분적분학과 인공지능

미분적분학은 인공지능을 이해하는 데 중요한 역할을 한다. 특히 미분은 비용함수를 최소화할 때 유용하게 사용되고, 적분은 강화학습에서 쓰인다. 딥러닝에서는 비용함수가 여러 변수로 표현되므로 가중치를 업데이트하기 위해 편미분을 사용한다. 이에 따라 함수와 미분에 대한 기초적인 지식을 다루고, 미적분학의 기본 정리를 소개한다. 그리고 편미분과 경사 하강법에 대해 설명한다.

• Contents

CHAPTER 07

미분

• Contents

미분은 수학, 자연과학, 공학, 경제학, 사회학 등의 다양한 분야에서 널리 사용되는 개념이다. 함수의 미분이라는 개념은 순간속도로 잘 알려져 있다. 순간속도는 짧은 구간 위에서 함수의 평균값을 구한 후 그 구간의 크기가 0으로 수렴할 때의 함수의 평균값을 의미한다. 또한 미분은 함수의 최댓값과 최솟값을 구하는 데 중요한 역할을 한다. 이에 따라 머신러닝에서 비용함수를 최소화할 때 미분이 반드시 필요하다. 이 장에서는 도함수와 미분의 정의 및 공식을 이해하고 합성함수의 미분법, 평균값 정리, 로피탈 정리 등을 알아본다.

학습목표

1. 도함수의 정의와 다양한 미분 공식을 이해한다.
2. n차미분을 이해한다.
3. 합성함수의 미분법을 학습한다.
4. 평균값 정리와 로피탈 정리를 이해한다.
5. 미분을 이용해 함수의 극댓값 또는 극솟값을 구하는 방법을 학습한다.
6. 미분에 관한 파이썬 코드를 학습한다.

7.1 미분과 도함수

미분과 적분은 고등학교 때 이미 배웠기 때문에 친숙한 수학 개념으로 느껴질 것이다. 실제로 미분 개념은 중학교 때 학습한 직선의 방정식에서 찾을 수 있다. 함수 $y = f(x)$가 구간 $[a-\delta, b+\delta]$ $(\delta > 0)$에서 정의될 때, 두 점 $(a, f(a))$, $(b, f(b))$를 지나는 직선의 기울기는 $m = \dfrac{f(b)-f(a)}{b-a}$이고 이 직선의 방정식은 $y - f(a) = m(x-a)$이다. 만약 x가 a에 가까워질 때 $\dfrac{f(x)-f(a)}{x-a}$가 어떤 값에 수렴한다면 그 값을 $f'(a)$라고 한다. 따라서 $f'(a)$는 직선 $y = f(x)$ 위에 있는 점 $(a, f(a))$에 접하는 접선의 기울기가 된다. 물리학적으로는 $t = a$라는 시간의 순간속도를 의미한다고 볼 수 있다. 예를 들어 한 시간 동안 30km를 운전하는 차의 평균속도는 30km/h이지만, 가속 페달을 밟을 경우에는 순간속도가 더 커질 수 있다. 왜냐하면 이 경우에는 짧은 시간 동안에 많은 거리를 이동하므로 기울기가 증가하기 때문이다. 이와 같은 실생활 사례로 누구나 쉽게 미분을 이해할 수 있다. 이제 미분과 도함수의 형식적 정의를 살펴보자.

정의 7-1 미분과 도함수

함수 $y = f(x)$가 실수 $\mathbb{R}$ 위에서 정의되고 $x = a \in \mathbb{R}$에서

$$\left.\frac{df(x)}{dx}\right|_{x=a} = \lim_{x \to a}\frac{f(x)-f(a)}{x-a} = \lim_{h \to 0}\frac{f(a+h)-f(a)}{h}$$

가 존재할 때, 이 극한을 $x = a$에서의 함수 f의 **미분**(derivative)이라 하고 $f'(a)$로 표기한다. 일반적으로 임의의 x에 대하여 다음 극한을 함수 f의 **미분** 또는 **도함수**(derivative)라고 하며 y' 또는 $f'(x)$로 표기한다.

$$f'(x) = \lim_{h \to 0}\frac{f(x+h)-f(x)}{h}$$

함수 $y = f(x)$의 그래프는 $\mathbb{R}^2$의 부분집합이며 보통 곡선(curve)이라고도 한다. 이 곡선 위의 점 $(a, f(a))$에서의 접선의 방정식은 [정의 7-2]와 같이 미분을 이용해 구할 수 있다.

정의 7-2 접선의 방정식

곡선 $y=f(x)$ 위의 점 $(a, f(a))$를 지나는 **접선**(tangent line)은 점 $(a, f(a))$를 지나고 기울기가 $f'(a)=\lim_{x \to a}\frac{f(x)-f(a)}{x-a}$인 직선이다. 따라서 곡선 $y=f(x)$ 위의 점 $(a, f(a))$에서의 접선의 방정식은 $y-f(a)=f'(a)(x-a)$ 또는 $y=f(a)+f'(a)(x-a)$이다.

예제 7-1 미분과 접선의 방정식

함수 $y=x^2$에 대하여 다음 물음에 답하라.

(a) 함수 $y=x^2$의 그래프를 그려라.

(b) 미분의 정의를 이용하여 $f'(x)$를 구하라.

(c) 곡선 $y=x^2$ 위의 점 $(2, 4)$에서의 접선의 방정식을 구하라.

풀이

(a)

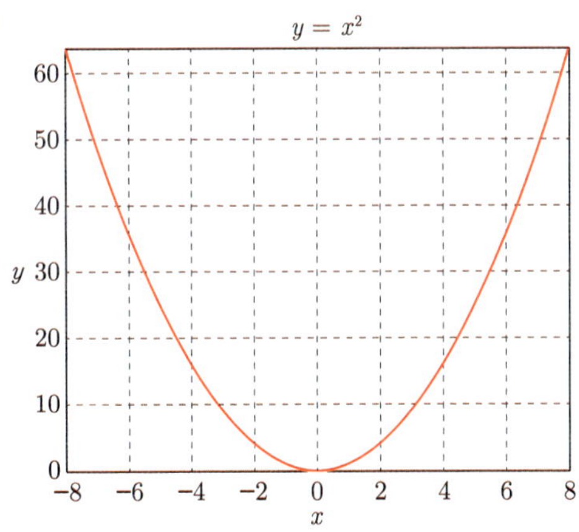

(b) $f'(x)=\lim_{h \to 0}\frac{f(x+h)-f(x)}{h}=\lim_{h \to 0}\frac{(x+h)^2-x^2}{h}$

$$=\lim_{h \to 0}\frac{2xh+h^2}{h}=\lim_{h \to 0}(2x+h)=2x$$

(c) 곡선 $y=x^2$ 위의 점 $(2, 4)$에서의 접선의 방정식을 구하기 위해, 먼저 접선의 기울기를 구한다. 접선의 기울기는 $x=2$에서의 미분값, 즉 $f'(2)=2 \cdot 2=4$이다. 이 접선은 점 $(2, 4)$를 지나므로 접선의 방정식은 다음과 같다.

$$y-4=f'(2)(x-2)=4(x-2)$$

따라서 접선의 방정식은 $y=4x-4$이다. 파이썬 코드를 통해 함수 $y=x^2$의 그래프를 그려보자.

파이썬 코드

```
import matplotlib.pyplot as plt
import numpy as np

# x값 범위
x = np.array(range(-8, 8))

# 축 레이블 넣기
# plt.xlabel('x축 이름') : 그래프에 x축 이름 설정
plt.xlabel('x axis')
plt.ylabel('y axis')

# 그리드
# plt.grid() : 그래프에 그리드 표시
plt.grid(color = "black", alpha=0.5, linestyle='--')

# 그리고자 하는 식
# plt.plot(x, f(x)) : (x, f(x)) 값으로 선 그래프 나타내기
plt.plot(x, x**2, label='y = x^2')

# 범례
# plt.legend() : 그래프에 범례 표시
# plt.show() : 그래프를 화면에 나타내는 함수
plt.legend()
plt.show()
```

실행 결과

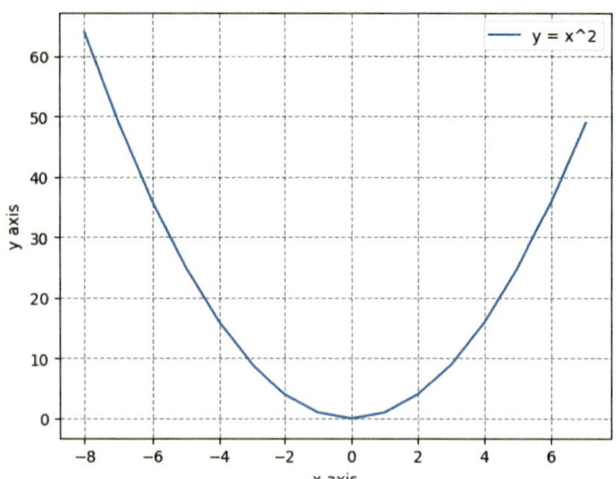

예제 7-2 미분과 접선의 방정식

함수 $y = e^x$에 대하여 다음 물음에 답하라.

(a) 함수 $y = e^x$의 그래프를 그려라.

(b) 미분의 정의를 이용하여 $f'(x)$를 구하라.

(c) 곡선 $y = e^x$ 위의 점 $(1, e)$에서의 접선의 방정식을 구하라.

풀이

(a)

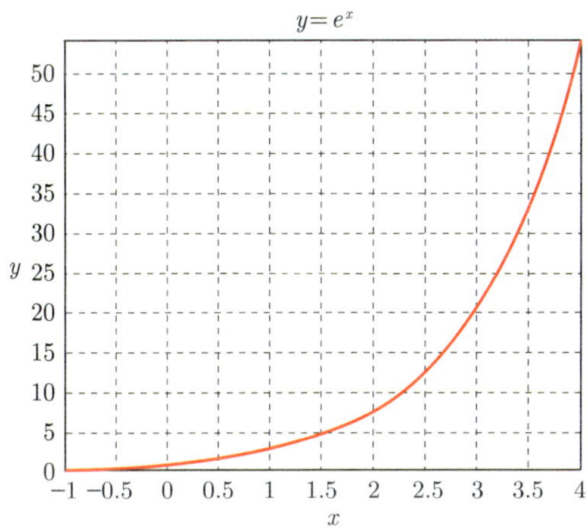

(b) 먼저 이 문제를 푸는 데 필요한 자연로그 밑 e의 계산을 알아보자. 자연로그 밑 e의 정의는 $e = \lim_{n \to \infty}\left(1 + \frac{1}{n}\right)^n$이다. 이 식의 양변에 $\ln = \log_e$를 취하면 다음을 얻는다.

$$\ln e = \ln \lim_{n \to \infty}\left(1 + \frac{1}{n}\right)^n \iff 1 = \lim_{n \to \infty} \ln\left(1 + \frac{1}{n}\right)^n \qquad \cdots ①$$

$y = \frac{1}{n}$이라고 하면 식 ①은 다음과 같이 표현된다.

$$1 = \lim_{y \to 0} \ln(1 + y)^{1/y} = \lim_{y \to 0} \frac{1}{y} \ln(1 + y) \qquad \cdots ②$$

$h = \ln(1 + y)$라고 하면 $1 + y = e^h$이므로 $y = e^y - 1$이다. 따라서 식 ②는 다음과 동치이다.

$$1 = \lim_{h \to 0} \frac{h}{e^h - 1} \iff 1 = \lim_{h \to 0} \frac{e^h - 1}{h}$$

위 결과를 이용해 주어진 함수에 대해 $f'(x)$를 구하면 다음과 같다.

$$\begin{aligned} f'(x) &= \lim_{h \to 0} \frac{f(x+h) - f(x)}{h} = \lim_{h \to 0} \frac{e^{x+h} - e^x}{h} \\ &= \lim_{h \to 0} \frac{e^x(e^h - 1)}{h} = e^x \lim_{h \to 0} \frac{e^h - 1}{h} = e^x \end{aligned}$$

(c) 접선의 방정식에 대한 공식에 의해 다음과 같다.

$$y = f(1) + f'(1)(x-1) = e + e(x-1) = ex$$

따라서 접선의 방정식은 $y = ex$이다. 파이썬 코드를 통해 함수 $y = e^x$의 그래프를 그려보자.

파이썬 코드

```
import matplotlib.pyplot as plt
import numpy as np

# np.arrange(a, b, c) : a부터 b까지 간격 c인 수열
# x값 범위
x = np.arange(-2, 8, 0.1)

# 축 레이블 넣기
plt.xlabel('x axis')
plt.ylabel('y axis')

# 그리드
plt.grid(color = "black", alpha=0.5, linestyle='--')

# 그리고자 하는 식
plt.plot(x, np.exp(x), label='y = e^x')

# 범례
plt.legend()
plt.show()
```

실행 결과

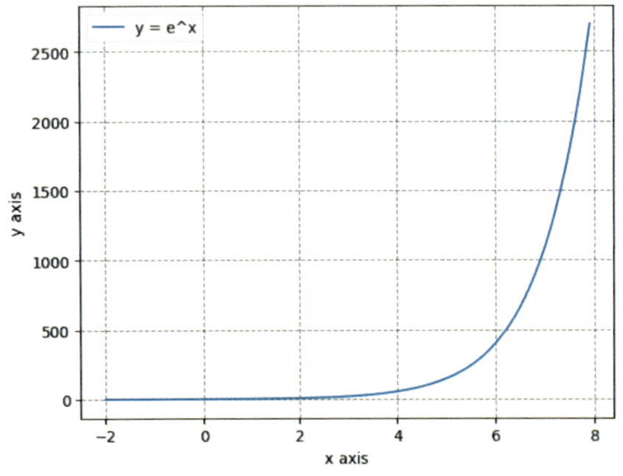

예제 7-3 **미분**

미분이 $\lim_{h \to 0} \frac{(1+h)^3 - 1}{h}$ 로 주어진 함수 f에 대하여 다음 물음에 답하라.

(a) 이 극한값을 나타내는 함수 f와 $x = a$를 구하라.

(b) 실제로 이 극한값이 무엇인지 구하라.

풀이

(a) $f(x) = x^3$이고 $x = 1$이라고 하면 다음이 성립한다.

$$f'(1) = \lim_{h \to 0} \frac{(1+h)^3 - 1^3}{h} = \lim_{h \to 0} \frac{(1+h)^3 - 1}{h}$$

(b) $\lim_{h \to 0} \frac{(1+h)^3 - 1}{h} = \lim_{h \to 0} \frac{h^3 + 3h^2 + 3h}{h} = \lim_{h \to 0}(h^2 + 3h + 3) = 3$이다. 따라서 주어진 극한값은 3이다.

파이썬 코드

```
import sympy as sym

# 함수 f(x) 정의
h = sym.Symbol('h')
f = (((1+h)**3) - (1**3))/h

# 극한값 구하기
# sym.limit(f(x), x, 값) : 함수 f(x)의 x에서의 극한값
lim_f = sym.limit(f, h, 0)
print("극한값  = ", lim_f)
```

실행 결과

```
극한값  =  3
```

정의 7-3 **미분가능성**

실수 $\mathbb{R}$ 위에서 정의된 함수 $y = f(x)$에 대해 $x = a \in \mathbb{R}$에서 미분 $f'(a)$가 존재할 때, 함수 f는 $x = a$에서 **미분가능**(differentiable)하다고 한다. 만약 함수 f가 개구간 (a, b) 혹은 (a, ∞), $(-\infty, a)$, $(-\infty, \infty)$의 모든 점에서 미분가능하면, 함수 f는 해당 구간에서 **미분가능**하다고 한다.

예제 7-4 미분가능성

다음 중 실수 구간에서 미분가능한 함수를 고르라. 그리고 미분가능하지 않다면 어떤 점에서 미분가능하지 않은지 확인하라.

(a) $f(x)=c$ (단, c는 상수)

(b) $f(x)=a_0+a_1x+a_2x^2+\cdots+a_nx^n$ (단, $n\geq 0$은 자연수, $\forall i$에 대해 a_i는 실수)

(c) $y=\sin x$

(d) $y=\cos x$

(e) $y=\tan x$

(f) $y=e^x$

(g) $y=|x-1|$

(h) 계단함수 $f(x)=\begin{cases}1, & x\geq 0\\ 0, & x<0\end{cases}$

풀이

(a)~(f) 함수 f가 미분가능하다는 것은 구간 내의 임의의 점 $x=a$에서 접선의 기울기 $f'(a)$가 유일하다는 말과 같다. (a)~(f)의 함수의 그래프는 경험적으로 접선이 유일함을 이미 알고 있다. 따라서 (a)~(f)는 실수 구간에서 미분가능하다.

(g) $y=|x-1|$의 그래프는 $x=1$에서 뾰족한 모양이므로 이 점에서 접선의 기울기가 유일하지 않다. 실제로 $a>1$일 경우 $f'(a)$는 1이며, $a<1$일 경우 $f'(a)$는 -1이다. 그러나 $x=1$에서는 $h\to 0^+$일 때

$$\lim_{h\to 0^+}\frac{f(1+h)-f(1)}{h}=\lim_{h\to 0^+}\frac{h-0}{h}=1$$

이고, $h\to 0^-$일 때 다음과 같다.

$$\lim_{h\to 0^-}\frac{f(1+h)-f(1)}{h}=\lim_{h\to 0^-}\frac{-h-0}{h}=-1$$

따라서 $f'(1)$이 존재하지 않으므로 $x=1$에서는 미분불가능하고, $x=1$이 아닌 모든 점에서 미분가능하다.

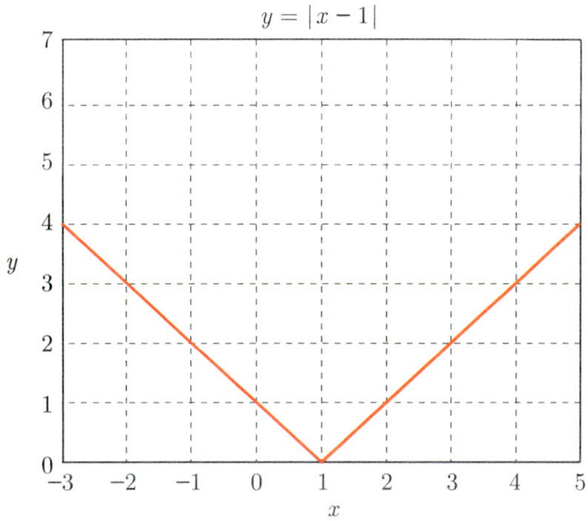

(h) 마찬가지로 계단함수 f의 그래프를 그려보면 $x = 0$에서 유일한 접선을 그을 수 없으므로, $x = 0$에서는 미분불가능하고 그 외의 점에서는 미분가능하다.

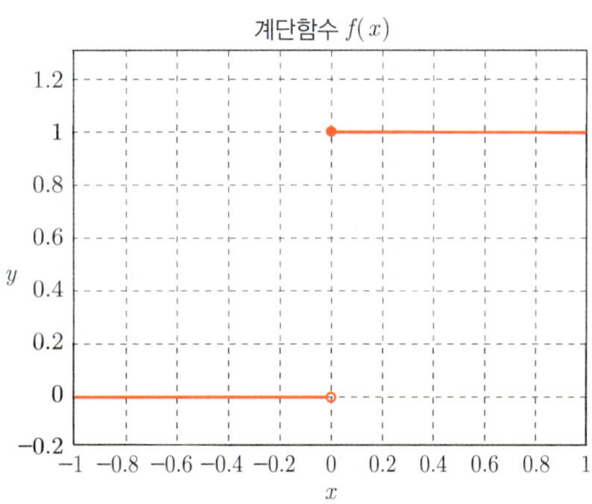

[예제 7-4]에 등장하는 계단함수 $f(x) = \begin{cases} 1, & x \geq 0 \\ 0, & x < 0 \end{cases}$가 $x = 0$에서 미분불가능하므로, 이 함수를 미분가능한 함수로 대체하기 위해 등장한 함수가 바로 [그림 7-1]의 시그모이드 함수 $y = \sigma(x)$이다. 시그모이드 함수에 대해서는 뒤에서 자세히 살펴본다.

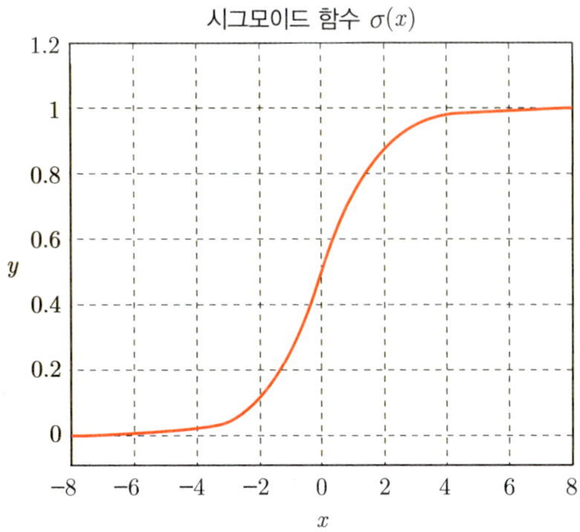

[그림 7-1] 시그모이드 함수

정리 7-1 **미분과 연속의 관계**

함수 $y=f(x)$가 $x=a$에서 미분가능하면 $x=a$에서 연속이다.

증명

함수 f가 $x=a$에서 연속이라는 말은 $\lim_{x \to a} f(x)=f(a)$를 의미한다. 이제 이 식이 성립함을 보이자. 함수 f가 $x=a$에서 미분가능하므로, $f'(a)$가 존재하고 $f'(a)=\lim_{x \to a}\frac{f(x)-f(a)}{x-a}$이다. 이때 $\lim_{x \to a}(x-a)f'(a)=0$이고 다음이 성립한다.

$$\begin{aligned}\lim_{x \to a}(x-a)f'(a) &= \lim_{x \to a}(x-a)\lim_{x \to a}\frac{f(x)-f(a)}{x-a} \\ &= \lim_{x \to a}(x-a)\frac{f(x)-f(a)}{x-a} = \lim_{x \to a}(f(x)-f(a))\end{aligned}$$

따라서 $\lim_{x \to a}(f(x)-f(a))=0 \Leftrightarrow \lim_{x \to a}f(x)=f(a)$이므로 함수 f는 $x=a$에서 연속이다. ■

예제 7-5 **미분과 연속의 관계**

다음 함수가 주어진 점에서 연속인지 혹은 미분가능한지 판단하라.

(a) $f(x)=x-1,\ x=1$

(b) $f(x)=|x^2-4|,\ x=2$

(c) $f(x)=\frac{1}{x-3},\ x=3$

풀이

(a) 함수 $f(x)=x-1$은 선형함수이므로, $x=1$에서 연속인 동시에 미분가능하다.

(b) 함수 $f(x)=|x^2-4|$는 $x=2$에서 연속이지만 미분가능하지는 않다. 함수 $f(x)=|x^2-4|$의 그래프를 직접 그리거나, [예제 7-4]에서처럼 좌미분값과 우미분값이 같지 않음을 보임으로써 확인할 수 있다.

(c) 함수 $f(x)=\dfrac{1}{x-3}$은 $x=3$에서 연속이 아니다. 따라서 [정리 7-1]에 의해 $x=3$에서 미분가능하지 않다.

이제 미분 계산을 할 때 유용하게 사용되는 몇 가지 공식을 알아보자.

정리 7-2 미분 공식

두 함수 $f(x)$, $g(x)$가 미분가능하고 c, d가 상수일 때 다음이 성립한다.

(1) $c'=0$

(2) $(x^n)'=nx^{n-1}$ (단, n은 실수)

(3) $(\ln x)'=\dfrac{1}{x}$

(4) $(e^x)'=e^x$

(5) $(cf)'=cf'$

(6) $(af\pm bg)'=af'\pm bg'$

(7) $(fg)'=f'g+fg'$ (곱셈 공식)

(8) $\left(\dfrac{f}{g}\right)'=\dfrac{f'g-fg'}{g^2}$ (나눗셈 공식)

[정리 7-2]의 (6)에 따라 미분은 선형변환이다. 왜냐하면 변환 L을 L : {미분가능한 함수들} → {함수들}, $L(f)=f'$으로 정의할 때 다음이 성립하기 때문이다.

$$L(f+g)=(f+g)'=f'+g'=L(f)+L(g)$$
$$L(cf)=(cf)'=cf'=cL(f)$$

정리 7-3 삼각함수의 미분 공식

(1) $(\sin x)'=\cos x$

(2) $(\cos x)'=-\sin x$

(3) $(\tan x)'=\sec^2 x$

(4) $(\csc x)'=-\csc x\cot x$

(5) $(\sec x)'=\sec x\tan x$

(6) $(\cot x)'=-\csc^2 x$

예제 7-6 미분 공식

다음 함수의 도함수를 구하라.

(a) $f(x) = \sqrt{x} + x^{-2/3}$

(b) $y = \dfrac{x+1}{x^2+1}$

(c) $g(x) = \sin x \cos x \tan x$

(d) $h(x) = e^x \sqrt{x}$

(e) $k(x) = \ln x + (2x)^3$

풀이

(a) $f'(x) = (\sqrt{x} + x^{-2/3})' = (x^{1/2} + x^{-2/3})' = \dfrac{1}{2\sqrt{x}} - \dfrac{2}{3}x^{-5/3}$

(b) $y' = \left(\dfrac{x+1}{x^2+1}\right)' = \dfrac{(x^2+1)-(x+1)(2x)}{(x^2+1)^2} = \dfrac{-x^2-2x+1}{(x^2+1)^2}$

(c) $g'(x) = (\sin x \cos x \tan x)' = \left(\sin x \cos x \dfrac{\sin x}{\cos x}\right)' = (\sin x \sin x)'$

$= \cos x \sin x + \sin x \cos x = 2\sin x \cos x$

(d) $h'(x) = (e^x \sqrt{x})' = e^x \sqrt{x} + e^x \dfrac{1}{2\sqrt{x}}$

(e) $k'(x) = (\ln x + (2x)^3)' = (\ln x + 8x^3)'$

$= (\ln x)' + (8x^3)' = \dfrac{1}{x} + 24x^2$

정의 7-4 시그모이드 함수

다음과 같이 정의한 함수를 **시그모이드 함수**(Sigmoid function)라고 한다.

$$y = \sigma(x) = \frac{1}{1+e^{-x}}$$

시그모이드 함수는 딥러닝에서 자주 사용되는 미분가능한 함수이다. [그림 7-2]의 함수 e^x의 그래프를 보면 다음과 같은 결론을 내릴 수 있다.

❶ $x \to \infty$이면 $\sigma(x) \to 1$이다.

❷ $x \to -\infty$이면 $\sigma(x) \to 0$이다.

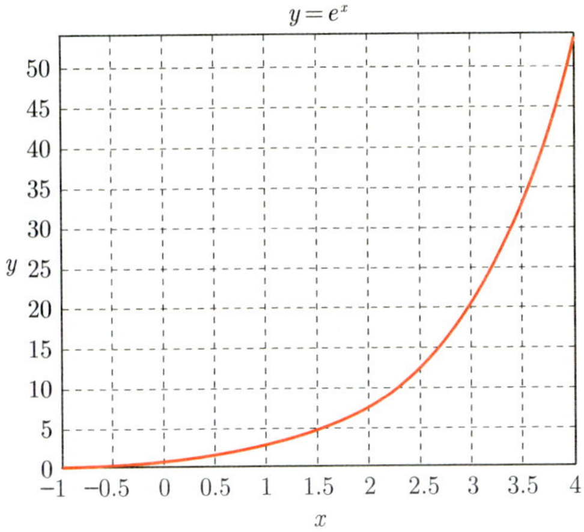

[그림 7-2] 함수 e^x의 그래프

예제 7-7 **시그모이드 함수**

시그모이드 함수에 관한 다음 물음에 답하라.

(a) 시그모이드 함수의 도함수를 구하라.

(b) $\sigma'(x) = \sigma(x)(1-\sigma(x))$가 성립함을 보여라.

(c) 파이썬을 이용하여 시그모이드 함수의 그래프를 그려라.

풀이

(a) [정리 7-2]의 나눗셈 공식을 이용하면 다음을 얻는다.

$$\sigma'(x) = \frac{e^{-x}}{(1+e^{-x})^2}$$

(b)
$$\begin{aligned}\sigma(x)(1-\sigma(x)) &= \frac{1}{1+e^{-x}}\left(1-\frac{1}{1+e^{-x}}\right)\\ &= \frac{1}{1+e^{-x}}\left(\frac{1+e^{-x}-1}{1+e^{-x}}\right)\\ &= \frac{e^{-x}}{(1+e^{-x})^2} = \sigma'(x)\end{aligned}$$

(c) 다음과 같은 파이썬 코드를 이용하여 그래프를 그린다.

파이썬 코드

```
import matplotlib.pyplot as plt
import numpy as np

# x값 범위
x = np.arange(-5, 5, 0.1)

# 축 레이블 넣기
plt.xlabel('x axis')
plt.ylabel('y axis')

# 그리드
plt.grid(color = "black", alpha=0.5, linestyle='--')

# 그리고자 하는 식
# np.exp() : 밑이 자연상수 e인 지수함수
plt.plot(x, 1/(1+np.exp(-x)), label='y = 1/(1+$e^{-x}$)')

# 범례
plt.legend()
plt.show()
```

실행 결과

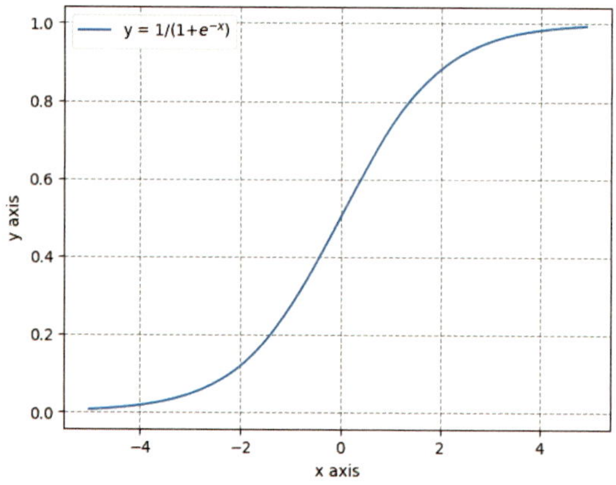

7.2 고계도함수

고계도함수는 주어진 함수를 연속적으로 미분했을 때 얻어지는 함수이다. 일차미분은 간단히 미분이라고 하고, 이차미분은 도함수를 한 번 더 미분한 것이다. 이차미분한 함수는 주어진 함수의 극댓값 혹은 극솟값을 판별하는 데 사용된다.

정의 7-5 이계도함수

함수 f가 미분가능하다고 할 때, 만약 함수 f의 도함수 f'도 미분가능하다면 $(f')'=f''$을 f의 **이계도함수**(second order derivative) 또는 **이차도함수**라고 한다. 또한 $y=f(x)$라고 할 때 이 함수의 도함수를 다음과 같이 표기하기도 한다.

$$y''=\frac{d}{dx}\left(\frac{dy}{dx}\right)=\frac{d^2y}{dx^2}$$

예제 7-8 이계도함수

함수 $y=\frac{1}{3}x^3+\frac{1}{2}x^2+x+1$에 대해 다음 물음에 답하라.

(a) 도함수 y'을 구하라.

(b) 이계도함수 y''을 구하라.

(c) 주어진 함수 y의 그래프를 그려라.

풀이

(a) $y'=x^2+x+1$

(b) $y''=2x+1$

(c)

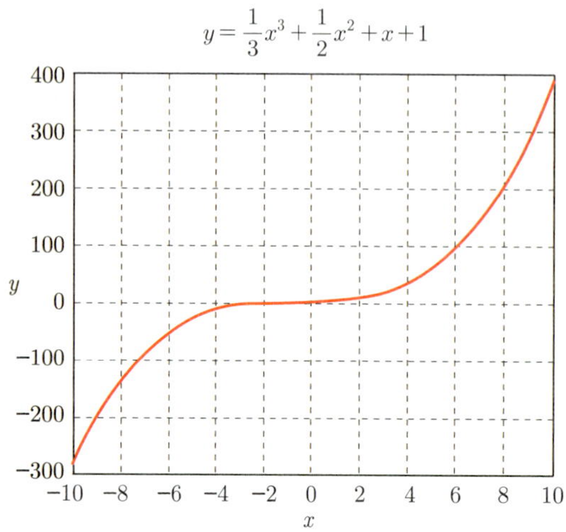

파이썬 코드

```
import sympy as sym
import matplotlib.pyplot as plt
import numpy as np

x = sym.Symbol('x')
f = 1/3*(x**3)+1/2*(x**2)+x+1

# 문제 (a)
diff_f = sym.diff(f,x)
print("(a) f의 도함수 = ", diff_f)
print('\n')

# 문제 (b)
diff2_f = sym.diff(diff_f,x)
print("(b) f의 이계도함수 = ", diff2_f)
print('\n')

# 문제 (c)
# x값 범위
x = np.arange(-5, 5, 0.1)

# 축 레이블 넣기
plt.xlabel('x axis')
plt.ylabel('y axis')

# 그리드
plt.grid(color = "black", alpha=0.5, linestyle='--')

# 그리고자 하는 식
plt.plot(x, 1/3*(x**3)+1/2*(x**2)+x+1, label='y = 1/3*($x^3$)+1/2*($x^2$)+x+1')
print("(c)")

# 범례
plt.legend()
plt.show()
```

실행 결과

(a) f의 도함수 = 1.0*x**2 + 1.0*x + 1

(b) f의 이계도함수 = 2.0*x + 1.0

(c)

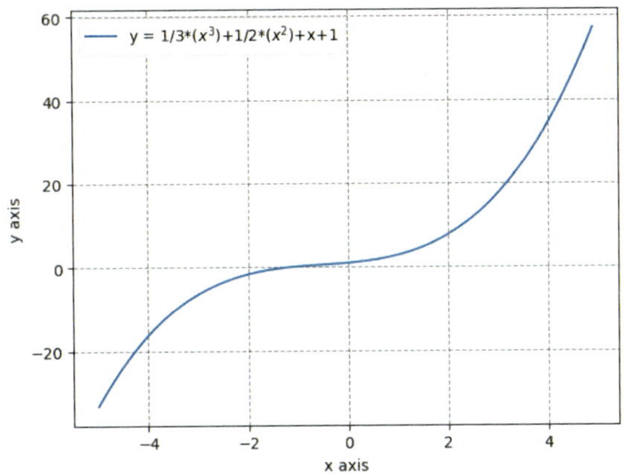

우리가 실생활에서 경험하는 가속도는 이계도함수로 설명할 수 있다. 시간 t에 따른 거리함수를 $s(t)$라고 하자. 그러면 $s'(a)$는 시간 $t=a$에서의 순간속도를 의미하며, 이를 $v(a)$로 나타낸다. 임의의 시간 t에서는 속도를 $v(t)$라고 한다. 이제 시간에 따른 속도의 변화를 생각할 수 있다. 시간 $t=a$에서의 속도 변화를 가속도라고 하며, 이를 $a(t)$로 나타낸다. 즉 $a(t)=v'(t)=s''(t)$가 성립한다. 따라서 가속도는 거리함수의 이계도함수이다. 다음 예제를 살펴보자.

예제 7-9 가속도

시간 t에 따른 거리함수 $s(t)$가 $s(t)=t^3+t$로 주어질 때 다음 물음에 답하라.

(a) 속도함수 $v(t)$를 구하라.

(b) 가속도함수 $a(t)$를 구하라.

(c) 속도함수 $v(t)$의 그래프를 그려라. $a(1)$과 $a(3)$을 구하고 두 값의 의미를 그래프를 이용해 설명하라.

풀이

(a) $v(t)=s'(t)=3t^2+1$

(b) $a(t)=v'(t)=6t$

(c) 속도함수 $v(t)$의 그래프는 다음과 같다.

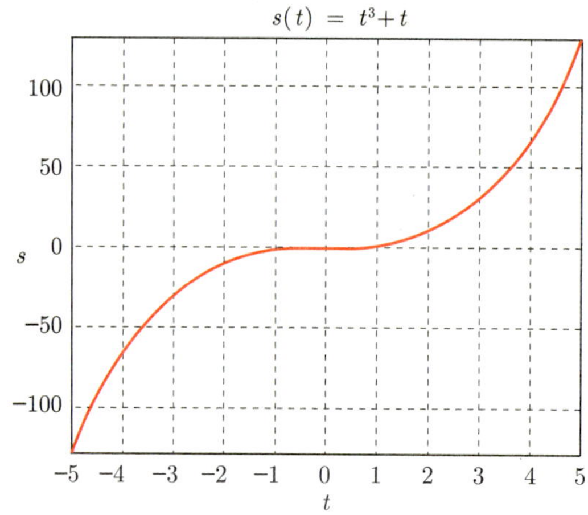

$a(1)=6$이고 $a(3)=18$이다. $a(1)$은 $y=v(t)$ 위의 점 $(1, 4)$에 접하는 접선의 기울기이고, $a(3)$은 $y=v(t)$ 위의 점 $(3, 28)$에 접하는 접선의 기울기이다.

파이썬 코드

```
import sympy as sym
import matplotlib.pyplot as plt
import numpy as np

# sympy로 정의
t = sym.Symbol('t')
s = t**3+t

# 문제 (a)
diff_t = s.diff()
print("(a) v(t) = ", diff_t)

# 문제 (b)
diff2_t = diff_t.diff()
print("(b) a(t) = ", diff2_t)
print('\n')

# 문제 (c)
# t값 범위
t = np.arange(-5, 5, 0.1)

# 축 레이블 넣기
plt.xlabel('t axis')
plt.ylabel('s axis')

# 그리드
plt.grid(color = "black", alpha=0.5, linestyle='--')

# 그리고자 하는 식
plt.plot(t, t**3+t, label='$t**3$+t')
print("(c)")
```

```
# 범례
plt.legend()
plt.show()

# 함수.subs({x: value})) : 함수의 미지수 x에 value를 넣은 결괏값
t = sym.Symbol('t')
print("a(1) = ", diff2_t.subs({t:1}))
print("a(3) = ", diff2_t.subs({t:3}))
```

실행 결과

```
(a) v(t) =  3*t**2 + 1
(b) a(t) =  6*t
```

(c)

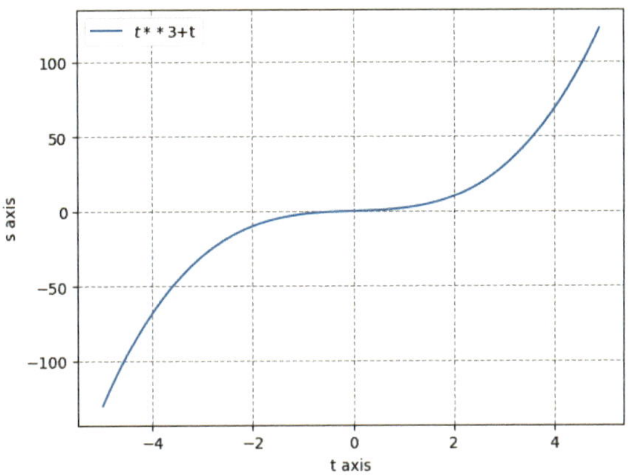


```
a(1) =  6
a(3) =  18
```

이계도함수를 정의했으니 주어진 함수를 3, 4, ⋯ , n번 미분한 삼계도함수, 사계도함수, ⋯ , n계도함수도 생각할 수 있다. 이계 이상의 n계도함수는 고계도함수(derivative of higher order)라고 한다.

정의 7-6 **n계도함수**

이계도함수 f''이 미분가능할 때 $(f'')' = f'''$을 함수 f의 **삼계도함수**라 하고 $f^{(3)}$으로 표기하기도 한다. 일반적으로 $(n-1)$계도함수 $f^{(n-1)}$이 미분가능할 때, $(f^{(n-1)})'$을 함수 f의 **n계도함수**라 하고 $f^{(n)}$으로 표기한다. 또한 $y = f(x)$의 n계도함수를 다음과 같이 표기하기도 한다.

$$y^{(n)} = \frac{d}{dx}\left(\frac{d^{n-1}y}{dx^{n-1}}\right) = \frac{d^n y}{dx^n}$$

예제 7-10 n계도함수

다음 함수의 n계도함수(단, $n \geq 1$)를 구하라.

(a) $y = e^x$ (b) $y = \cos x$ (c) $y = \ln x$

풀이

(a) $y' = e^x$, $y'' = e^x$, $y^{(3)} = e^x$, $\cdots$ 이므로, 함수 $y = e^x$의 n계도함수는 $y^{(n)} = e^x$이다.

(b) $y' = -\sin x$, $y'' = -\cos x$, $y^{(3)} = \sin x$, $y^{(4)} = \cos x$, $y^{(5)} = -\sin x$, $\cdots$ 이다. 따라서 이와 같은 패턴을 살펴보면 $n = 2k+1$, $2k+2$(단, $k \geq 0$)일 때 함수 $y = \cos x$의 n계도함수는 각각 다음과 같음을 알 수 있다.

$$y^{(2k+1)} = (-1)^{k-1}\sin x,\ y^{(2k+2)} = (-1)^{k-1}\cos x$$

(c) $y' = \dfrac{1}{x} = x^{-1}$, $y'' = -x^{-2}$, $y^{(3)} = 2x^{-3}$, $y^{(4)} = -3!x^{-4}$, $\cdots$ 이므로 함수 $y = \ln x$의 n계도함수는 $y^{(n)} = (-1)^{n-1}(n-1)!\,x^{-n}$이다.

예제 7-11 중근

함수 f가 $f'(a) = 0$, $f''(a) = 0$을 만족할 때, 도함수 $f'(x)$는 $x = a$에서 중근을 가짐을 보여라.

풀이

$f'(a) = 0$을 만족하므로 도함수 $f'(x)$는 $x = a$에서 근을 갖는다. 따라서 도함수 $f'(x)$를 다음과 같이 표현할 수 있다.

$$f'(x) = (x-a)g(x)\ \ (\text{단, } g(x)\text{는 함수})$$

$f'(x)$를 미분하면 다음 식을 얻는다.

$$f''(x) = g(x) + (x-a)g'(x)$$

위 식에 $x = a$를 대입하면 다음과 같다.

$$0 = f''(a) = g(a) + (a-a)g'(a) = g(a)$$

따라서 $g(x) = (x-a)h(x)$ (단, $h(x)$는 함수)로 나타낼 수 있으므로, 도함수 $f'(x)$는 다음과 같다.

$$f'(x) = (x-a)^2 h(x)$$

즉 $f'(x)$는 $x = a$에서 중근을 갖는다.

7.3 합성함수의 미분

두 함수로부터 새로운 함수를 얻는 방법으로 합성함수를 생각할 수 있다. 실제로 많은 함수가 합성함수로 표현된다. 이 절에서는 합성함수에 관한 미분, 즉 연쇄법칙에 대해 알아본다.

정의 7-7 합성함수

두 함수 f와 g가 정의되고 함수 g의 치역이 함수 f의 정의역에 포함된다고 하자. 그러면 두 함수 f와 g의 **합성함수**(composite function) $f \circ g$는 다음과 같이 정의된다.

$$(f \circ g)(x) = f(g(x)) \text{ (단, } x\text{는 함수 } g\text{의 정의역 원소)}$$

예를 들어 함수 $h(x) = \sin(100x)$는 두 함수 $\sin x$와 $100x$의 합성함수이다. 즉 [정의 7-7]에서 $f(x) = \sin x$이고 $g(x) = 100x$이다. 합성함수를 미분하는 방법을 연쇄법칙(chain rule)이라고 한다.

정리 7-4 연쇄법칙

함수 g가 x에서 미분가능하고 함수 f가 $g(x)$에서 미분가능하면 합성함수 $h(x) = (f \circ g)(x) = f(g(x))$는 x에서 미분가능하고 $h(x)$의 도함수는 다음과 같다.

$$h'(x) = f'(g(x))g'(x)$$

만약 $y = f(u)$이고 $u = g(x)$일 때 두 함수가 모두 미분가능하면 다음과 같이 표기하기도 한다.

$$\frac{dy}{dx} = \frac{dy}{du}\frac{du}{dx}$$

연쇄법칙을 쉽게 기억하기 위해서는 우선 $g(x)$를 하나의 변수로 생각하고 겉미분 $f'(g(x))$를 한 다음 속미분 $g(x)$를 한다.

예제 7-12 연쇄법칙

다음 함수를 미분하라.

(a) $y=(x^3+1)^{20}$

(b) $y=\cos^2 x$

(c) $y=e^{x^2+1}$

풀이

(a) $y'=20(x^3+1)^{19}\cdot(x^3+1)'=20(x^3+1)^{19}(3x^2)=60x^2(x^3+1)^{19}$

(b) $y=(\cos x)^2$이므로, $y'=2(\cos x)(\cos x)'=2\cos x(-\sin x)=-2\sin x\cos x$이다.

(c) $y'=e^{x^2+1}(x^2+1)'=2xe^{x^2+1}$

파이썬 코드

```
import sympy as sym

# 문제 (a)
x = sym.Symbol('x')
h = (x**3+1)**20
diff_h = sym.diff(h,x)
print("(a) h의 도함수 = ", diff_h)

# 문제 (b)
# sym.cos() : 코사인 함수
x = sym.Symbol('x')
h = sym.cos(x)**2
diff_h = sym.diff(h,x)
print("(b) h의 도함수 = ", diff_h)

# 문제 (c)
x = sym.Symbol('x')
h = sym.exp(x**2+1)
diff_h = sym.diff(h,x)
print("(c) h의 도함수 = ", diff_h)
```

실행 결과

```
(a) h의 도함수 =  60*x**2*(x**3 + 1)**19
(b) h의 도함수 =  -2*sin(x)*cos(x)
(c) h의 도함수 =  2*x*exp(x**2 + 1)
```

예제 7-13 **합성함수와 n계도함수**

다음 함수의 n계도함수(단, $n \geq 1$)를 구하라.

(a) $y = e^{2x}$

(b) $y = \cos(2x)$

(c) $y = \ln(100x)$

풀이

(a) $y' = 2e^{2x}$, $y'' = 2^2e^{2x}$, $y^{(3)} = 2^3e^{2x}$, $\cdots$ 이므로, 함수 $y = e^{2x}$의 n계도함수는 $y^{(n)} = 2^n e^{2x}$ 이다.

(b) $y' = 2(-\sin(2x))$, $y'' = 2^2(-\cos(2x))$, $y^{(3)} = 2^3\sin(2x)$, $y^{(4)} = 2^4\cos(2x)$, $y^{(5)} = -2^5\sin(2x)$, $\cdots$ 이다. 따라서 이와 같은 패턴을 살펴보면 $n = 4k+1$, $4k+2$, $4k+3$, $4k+4$(단, $k \geq 0$)일 때 함수 $y = \cos(2x)$의 n계도함수는 각각 다음과 같음을 알 수 있다.

$$y^{(4k+1)} = -2^{4k+1}\sin(2x),\ y^{(4k+2)} = -2^{4k+2}\cos(2x)$$
$$y^{(4k+3)} = 2^{4k+3}\sin(2x),\ y^{(4k+4)} = 2^{4k+4}\cos(2x)$$

(c) $y' = \dfrac{100}{100x} = \dfrac{1}{x} = x^{-1}$, $y'' = -x^{-2}$, $y^{(3)} = 2x^{-3}$, $y^{(4)} = -3!x^{-4}$, $\cdots$ 이므로, 함수 $y = \ln(100x)$의 n계도함수는 다음과 같다.

$$y^{(n)} = (-1)^{n-1}(n-1)!\,x^{-n}$$

7.4 평균값 정리와 로피탈 정리

평균값 정리는 주어진 구간에서 구한 함수의 평균을 그 함수의 적당한 미분값으로 나타낼 수 있다는 내용이다. 로피탈 정리는 분수 형태인 함수의 극한값은 그 함수의 분자와 분모를 각각 미분한 분수 형태의 극한값을 구하는 것과 같다는 아주 흥미로운 결과이다. 다시 말해 $x=a$의 근방에서 $\frac{f(x)}{g(x)}$의 극한값이 $\frac{f'(a)}{g'(a)}$와 같다는 것을 직관적으로 생각하면, $x=a$의 근방에서 두 함수 $f(x)$와 $g(x)$의 비율이 각 기울깃값 $f'(a)$와 $g'(a)$의 비율과 같다는 것이다. 평균값 정리를 살펴보기 전에 이 정리의 증명에서 중요한 역할을 하는 **롤의 정리**(Rolle's theorem)를 먼저 알아보자.

정리 7-5 롤의 정리

함수 f가 폐구간 $[a, b]$에서 연속이고 개구간 (a, b)에서 미분가능하다고 하자. 만약 $f(a)=f(b)$를 만족한다면 $f'(c)=0$을 만족하는 $c \in (a, b)$가 존재한다.

여기서 롤의 정리의 증명은 생략한다. 다만 [그림 7-3]과 같이 미분가능한 함수의 그래프를 그려보면 롤의 정리가 참임을 직관적으로 알 수 있다. [그림 7-3(b)]에서 볼 수 있듯이, 롤의 정리에서는 $c \in (a, b)$가 반드시 하나만 존재할 필요는 없다. 함수 f에 따라 2개 이상의 $c \in (a, b)$가 존재할 수도 있다.

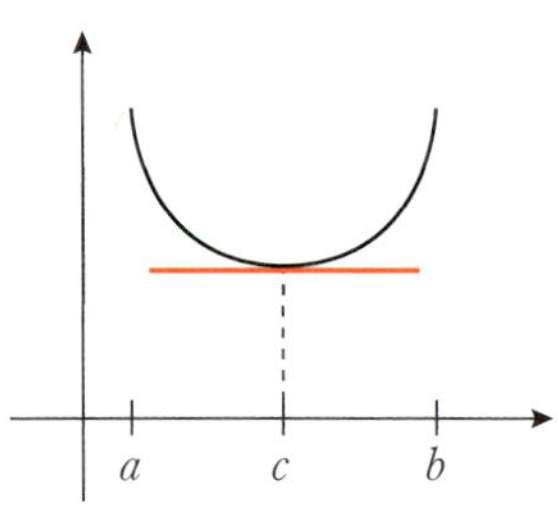

(a) c가 1개 존재하는 경우

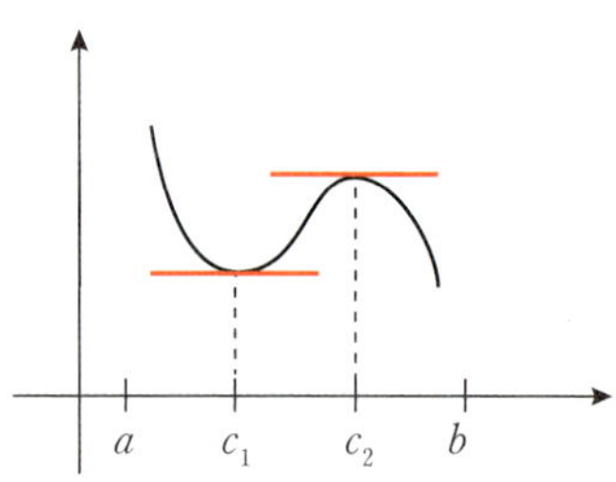

(b) c가 2개 존재하는 경우(c_1, c_2)

[그림 7-3] 롤의 정리

예제 7-14 롤의 정리

함수 $f(x) = x^3 - x$가 폐구간 $[-1, 1]$에서 정의된다고 할 때 다음 물음에 답하라.

(a) $f(x) = 0$을 만족하는 x를 모두 구하라.

(b) 롤의 정리를 만족하는 c값을 모두 구하라.

(c) 파이썬 코드를 이용하여 함수 $y = f(x)$의 그래프를 그려라.

풀이

(a) $f(x) = 0 \Leftrightarrow x^3 - x = 0 \Leftrightarrow x(x+1)(x-1) = 0 \Leftrightarrow x = -1, 0, 1$

(b) $f'(x) = 3x^2 - 1$이므로 $f'(c) = 3c^2 - 1 = 0 \Leftrightarrow c = \pm\dfrac{1}{\sqrt{3}} \in (-1, 1)$이 성립한다. 따라서 $f'(c) = 0$을 만족하는 c값은 $c = \pm\dfrac{1}{\sqrt{3}}$이다. 실제로 함수 $f(x)$는 폐구간 $[-1, 1]$에서 연속이고 개구간 $(-1, 1)$에서 미분가능하며 $f(-1) = f(1) = 0$을 만족하므로, 롤의 정리에 의해 $f(c) = 0$인 $c \in (-1, 1)$이 존재한다.

(c) 이제 파이썬 코드를 이용하여 함수 $y = f(x)$의 그래프를 그려보자.

파이썬 코드

```
# 문제 (c)
import matplotlib.pyplot as plt
import numpy as np

# x값 범위
x = np.arange(-1, 1, 0.01)

# 축 레이블 넣기
plt.xlabel('x axis')
plt.ylabel('y axis')

# 그리드
plt.grid(color = "black", alpha=0.5, linestyle='--')

# 그리고자 하는 식
plt.plot(x, x**3-x, label='y = $x^3-x$')

# 범례
plt.legend()
plt.show()
```

실행 결과

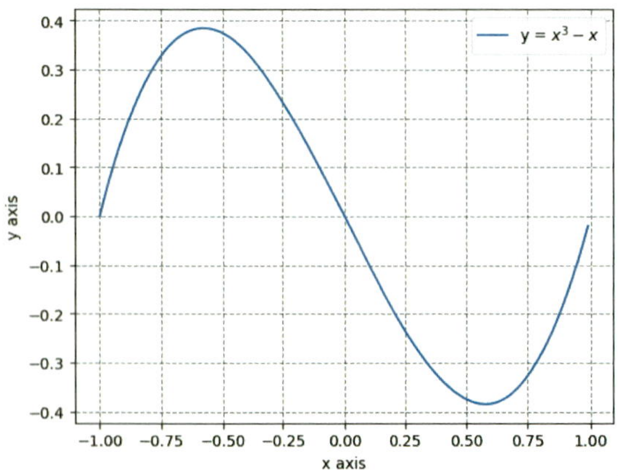

롤의 정리에서는 $f(a) = f(b)$인 조건이 필요하다. 일반적으로는 이 조건이 없어도 유사한 주장을 할 수 있는데 그 내용이 바로 다음의 평균값 정리(mean value theorem)이다.

정리 7-6 평균값 정리

함수 f가 폐구간 $[a, b]$에서 연속이고 개구간 (a, b)에서 미분가능하다고 하자. 그러면 $f'(c) = \dfrac{f(b) - f(a)}{b - a}$, 즉 $f(b) - f(a) = f'(c)(b - a)$를 만족하는 $c \in (a, b)$가 존재한다.

평균값 정리를 그림으로 나타내면 다음과 같다. 즉 두 점 $P(a, f(a))$와 $Q(b, f(b))$를 잇는 직선과 평행한 접선이 존재하고 이때의 접점이 $R(c, f(c))$이다.

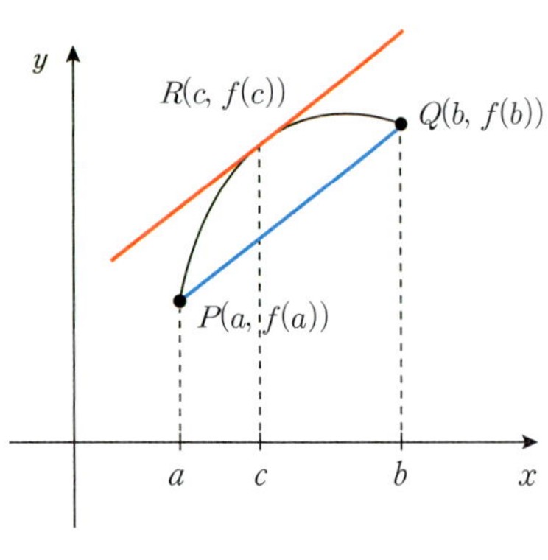

[그림 7-4] 평균값 정리

증명

우선 [그림 7-4]에 있는 그래프 위의 두 점 P, Q를 연결하는 직선의 방정식을 다음과 같이 구한다.

$$y-f(a)=\frac{f(b)-f(a)}{b-a}(x-a) \quad \Leftrightarrow \quad y=f(a)+\frac{f(b)-f(a)}{b-a}(x-a)$$

이제 새로운 함수 $k(x)$를 다음과 같이 정의한다.

$$k(x)=f(x)-f(a)-\frac{f(b)-f(a)}{b-a}(x-a)$$

이 함수가 롤의 정리를 만족함을 보이자. 함수 $f(x)$가 폐구간 $[a, b]$에서 연속이고 개구간 (a, b)에서 미분가능하므로, 함수 $k(x)$도 폐구간 $[a, b]$에서 연속이고 개구간 (a, b)에서 미분가능하다. 또한 다음이 성립한다.

$$k(a)=f(a)-f(a)-\frac{f(b)-f(a)}{b-a}(a-a)=0$$

$$k(b)=f(b)-f(a)-\frac{f(b)-f(a)}{b-a}(b-a)=0$$

그러므로 롤의 정리에 의해 $k'(c)=0$을 만족하는 $c \in (a, b)$가 존재한다. $k(x)$의 정의를 이용해 $k'(c)$를 구하면 $k'(c)=f'(c)-\frac{f(b)-f(a)}{b-a}$이다. 따라서 이 식에 $k'(c)=0$을 대입하면 다음이 성립한다.

$$f'(c)=\frac{f(b)-f(a)}{b-a}$$ ■

예제 7-15 평균값 정리

함수 $f(x)=(x-1)^2+1$과 폐구간 $[1, 2]$에 대하여 평균값 정리를 만족하는 $c \in (1, 2)$를 구하라.

풀이

우선 $f'(x)=2(x-1)$이고 $f(1)=1$, $f(2)=2$이므로 평균값 정리에 의해 c는 다음을 만족한다.

$$f'(c)=\frac{f(b)-f(a)}{b-a}=\frac{f(2)-f(1)}{2-1}=1$$

따라서 $f'(c)=2(c-1)=1$이므로 $c=\frac{3}{2}$이다.

다음으로 미분에 관한 주요 정리 중 하나인 로피탈 정리(L'Hospital theorem)에 대해 알아보자.

정리 7-7 로피탈 정리

두 함수 f, g가 미분가능하고 a를 포함하는 개구간 I에서 $g'(x) \neq 0$이라고 하자. 또한

$$\lim_{x \to a} f(x) = 0 \text{이고 } \lim_{x \to a} g(x) = 0$$

$$(\text{혹은 } \lim_{x \to a} f(x) = \pm\infty \text{이고 } \lim_{x \to a} g(x) = \pm\infty)$$

을 만족한다고 하면 다음이 성립한다(단, 우변은 극한이 존재하거나 $\pm\infty$ 값을 갖는다고 가정).

$$\lim_{x \to a} \frac{f(x)}{g(x)} = \lim_{x \to a} \frac{f'(x)}{g'(x)}$$

증명

로피탈 정리의 일반적인 증명은 복잡하므로 다음과 같은 조건 하에서 증명한다. $f(a) = g(a) = 0$이고 $f'(x)$, $g'(x)$가 연속이며 $g'(a) \neq 0$이라고 하면 다음이 성립한다.

$$\begin{aligned}
\lim_{x \to a} \frac{f'(x)}{g'(x)} &= \frac{f'(a)}{g'(a)} && (f', g'\text{이 연속이고 } g'(a) \neq 0\text{이므로}) \\
&= \frac{\displaystyle\lim_{x \to a} \frac{f(x) - f(a)}{x - a}}{\displaystyle\lim_{x \to a} \frac{g(x) - g(a)}{x - a}} \\
&= \lim_{x \to a} \frac{\dfrac{f(x) - f(a)}{x - a}}{\dfrac{g(x) - g(a)}{x - a}} && (\lim\text{의 성질에 의해}) \\
&= \lim_{x \to a} \frac{f(x) - f(a)}{g(x) - g(a)} \\
&= \lim_{x \to a} \frac{f(x)}{g(x)} && (f(a) = g(a) = 0\text{이므로})
\end{aligned}$$

■

예제 7-16 로피탈 정리

극한값 $\lim_{x \to 1} \frac{x^3 - 1}{x^2 - 1}$을 구하라.

풀이

두 가지 풀이 방법이 있다. 우선 로피탈 정리를 사용하지 않고 구하면 다음과 같다.

$$\lim_{x \to 1} \frac{x^3 - 1}{x^2 - 1} = \lim_{x \to 1} \frac{(x-1)(x^2+x+1)}{(x-1)(x+1)} = \lim_{x \to 1} \frac{(x^2+x+1)}{(x+1)} = \frac{3}{2}$$

이제 로피탈 정리를 이용하여 극한값을 구해보자. 우선 $x \to 1$일 때 $x^3 - 1 \to 0$이고 $x^2 - 1 \to 0$이므로, 로피탈 정리의 조건을 만족한다. 따라서 극한값은 다음과 같다.

$$\lim_{x \to 1} \frac{x^3 - 1}{x^2 - 1} = \lim_{x \to 1} \frac{(x^3 - 1)'}{(x^2 - 1)'} = \lim_{x \to 1} \frac{3x^2}{2x} = \frac{3}{2}$$

파이썬 코드

```
import sympy as sym

x = sym.Symbol('x')
f = x**3-1
g = x**2-1
val = 1

# 함수 f(x), g(x)의 극한값 계산
lim_f = sym.limit(f, x, val)
lim_g = sym.limit(g, x, val)

# 로피탈 정리를 이용한 극한값 계산
diff_f = sym.diff(f,x)
diff_g = sym.diff(g,x)
LHospital_val = sym.limit(diff_f/diff_g, x, val)

print("극한값 = ", LHospital_val)
```

실행 결과

```
극한값 =  3/2
```

예제 7-17 로피탈 정리

극한값 $\lim_{x \to 0} \frac{e^{2x}-1}{x}$을 구하라.

풀이

로피탈 정리를 이용하여 극한값을 구해보자. 우선 $x \to 0$일 때 $e^{2x}-1 \to 0$이고 $x \to 0$이므로, 로피탈 정리의 조건을 만족한다. 따라서 극한값은 다음과 같다.

$$\lim_{x \to 0} \frac{e^{2x}-1}{x} = \lim_{x \to 0} \frac{(e^{2x}-1)'}{(x)'} = \lim_{x \to 0} \frac{2e^{2x}}{1} = 2$$

파이썬 코드

```python
import sympy as sym

x = sym.Symbol('x')
f = sym.exp(2*x)-1
g = x
val = 0

# 함수 f(x), g(x)의 극한값 계산
lim_f = sym.limit(f, x, val)
lim_g = sym.limit(g, x, val)

# 로피탈 정리를 이용한 극한값 계산
diff_f = sym.diff(f,x)
diff_g = sym.diff(g,x)
LHospital_val = sym.limit(diff_f/diff_g, x, val)

print("극한값 = ", LHospital_val)
```

실행 결과

```
극한값 =  2
```

7.5 미분의 응용

이 절에서는 앞에서 학습한 미분 개념을 이용하여 함수의 모양을 예측하고, 더 나아가 함수의 최댓값과 최솟값에 대해 살펴본다. 먼저 페르마 정리(Fermat's theorem)에 대해 알아보자.

정리 7-8 페르마 정리

함수 f가 $x=c$에서 극솟값 또는 극댓값을 갖고 $f'(c)$가 존재한다면 $f'(c)=0$이다.

증명

함수 f가 $x=c$에서 극솟값을 갖는다고 하자. 그러면 $x=c$ 근방의 x값, 즉 $x=c+h$ (단, h는 0에 가까운 수)에 대하여 $f(c) \le f(c+h)$이다. 이를 다시 쓰면 $f(c+h)-f(c) \ge 0$이 성립한다. 따라서 $h \to 0^+$(즉 h는 0 근방의 양수)이면 $\dfrac{f(c+h)-f(c)}{h} \ge 0$이고 다음이 성립한다.

$$f'(c) = \lim_{h \to 0^+} \frac{f(c+h)-f(c)}{h} \ge \lim_{h \to 0^+} 0 = 0$$

따라서 $f'(c) \ge 0$이다. 마찬가지로 $h \to 0^-$(즉 h는 0 근방의 음수)이면 $\dfrac{f(c+h)-f(c)}{h} \le 0$이고 다음이 성립한다.

$$f'(c) = \lim_{h \to 0^-} \frac{f(c+h)-f(c)}{h} \le \lim_{h \to 0^-} 0 = 0$$

따라서 $f'(c) \le 0$이다. 그러므로 $f'(c)=0$이다. 극댓값을 갖는 경우도 비슷하게 증명할 수 있다. ■

예제 7-18 페르마 정리

함수 $f(x)=x^2-x$의 극솟값은 어떤 x에서 존재하는가?

풀이

페르마 정리에 의해 $f'(x)=2x-1=0$을 만족하는 $x=\dfrac{1}{2}$에서 극댓값 또는 극솟값을 갖는다. 이 함수의 그래프를 직접 그려보면 극솟값만 존재하므로 $x=\dfrac{1}{2}$에서 극솟값이 존재한다.

파이썬 코드

```
import sympy as sym

# 극댓값(극솟값) 계산 함수
def cal_critical_value(func_f) :
    import sympy as sym
    x = sym.Symbol('x')

    diff_func_f = sym.diff(func_f,x)
    critical_value = sym.solve(diff_func_f, x)

    return critical_value

# 함수 f(x)의 정의 및 극댓값(극솟값) 계산
x = sym.Symbol('x')
f = x**2 - x
diff_f = sym.diff(f,x)
print("f의 도함수 = ", diff_f)
print("f의 극값이 존재하는 x = ", cal_critical_value(f))
```

실행 결과

```
f의 도함수 =  2*x - 1
f의 극값이 존재하는 x =  [1/2]
```

정리 7-9 함수의 증가와 감소 판정법

(1) 함수 f가 구간 I에서 $f'(x)>0$을 만족한다면, 함수 f는 구간 I에서 증가함수이다.

(2) 함수 f가 구간 I에서 $f'(x)<0$을 만족한다면, 함수 f는 구간 I에서 감소함수이다.

증명

(1) 우선 임의의 두 점 $x_1, x_2 \in I$가 $x_1 < x_2$를 만족한다고 하자. 증가함수의 정의에 따라 $f(x_1) < f(x_2)$임을 증명하면 된다. 함수 f는 미분가능하므로, 중간값 정리에 의해 다음을 만족하는 $c \in (x_1, x_2)$가 존재한다.

$$f(x_2) - f(x_1) = f'(c)(x_2 - x_1)$$

그런데 $f'(c) > 0$이라 가정했으므로 다음이 성립한다.

$$f(x_2) - f(x_1) = f'(c)(x_2 - x_1) > 0$$

즉 $f(x_2) > f(x_1)$이다. 따라서 함수 f는 구간 I에서 증가함수이다.

(2) (1)과 마찬가지로 임의의 두 점 $x_1, x_2 \in I$가 $x_1 < x_2$를 만족한다고 하면 $f'(c) < 0$이므로 다음을 만족한다.

$$f(x_2) - f(x_1) = f'(c)(x_2 - x_1) < 0$$

즉 $f(x_2) < f(x_1)$이다. 따라서 함수 f는 구간 I에서 감소함수이다. ■

예제 7-19 함수의 증가와 감소

함수 $f(x) = x^3 + x$가 실수 전체 구간에서 증가함수임을 보여라.

풀이

[정리 7-9]를 이용하기 위해 먼저 도함수 $f'(x) = 3x^2 + 1$을 구한다. 임의의 실수 x에 대하여 $f'(x) = 3x^2 + 1 > 0$이므로 함수 f는 실수 전체 구간에서 증가함수이다.

파이썬 코드

```
import sympy as sym

# sym.solve() : 방정식의 해를 구하는 함수
# sym.oo : ∞를 의미
x = sym.Symbol('x')
f = x**3 + x
diff_f = sym.diff(f,x)
print("f의 도함수 = ", diff_f)
print("f의 도함숫값이 0보다 큰 구간 = ", sym.solve([diff_f > 0, -sym.oo < x]))
print("\n")
```

실행 결과

```
f의 도함수 =  3*x**2 + 1
f의 도함숫값이 0보다 큰 구간 =  (-oo < x) & (x < oo)
```

이제 함수가 임계점에서 극댓값 또는 극솟값을 갖는지, 아니면 둘 다 갖지 않는지를 확인할 수 있는 방법을 알아보자.

정리 7-10 도함수 판정법

연속함수 f의 임계점을 c라고 하자. 즉 $f'(c)=0$이라고 하자.

(1) 만일 f'이 $x=c$에서 양수에서 음수로 변하면, 함수 f는 $x=c$에서 극댓값을 갖는다.

(2) 만일 f'이 $x=c$에서 음수에서 양수로 변하면, 함수 f는 $x=c$에서 극솟값을 갖는다.

(3) 만일 f'이 $x=c$에서 양수에서 음수 또는 음수에서 양수로의 변화가 없다면, 함수 f는 $x=c$에서 극댓값과 극솟값을 갖지 않는다.

[정리 7-10]의 증명은 [그림 7-5]와 같이 직접 그려보면 쉽게 확인할 수 있으므로 생략한다.

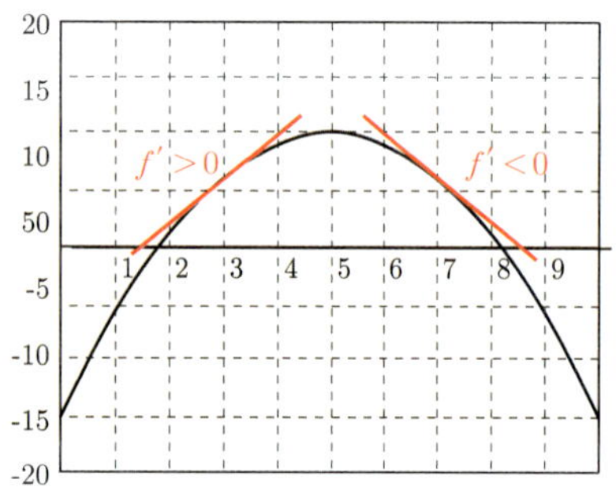

(a) f'이 양수에서 음수로 변하는 경우

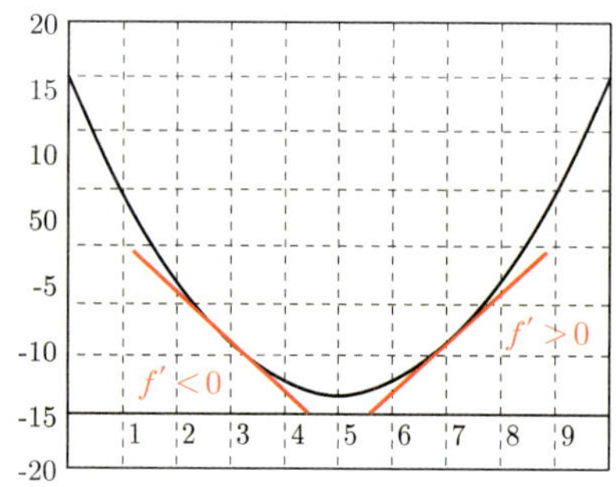

(b) f'이 음수에서 양수로 변하는 경우

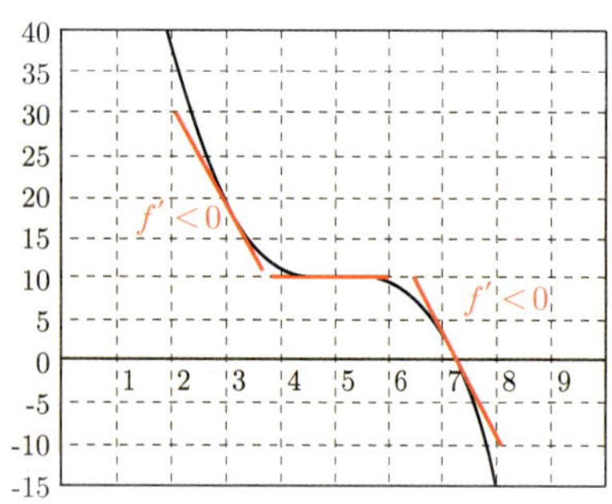

(c) f'의 변화가 없는 경우($f'<0$)

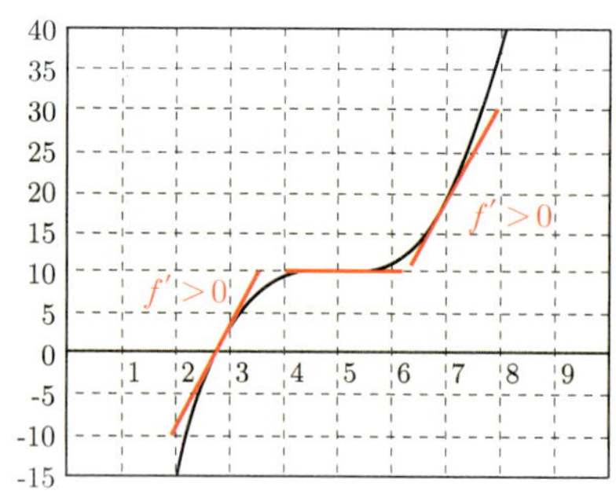

(d) f'의 변화가 없는 경우($f'>0$)

[그림 7-5] 도함수 판정법

예제 7-20 도함수 판정법

함수 $f(x)=x^3-x$에 대해 다음 물음에 답하라.

(a) 함수 f의 극댓값 또는 극솟값을 모두 구하라.

(b) 함수 f의 그래프를 구간 $[-2, 2]$에서 그려라.

풀이

(a) 우선 $f'(c)=0$을 만족하는 임계점을 구해보자. $f'(x)=3x^2-1=0$이므로 $f'(c)=0$을 만족하는 c는 $c=\pm\frac{\sqrt{3}}{3}$이다.

(i) $c=\frac{\sqrt{3}}{3}$이라고 하면 $\frac{\sqrt{3}}{3}$ 근방에 있는 $x<\frac{\sqrt{3}}{3}$에 대해 $f'(x)=3x^2-1<0$이다. 그리고 $\frac{\sqrt{3}}{3}$ 근방에 있는 $x>\frac{\sqrt{3}}{3}$에 대해 $f'(x)=3x^2-1>0$이다. 도함수 판정법의 (2)에 의해 함수 f는 $c=\frac{\sqrt{3}}{3}$에서 극솟값 $f\left(\frac{\sqrt{3}}{3}\right)=\left(\frac{\sqrt{3}}{3}\right)^3-\frac{\sqrt{3}}{3}=\frac{1}{3}\left(\frac{\sqrt{3}}{3}\right)-\left(\frac{\sqrt{3}}{3}\right)=-\frac{2\sqrt{3}}{9}$을 갖는다.

(ii) $c=-\frac{\sqrt{3}}{3}$이라고 하면 $-\frac{\sqrt{3}}{3}$ 근방에 있는 $x<-\frac{\sqrt{3}}{3}$에 대해 $f'(x)=3x^2-1>0$이다. 그리고 $-\frac{\sqrt{3}}{3}$ 근방에 있는 $x>-\frac{\sqrt{3}}{3}$에 대해 $f'(x)=3x^2-1<0$이다. 도함수 판정법의 (1)에 의해 함수 f는 $c=-\frac{\sqrt{3}}{3}$에서 극댓값 $f\left(-\frac{\sqrt{3}}{3}\right)=\left(-\frac{\sqrt{3}}{3}\right)^3+\frac{\sqrt{3}}{3}=-\frac{1}{3}\left(\frac{\sqrt{3}}{3}\right)+\left(\frac{\sqrt{3}}{3}\right)=\frac{2\sqrt{3}}{9}$을 갖는다.

(b) 삼차함수의 그래프를 쉽게 그리는 방법은 $f(x)=0$인 x를 구하는 것이다. 이 경우 $f(x)=x^3-x=x(x+1)(x-1)=0$이라고 할 때, $x=-1, 0, 1$이 이 함수의 x절편이 된다. 즉 그래프가 이 세 점을 지나도록 해야 하는데, $x>1$일 때 함숫값은 양수, $0<x<1$일 때 함숫값은 음수, $-1<x<0$일 때 함숫값은 양수, $x<-1$일 때 함숫값은 음수가 되도록 연결하면 된다. 자세한 그래프 모양은 다음과 같이 파이썬 코드로 구현해서 확인한다.

파이썬 코드

```
import sympy as sym

# 임계점을 구하는 함수
def cal_critical_point(func_f) :
    import sympy as sym
    x = sym.Symbol('x')

    diff_func_f = sym.diff(func_f,x)
    critical_point = sym.solve(diff_func_f, x)
    return critical_point

# 문제 (a)
x = sym.Symbol('x')
f = x**3 - x
diff_f = sym.diff(f,x)
print("문제 (a)")
```

```python
print("f의 도함수 = ", diff_f)
print("f의 극값이 존재하는 x = ", cal_critical_point(f))
print("f에서", cal_critical_point(f)[0],"의 극값 = ", f.subs({x:cal_critical_point(f)[0]}))
print("f에서", cal_critical_point(f)[1],"의 극값 = ", f.subs({x:cal_critical_point(f)[1]}))
print("\n")

# 문제 (b)
import matplotlib.pyplot as plt
import numpy as np

# 값 범위
x = np.arange(-2, 2, 0.01)

# 축 레이블 넣기
plt.xlabel('x axis')
plt.ylabel('y axis')

# 그리드
plt.grid(color = "black", alpha=0.5, linestyle='--')

# 그리고자 하는 식
plt.plot(x, x**3-x, label='y = x^3-x')

# 범례
plt.legend()
print("문제 (b)")
plt.show()
```

실행결과

```
문제 (a)
f의 도함수 =  3*x**2 - 1

f의 극값이 존재하는 x =  [-sqrt(3)/3, sqrt(3)/3]

f에서 -sqrt(3)/3 의 극값 =  2*sqrt(3)/9

f에서 sqrt(3)/3 의 극값 =  -2*sqrt(3)/9


문제 (b)
```

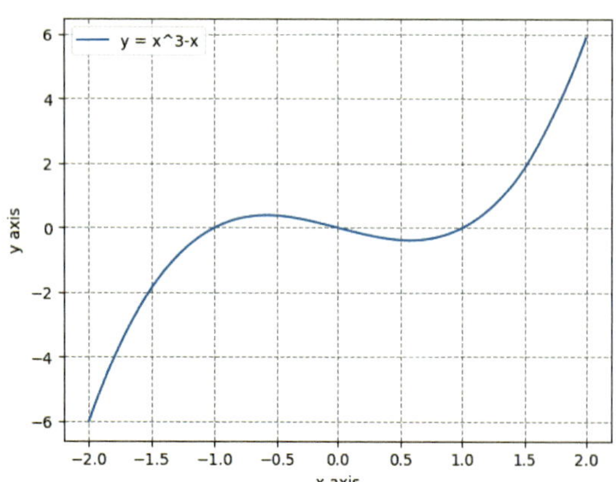

정의 7-8 **볼록함수와 오목함수**

(1) 함수 f가 구간 I 위의 임의의 점 x, y와 $0 \le t \le 1$에 대하여 $f(tx+(1-t)y) \le tf(x) + (1-t)f(y)$를 만족할 때, 함수 f는 구간 I 위에서 **볼록함수**(convex function)라고 하거나 **위로 오목**(concave upward)하다고 한다.

(2) 함수 f가 구간 I 위의 임의의 점 x, y와 $0 \le t \le 1$에 대하여 $f(tx+(1-t)y) \ge tf(x) + (1-t)f(y)$를 만족할 때, 함수 f는 구간 I 위에서 **오목함수**(concave function)라고 하거나 **아래로 오목**(concave down)하다고 한다.

볼록함수와 오목함수는 각각 [그림 7-6], [그림 7-7]과 같은 형태이다.

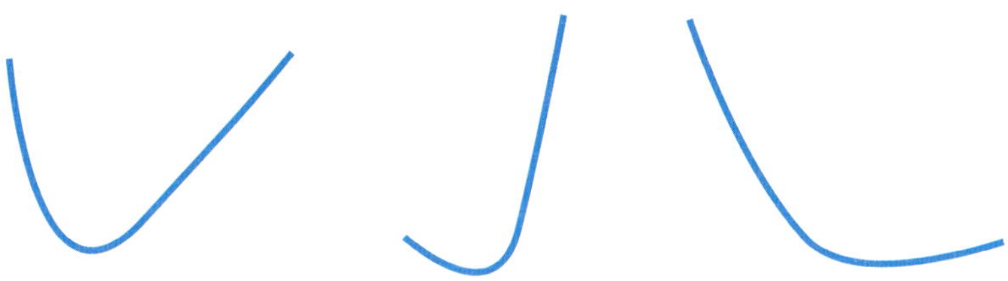

[그림 7-6] 볼록함수

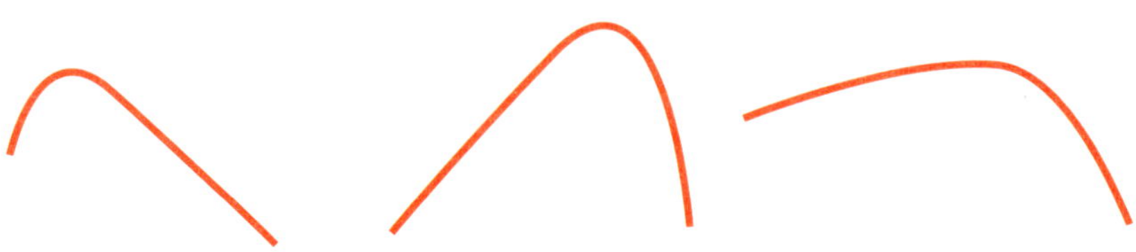

[그림 7-7] 오목함수

정의 7-9 **변곡점**

함수 f 위의 점 $P(a, f(a))$의 근방에서 함수 f가 오목에서 볼록 또는 볼록에서 오목으로 변할 때, 점 P를 **변곡점**(inflection point)이라고 한다.

예를 들어 함수 $f(x) = x^3$을 생각해보자. $x > 0$일 때 $f(x)$는 볼록하고 $x < 0$일 때 $f(x)$는 오목하다. 따라서 $(0, 0)$은 함수 $f(x) = x^3$의 변곡점이다.

정리 7-11　볼록 판정법과 오목 판정법

(1) 함수 f 의 이계도함수가 존재하고 구간 I 위의 모든 실수 x에 대해 $f''(x) > 0$을 만족할 때, 함수 f는 구간 I에서 볼록함수이다.
(2) 함수 f 의 이계도함수가 존재하고 구간 I 위의 모든 실수 x에 대해 $f''(x) < 0$을 만족할 때, 함수 f는 구간 I에서 오목함수이다.

증명

(1) $f''(x)$는 $f'(x)$의 변화, 즉 기울기의 변화를 의미하는데 기울기가 증가하므로 함수 f의 그래프는 볼록해야 한다.

(2) $f''(x)$는 $f'(x)$의 변화, 즉 기울기의 변화를 의미하는데 기울기가 감소하므로 함수 f의 그래프는 오목해야 한다. ■

[예제 7-20]에서 살펴본 함수 $f(x) = x^3 - x$가 어떤 구간에서 볼록한지 또는 오목인지 알아보자.

예제 7-21　볼록함수와 오목함수

함수 $f(x) = x^3 - x$가 어떤 구간에서 볼록 또는 오목한지 설명하라.

풀이

우선 $f''(x)$를 구해보자.

$$f'(x) = 3x^2 - 1,\ f''(x) = 6x$$

[정리 7-11]의 (1)에 의해 $f''(x) = 6x > 0$을 만족하는 구간 $x > 0$에서 함수 f는 볼록하다. 마찬가지로 [정리 7-11]의 (2)에 의해 $f''(x) = 6x < 0$을 만족하는 구간 $x < 0$에서 함수 f는 오목하다.

파이썬 코드

```
import sympy as sym

# 볼록한 구간을 구하는 함수
def cal_convex_interval(func_f):
    con_interval = sym.solve([diff_f_2  > 0, -sym.oo < x ])
    return con_interval

# 오목한 구간을 구하는 함수
def cal_concave_interval(func_f):
    concave_interval = sym.solve([diff_f_2 < 0, -sym.oo < x ])
    return concave_interval
```

```python
# 함수 f(x) 정의
x = sym.Symbol('x')
f = x**3 - x

# 함수 f(x)의 도함수
diff_f = sym.diff(f,x)
diff_f_2 = sym.diff(diff_f,x)
print("f의 도함수 = ", diff_f)
print("f의 이계도함수 = ", diff_f_2)
print("\n")
print("f의 이계도함숫값이 0보다 큰 구간(볼록한 구간) =", cal_convex_interval(diff_f_2))
print("f의 이계도함숫값이 0보다 작은 구간(오목한 구간) =", cal_concave_interval(diff_f_2))
print("\n")
```

실행 결과

```
f의 도함수 =  3*x**2 - 1
f의 이계도함수 =  6*x

f의 이계도함숫값이 0보다 큰 구간(볼록한 구간) = (0 < x) & (x < oo)
f의 이계도함숫값이 0보다 작은 구간(오목한 구간) = (-oo < x) & (x < 0)
```

이제 이계도함수 판정법을 이용하여 주어진 함수의 극솟값과 극댓값을 구해보자.

정리 7-12　이계도함수 판정법

함수 f의 이계도함수 f''이 존재하고, f''이 $x=c$의 근방에서 연속이라고 하면 다음이 성립한다.

(1) 만일 $f'(c)=0$이고 $f''(c)>0$이면 함수 f는 $x=c$에서 극솟값을 갖는다.

(2) 만일 $f'(c)=0$이고 $f''(c)<0$이면 함수 f는 $x=c$에서 극댓값을 갖는다.

예제 7-22　이계도함수 판정법

함수 $f(x)=\frac{1}{4}x^4-x^3+x^2+1$의 모든 극솟값과 극댓값을 구하라. 그리고 파이썬 코드를 이용해 함수의 그래프를 그려서 이 결과를 확인하라.

풀이

함수 f는 다항함수이므로 이계도함수 판정법의 조건을 만족한다. 함수 f의 도함수는 $f'(x)=x^3-3x^2+2x=x(x-1)(x-2)$이므로 임계점은 $c=0,\ 1,\ 2$이다. 또한 함수 f의 이계도함수는 $f''(x)=3x^2-6x+2$이다.

- $f''(0) = 2 > 0$이므로, 함수 f는 $x=0$에서 극솟값 $f(0)=1$을 갖는다.
- $f''(1) = -1 < 0$이므로, 함수 f는 $x=1$에서 극댓값 $f(1)=\frac{5}{4}$를 갖는다.
- $f''(2) = 2 > 0$이므로, 함수 f는 $x=2$에서 극솟값 $f(2)=1$을 갖는다.

파이썬 코드

```
import sympy as sym

# sym.lambdify() : sympy 표현식을 파이썬 함수로 변환
# 임계점을 구하는 함수
def cal_critical_point(func_f) :
    import sympy as sym
    x = sym.Symbol('x')

    diff_func_f = sym.diff(func_f,x)
    critical_point = sym.solve(diff_func_f, x)
    return critical_point

# 이계도함수 판정법을 계산하는 함수
def second_diff_test(func_f, critical_point):
    import sympy as sym
    x = sym.Symbol('x')

    diff_func_f = sym.diff(func_f,x)
    diff_func_f_2 = sym.diff(diff_func_f,x)

    origin_f_func = sym.lambdify(x, func_f, "numpy")
    diff_f_2_func = sym.lambdify(x, diff_func_f_2, "numpy")
    check_val = diff_f_2_func(critical_point)
    if check_val > 0:
        critical_point_info = "극솟값"
        critical_val = origin_f_func(critical_point)
        return critical_point_info, critical_val
    elif check_val < 0:
        critical_point_info = "극댓값"
        critical_val = origin_f_func(critical_point)
        return critical_point_info, critical_val

x = sym.Symbol('x')
f = (1/4)*x**4 - x**3 + x**2 + 1
diff_f = sym.diff(f,x)
diff_f_2 = sym.diff(diff_f,x)
critical_point_list = cal_critical_point(f)
cri_info_1, cri_val_1 = second_diff_test(f, critical_point_list[0])
cri_info_2, cri_val_2 = second_diff_test(f, critical_point_list[1])
cri_info_3, cri_val_3 = second_diff_test(f, critical_point_list[2])

print("f의 도함수 = ", diff_f)
print("f의 이계도함수 = ", diff_f_2)
print("\n")
print("임계점 = ", critical_point_list )
print("\n")
print("f의",cri_info_1,"f(",critical_point_list[0],")=",  cri_val_1)
```

```
print("f의",cri_info_2,"f(",critical_point_list[1],")=",  cri_val_2)
print("f의",cri_info_3,"f(",critical_point_list[2],")=",  cri_val_3)
print("\n")

# 함수 f(x)의 선 그래프 그리기
import matplotlib.pyplot as plt
import numpy as np

# 값 범위
my_f_func = sym.lambdify(x, f, "numpy")
x = np.arange(-2, 4, 0.1)

# 축 레이블 넣기
plt.xlabel('x axis')
plt.ylabel('y axis')

# 그리드
plt.grid(color = "black", alpha=0.5, linestyle='--')

# 그리고자 하는 식
plt.plot(x, my_f_func(x), label='y = (1/4)x^4 - x^3 + x^2 + 1 ')

# 범례
plt.legend()
print("함수 f(x)의 선 그래프")
plt.show()
```

실행 결과

```
f의 도함수 =  1.0*x**3 - 3*x**2 + 2*x
f의 이계도함수 =  3.0*x**2 - 6*x + 2

임계점 =  [0.0, 1.00000000000000, 2.00000000000000]

f의 극솟값 f( 0.0 )= 1
f의 극댓값 f( 1.00000000000000 )= 1.25000000000000
f의 극솟값 f( 2.00000000000000 )= 1

함수 f(x)의 선 그래프
```

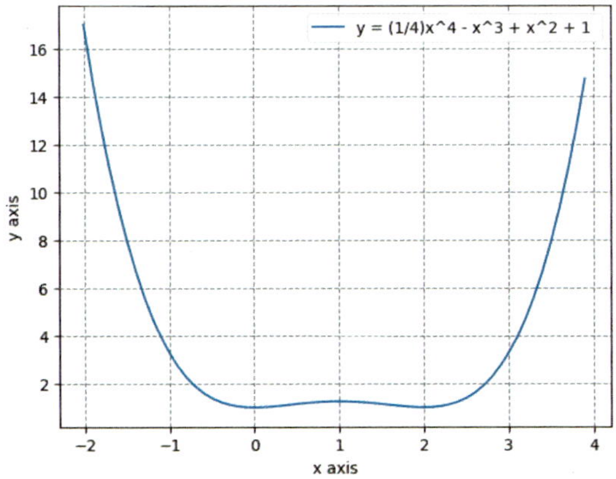

CHAPTER 07 연습문제

7.1 다음과 같은 함수 $f(x)$의 도함수를 구하라.

(a) $f(x) = x^{77} - x^2 + x + 7$

(b) $f(x) = x^4 - 7x^3 + \sqrt{9}$

(c) $f(x) = x^5 + e^{2x}$

(d) $f(x) = \sqrt{3}\,x + \sqrt[3]{7}$

(e) $f(x) = \dfrac{1}{\sqrt{x}} + \sqrt[5]{x}$

7.2 다음과 같은 삼각함수 $f(x)$의 도함수를 구하라.

(a) $f(x) = 3\sin x - 5\cos x$

(b) $f(x) = x^2 \sin x$

(c) $f(x) = \dfrac{\sin x}{1 + \cos x}$

(d) $f(x) = \dfrac{x}{\sec x + \tan x}$

(e) $f(x) = e^x \cot x$

7.3 다음과 같은 함수 $f(x)$에 대해 주어진 점에서의 접선의 방정식을 구하라.

(a) $f(x) = 2x^3 - x^2 + 7$, $(1, 8)$

(b) $f(x) = 3e^x + x$, $(0, 3)$

(c) $f(x) = x^{\frac{5}{2}}$, $(1, 1)$

(d) $f(x) = \sin x + \cos x$, $(0, 1)$

(e) $f(x) = x + \sin x$, (π, π)

7.4 다음과 같은 함수 $f(x)$가 주어진 구간에서 롤의 정리의 가정을 만족하는지 확인하고, 롤의 정리를 만족하는 상수 c를 모두 찾으라.

(a) $f(x) = 2x^2 - 4x + 5$, $[-1, 3]$

(b) $f(x) = \sin x$, $[0, \pi]$

(c) $f(x) = x + \dfrac{1}{x}$, $\left[\dfrac{1}{2}, 2\right]$

7.5 주어진 함수 $f(x)$와 구간에 대하여 평균값 정리가 성립하는지 확인하라. 또한 평균값 정리를 만족하는 상수 c를 모두 찾으라.

(a) $f(x)=2x^2-5x+1$, $[0, 3]$

(b) $f(x)=\cos x$, $[0, 2\pi]$

(c) $f(x)=\sqrt{x}$, $[1, 9]$

7.6 다음 극한을 구할 때 로피탈 정리를 적용할 수 있는지 확인하라. 적용할 수 있다면 로피탈 정리를 이용하여 극한값을 구하고, 적용할 수 없다면 그 이유를 설명하라.

(a) $\lim\limits_{x \to 3} \dfrac{x-3}{x^2-9}$

(b) $\lim\limits_{x \to 0} \dfrac{e^x+e^{-x}-2}{e^x-x-1}$

(c) $\lim\limits_{\theta \to \pi} \dfrac{1-\cos\theta}{\sin\theta}$

(d) $\lim\limits_{t \to \infty} \dfrac{t^3}{e^{\frac{t}{10}}}$

(e) $\lim\limits_{x \to 0} \dfrac{7^x-5^x}{4^x-3^x}$

7.7 두 함수 $f(x)=e^x$과 $g(x)=e^x-1-x$에 대해 다음 물음에 답하라.

(a) 함수 $f(x)$가 실수 구간에서 증가함수임을 보여라.

(b) 함수 $f(x)$ 위의 점 $P(0, 1)$에서의 접선의 방정식을 구하라.

(c) 임의의 실수 x에 대해 $g(x) \geq 0$이 성립함을 보여라.

7.8 연쇄법칙을 이용하여 함수 $f(x)$의 도함수를 구하라.

(a) $f(x)=(x^7+3x^3-5x)^{10}$

(b) $f(x)=(5x+9)^2(x^2-x+7)^{10}$

(c) $f(x)=\sin(\cos x)$

(d) $f(x)=e^{x\sin 2x}+2^{x^3}$

(e) $f(x)=7^{\sqrt{x}}+x^2e^{2x}$

7.9 만일 함수 f의 이계도함수가 존재하고 점 $(c, f(c))$가 이 함수의 변곡점이면 $f''(c)=0$임을 증명하라.

hint $h=f'$이라고 하고 페르마 정리와 도함수 판정법을 적용한다.

7.10 다음과 같은 함수 $f(x)$가 $x=1$에서 미분가능할 때, a와 b를 각각 구하라.

$$f(x)=\begin{cases} ax^3-3x, & x\le 1 \\ bx^2+2\ , & x>1 \end{cases}$$

CHAPTER 07 프로그래밍 실습

7.1 파이썬 코드를 이용해 로피탈 정리를 함수화하여 극한값을 구하라. 만약 로피탈 정리를 적용할 수 없다면, 적용할 수 없다는 의미의 'It doesn't work'라는 문구도 프로그래밍하여 출력하라.

(a) $\displaystyle\lim_{x \to 3} \frac{x-3}{x^2-9}$

(b) $\displaystyle\lim_{x \to 0} \frac{e^x + e^{-x} - 2}{e^x - x - 1}$

(c) $\displaystyle\lim_{\theta \to \pi} \frac{1-\cos\theta}{\sin\theta}$

(d) $\displaystyle\lim_{x \to \infty} \frac{3x}{\sqrt{x^2+10}}$

파이썬 코드

```
import sympy as sym

# 로피탈 정리 함수
def LHospital_rule(func_f, func_g, val_a):
    import sympy as sym
    x = sym.Symbol('x')

    lim_f = sym.limit(func_f, x, val_a)
    lim_g = sym.limit(func_g, x, val_a)

    cond_f = (lim_f == 0) | (lim_f == sym.oo)
    cond_g = (lim_g == 0) | (lim_g == sym.oo)
    # 로피탈 정리의 조건을 만족할 경우 계산
    if cond_f & cond_g == True:
        diff_f = sym.diff(func_f,x)
        diff_g = sym.diff(func_g,x)
        LHospital_value = sym.limit(diff_f/diff_g, x, val_a)
        return LHospital_value
    # 로피탈 정리의 조건을 만족하지 않을 경우 사용할 수 없다는 문구를 결과로 출력
    else:
        output_txt = "It doesn't work"
        return output_txt

# 문제 (a)
# 함수 f(x), g(x) 정의
x = sym.Symbol('x')
f = x-3
g = x**2-9
x_val = 3
print("문제 (a)")
print("극한값 = ", LHospital_rule(f,g,x_val))
print("\n")
```

```python
# 문제 (b)
# 함수 f(x), g(x) 정의
x = sym.Symbol('x')
f = sym.exp(x)+sym.exp(-x)-2
g = sym.exp(x)-x-1
x_val = 0
print("문제 (b)")
print("극한값 = ", LHospital_rule(f,g,x_val))
print("\n")

# 문제 (c)
# 함수 f(x), g(x) 정의
x = sym.Symbol('x')
f = 1-sym.cos(x)
g = sym.sin(x)
x_val = sym.pi
print("문제 (c)")
print("극한값 = ", LHospital_rule(f,g,x_val))
print("\n")

# 문제 (d)
# 함수 f(x), g(x) 정의
x = sym.Symbol('x')
f = 3*x
g = sym.sqrt(x**2+10)
x_val = sym.oo
print("문제 (d)")
print("극한값 = ", LHospital_rule(f,g,x_val))
```

실행 결과

```
문제 (a)
극한값 =  1/6

문제 (b)
극한값 =  2

문제 (c)
극한값 =  It doesn't work

문제 (d)
극한값 =  3
```

7.2 다음과 같은 함수 $f(x)$에 대해 주어진 점에서의 접선의 방정식을 구하라. 또한 함수와 접선의 방정식의 그래프를 함께 그려보아라.

(a) $f(x) = x^3 - x^2 + x + 2$, $(-3, -37)$

(b) $f(x) = e^x \cos x + \sin x$, $(0, 1)$

파이썬 코드

```
import sympy as sym
import matplotlib.pyplot as plt
import numpy as np

# 접선의 방정식을 구하는 함수
def cal_tangent_line(func_f, x_val):
    import sympy as sym
    x = sym.Symbol('x')
    diff_func_f = func_f.diff()
    y_val = func_f.subs({x:x_val})
    x_tangent = diff_func_f.subs({x:x_val})
    tangent_line_f = x_tangent*(x - x_val) + y_val
    return tangent_line_f

# 문제 (a)
# 함수 f(x) 정의
x = sym.Symbol('x')
f = x**3-x**2+x+2
a_val = -3
tan_line_f = cal_tangent_line(f, a_val)
print("문제 (a)")
print("접선의 방정식 = ", tan_line_f)

# 문제 (a)의 그래프 그리기
x = sym.Symbol('x')
my_f_func = sym.lambdify(x, f, "numpy")
my_tan_line_f_func = sym.lambdify(x, tan_line_f, "numpy")

# 함수에 입력되는 x값의 범위
x = np.arange(-5, 5, 0.1)
tan_x = np.arange(-4.5, -1, 0.1)

# 축 레이블 넣기
plt.xlabel('x axis')
plt.ylabel('y axis')

# 그리드
plt.grid(color = "black", alpha=0.5, linestyle='--')
```

```
# 그리고자 하는 식
plt.plot(x, my_f_func(x), label='$x^3-x^2+x+2$')
plt.plot(tan_x, my_tan_line_f_func(tan_x), label='$34x+65$')

# 범례
plt.legend()
plt.show()

# 문제 (b)
# 함수 f(x) 정의
x = sym.Symbol('x')
f = sym.exp(x)*sym.cos(x)+sym.sin(x)
a_val = 0
tan_line_f = cal_tangent_line(f, a_val)
print("문제 (b)")
print("접선의 방정식 = ", tan_line_f)

# 문제 (b)의 그래프 그리기
x = sym.Symbol('x')
my_f_func = sym.lambdify(x, f, "numpy")
my_tan_line_f_func = sym.lambdify(x, tan_line_f, "numpy")

# 함수에 입력되는 x값의 범위
x = np.arange(-2, 2, 0.1)
tan_x = np.arange(-1, 1, 0.1)

# 축 레이블 넣기
plt.xlabel('x axis')
plt.ylabel('y axis')

# 그리드
plt.grid(color = "black", alpha=0.5, linestyle='--')

# 그리고자 하는 식
plt.plot(x, my_f_func(x), label='$e^x cos x+sin x$')
plt.plot(tan_x, my_tan_line_f_func(tan_x), label='$2x+1$')

# 범례
plt.legend()
plt.show()
```

실행 결과 [1]

```
문제 (a)
접선의 방정식 =  34*x + 65
```

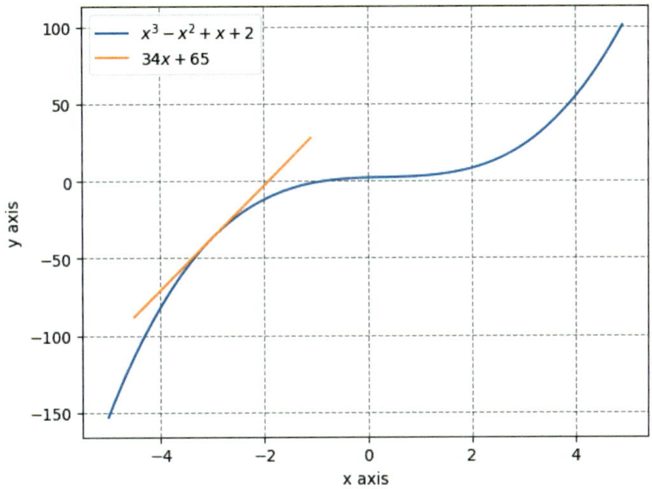


```
문제 (b)
접선의 방정식 =  2*x + 1
```

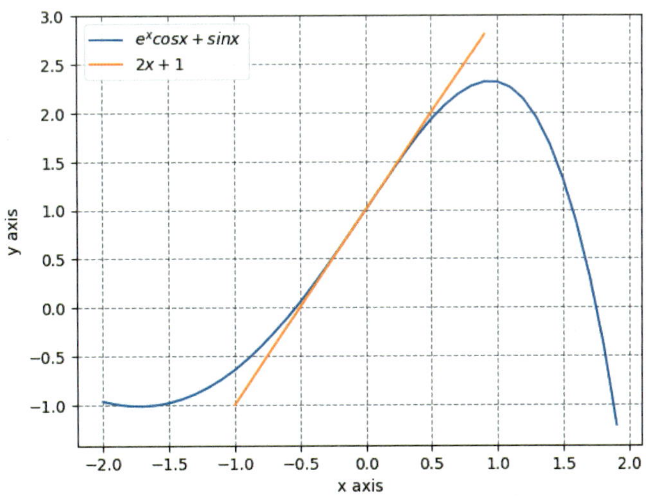

1 파이썬 코드를 실행했을 때 파이썬 환경에 따라 문제 (a)의 결과만 출력될 수도 있다. 이러한 경우 문제 (a)에 대한 코드를 지우고 실행하면 문제 (b)의 결과를 얻을 수 있다.

CHAPTER

08

적분

• Contents

적분은 면적을 일반화한 개념이다. 또한 적분은 미분의 반대 개념이기도 하므로, 적분을 이해하기 위해서는 미분 개념을 잘 알아야 한다. 적분에는 정적분과 부정적분이 있는데, 정적분이 면적에 해당하는 개념이고 부정적분이 역도함수에 해당하는 개념이다. 그리고 정적분과 부정적분 사이의 관계를 표현한 공식이 바로 미적분학의 기본정리이다. 비록 적분이 데이터 분석에서 미분만큼 자주 등장하는 개념은 아니지만, 연속함수의 확률이 적분으로 표현되기도 하고 강화학습 알고리즘에서도 적분 형태의 식이 등장하므로 적분 개념을 잘 알아두어야 한다.

학습목표

1. 부정적분의 정의를 이해한다.
2. 부정적분을 구하는 방법인 치환적분과 부분적분을 이해한다.
3. 정적분의 정의를 이해하고, 미적분학의 기본정리를 학습한다.
4. 적분을 이용하여 면적, 곡선의 선분 길이, 회전체의 표면적을 구한다.
5. 적분에 관한 파이썬 코드를 학습한다.

8.1 부정적분

보통 적분을 미분보다 더 어렵다고 생각한다. 혹은 적분을 단순히 미분의 반대 개념으로만 이해하기도 한다. 이러한 생각들은 모두 일종의 편견이다. 적분 개념은 면적(area)에서 시작되었다고 볼 수 있다. 면적은 초등학교 때부터 배우는 개념이므로, 이를 통해 적분을 설명하는 것은 그리 어렵지 않다. 함수 $y=f(x)$가 구간 $[a, b]$에서 정의되고 이 구간 위에서 함숫값 $f(x)$가 양수일 때, 구간 $[a, b]$와 함수 $y=f(x)$의 그래프 사이의 면적을 적분이라고 한다. 예를 들어, $y=x$라고 할 때 구간 $[0, 1]$과 직선 $y=x$의 그래프가 이루는 도형은 직각삼각형이다. 이 직각삼각형의 면적은 $\frac{1}{2}$이다. 실제로 $[0, 1]$ 위에서 $y=x$의 적분을 구하면 $\frac{1}{2}$이다. 한편, $[0, 1]$ 위에서 $y=x$의 평균은 1이고 미분값도 1이다. 그렇다면 적분값 $\frac{1}{2}$과 미분값 1을 동시에 설명하는 식이 있을까? 그렇다. 그 식이 바로 '미적분학의 기본정리'이다. 위에서 살펴본 예를 미적분학의 기본정리로 나타내면 $\int_0^1 x\,dx = \frac{1}{2}x^2 \Big|_0^1 = \frac{1}{2}$이다. 이 절에서는 미적분학의 기본정리에 등장하는 부정적분에 대해 알아본다.

정의 8-1 **부정적분**

함수 $y=f(x)$에 대하여 $F'(x)=f(x)$를 만족하는 함수 $F(x)$를 함수 $f(x)$의 **역도함수**(antiderivative)라 하고 다음과 같이 나타낸다.

$$\int f(x)\,dx = F(x)+C \quad (\text{단, } C\text{는 적분상수})$$

이때 $\int f(x)\,dx$를 함수 $f(x)$의 **부정적분**(indefinite integral)이라고 한다.

이제 다양한 연산에 대해 부정적분이 만족하는 성질을 몇 가지 알아보자.

정리 8-1 **부정적분의 성질**

두 함수 $f(x)$, $g(x)$에 대해 다음이 성립한다.

(1) $\displaystyle\int (f(x)+g(x))\,dx = \int f(x)\,dx + \int g(x)\,dx$

(2) $\displaystyle\int (f(x)-g(x))\,dx = \int f(x)\,dx - \int g(x)\,dx$

(3) $\displaystyle\int cf(x)\,dx = c\int f(x)\,dx$ (단, c는 상수)

증명

(1) $F(x)=\displaystyle\int (f(x)+g(x))\,dx$이고 $G(x)=\displaystyle\int f(x)\,dx+\int g(x)\,dx$라고 하자. $F(x)$와 $G(x)$를 미분하면 각각 다음과 같다.

$$F'(x)=f(x)+g(x)$$

$$\begin{aligned} G'(x) &= \left(\int f(x)\,dx + \int g(x)\,dx\right)' \\ &= \left(\int f(x)\,dx\right)' + \left(\int g(x)\,dx\right)' \\ &= f(x)+g(x) \end{aligned}$$

$F'(x)$와 $G'(x)$의 부정적분을 구하면 각각 적분상수 C가 생긴다. 그러나 적분상수는 무시해도 되므로 $F(x)=G(x)$, 즉 $\displaystyle\int (f(x)+g(x))\,dx=\int f(x)\,dx+\int g(x)\,dx$가 성립한다.

(2) (1)의 증명에서 $+$를 $-$로 바꾸면 증명할 수 있다.

(3) $F(x)=\displaystyle\int cf(x)\,dx$이고 $G(x)=c\displaystyle\int f(x)\,dx$라고 하면 $F'(x)=cf(x)$이고, 미분의 성질에 의해 $G'(x)=\left(c\displaystyle\int f(x)\,dx\right)'=c\left(\displaystyle\int f(x)\,dx\right)'=cf(x)$이다. 따라서 $\displaystyle\int cf(x)\,dx=c\int f(x)\,dx$가 성립한다. ■

다음으로 적분 계산에서 유용하게 사용되는 다양한 부정적분 공식을 알아보자.

정리 8-2 **부정적분 공식**

부정적분과 관련하여 다음 공식이 성립한다. 각 공식에서 C는 적분상수를 의미한다.

(1) $\displaystyle\int \alpha\,dx = \alpha x + C$ (단, α는 상수)

(2) $\displaystyle\int x^k\,dx = \frac{x^{k+1}}{k+1} + C$ (단, $k \neq -1$)

(3) $\int \frac{1}{x}\,dx = \ln|x| + C$

(4) $\int e^x\,dx = e^x + C$

(5) $\int a^x\,dx = \frac{a^x}{\ln a} + C$ (단, a는 상수)

(6) $\int \cos x\,dx = \sin x + C, \quad \int \sin x\,dx = -\cos x + C$

(7) $\int \sec^2 x\,dx = \tan x + C, \quad \int \csc^2 x\,dx = -\cot x + C$

(8) $\int \sec x \tan x\,dx = \sec x + C, \quad \int \csc x \cot x\,dx = -\csc x + C$

(9) $\int \frac{1}{\sqrt{1-x^2}}\,dx = \sin^{-1} x + C, \quad \int \frac{1}{x^2+1}\,dx = \tan^{-1} x + C$

미분의 성질을 이용하면 [정리 8-2]의 부정적분 공식을 증명할 수 있다. 증명할 때는 우변의 식을 미분한 결과가 좌변의 적분기호 $\int$ 안의 함수와 같음을 보이면 된다. 다음 예제에서 몇 가지 부정적분 공식을 직접 증명해보자.

예제 8-1 **부정적분 공식 증명**

다음 식을 증명하라.

(a) $\int \sin(2x)\,dx = -\frac{1}{2}\cos(2x) + C$

(b) $\int \sec x \tan x\,dx = \sec x + C$

풀이

(a) $\left(-\frac{1}{2}\cos(2x)\right)' = -\frac{1}{2}\sin(2x)\cdot 2 = \sin(2x)$이므로 다음이 성립한다.

$$\int \sin(2x)\,dx = -\frac{1}{2}\cos(2x) + C$$

(b) $(\sec x)' = \left(\frac{1}{\cos x}\right)' = \frac{-(-\sin x)}{\cos^2 x} = \frac{1}{\cos x}\frac{\sin x}{\cos x} = \sec x \tan x$이므로 다음이 성립한다.

$$\int \sec x \tan x\,dx = \sec x + C$$

파이썬 코드

```
import sympy as sym

# 문제 (a)
# sym.sin() : 사인 함수
# sym.integrate(f,x) : f를 x로 적분
x = sym.Symbol('x')
f = sym.sin(2*x)
int_f = sym.integrate(f,x)
print("(a) 역도함수 F(x) = ", int_f)

# 문제 (b)
x = sym.Symbol('x')
f = sym.sec(x)*sym.tan(x)
int_f = sym.integrate(f,x)
print("(b) 역도함수 F(x) = ", int_f)
```

실행 결과

```
(a) 역도함수 F(x) =  -cos(2*x)/2
(b) 역도함수 F(x) =  1/cos(x)
```

부정적분 공식을 활용하여 다양한 함수의 부정적분을 구해보자.

예제 8-2 **부정적분**

다음 부정적분을 구하라.

(a) $\int (x^3 + x^{-1})\,dx$ (b) $\int \left(\sqrt[4]{x^3} + e^{2x}\right)dx$ (c) $\int (t+1)(t+2)\,dt$

(d) $\int \frac{1}{4x^2+1}\,dx$ (e) $\int \sec x\,(\tan x + \sec x)\,dx$

풀이

(a) $\int (x^3 + x^{-1})\,dx = \int x^3\,dx + \int x^{-1}\,dx = \frac{1}{4}x^4 + \ln|x| + C$

(b) $$\int \left(\sqrt[4]{x^3} + e^{2x}\right)dx = \int x^{3/4}\,dx + \int e^{2x}\,dx$$
$$= \frac{1}{1+3/4}x^{7/4} + \frac{1}{2}e^{2x} + C = \frac{4}{7}x^{7/4} + \frac{1}{2}e^{2x} + C$$

(c) $$\int (t+1)(t+2)\,dt = \int (t^2 + 3t + 2)\,dt$$
$$= \int t^2\,dt + \int 3t\,dt + \int 2\,dt = \frac{1}{3}t^3 + \frac{3}{2}t^2 + 2t + C$$

(d) $\int \frac{1}{4x^2+1}dx = \int \frac{1}{(2x)^2+1}dx = \frac{1}{2}\tan^{-1}(2x)+C$

(e) $\int \sec x(\tan x + \sec x)dx = \int \sec x \tan x \, dx + \int \sec^2 x \, dx = \sec x + \tan x + C$

파이썬 코드

```
import sympy as sym

# 문제 (a)
x = sym.Symbol('x')
f = x**3 + x**(-1)
int_f = sym.integrate(f,x)
print("(a) 역도함수 F(x) = ", int_f)

# 문제 (b)
# sym.exp(x) : 지수함수 e^x
x = sym.Symbol('x')
f = x**(3/4)+sym.exp(2*x)
int_f = sym.integrate(f,x)
print("(b) 역도함수 F(x) = ", int_f)

# 문제 (c)
t = sym.Symbol('t')
f = (t+1)*(t+2)
int_f = sym.integrate(f,t)
print("(c) 역도함수 F(t) = ", int_f)

# 문제 (d)
x = sym.Symbol('x')
f = 1/(4*x**2+1)
int_f = sym.integrate(f,x)
print("(d) 역도함수 F(x) = ", int_f)

# 문제 (e)
# sym.tan() : 탄젠트 함수
# sym.sec() : 시컨트 함수
x = sym.Symbol('x')
f = sym.sec(x)*(sym.tan(x)+sym.sec(x))
int_f = sym.integrate(f,x)
print("(e) 역도함수 F(x) = ", int_f)
```

실행 결과

```
(a) 역도함수 F(x) =  x**4/4 + log(x)
(b) 역도함수 F(x) =  0.571428571428571*x**1.75 + exp(2*x)/2
(c) 역도함수 F(t) =  t**3/3 + 3*t**2/2 + 2*t
(d) 역도함수 F(x) =  atan(2*x)/2
(e) 역도함수 F(x) =  tan(x) + sec(x)
```

8.2 치환적분과 부분적분

다양한 함수의 부정적분을 구하는 대표적인 방법인 치환적분과 부분적분을 소개한다. 치환적분은 미분에서의 연쇄법칙을 이용한 방법이고, 부분적분은 두 함수의 곱의 미분에서 영감을 얻은 방법이다. 먼저 치환적분(integration by substitution)에 대해 알아보자.

정리 8-3 치환적분

함수 $f(x)$가 구간 I에서 연속이고 함수 $u=g(x)$의 공역이 I이며 미분가능하다고 할 때 다음이 성립한다.

$$\int f(g(x))g'(x)\,dx = \int f(u)\,du$$

증명

치환적분은 연쇄법칙을 이용하여 얻을 수 있다. 함수 f의 역도함수를 F라고 하면 $F'=f$이다. 이때 함수 F와 g의 합성함수 $F\circ g$의 미분은 연쇄법칙에 의해 다음과 같다.

$$\frac{d}{dx}F(g(x)) = F'(g(x))\,g'(x)$$

위 식의 양변에 $\int$을 취하면 다음과 같다.

$$\int \frac{d}{dx}F(g(x))\,dx = \int F'(g(x))\,g'(x)\,dx \;\Leftrightarrow\; F(g(x))+C = \int F'(g(x))\,g'(x)\,dx$$

이때 $u=g(x)$라고 하면 다음과 같이 나타낼 수 있다.

$$F(g(x))+C = F(u)+C = \int F'(u)\,du$$

따라서 다음이 성립한다.

$$\int F'(g(x))\,g'(x)\,dx = \int F'(u)\,du$$

위 식에 $F'=f$를 대입하면 다음과 같다.

$$\int f(g(x))\,g'(x)\,dx = \int f(u)\,du$$ ■

참고로 $u=g(x)$라고 하면 $\dfrac{du}{dx}=g'(x)$이며, 이 식을 $du=g'(x)dx$로 나타내면 위 증명에서 사용한 공식이 쉽게 이해될 것이다. 다음 예제를 통해 치환적분을 직접 계산해보자.

예제 8-3 치환적분

다음 부정적분을 구하라.

(a) $\displaystyle\int \left(e^{2024x+4}\right) dx$ (b) $\displaystyle\int (x^3+2)^5 x^2\, dx$ (c) $\displaystyle\int \sin(t^2+1)2t\, dt$

(d) $\displaystyle\int \sin^5 x \cos x\, dx$ (e) $\displaystyle\int \frac{(\ln 100x)^{100}}{x} dx$ (f) $\displaystyle\int \tan(x+1)\, dx$

풀이

(a) $u=2024x+4$라고 하면 $du=2024dx$, 즉 $\dfrac{1}{2024}du=dx$이므로 다음과 같다.

$$\begin{aligned}\int \left(e^{2024x+4}\right) dx &= \int e^u dx = \int e^u \frac{1}{2024} du \\ &= \frac{1}{2024}\int e^u du = \frac{1}{2024}e^u + C = \frac{1}{2024}e^{2024x+4} + C\end{aligned}$$

(b) $u=x^3+2$라고 하면 $du=3x^2dx$, 즉 $x^2dx=\dfrac{1}{3}du$이므로 다음과 같다.

$$\begin{aligned}\int (x^3+2)^5 x^2\, dx &= \int u^5 \frac{1}{3} du = \frac{1}{3}\int u^5 du \\ &= \frac{1}{3}\frac{1}{6}u^6 + C = \frac{1}{18}(x^3+2)^6 + C\end{aligned}$$

(c) $u=t^2+1$이라고 하면 $2t\,dt=du$이므로 다음과 같다.

$$\int \sin(t^2+1)2t\, dt = \int \sin u\, du = -\cos u + C = -\cos(t^2+1) + C$$

(d) $u=\sin x$라고 하면 $du=\cos x\, dx$이므로 다음과 같다.

$$\int \sin^5 x \cos x\, dx = \int u^5 du = \frac{1}{6}u^6 + C = \frac{1}{6}\sin^6 x + C$$

(e) $u = \ln 100x$라고 하면 $du = \dfrac{100}{100x}dx = \dfrac{1}{x}dx$이므로 다음과 같다.

$$\int \frac{(\ln 100x)^{100}}{x}dx = \int u^{100}du = \frac{1}{101}u^{101} + C = \frac{1}{101}(\ln 100x)^{101} + C$$

(f) $\tan(x+1) = \dfrac{\sin(x+1)}{\cos(x+1)}$이므로, $u = \cos(x+1)$이라고 하면 $du = -\sin(x+1)dx$이다.

따라서 다음과 같다.

$$\begin{aligned}\int \tan(x+1)dx &= \int \frac{\sin(x+1)}{\cos(x+1)}dx \\ &= -\int \frac{1}{u}du = -\ln|u| + C \\ &= -\ln|\cos(x+1)| + C = \ln|\sec(x+1)| + C\end{aligned}$$

파이썬 코드

```
import sympy as sym

# 문제 (a)
x = sym.Symbol('x')
f = sym.exp(2024*x+4)
int_f = sym.integrate(f,x)
print("(a) 역도함수 F(x) = ", int_f)

# 문제 (b)
x = sym.Symbol('x')
f = (x**3+2)**5*(x**2)
int_f = sym.integrate(f,x)
print("(b) 역도함수 F(x) = ", int_f)

# 문제 (c)
t = sym.Symbol('t')
f = sym.sin(t**2+1)*2*t
int_f = sym.integrate(f,t)
print("(c) 역도함수 F(t) = ", int_f)

# 문제 (d)
x = sym.Symbol('x')
f = sym.sin(x)**5*sym.cos(x)
int_f = sym.integrate(f,x)
print("(d) 역도함수 F(x) = ", int_f)

# 문제 (e)
# sym.log() : 자연로그함수
x = sym.Symbol('x')
f = (sym.log(100*x)**100)/x
int_f = sym.integrate(f,x)
print("(e) 역도함수 F(x) = ", int_f)
```

```python
# 문제 (f)
x = sym.Symbol('x')
f = sym.tan(x+1)
int_f = sym.integrate(f,x)
print("(f) 역도함수 F(x) = ", int_f)
```

실행 결과

```
(a) 역도함수 F(x) =  exp(2024*x + 4)/2024
(b) 역도함수 F(x) =  x**18/18 + 2*x**15/3 + 10*x**12/3 + 80*x**9/9 + 40*x**6/3 + 32*x**3/3
(c) 역도함수 F(t) =  -cos(t**2 + 1)
(d) 역도함수 F(x) =  sin(x)**6/6
(e) 역도함수 F(x) =  log(100*x)**101/101
(f) 역도함수 F(x) =  log(tan(x + 1)**2 + 1)/2
```

이번에는 치환적분을 이용할 수 없을 때, 효과적으로 적용할 수 있는 방법인 부분적분(integration by parts)에 대해 알아보자.

정리 8-4 부분적분

두 함수 $f(x)$와 $g(x)$가 미분가능할 때 다음이 성립한다.

$$\int f(x)g'(x)\,dx = f(x)g(x) - \int f'(x)g(x)\,dx$$

만일 $u = f(x)$, $v = g(x)$라고 하면 위 식은 다음과 같이 간단히 나타낼 수 있다.

$$\int u\,dv = uv - \int v\,du$$

증명

두 함수의 곱의 미분 법칙에 따라 다음이 성립한다.

$$[f(x)g(x)]' = f'(x)g(x) + f(x)g'(x)$$

위 식은 다음과 같이 나타낼 수 있다.

$$f(x)g'(x) = [f(x)g(x)]' - f'(x)g(x)$$

위식의 양변에 $\int$ 을 취하면 다음과 같이 구하고자 하는 식을 얻는다.

$$\begin{aligned}\int f(x)g'(x)\,dx &= \int [f(x)g(x)]'\,dx - \int f'(x)g(x)\,dx \\ &= f(x)g(x) - \int f'(x)g(x)\,dx\end{aligned}$$

또한 $u = f(x)$, $v = g(x)$라고 하면 $du = f'(x)\,dx$, $dv = g'(x)\,dx$이므로 다음이 성립한다.

$$\int f(x)g'(x)\,dx = \int u\,dv, \quad \int f'(x)g(x)\,dx = \int v\,du$$

따라서 다음 식을 얻는다.

$$\int u\,dv = uv - \int v\,du$$ ■

부분적분을 잘 적용하려면 함수 f는 미분했을 때 간단한 식이 나오는 함수여야 하고, 함수 g는 적분했을 때 간단한 식이 나오는 함수여야 한다. 예를 들어 $\int xe^x\,dx$를 적분해보자. e^x은 미분을 하든 적분을 하든 자기 자신이 되므로 함수 f와 g로 모두 사용될 수 있다. 그러나 x는 미분하면 1이고, 적분하면 $\frac{1}{2}x^2$으로 더 복잡한 식이 된다. 따라서 $f(x)=x$, $g(x)=\int e^x\,dx=e^x$으로 잡는다. $\int xe^x\,dx = \int x(e^x)'\,dx$이므로 다음을 얻는다.

$$\int xe^x\,dx = \int x(e^x)'\,dx = xe^x - \int 1\cdot e^x\,dx = xe^x - e^x + C$$

다음 예제를 통해 다양한 형태의 함수에 대한 부분적분을 연습해보자.

예제 8-4 부분적분

다음 부정적분을 구하라.

(a) $\int \ln x\,dx$ (b) $\int x^2\sin x\,dx$ (c) $\int xe^{2x}\,dx$

(d) $\int \sin x\cos x\,dx$ (e) $\int \frac{\ln x}{x^3}\,dx$ (f) $\int (\ln 2x)^2\,dx$

풀이

(a) $\ln x = 1\cdot\ln x$이고 $\ln x$를 미분하면 $\frac{1}{x}$이다. 따라서 $f(x)=\ln x$, $g(x)=\int 1\,dx = x$로 잡으면 다음과 같다.

$$\begin{aligned}\int \ln x\,dx = \int (\ln x)(x)'\,dx &= (\ln x)x - \int (\ln x)'x\,dx + C\\ &= (\ln x)x - \int \frac{1}{x}x\,dx + C\\ &= (\ln x)x - \int 1\,dx + C\\ &= (\ln x)x - x + C\end{aligned}$$

(b) 먼저 주어진 부정적분을 계산하면 다음을 얻는다.

$$\begin{aligned}\int x^2 \sin x\, dx &= \int x^2(-\cos x)'\, dx \\ &= -x^2\cos x - \int 2x(-\cos x)\, dx \\ &= -x^2\cos x + \int 2x\cos x\, dx\end{aligned}$$

위 식에서 $\int 2x\cos x\, dx$를 계산하면 다음과 같다.

$$\begin{aligned}\int 2x\cos x\, dx &= 2\int x\cos x\, dx \\ &= 2\int x(\sin x)'\, dx \\ &= 2x\sin x - 2\int \sin x\, dx \\ &= 2x\sin x + 2\cos x + C\end{aligned}$$

따라서 주어진 부정적분은 다음과 같다.

$$\begin{aligned}\int x^2\sin x\, dx &= -x^2\cos x + \int 2x\cos x\, dx \\ &= -x^2\cos x + 2x\sin x + 2\cos x + C\end{aligned}$$

(c) $\int x e^{2x}\, dx = \int x\left(\frac{1}{2}e^{2x}\right)' dx$

$$= \frac{1}{2}xe^{2x} - \frac{1}{2}\int e^{2x}\, dx = \frac{1}{2}xe^{2x} - \frac{1}{4}e^{2x} + C$$

(d) 먼저 주어진 부정적분을 계산하면 다음을 얻는다.

$$\begin{aligned}\int \sin x\cos x\, dx &= \int \sin x(\sin x)'\, dx \\ &= \sin x\sin x - \int \cos x\sin x\, dx\end{aligned}$$

위 식을 계산하면 $\int \sin x\cos x\, dx = \frac{1}{2}\sin^2 x + C$임을 알 수 있다. 또 다른 방법으로 치환적분을 이용할 수도 있다. $u = \sin x$라고 하면 $du = \cos x\, dx$이므로 다음이 성립한다.

$$\int \sin x\cos x\, dx = \int u\, du = \frac{1}{2}u^2 + C = \frac{1}{2}\sin^2 x + C$$

(e) $\displaystyle\int \frac{\ln x}{x^3}\,dx = \int (\ln x)\left(-\frac{1}{2}x^{-2}\right)' dx$

$$\begin{aligned}
&= (\ln x)\left(-\frac{1}{2}x^{-2}\right) + \frac{1}{2}\int \frac{1}{x}\,x^{-2}\,dx \\
&= (\ln x)\left(-\frac{1}{2}x^{-2}\right) + \frac{1}{2}\int x^{-3}\,dx \\
&= (\ln x)\left(-\frac{1}{2}x^{-2}\right) + \frac{1}{2}\left(-\frac{1}{2}x^{-2}\right) + C \\
&= -\frac{1}{2}(\ln x)\,x^{-2} - \frac{1}{4}x^{-2} + C
\end{aligned}$$

(f) 먼저 주어진 부정적분을 계산하면 다음을 얻는다.

$$\begin{aligned}
\int (\ln 2x)^2\,dx &= \int (\ln 2x)^2\,(x)'\,dx \\
&= (\ln 2x)^2 x - \int 2\,(\ln 2x)\frac{1}{x}\,x\,dx \\
&= (\ln 2x)^2 x - 2\int \ln 2x\,dx
\end{aligned}$$

같은 방법으로 $\int \ln 2x\,dx$를 구하면 다음과 같다.

$$\begin{aligned}
\int \ln 2x\,dx &= \int (\ln 2x)\,x'\,dx \\
&= (\ln 2x)\,x - \int \frac{1}{x}\,x\,dx \\
&= x\ln 2x - x + C
\end{aligned}$$

따라서 주어진 부정적분은 다음과 같다.

$$\begin{aligned}
\int (\ln 2x)^2\,dx &= x(\ln 2x)^2 - 2(x\ln 2x - x) + C \\
&= x(\ln 2x)^2 - 2x\ln 2x + 2x + C
\end{aligned}$$

파이썬 코드

```
import sympy as sym

# 문제 (a)
x = sym.Symbol('x')
f = sym.log(x)
int_f = sym.integrate(f,x)
print("(a) 역도함수 F(x) = ", int_f)
```

```python
# 문제 (b)
x = sym.Symbol('x')
f = (x**2)*sym.sin(x)
int_f = sym.integrate(f,x)
print("(b) 역도함수 F(x) = ", int_f)

# 문제 (c)
x = sym.Symbol('x')
f = x*sym.exp(2*x)
int_f = sym.integrate(f,x)
print("(c) 역도함수 F(t) = ", int_f)

# 문제 (d)
x = sym.Symbol('x')
f = sym.sin(x)*sym.cos(x)
int_f = sym.integrate(f,x)
print("(d) 역도함수 F(x) = ", int_f)

# 문제 (e)
x = sym.Symbol('x')
f = (sym.log(x))/(x**3)
int_f = sym.integrate(f,x)
print("(e) 역도함수 F(x) = ", int_f)

# 문제 (f)
x = sym.Symbol('x')
f = sym.log(2*x)**2
int_f = sym.integrate(f,x)
print("(f) 역도함수 F(x) = ", int_f)
```

실행 결과

```
(a) 역도함수 F(x) =  x*log(x) - x
(b) 역도함수 F(x) =  -x**2*cos(x) + 2*x*sin(x) + 2*cos(x)
(c) 역도함수 F(t) =  (2*x - 1)*exp(2*x)/4
(d) 역도함수 F(x) =  sin(x)**2/2
(e) 역도함수 F(x) =  -log(x)/(2*x**2) - 1/(4*x**2)
(f) 역도함수 F(x) =  x*log(2*x)**2 - 2*x*log(2*x) + 2*x
```

예제 8-5 치환적분과 부분적분의 혼합계산

다음 부정적분을 구하라.

(a) $\int \sin\sqrt{x+1}\,dx$ (b) $\int x^5\sqrt{x^2+1}\,dx$ (c) $\int e^{\sqrt{x}}\,dx$

풀이

(a) $u=\sqrt{x+1}$ 로 치환하면 $du=\dfrac{1}{2\sqrt{x+1}}dx$ 이므로 $dx=2u\,du$ 이다. 따라서 주어진 적분은 다음을 푸는 것과 같다.

$$\int \sin\sqrt{x+1}\,dx=\int 2u\sin u\,du=2\int u\sin u\,du$$

이제 $\int u\sin u\,du$에 부분적분을 적용하면 다음과 같다.

$$\begin{aligned}\int u\sin u\,du &= \int u(-\cos u)'\,du \\ &= -u\cos u+\int \cos u\,du \\ &= -u\cos u+\sin u+C\end{aligned}$$

따라서 구하고자 하는 적분은 다음과 같다.

$$\begin{aligned}\int \sin\sqrt{x+1}\,dx &= 2\int u\sin u\,du \\ &= 2(-u\cos u+\sin u)+C \\ &= 2(-\sqrt{x+1}\cos\sqrt{x+1}+\sin\sqrt{x+1})+C\end{aligned}$$

(b) $u=x^2+1$로 치환하면 $du=2x\,dx$이므로 $x\,dx=\frac{1}{2}du$이다. 그러므로 $x^5\,dx$는 다음과 같이 나타낼 수 있다.

$$x^5\,dx=x^4x\,dx=(x^2)^2x\,dx=(u-1)^2\frac{1}{2}du=\frac{1}{2}(u^2-2u+1)\,du$$

따라서 구하고자 하는 적분은 다음과 같다.

$$\begin{aligned}\int x^5\sqrt{x^2+1}\,dx &= \int\frac{1}{2}(u^2-2u+1)\sqrt{u}\,du \\ &= \frac{1}{2}\int\left(u^{5/2}-2u^{3/2}+u^{1/2}\right)du \\ &= \frac{1}{2}\left(\frac{2}{7}u^{7/2}-\frac{4}{5}u^{5/2}+\frac{2}{3}u^{3/2}+C\right) \\ &= \frac{1}{7}(x^2+1)^{7/2}-\frac{2}{5}(x^2+1)^{5/2}+\frac{1}{3}(x^2+1)^{3/2}+C\end{aligned}$$

(c) $u=\sqrt{x}$로 치환하면 $du=\frac{1}{2\sqrt{x}}dx=\frac{1}{2u}dx$이므로 $dx=2u\,du$이다. 따라서 구하고자 하는 적분은 다음과 같다.

$$\begin{aligned}\int e^{\sqrt{x}}\,dx &= \int 2u\,e^u\,du=\int 2u\,(e^u)'\,du \\ &= 2ue^u-\int 2e^u\,du \\ &= 2ue^u-2e^u+C \\ &= 2\sqrt{x}\,e^{\sqrt{x}}-2e^{\sqrt{x}}+C\end{aligned}$$

파이썬 코드

```
import sympy as sym

# 문제 (a)
# sym.sqrt() : 제곱근함수
x = sym.Symbol('x')
f = sym.sin(sym.sqrt(x+1))
int_f = sym.integrate(f,x)
print("(a) 역도함수 F(x) = ", int_f)

# 문제 (b)
x = sym.Symbol('x')
f = (x**5)*sym.sqrt(x**2+1)
int_f = sym.integrate(f,x)
print("(b) 역도함수 F(x) = ", int_f)

# 문제 (c)
x = sym.Symbol('x')
f = sym.exp(sym.sqrt(x))
int_f = sym.integrate(f,x)
print("(c) 역도함수 F(t) = ", int_f)
```

실행 결과

```
(a) 역도함수 F(x) =  -2*sqrt(x + 1)*cos(sqrt(x + 1)) + 2*sin(sqrt(x + 1))
(b) 역도함수 F(x) =  x**6*sqrt(x**2 + 1)/7 + x**4*sqrt(x**2 + 1)/35 - 4*x**2*sqrt(x**2 + 1)/105 +
    8*sqrt(x**2 + 1)/105
(c) 역도함수 F(t) =  2*sqrt(x)*exp(sqrt(x)) - 2*exp(sqrt(x))
```

8.3 정적분

함수 f의 정적분은 면적을 일반화한 개념이다. 차이가 있다면 면적은 음수가 될 수 없으나 정적분은 음수가 될 수 있다. 면적의 높이에 해당하는 값이 함숫값 $f(x)$인데, $f(x)$가 일정한 구간에서 음수이면 그 구간에서의 정적분은 음수이다. 일반적으로 구간 $[a, b]$에서 양의 면적과 음의 면적이 모두 있으면 이 값들을 모두 합한 것을 정적분이라고 한다. 정적분의 형식적인 정의는 다음과 같다.

정의 8-2　정적분

함수 $f(x)$가 구간 $[a, b]$에서 정의된다고 하자. 임의의 자연수 n에 대하여 구간 $[a, b]$를 n등분하고, 각 구간의 길이를 $\Delta x = \dfrac{b-a}{n}$라고 하자. 또한 $1 \le i \le n$에 대하여 $x_i{}^*$를 각 구간에 있는 표본점이라고 하자. 그러면 a부터 b까지의 함수 $f(x)$의 **정적분**(definite integral) $\int_a^b f(x)\,dx$는 다음과 같이 정의한다.

$$\int_a^b f(x)\,dx = \lim_{n\to\infty} \sum_{i=1}^{n} f(x_i{}^*)\Delta x \quad \text{(단, 우변의 극한값이 존재한다고 가정)}$$

위와 같은 정적분이 존재할 때, 함수 $f(x)$는 구간 $[a, b]$에서 **적분가능**(integrable)하다고 한다.

함수 $f(x)$가 구간 $[a, b]$에서 적분가능하면 표본점 $x_i{}^*$를 보통 $x_i{}^* = a + i\,\Delta x$로 선택한다. 또한 함수 $f(x)$가 구간 $[a, b]$에서 0 또는 양수이면, $\int_a^b f(x)\,dx$는 구간 $[a, b]$에서 정의된 함수 $y = f(x)$의 그래프의 아래 부분의 면적을 의미한다.

이제부터 살펴볼 정적분의 성질은 이미 잘 알려진 내용이므로 증명은 생략한다. 직관적으로는 두 함수 $f(x)$와 $g(x)$가 주어진 구간에서 0 또는 양수일 때, $\int_a^b f(x)\,dx \ge 0$과 $\int_a^b g(x)\,dx \ge 0$임을 이용하여 증명하면 된다.

정리 8-5 정적분의 성질 1

두 함수 $f(x)$와 $g(x)$가 구간 $[a, b]$에서 정의된다고 할 때 다음이 성립한다.

(1) $\int_a^b k\,dx = k(b-a)$ (단, k는 상수)

(2) $\int_a^b (f(x) \pm g(x))\,dx = \int_a^b f(x)\,dx \pm \int_a^b g(x)\,dx$ (단, +와 −의 순서는 동일)

(3) $\int_a^b kf(x)\,dx = k\int_a^b f(x)\,dx$ (단, k는 상수)

(4) $\int_a^c f(x)\,dx + \int_c^b f(x)\,dx = \int_a^b f(x)\,dx$ (단, $a < c < b$)

예제 8-6 정적분의 의미와 성질 1

다음 정적분을 구하라.

(a) $\int_0^3 x\,dx$

(b) $\int_0^2 \sqrt{4-x^2}\,dx$

(c) $\int_{-1}^1 100\,dx$

(d) $\int_{-1}^1 x^{11}\,dx$

풀이

(a) 정적분의 정의에 따라 $\int_0^3 x\,dx$는 구간 $[0, 3]$에서 정의된 함수 $y = x$의 그래프 아래 부분의 면적을 의미한다. 즉 이 값은 밑변의 길이가 3이고 높이가 3인 직각삼각형의 면적이므로 다음과 같다.

$$\int_0^3 x\,dx = \frac{1}{2} \cdot 3 \cdot 3 = \frac{9}{2}$$

(b) $\int_0^2 \sqrt{4-x^2}\,dx$는 구간 $[0, 2]$에서 정의된 함수 $y = \sqrt{4-x^2}$의 그래프 아래 부분의 면적을 의미한다. $y^2 = 4 - x^2$, 즉 $x^2 + y^2 = 4$이므로 원점을 중심으로 반지름의 길이가 2인 원에서 제1사분면에 있는 부분의 면적을 구하면 된다. 따라서 다음과 같다.

$$\int_0^2 \sqrt{4-x^2}\,dx = \pi \cdot 4 \cdot \frac{1}{4} = \pi$$

(c) 정적분의 성질에 의해 $\int_{-1}^1 100\,dx = 100(1-(-1)) = 200$이다.

(d) 정적분의 성질에 의해 $\int_{-1}^{1} x^{11}\,dx = \int_{-1}^{0} x^{11}\,dx + \int_{0}^{1} x^{11}\,dx$이다. 함수 $y = x^{11}$의 그래프를 구간 $[-1, 1]$에서 그려보면 원점에 대해 대칭이다. 따라서 $\int_{-1}^{0} x^{11}\,dx = -\int_{0}^{1} x^{11}\,dx$이다. 그러므로 $\int_{-1}^{1} x^{11}\,dx = 0$이다.

먼저 파이썬 코드를 이용하여 각 문항의 그래프를 그려보자.

파이썬 코드 [1]

```
import matplotlib.pyplot as plt
import numpy as np

# 문제 (a)
print("문제 (a)")
# 값 범위
a = 0
b = 3
x = np.arange(a, b+1, 0.1)
# 축 레이블 넣기
plt.xlabel('x axis')
plt.ylabel('y axis')
# 그리드
plt.grid(color = "black", alpha=0.5, linestyle='--')
# 그리고자 하는 식
plt.plot(x, x, label='y = x')
# 범례
plt.legend()
plt.show()

# 문제 (b)
print("문제 (b)")
# 값 범위
a = 0
b = 2
x = np.arange(a, b+1, 0.01)
# 축 레이블 넣기
plt.xlabel('x axis')
plt.ylabel('y axis')
# 그리드
plt.grid(color = "black", alpha=0.5, linestyle='--')
# 그리고자 하는 식
plt.plot(x, np.sqrt(4-x**2), label='$y = (4-x^2)^{1/2}$')
# 범례
plt.legend()
plt.show()
```

1 파이썬 코드를 실행했을 때 파이썬 환경에 따라 문제 (a)의 결과만 출력될 수도 있다. 이러한 경우 나머지 문제에 대한 코드를 지우고, 각 문제의 코드만 실행하면 문제 (b), (c), (d)의 결과를 각각 얻을 수 있다.

```
# 문제 (c)
print("문제 (c)")
# 값 범위
a = -1
b = 1
x = np.arange(a, b+1, 0.01)
# 축 레이블 넣기
plt.xlabel('x axis')
plt.ylabel('y axis')
plt.ylim(0,110)
# 그리드
plt.grid(color = "black", alpha=0.5, linestyle='--')
# 그리고자 하는 식
plt.plot(x, 100*np.ones(len(x)), label='y = 100')
# 범례
plt.legend()
plt.show()

# 문제 (d)
print("문제 (d)")
# 값 범위
a = -1
b = 1
x = np.arange(a, b+0.01, 0.01)
# 축 레이블 넣기
plt.xlabel('x axis')
plt.ylabel('y axis')
# 그리드
plt.grid(color = "black", alpha=0.5, linestyle='--')
# 그리고자 하는 식
plt.plot(x, x**11, label='y = $x^{11}$')
# 범례
plt.legend()
plt.show()
```

실행결과

문제 (a)

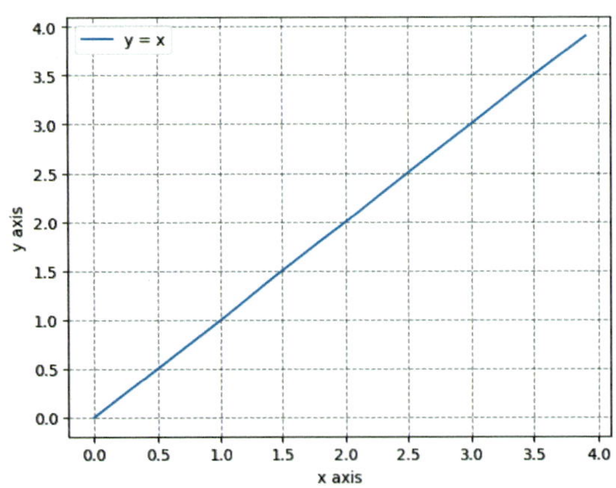

문제 (b)

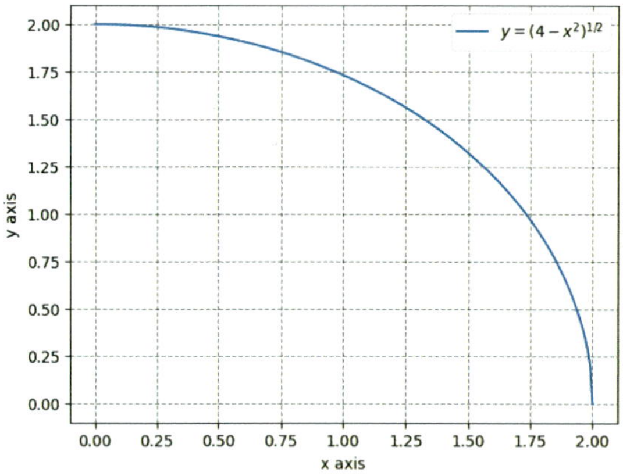

문제 (c)

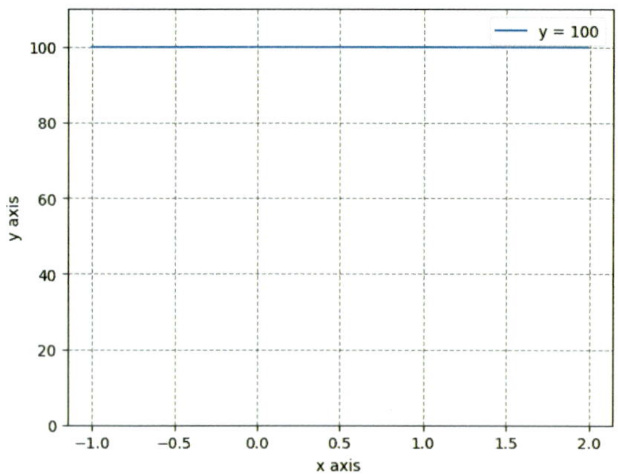

문제 (d)

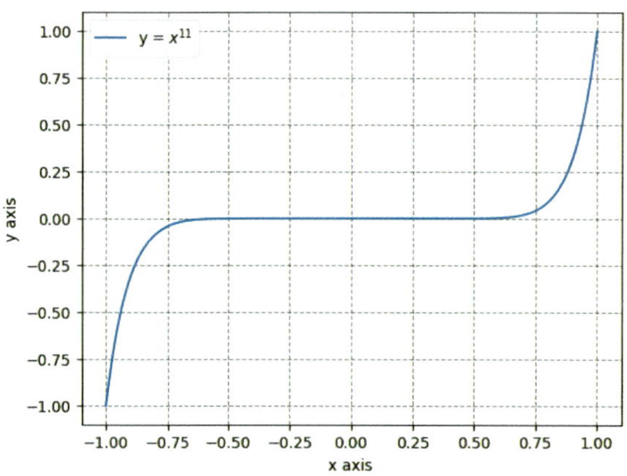

다음으로 파이썬 코드를 이용하여 각 문항의 적분값을 구해보자.

파이썬 코드

```
import numpy as np
```

```python
# 문제 (a)
print("문제 (a)")
# 값 범위
a = 0
b = 3
# 적분값 구하기
Area = 1/2*(b-a)*(b-a)
print("적분값 = ", Area)
print("\n")

# 문제 (b)
print("문제 (b)")
# 값 범위
a = 0
b = 2
# 적분값 구하기
Area = 1/4*np.pi*(b-a)**2
print("적분값 = ", Area)
print("\n")

# 문제 (c)
print("문제 (c)")
# 값 범위
a = -1
b = 1
# 적분값 구하기
Area = 100*(b-a)
print("적분값 = ", Area)
print("\n")

# 문제 (d)
print("문제 (d)")
# 값 범위
a = -1
b = 1
# 적분값 구하기
left_Area = 1/12*(b**12-(a+b/2)**12)
right_Area = 1/12*((a+b/2)**12-a**12)
print("원점에 대해 면적이 대칭인가 ?", -left_Area == right_Area )
print("적분값 = ", left_Area+right_Area)
```

실행 결과

```
문제 (a)
적분값 =  4.5

문제 (b)
적분값 =  3.141592653589793

문제 (c)
적분값 =  200

문제 (d)
원점에 대해 면적이 대칭인가 ? True
적분값 =  0.0
```

정리 8-6 **정적분의 성질 2**

두 함수 $f(x)$와 $g(x)$가 구간 $[a, b]$에서 정의된다고 할 때 다음이 성립한다.

(1) $a \le x \le b$에 대하여 $f(x) \ge 0$이면, $\int_a^b f(x)\,dx \ge 0$이다.

(2) $a \le x \le b$에 대하여 $f(x) \le g(x)$이면, $\int_a^b f(x)\,dx \le \int_a^b g(x)\,dx$이다.

(3) $a \le x \le b$에 대하여 $m \le f(x) \le M$이면, $m(b-a) \le \int_a^b f(x)\,dx \le M(b-a)$이다.

증명

(1) $a \le x \le b$에 대하여 $f(x) \ge 0$이면, $\int_a^b f(x)\,dx$는 $a \le x \le b$ 위에서 함수 $y = f(x)$의 그래프 아래 부분의 면적을 의미하므로 $\int_a^b f(x)\,dx \ge 0$이다.

(2) $h(x) = g(x) - f(x)$라고 하면 $a \le x \le b$에서 $h(x) \ge 0$이다. 따라서 (1)에 의해 다음이 성립한다.

$$0 \le \int_a^b h(x)\,dx = \int_a^b (g(x) - f(x))\,dx = \int_a^b g(x)\,dx - \int_a^b f(x)\,dx$$

그러므로 $\int_a^b f(x)\,dx \le \int_a^b g(x)\,dx$이다.

(3) $a \le x \le b$에 대하여 $m \le f(x) \le M$이라고 하자. 이 식의 양변에 $\int_a^b$를 취하면 (2)에 의해 다음이 성립한다.

$$\int_a^b m\,dx \le \int_a^b f(x)\,dx \le \int_a^b M\,dx$$

m과 M은 상수이므로, [정리 8-5]의 (1)에 의해 $m(b-a) \le \int_a^b f(x)\,dx \le M(b-a)$이다. ■

예제 8-7 **정적분의 성질 2**

$2 \le \int_0^2 \sqrt{1+x^3}\,dx \le 6$이 성립함을 증명하라.

풀이

$y = \sqrt{1+x^3}$은 구간 $[0, 2]$에서 증가함수이다. 따라서 $1 \le \sqrt{1+x^3} \le 3$이므로 양변에 $\int_0^2$를 취하면 다음과 같다.

$$\int_0^2 1\,dx \le \int_0^2 \sqrt{1+x^3}\,dx \le \int_0^2 3\,dx \quad \Leftrightarrow \quad 2 \le \int_0^2 \sqrt{1+x^3}\,dx \le 6$$

파이썬 코드 [2]

```
import matplotlib.pyplot as plt
import numpy as np

print("그래프를 그려서 확인")
# 값 범위
a = 0
b = 2
x = np.arange(a, b+1.1, 0.1)

# 축 레이블 넣기
plt.xlabel('x axis')
plt.ylabel('y axis')

# 그리드
plt.grid(color = "black", alpha=0.5, linestyle='--')

# 그리고자 하는 식
plt.plot(x, np.sqrt(1+x**3), label='y = $(1+x^{3})^{1/2}$')

# 범례
plt.legend()
plt.show()

# 적분값 구하기
Area_1 = (b-a)*1
print("좌측 적분값 = ", Area_1)
Area_2 = (b-a)*3
print("우측 적분값 = ", Area_2)
```

실행 결과

그래프를 그려서 확인

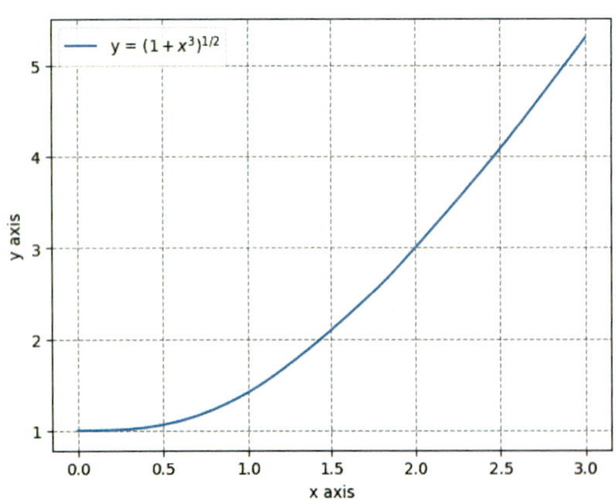

좌측 적분값 = 2
우측 적분값 = 6

2 그래프와 적분값에 대한 실행 결과가 동시에 나오지 않을 경우에는 [예제 8-6]처럼 그래프와 적분값에 대한 코드를 분리하여 작성한다.

지금까지 살펴본 정적분의 성질만으로는 다양한 함수에 대한 정적분을 구할 수 없다. 흥미롭게도 정적분과 부정적분은 밀접한 관련이 있다. 이 관계를 규명한 것이 바로 미적분학의 기본정리(Fundamental Theorem of Calculus)이다. 먼저 미적분학의 제1기본정리를 알아보자.

정리 8-7 미적분학의 제1기본정리

함수 $f(x)$가 폐구간 $[a, b]$에서 연속이고 개구간 (a, b)에서 미분가능하다고 하자. $F(x) = \int_a^x f(t)\,dt$라고 할 때 다음이 성립한다.

$$F'(x) = f(x)$$

증명

$F'(x)$의 정의에 의해 다음이 성립한다.

$$F'(x) = \lim_{h \to 0} \frac{F(x+h) - F(x)}{h} = \lim_{h \to 0} \frac{\int_a^{x+h} f(t)\,dt - \int_a^x f(t)\,dt}{h} = \lim_{h \to 0} \frac{\int_x^{x+h} f(t)\,dt}{h}$$

이제 마지막 극한값이 $f(x)$와 같음을 보이면 된다. 함수 f가 구간 $[x, x+h]$에서 연속이므로, 함수 f의 최솟값을 $m(h)$ (h에 관한 함수), 최댓값을 $M(h)$ (h에 관한 함수)라고 하자. 즉 $m(h) \le f(t) \le M(h)$ (단, $x \le t \le x+h$)이고, [정리 8-6]에 의해 다음이 성립한다.

$$\int_x^{x+h} m(h)\,dt \le \int_x^{x+h} f(t)\,dt \le \int_x^{x+h} M(h)\,dt \iff m(h)h \le \int_x^{x+h} f(t)\,dt \le M(h)h$$

$$\iff m(h) \le \frac{\int_x^{x+h} f(t)\,dt}{h} \le M(h)$$

따라서 마지막 식에 $h \to 0$을 취하면 $x+h \to x$이므로, $\lim_{h \to 0} m(h) = f(x)$이고 $\lim_{h \to 0} M(h) = f(x)$이다. 따라서 다음을 얻는다.

$$\lim_{h \to 0} \frac{\int_x^{x+h} f(t)\,dt}{h} = f(x)$$

그러므로 $F'(x) = f(x)$이다. ■

이번에는 부정적분을 이용하여 정적분을 계산하는 미적분학의 제2기본정리에 대해 알아보자. 보통 미적분학의 기본정리라고 하면 제2기본정리를 의미한다.

정리 8-8 **미적분학의 제2기본정리**

함수 $f(x)$가 폐구간 $[a, b]$에서 연속이고 개구간 (a, b)에서 미분가능하다고 하자. 함수 $f(x)$의 역도함수를 $F(x)$라고 할 때, 즉 $F'(x) = f(x)$일 때 다음이 성립한다.

$$\int_a^b f(x)\,dx = F(b) - F(a)$$

증명

$F_1(x) = \int_a^x f(t)\,dt\ (a \le x \le b)$라고 하면 미적분학의 제1기본정리에 의해 $F_1{}'(x) = f(x)$를 만족한다. 주어진 역도함수 $F(x)$는 $F(x) = F_1(x) + C$로 나타낼 수 있으므로 다음이 성립한다.

$$F(b) - F(a) = F_1(b) - F_1(a) = \int_a^b f(t)\,dt - \int_a^a f(t)\,dt = \int_a^b f(t)\,dt$$ ■

이제 미적분학의 기본정리를 이용하여 정적분을 계산해보자.

예제 8-8 **미적분학의 기본정리**

다음 정적분을 구하라.

(a) $\int_{-1}^{1} 10x\,dx$ (b) $\int_0^1 (x^2 + \sqrt{x})\,dx$ (c) $\int_1^3 2e^x\,dx$

(d) $\int_0^{\pi/4} (\sin\theta - \tan\theta)\,d\theta$ (e) $\int_1^e \ln x\,dx$ (f) $\int_0^{\pi/8} \sec^2 2x\,dx$

풀이

(a) $\int_{-1}^{1} 10x\,dx = 10 \cdot \frac{x^2}{2}\Big|_{-1}^{1} = 5(1-1) = 0$

(b) $$\begin{aligned}\int_0^1 (x^2 + \sqrt{x})\,dx &= \int_0^1 x^2\,dx + \int_0^1 \sqrt{x}\,dx \\ &= \frac{1}{3}x^3\Big|_0^1 + \frac{2}{3}x^{3/2}\Big|_0^1 = \frac{1}{3} + \frac{2}{3} = 1\end{aligned}$$

(c) $\int_1^3 2e^x\,dx = 2\int_1^3 e^x\,dx = 2e^x\Big|_1^3 = 2(e^3 - e)$

(d) $\int_0^{\pi/4} (\sin\theta - \tan\theta)\, d\theta = \int_0^{\pi/4} \sin\theta\, d\theta - \int_0^{\pi/4} \tan\theta\, d\theta$

$$= (-\cos\theta)\Big|_0^{\pi/4} - \ln|\cos\theta|\Big|_0^{\pi/4}$$

$$= -\frac{\sqrt{2}}{2} + 1 - \ln\frac{\sqrt{2}}{2} = 1 - \frac{\sqrt{2}}{2} - \ln\frac{\sqrt{2}}{2}$$

(e) $\int_1^e \ln x\, dx = (x\ln x - x)\Big|_1^e = (e\ln e - e) - (0-1) = 1$

(f) $(\tan 2x)' = 2\sec^2 2x$ 이므로 다음과 같다.

$$\int_0^{\pi/8} \sec^2 2x\, dx = \frac{1}{2}\tan 2x\Big|_0^{\pi/8} = \frac{1}{2}\cdot 1 = \frac{1}{2}$$

파이썬 코드

```
import sympy as sym

# 문제 (a)
x = sym.Symbol('x')
f = 10*x
a = -1
b = 1
int_f = sym.integrate(f, (x, a, b))
print("(a) 정적분값 = ", int_f)

# 문제 (b)
x = sym.Symbol('x')
f = x**2+sym.sqrt(x)
a = 0
b = 1
int_f = sym.integrate(f, (x, a, b))
print("(b) 정적분값 = ", int_f)

# 문제 (c)
x = sym.Symbol('x')
f = 2*sym.exp(x)
a = 1
b = 3
int_f = sym.integrate(f, (x, a, b))
print("(c) 정적분값 = ", int_f)

# 문제 (d)
theta = sym.Symbol('theta')
f = sym.sin(theta)-sym.tan(theta)
a = 0
b = sym.pi/4
int_f = sym.integrate(f, (theta, a, b))
print("(d) 정적분값 = ", int_f)
```

```python
# 문제 (e)
x = sym.Symbol('x')
f = sym.log(x)
a = 1
b = sym.exp(1)
int_f = sym.integrate(f, (x, a, b))
print("(e) 정적분값 = ", int_f)

# 문제 (f)
x = sym.Symbol('x')
f = sym.sec(2*x)**2
a = 0
b = sym.pi/8
int_f = sym.integrate(f, (x, a, b))
print("(f) 정적분값 = ", int_f)
```

실행 결과

```
(a) 정적분값 =  0
(b) 정적분값 =  1
(c) 정적분값 =  -2*E + 2*exp(3)
(d) 정적분값 =  -sqrt(2)/2 + log(sqrt(2)/2) + 1
(e) 정적분값 =  1
(f) 정적분값 =  1/2
```
[3]

예제 8-9 정적분의 근삿값

$\int_0^{\pi/2} x^2 \sin x\, dx \le \dfrac{\pi^4}{64}$ 이 성립함을 증명하라.

풀이

$f(x) = x - \sin x$ 라고 하면 구간 $\left(0, \dfrac{\pi}{2}\right)$에서 $f'(x) = 1 - \cos x > 0$이다. 따라서 함수 $f(x)$는 구간 $\left(0, \dfrac{\pi}{2}\right)$에서 증가함수이다. 또한 $f(0) = 0$이므로 $f(x) \ge 0$, 즉 $\sin x \le x$이다. 따라서 양변에 x^2을 곱하면 $x^2 \sin x \le x^3$이므로, 양변에 적분을 취하면 다음을 얻는다.

$$\int_0^{\pi/2} x^2 \sin x\, dx \le \int_0^{\pi/2} x^3\, dx = \frac{1}{4}x^4 \bigg|_0^{\pi/2} = \frac{\pi^4}{64}$$

파이썬 코드

```python
import matplotlib.pyplot as plt
import numpy as np
import sympy as sym
```

3 실행 결과에서 E는 자연 상수 e를 의미한다.

```python
print("그래프를 그려서 확인")

# 값 범위
a = 0
b = np.pi/2
x = np.linspace(a, b, 200)

# 축 레이블 넣기
plt.xlabel('x axis')
plt.ylabel('y axis')

# 그리드
plt.grid(color = "black", alpha=0.5, linestyle='--')

# 그리고자 하는 식
plt.plot(x, x-np.sin(x), label='y = $x-sin x$')

# 범례
plt.legend()
plt.show()

# 적분값 구하기
x = sym.Symbol('x')
a = 0
b = sym.pi/2
f = x**3
int_f = sym.integrate(f, (x, a, b))
print("적분값 = ", int_f)
```

실행결과

그래프를 그려서 확인

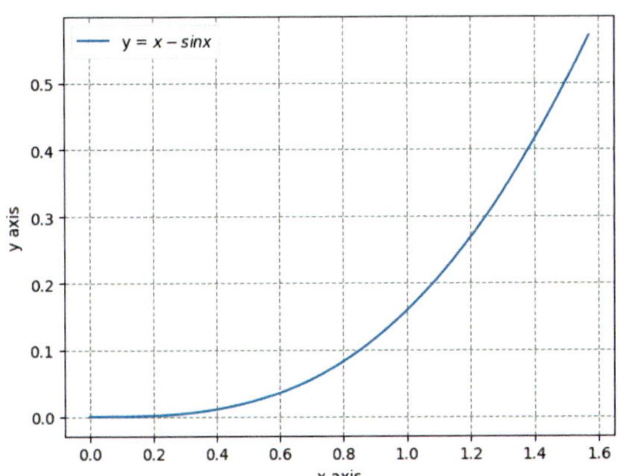

적분값 = pi**4/64

정리 8-9 **적분의 중간값 정리**

구간 $[a, b]$에서 정의된 연속함수 $f(x)$에 대하여 $\int_a^b f(x)\,dx = f(c)(b-a)$를 만족하는 $c \in (a, b)$가 존재한다.

구간 $[a, b]$에서 정의된 연속함수 $f(x)$가 0 또는 양수일 때 정적분은 면적을 의미한다. 이 경우에 적분의 중간값 정리의 기하학적 의미는 함수 $y = f(x)$의 그래프의 면적을 밑변의 길이가 $b-a$이고 높이가 $f(c)$인 직사각형의 면적과 같게 만들 수 있는 $c \in (a, b)$가 존재한다는 것이다. 이 정리의 증명은 생략한다.

예제 8-10 **정적분의 중간값 정리**

$\int_1^4 x\,dx = c(4-1)$을 만족하는 c를 구하라. 그리고 함수 $y = x$의 그래프를 이용하여 이 결과를 설명하라.

풀이

$f(x) = x$라고 하면 $\int_1^4 f(x)\,dx = \int_1^4 x\,dx = \frac{1}{2}x^2 \Big|_1^4 = \frac{15}{2} = 7.5$이다. 따라서 $\frac{15}{2} = c(4-1)$을 풀면 $c = \frac{5}{2} = 2.5$이다. 한편, 함수 $f(x) = x$의 그래프를 구간 $[1, 4]$에 그리면 $x = c = 2.5$일 때 y값은 2.5이다. 그러면 밑변의 길이가 3이고 높이가 2.5인 직사각형의 면적인 $3 \cdot 2.5 = 7.5$와 $\int_1^4 x\,dx$가 같음을 확인할 수 있다.

파이썬 코드

```
import matplotlib.pyplot as plt
import numpy as np

print("그래프를 그려서 확인")

# 값 범위
a = 1
b = 4
x = np.linspace(a, b, 200)

# 축 레이블 넣기
plt.xlabel('x axis')
plt.ylabel('y axis')
```

```python
# 그리드
plt.grid(color = "black", alpha=0.5, linestyle='--')

# 그리고자 하는 식
plt.plot(x, x, label='y = $x$')

# 범례
plt.legend()
plt.show()
```

실행 결과

그래프를 그려서 확인

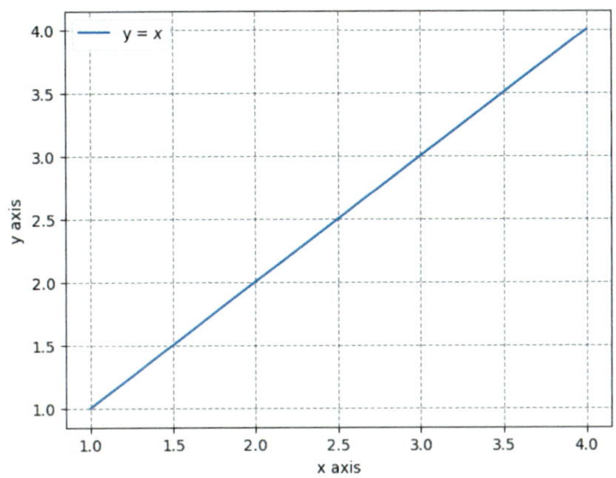

몇 가지 특별한 함수의 경우에는 다음과 같이 치환을 이용하면 좀 더 쉽게 정적분을 구할 수 있다.

정리 8-10 정적분의 치환적분

함수 f가 구간 I에서 연속이고 $u = g(x)$의 공역이 I이며 미분가능하다고 할 때 다음이 성립한다.

$$\int_a^b f(g(x))g'(x)\,dx = \int_{g(a)}^{g(b)} f(u)\,du$$

증명

F를 함수 f의 역도함수라고 하자. 즉 $F'(x) = f(x)$이다. 합성함수 $F(g(x))$를 x에 관하여 미분하면 $F'(g(x))g'(x) = f(g(x))g'(x)$이다. 따라서 미적분학의 제2기본정리에 의해 다음이 성립한다.

$$\int_a^b f(g(x))g'(x)\,dx = F(g(b)) - F(g(a))$$

또한 새로운 변수 u에 관하여 $f'(u) = F(u)$이므로 미적분학의 기본정리에 의해 다음과 같다.

$$\int_{u_1=g(a)}^{u_2=g(b)} f(u)\,du = F(u_2) - F(u_1) = F(g(b)) - F(g(a))$$

따라서 다음이 성립한다.

$$\int_a^b f(g(x))g'(x)\,dx = \int_{g(a)}^{g(b)} f(u)\,du$$ ■

정적분의 치환적분을 쉽게 적용하기 위해 $u = g(x)$라 할 때, $du = g'(x)\,dx$ 또는 $dx = \dfrac{1}{g'(x)}du$를 대입한다. 그리고 a 대신 $u_1 = g(a)$를 대입하고 b 대신 $u_2 = g(b)$를 대입하면 정적분의 형태가 간단해진다.

예제 8-11 정적분의 치환적분

다음 정적분을 구하라.

(a) $\displaystyle\int_0^3 x\sqrt{1+x^2}\,dx$　　(b) $\displaystyle\int_0^1 (2x+1)e^{x^2+x}\,dx$　　(c) $\displaystyle\int_e^{e^2} \frac{1}{x\ln x}\,dx$

풀이

(a) $u = 1 + x^2$이라고 하면 $du = 2x\,dx$, 즉 $\dfrac{1}{2}du = x\,dx$이다. $u(0) = 1$, $u(3) = 10$이므로 다음과 같다.

$$\int_0^3 x\sqrt{1+x^2}\,dx = \int_1^{10} \frac{1}{2}\sqrt{u}\,du = \frac{1}{2}\frac{2}{3}u^{3/2}\Big|_1^{10} = \frac{1}{3}(10\sqrt{10} - 1)$$

(b) $u = x^2 + x$라고 하면 $du = (2x+1)\,dx$이다. $u(0) = 0$, $u(1) = 2$이므로 다음과 같다.

$$\int_0^1 (2x+1)e^{x^2+x}\,dx = \int_0^2 e^u\,du = e^u\,\Big|_0^2 = e^2 - 1$$

(c) $u = \ln x$라고 하면 $du = \dfrac{1}{x}dx$이다. $u(e) = \ln e = 1$, $u(e^2) = \ln e^2 = 2$이므로 다음과 같다.

$$\int_e^{e^2} \frac{1}{x\ln x}\,dx = \int_1^2 \frac{1}{u}\,du = \ln u\,\Big|_1^2 = \ln 2$$

파이썬 코드

```
import sympy as sym

# 문제 (a)
x = sym.Symbol('x')
f = x*sym.sqrt(1+x**2)
a = 0
b = 3
int_f = sym.integrate(f, (x, a, b))
print("(a) 정적분값 = ", int_f)

# 문제 (b)
x = sym.Symbol('x')
f = (2*x+1)*sym.exp(x**2+x)
a = 0
b = 1
int_f = sym.integrate(f, (x, a, b))
print("(b) 정적분값 = ", int_f)

# 문제 (c)
x = sym.Symbol('x')
f = 1/(x*sym.log(x))
a = sym.exp(1)
b = sym.exp(2)
int_f = sym.integrate(f, (x, a, b))
print("(c) 정적분값 = ", int_f)
```

실행 결과

```
(a) 정적분값 =  -1/3 + 10*sqrt(10)/3
(b) 정적분값 =  -1 + exp(2)
(c) 정적분값 =  log(2)
```

8.4 적분의 응용

적분은 다양한 분야에 활용된다. 앞에서는 함수의 그래프와 관련하여 면적을 구하는 데 특히 결정적인 역할을 했다면, 여기서는 곡선의 선분 길이와 회전체의 표면적에 대한 적분의 응용을 살펴본다.

정리 8-11 곡선의 선분 길이

함수 f가 구간 $[a, b]$에서 미분가능하고 f'이 연속일 때, 곡선 $y=f(x)\,(a \le x \le b)$의 선분의 길이 L은 다음과 같다.

$$L=\int_a^b \sqrt{1+f'(x)^2}\,dx=\int_a^b \sqrt{1+\left(\frac{dy}{dx}\right)^2}\,dx$$

증명

곡선의 선분 길이에 대한 공식은 피타고라스 정리를 이용해 얻을 수 있다. 구간 $[a, b]$를 같은 크기로 n등분할 때, 그중 한 구간을 $[x_{i-1}, x_i]$라 하고 $\Delta x=x_i-x_{i-1}$이라고 하자. 그러면 함수 f의 중간값 정리에 의해 $\Delta y=f(x_i)-f(x_{i-1})=f'(x_i^*)(x_i-x_{i-1})$을 만족하는 x_i^*가 구간 $[x_{i-1}, x_i]$에 존재한다. 구간 $[x_{i-1}, x_i]$ 위에서 곡선의 선분 길이 L_i는 피타고라스 정리에 의해 다음과 같다.

$$\begin{aligned}L_i &= \sqrt{(x_i-x_{i-1})^2+(f(x_i)-f(x_{i-1}))^2}=\sqrt{(x_i-x_{i-1})^2+f'(x_i^*)^2(x_i-x_{i-1})^2}\\ &= \sqrt{1+f'(x_i^*)^2}\,(x_i-x_{i-1})=\sqrt{1+f'(x_i^*)^2}\,\Delta x\end{aligned}$$

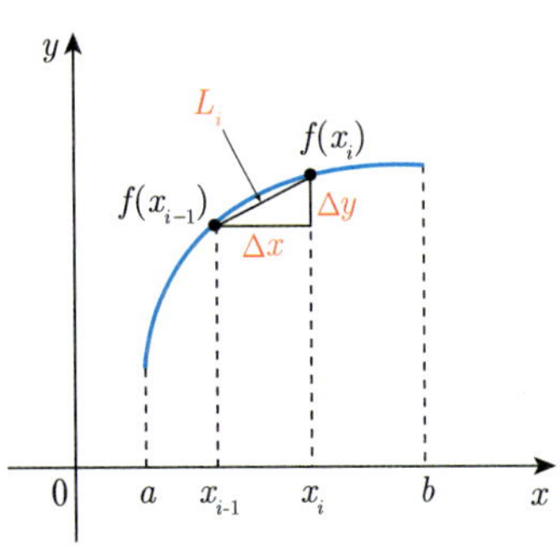

[그림 8-1] 곡선의 선분 길이

구간 $[a, b]$에서 곡선 $y=f(x)$의 선분 길이 L은 L_i들의 합이므로 다음과 같다.

$$L = \lim_{n \to \infty} \sum_{i=1}^{n} L_i = \lim_{n \to \infty} \sum_{i=1}^{n} \sqrt{1+f'(x)^2}\,\Delta x = \int_a^b \sqrt{1+\left(\frac{dy}{dx}\right)^2}\,dx$$ ■

예제 8-12 곡선의 선분 길이

주어진 구간에서 다음 곡선의 선분 길이를 구하라.

(a) $y=x$, $[0, 2]$　　(b) $y=x^{3/2}$, $[0, 2]$

풀이

(a) 구간 $[0, 2]$에서 곡선 $y=x$의 선분 길이는 밑변과 높이가 2인 직각삼각형의 빗변 길이와 같다. 따라서 주어진 곡선의 선분 길이는 $2\sqrt{2}$이다. [정리 8-11]을 이용해 계산하면 다음과 같이 결과가 동일함을 알 수 있다.

$$L = \int_a^b \sqrt{1+f'(x)^2}\,dx = \int_0^2 \sqrt{1+1^2}\,dx = \int_0^2 \sqrt{2}\,dx = 2\sqrt{2}$$

(b) [정리 8-11]에 의해 곡선의 선분 길이는 다음과 같다.

$$L = \int_a^b \sqrt{1+f'(x)^2}\,dx = \int_0^2 \sqrt{1+\left(\frac{3}{2}x^{1/2}\right)^2}\,dx = \int_0^2 \sqrt{1+\frac{9}{4}x}\,dx$$

$u=\frac{9}{4}x+1$이라고 하면 $du=\frac{9}{4}dx$, 즉 $dx=\frac{4}{9}du$이고, $u(0)=1$, $u(2)=\frac{11}{2}$이다. 그러므로 위 적분값은 다음과 같다.

$$L = \int_1^{11/2} \frac{4}{9}\sqrt{u}\,du = \frac{4}{9}\frac{2}{3}u\sqrt{u}\,\Bigg|_1^{11/2} = \frac{8}{27}\left(\frac{11}{2}\sqrt{\frac{11}{2}}-1\right) = \frac{44}{27}\sqrt{\frac{11}{2}}-\frac{8}{27}$$

파이썬 코드

```
import sympy as sym

# 문제 (a)
# sym.Symbol('x') : x 하나만 미지수로 선언
x = sym.Symbol('x')
f = x
a = 0
b = 2
diff_f = sym.diff(f,x)
arc_f = sym.sqrt(1+diff_f**2)
int_f = sym.integrate(arc_f, (x, a, b))
print("(a) 곡선의 길이 = ", int_f)
```

```python
# 문제 (b)
x = sym.Symbol('x')
f = x**(3/2)
a = 0
b = 2
diff_f = sym.diff(f,x)
arc_f = sym.sqrt(1+diff_f**2)
int_f = sym.integrate(arc_f, (x, a, b))
print("(b) 곡선의 길이 = ", int_f)
```

실행 결과

```
(a) 곡선의 길이 =  2*sqrt(2)
(b) 곡선의 길이 =  3.52552395244872
```

이제 적분을 이용해 주어진 곡선을 회전하여 얻는 회전체의 표면적을 구하는 방법을 알아보자.

정리 8-12 회전체의 표면적 1

곡선 $y = f(x)$가 구간 $a \le x \le b$에서 양의 값을 갖고 f'이 연속이라고 하자. x축 기준으로 이 곡선을 회전하여 얻은 회전체의 표면적 S는 다음과 같다.

$$S = \int_a^b 2\pi f(x)\sqrt{1 + f'(x)^2}\,dx = \int_a^b 2\pi f(x)\sqrt{1 + \left(\frac{dy}{dx}\right)^2}\,dx$$

증명

증명 방법은 곡선의 선분 길이를 구할 때와 유사하다. 우선 구간 $[a, b]$를 같은 크기로 n등분할 때, 그중 한 구간을 $[x_{i-1}, x_i]$라 하고 $\Delta x = x_i - x_{i-1}$이라고 하자. 그러면 함수 f의 중간값 정리에 의해 $\Delta y = f(x_i) - f(x_{i-1}) = f'(x_i^*)(x_i - x_{i-1})$을 만족하는 x_i^*가 구간 $[x_{i-1}, x_i]$에 존재한다. 구간 $[x_{i-1}, x_i]$에서 곡선의 선분 길이 L_i는 피타고라스 정리에 의해 다음과 같다.

$$L_i = \sqrt{1 + f'(x_i^*)^2}\,\Delta x$$

위 식에 $2\pi f(x_i^*)$를 곱한 $2\pi f(x_i^*)L_i$는 높이가 L_i인 회전체의 면적이다. 따라서 n을 무한대로 보내고 각 $2\pi f(x_i^*)L_i$를 모두 더하면 회전체의 표면적이 된다.

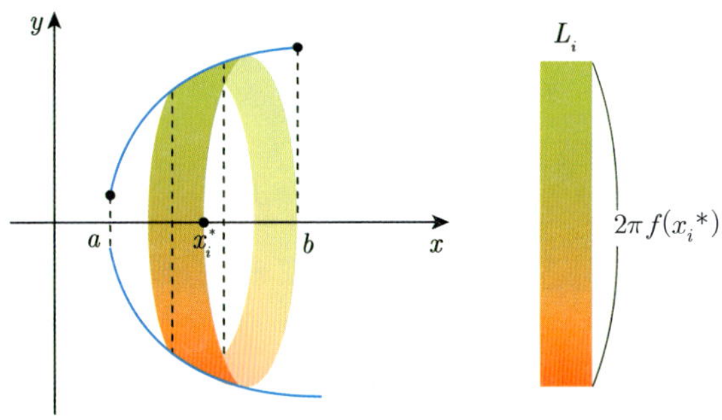

[그림 8-2] x축 기준으로 회전한 회전체의 표면적

즉 곡선 $y=f(x)$를 x축 기준으로 회전하여 얻은 회전체의 표면적은 다음과 같다.

$$\begin{aligned} S &= \lim_{n\to\infty}\sum_{i=1}^{n} 2\pi f(x_i^*)L_i \\ &= \lim_{n\to\infty}\sum_{i=1}^{n} 2\pi f(x_i^*)\sqrt{1+f'(x_i^*)^2}\,\Delta x = \int_a^b 2\pi f(x)\sqrt{1+f'(x)^2}\,dx \end{aligned}$$ ■

마찬가지로 곡선을 y축 기준으로 회전하여 얻은 회전체의 표면적도 다음과 같이 구할 수 있다.

정리 8-13 회전체의 표면적 2

곡선 $x=g(y)$가 구간 $c\le x\le d$에서 양의 값을 갖고 g'이 연속이라고 하자. y축 기준으로 이 곡선을 회전하여 얻은 회전체의 표면적 S는 다음과 같다.

$$S=\int_c^d 2\pi g(y)\sqrt{1+g'(y)^2}\,dy=\int_c^d 2\pi g(y)\sqrt{1+\left(\frac{dx}{dy}\right)^2}\,dy$$

예제 8-13 회전체의 표면적

다음 곡선을 주어진 구간에서 주어진 축을 기준으로 회전하여 얻은 회전체의 표면적을 구하라.

(a) $y=x,\ 0\le x\le 4,\ x$축

(b) $y=\sqrt{9-x^2},\ 0\le x\le 3,\ x$축

(c) $y=x^2,\ 0\le y\le 4,\ y$축

(d) $y=\sqrt[3]{x},\ 0\le y\le 1,\ y$축

풀이

(a) $S=\int_a^b 2\pi f(x)\sqrt{1+f'(x)^2}\,dx=\int_0^4 2\pi x\sqrt{1+1}\,dx$

$=2\sqrt{2}\pi\int_0^4 x\,dx=2\sqrt{2}\pi\left.\frac{1}{2}x^2\right|_0^4=16\sqrt{2}\pi$

(b) $S = \int_a^b 2\pi f(x)\sqrt{1+f'(x)^2}\,dx = \int_0^3 2\pi\sqrt{9-x^2}\sqrt{1+\left(\frac{-x}{\sqrt{9-x^2}}\right)^2}\,dx$

$$= \int_0^3 2\pi\sqrt{9-x^2}\sqrt{1+\frac{x^2}{9-x^2}}\,dx = \int_0^3 2\pi\sqrt{9-x^2}\sqrt{\frac{9-x^2+x^2}{9-x^2}}\,dx$$

$$= \int_0^3 2\pi 3\,dx = 18\pi$$

실제로 곡선 $y=\sqrt{9-x^2}$ $(0 \le x \le 3)$을 x축 기준으로 회전한 회전체는 반지름이 3인 반구이다. 따라서 반구의 표면적 공식을 이용하면 $\frac{1}{2}4\pi r^2 = 2\pi 9 = 18\pi$로, 앞에서 구한 적분값과 일치함을 확인할 수 있다.

(c) $y = x^2$을 다시 쓰면 $x = \sqrt{y}$ $(0 \le y \le 4)$이므로 $g(y) = \sqrt{y}$이다. 따라서 주어진 곡선을 y축 기준으로 회전한 회전체의 표면적은 다음과 같다.

$$S = \int_c^d 2\pi g(y)\sqrt{1+g'(y)^2}\,dy = \int_0^4 2\pi\sqrt{y}\sqrt{1+\left(\frac{1}{2\sqrt{y}}\right)^2}\,dy$$

$$= \int_0^4 2\pi\sqrt{y}\sqrt{1+\frac{1}{4y}}\,dy = \int_0^4 \pi\sqrt{4y+1}\,dy$$

$$= \pi\int_1^{17}\frac{\sqrt{u}}{4}\,du \quad (u = 4y+1 \Rightarrow du = 4dy)$$

$$= \frac{\pi}{4}\frac{2}{3}u^{3/2}\Big|_1^{17} = \frac{\pi}{6}(17\sqrt{17}-1)$$

(d) $y = \sqrt[3]{x}$를 다시 쓰면 $x = y^3$ $(0 \le y \le 1)$이므로 $g(y) = y^3$이다. 따라서 주어진 곡선을 y축 기준으로 회전한 회전체의 표면적은 다음과 같다.

$$S = \int_c^d 2\pi g(y)\sqrt{1+g'(y)^2}\,dy = \int_0^1 2\pi y^3\sqrt{1+(3y^2)^2}\,dy$$

$$= \int_0^1 2\pi y^3\sqrt{1+9y^4}\,dy \quad (u = 1+9y^4 \Rightarrow du = 36y^3\,dy)$$

$$= \int_1^{10} 2\pi\frac{1}{36}\sqrt{u}\,du$$

$$= \frac{\pi}{18}\frac{2}{3}u^{3/2}\Big|_1^{10} = \frac{\pi}{27}(10\sqrt{10}-1)$$

파이썬 코드

```
import sympy as sym

# 문제 (a)
# sym.pi : π를 의미
x = sym.Symbol('x')
f = x
a = 0
b = 4
diff_f = sym.diff(f,x)
area_f = 2*sym.pi*f*sym.sqrt(1+diff_f**2)
int_f = sym.integrate(area_f, (x, a, b))
print("(a) 회전체의 표면적 = ", int_f)

# 문제 (b)
x = sym.Symbol('x')
f = sym.sqrt(9-x**2)
a = 0
b = 3
diff_f = sym.diff(f,x)
area_f = 2*sym.pi*f*sym.sqrt(1+diff_f**2)
int_f = sym.integrate(area_f, (x, a, b))
print("(b) 회전체의 표면적 = ", int_f)

# 문제 (c)
y = sym.Symbol('y')
g = sym.sqrt(y)
a = 0
b = 4
diff_g = sym.diff(g,y)
area_g = 2*sym.pi*g*sym.sqrt(1+diff_g**2)
int_g = sym.integrate(area_g, (y, a, b))
print("(c) 회전체의 표면적 = ", int_g)

# 문제 (d)
y = sym.Symbol('y')
g = y**3
a = 0
b = 1
diff_g = sym.diff(g,y)
area_g = 2*sym.pi*g*sym.sqrt(1+diff_g**2)
int_g = sym.integrate(area_g, (y, a, b))
print("(d) 회전체의 표면적 = ", int_g)
```

실행 결과

```
(a) 회전체의 표면적 =  16*sqrt(2)*pi
(b) 회전체의 표면적 =  18*pi
(c) 회전체의 표면적 =  -pi/6 + 17*sqrt(17)*pi/6
(d) 회전체의 표면적 =  -pi/27 + 10*sqrt(10)*pi/27
```

CHAPTER 08 연습문제

8.1 $\int \csc x \cot x \, dx = -\csc x + C$가 성립함을 증명하라.

8.2 $\int \frac{\sin 2x}{\cos x} dx$를 구하라.

hint $\sin 2x = 2\sin x \cos x$를 이용한다.

8.3 치환적분을 이용하여 $\int (x^5 + 5x + 1)^{108}(x^4 + 1) dx$를 구하라.

8.4 $\int \sin^3 x \cos^2 x \, dx$를 구하라.

hint $u = \cos x$로 치환하고 $\sin^2 x + \cos^2 x = 1$임을 이용한다.

8.5 $\int \frac{e^{\sqrt{x}}}{\sqrt{x}} dx$를 구하라.

hint $u = \sqrt{x}$로 치환한다.

8.6 부분적분을 이용하여 다음 부정적분을 구하라.

(a) $\int x \ln x \, dx$

(b) $\int e^x \cos x \, dx$

8.7 다음 정적분을 구하라.

(a) $\int_0^3 6x^2 \, dx$

(b) $\int_0^2 |3x - 2| \, dx$

(c) $\int_0^6 \frac{2}{2x + 7} dx$

(d) $\int_0^{2\pi} \sin x \, dx$

8.8 다음 부등식을 증명하라.

(a) $\int_0^4 (x^2-6x+9)\,dx \geq 0$ (b) $\frac{1}{e} \leq \int_0^1 e^{-x^2}dx \leq 1$

8.9 주어진 구간에서 함수 $f(x)$와 x축 사이의 면적을 구하라.

(a) $f(x) = x^2+5$, $[0, 6]$

(b) $f(x) = \cos x$, $\left[0, \frac{\pi}{2}\right]$

8.10 주어진 구간에서 다음 곡선의 선분 길이를 구하라.

(a) $y = \sqrt{9-x^2}$, $[0, 3]$ (b) $4x^{\frac{3}{2}}$, $[1, 3]$

8.11 각 방법을 이용하여 주어진 구간에서 다음 곡선의 선분 길이를 구하라.

$$y = \sqrt{4-x^2} \quad (0 \leq x \leq 2)$$

(a) 원의 방정식의 성질을 이용

(b) 곡선의 선분 길이 공식을 이용

8.12 다음 곡선을 주어진 구간에서 주어진 축을 기준으로 회전하여 얻은 회전체의 표면적을 구하라.

(a) $y = \sqrt{1+2x}$, $0 \leq x \leq 4$, x축

(b) $y = 4-x^2$, $0 \leq y \leq 2$, y축

CHAPTER 08 프로그래밍 실습

8.1 중간점 방법(midpoint method)은 다음과 같이 x를 일정한 구간으로 나눈 다음, 한 구간의 길이를 밑변으로 하고, 그 구간의 중간점에 대한 함숫값을 높이로 하는 직사각형을 이용하여 주어진 함수 $f(x)$에 대한 적분의 근삿값을 구하는 방법이다.

$$\int_a^b f(x)\,dx \approx \Delta x[f(\overline{x_0})+f(\overline{x_1})+\ \cdots\ +f(\overline{x_{n-1}})+f(x_n)]$$

여기서 $\Delta x = \dfrac{b-a}{n}$이고 $\overline{x_i} = \dfrac{1}{2}(x_{i-1}+x_i)$는 구간 $[x_{i-1},\ x_i]$의 중간값이다. 중간점 방법을 프로그래밍하여 다음과 같은 함수의 적분에 대한 근삿값을 구하고, 근삿값과 실제 정적분값 사이의 오차를 구하라.

(a) $\displaystyle\int_1^4 \frac{1}{x^2}\,dx,\ n=10$　　(b) $\displaystyle\int_0^2 (x^3-x)\,dx,\ n=10$

파이썬 코드

```
import sympy as sym

# 중간점 방법을 활용한 적분의 근삿값 계산
def midpoint_integral(func_f, init_val, end_val, partition_num):
    import sympy as sym

    func_f_lamd = sym.lambdify(x, func_f, "numpy")

    width = (b-a)/partition_num
    sum_midpoint_val = 0
    for i in range(partition_num):
        left_x = init_val + (i*width)
        right_x = init_val + (i+1)*width
        bar_x = 0.5*(left_x+right_x)
        sum_midpoint_val = sum_midpoint_val + func_f_lamd(bar_x)
    area = width *sum_midpoint_val
    return area

# 문제 (a)
print("문제 (a)")
x = sym.Symbol('x')
f = 1/x**2
a = 1
b = 4
num = 10
```

```python
midpoint_int = midpoint_integral(f, a, b, num)
print("중간점 방법을 활용한 적분의 근삿값 = ", midpoint_int)
x = sym.Symbol('x')
int_f = sym.integrate(f, (x, a, b))

print("정적분값 = ", int_f)
print("오차 = ", int_f - midpoint_int)
print("\n")

# 문제 (b)
print("문제 (b)")
x = sym.Symbol('x')
f = x**3-x
a = 0
b = 2
num = 10
midpoint_int = midpoint_integral(f, a, b, num)
print("중간점 방법을 활용한 적분의 근삿값 = ", midpoint_int)

x = sym.Symbol('x')
int_f = sym.integrate(f, (x, a, b))

print("정적분값 = ", int_f)
print("오차 = ", int_f - midpoint_int)
```

실행 결과

```
문제 (a)
중간점 방법을 활용한 적분의 근삿값 =  0.7428382138129188
정적분값 =  3/4
오차 =  0.00716178618708119

문제 (b)
중간점 방법을 활용한 적분의 근삿값 =  1.9800000000000004
정적분값 =  2
오차 =  0.0199999999999996
```

8.2 사다리꼴 방법(trapezoidal method)은 다음과 같이 x를 일정한 구간으로 나눈 다음, 한 구간의 길이를 밑변으로 하고, 그 구간의 왼쪽 끝점과 오른쪽 끝점에 대한 함숫값을 각각의 높이로 하여 만들어진 사다리꼴을 이용하여 주어진 함수 $f(x)$에 대한 적분의 근삿값을 구하는 방법이다.

$$\int_a^b f(x)\,dx \approx \frac{\Delta x}{2}[f(x_0)+2f(x_1)+2f(x_2)+\cdots+2f(x_{n-1})+2f(x_n)]$$

여기서 $\Delta x = \dfrac{b-a}{n}$이고 $x_i = a + i\Delta x$이다. 사다리꼴 방법을 프로그래밍하여 다음과 같은 함수의 적분에 대한 근삿값을 구하고, 근삿값과 실제 정적분값 사이의 오차를 구하라.

(a) $\int_1^4 (x^3+4)\,dx$, $n=7$

(b) $\int_0^{\frac{3}{2}} xe^x\,dx$, $n=3$

파이썬 코드

```
import sympy as sym

# 사다리꼴 방법을 활용한 적분의 근삿값 계산
def trapzoid_integral(func_f, init_val, end_val, partition_num):
    import sympy as sym

    func_f_lamd = sym.lambdify(x, func_f, "numpy")

    width = (b-a)/partition_num
    area = 0.5 * width *(func_f_lamd(init_val) + func_f_lamd(end_val)
                    + 2*sum([func_f_lamd(init_val + width*end_val)
                    for n in range(1,partition_num)]))
    return area

# 문제 (a)
print("문제 (a)")
x = sym.Symbol('x')
f = x**3+4
a = 1
b = 4
num = 7
trap_int = trapzoid_integral(f, a, b, num)
print("사다리꼴 방법을 활용한 적분값의 근삿값 = ", trap_int)

x = sym.Symbol('x')
int_f = sym.integrate(f, (x, a, b))

print("정적분값 = ", int_f)
print("오차 = ", int_f - trap_int)
print("\n")
```

```
# 문제 (b)
print("문제 (b)")
x = sym.Symbol('x')
f = x*sym.exp(x)
a = 0
b = 1.5
num = 3
trap_int = trapzoid_integral(f, a, b, num)
print("사다리꼴 방법을 활용한 적분의 근삿값 = ", trap_int)

x = sym.Symbol('x')
int_f = sym.integrate(f, (x, a, b))

print("정적분값 = ", int_f)
print("오차 = ", int_f - trap_int)
```

실행 결과

```
문제 (a)
사다리꼴 방법을 활용한 적분의 근삿값 =  77.34964598084132
정적분값 =  303/4
오차 =  -1.59964598084132

문제 (b)
사다리꼴 방법을 활용한 적분의 근삿값 =  3.2683834138362804
정적분값 =  3.24084453516903
오차 =  -0.0275388786672481
```

CHAPTER

09

편미분과 경사 하강법

• Contents

편미분이란 간단히 말하면 다변수함수의 미분을 의미한다. 편미분은 미분하고자 하는 특정 변수를 제외한 다른 변수는 모두 상수로 취급하고, 미분하려는 변수에 대해서만 미분하는 것이다. 딥러닝에서는 비용함수의 최솟값을 구할 때 가중치들로 이루어진 다변수함수를 편미분하므로, 이 장에서는 편미분 개념을 잘 이해해야 한다. 또한 편미분 개념을 바탕으로 함수의 최솟값을 구하는 방법인 경사 하강법을 소개한다.

학습목표

1. 다변수함수에 대한 극한, 연속, 편미분의 정의를 이해한다.
2. 편도함수와 방향도함수 사이의 관계를 이해한다.
3. 경사 하강법의 정의를 이해하고, 함수의 최댓값과 최솟값을 구하는 라그랑주 승수법의 개념을 이해한다.
4. 정부호 행렬과 헤시안 행렬을 이용해 함수의 극대와 극소를 판별하는 방법을 이해한다.
5. 편미분과 경사 하강법에 관한 파이썬 코드를 학습한다.

9.1 편미분

미분과 적분은 데이터 분석과 어떻게 연결될까? 우선 미분은 비용함수(cost function)를 최소로 하는 데 사용되며, 이때 사용되는 방법이 바로 편미분이다. 편미분은 변수가 여러 개인 다변수함수를 하나의 변수에 대해 미분하는 것으로, 하나의 변수에 대한 미분과 근본적인 차이는 없다.

정의 9-1 다변수함수

$\mathbb{R}^n$의 부분집합을 D라고 할 때 함수 $f : D \to \mathbb{R}$을 **다변수함수**(function with several variables)라고 한다. 즉 $\boldsymbol{x} = (x_1, \cdots, x_n) \in D$에 대하여 $z = f(x_1, \cdots, x_n)$이 대응하는 함숫값이다. 이때 D를 함수 f의 **정의역**(domain)이라 하고, 모든 함숫값의 집합을 함수 f의 **치역**(range, image)이라고 한다.

예제 9-1 다변수함수의 정의역과 치역

다음과 같은 다변수함수의 정의역과 치역을 구하라.

(a) $f(x, y) = \sqrt{1 - x^2 - y^2}$　　(b) $f(x, y) = x^3 + y^3 - 1$

풀이

(a) 근호 안은 음이 아니어야 하므로, 함수 $f(x, y) = \sqrt{1 - x^2 - y^2}$의 정의역은 $1 - x^2 - y^2 \geq 0$이다. 즉 정의역은 $\{(x, y) \mid x^2 + y^2 \leq 1\}$이다. 기하적으로는 길이가 1이고 중심이 원점인 디스크(disc)에 해당한다. 이 함수의 치역을 구하기 위해 $0 \leq x^2 + y^2 \leq 1$임을 상기한다. 함수 $f(x, y) = \sqrt{1 - x^2 - y^2}$은 $x^2 + y^2 = 0$일 때 최댓값 1을 갖고, $x^2 + y^2 = 1$일 때 최솟값 0을 갖는다. 따라서 치역은 $\{z \mid 0 \leq z \leq 1\}$이다.

(b) x, y는 임의의 실수가 될 수 있으므로, 함수 $f(x, y) = x^3 + y^3 - 1$의 정의역은 $\mathbb{R}^2$이다. 치역을 구하기 위해 $y = 0$으로 두고 생각하자. 임의의 실수 x에 대해 $f(x, 0) = x^3 - 1$이므로, 함숫값은 모든 실수가 가능하다. 따라서 치역은 $\mathbb{R}$이다.

정의 9-2 **다변수함수의 그래프**

다변수함수 $f : D \to \mathbb{R}$의 **그래프**(graph)는 집합 $\{(\boldsymbol{x}, f(\boldsymbol{x})) \mid \boldsymbol{x} = (x_1, \cdots, x_n) \in D\}$이고, 이 집합은 $\mathbb{R}^{n+1}$의 부분집합이다.

예제 9-2 **다변수함수의 그래프**

파이썬 코드를 이용하여 다음과 같은 다변수함수의 그래프를 그려라.

(a) $f(x, y) = \sqrt{1 - x^2 - y^2}$

(b) $f(x, y) = x^3 + y^3 - 1$

(c) $f(x, y) = \dfrac{1}{2 + x^2 + y^2}$

파이썬 코드

```
import matplotlib.pyplot as plt
import numpy as np
from mpl_toolkits.mplot3d import Axes3D

# 문제 (a)
fig = plt.figure(figsize=(9, 6))
ax = fig.add_subplot(111, projection='3d')

x = np.arange(-1, 1, 0.01)
y = np.arange(-1, 1, 0.01)
x_m, y_m = np.meshgrid(x, y)
z = np.sqrt(1-x_m**2-y_m**2)

ax.set_title("problem (a)")
ax.set_xlabel("x axis")
ax.set_ylabel("y axis")
ax.set_zlabel("z axis")

ax.plot_wireframe(x_m, y_m, z, rstride=1, cstride=1)
ax.view_init(30, -15)
fig.show()

# 문제 (b)
fig = plt.figure(figsize=(9, 6))
ax = fig.add_subplot(111, projection='3d')

x = np.arange(-2, 2, 0.01)
y = np.arange(-2, 2, 0.01)
x_m, y_m = np.meshgrid(x, y)
z = x_m**3+y_m**3-1

ax.set_title("problem (b)")
ax.set_xlabel("x axis")
ax.set_ylabel("y axis")
ax.set_zlabel("z axis")
```

```
ax.plot_wireframe(x_m, y_m, z, rstride=1, cstride=1)
fig.show()

# 문제 (c)
fig = plt.figure(figsize=(9, 6))
ax = fig.add_subplot(111, projection='3d')

x = np.arange(-2, 2, 0.01)
y = np.arange(-2, 2, 0.01)
x_m, y_m = np.meshgrid(x, y)
z = 1/(x_m**2+y_m**2+2)

ax.set_title("problem (c)")
ax.set_xlabel("x axis")
ax.set_ylabel("y axis")
ax.set_zlabel("z axis")

ax.plot_wireframe(x_m, y_m, z, rstride=1, cstride=1)
fig.show()
```

실행 결과

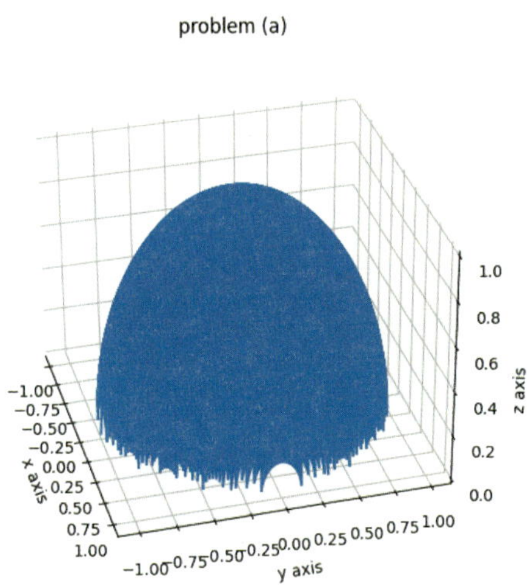

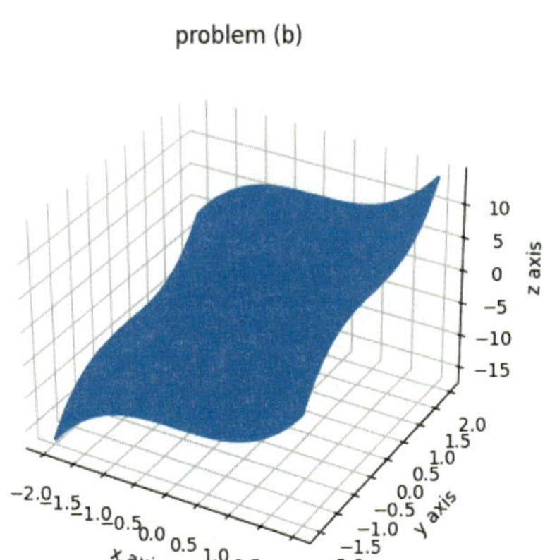

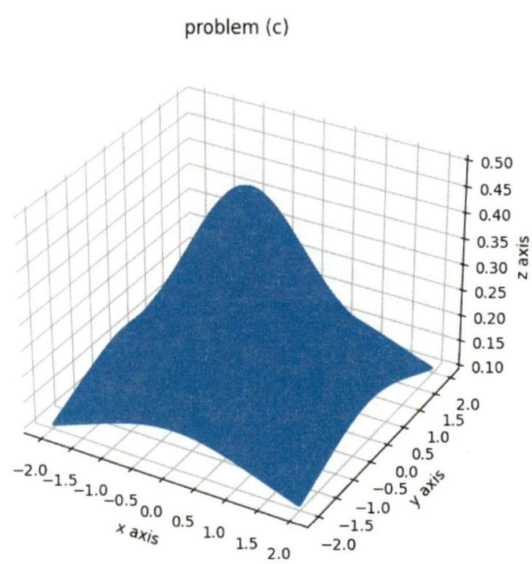

정의 9-3 **레벨집합**

다변수함수 f와 상수 k에 대하여, $f(\boldsymbol{x}) = k$를 만족하는 $\boldsymbol{x}$들의 집합을 함수 f의 **레벨집합**(level set)이라고 한다.

예제 9-3 **레벨집합**

$k = 1, 2, 3, 4, 5$에 대하여, 다변수함수 $f(x, y) = \sqrt{25 - x^2 - y^2}$ 의 레벨집합을 구하라.

풀이

$k = \sqrt{25 - x^2 - y^2}$ 이라고 하면 $x^2 + y^2 = 25 - k^2$이다. 따라서 각 k에 대해 레벨집합은 다음과 같다.

(i) $k = 1$일 때 레벨집합은 $x^2 + y^2 = 24$이다.

(ii) $k = 2$일 때 레벨집합은 $x^2 + y^2 = 21$이다.

(iii) $k = 3$일 때 레벨집합은 $x^2 + y^2 = 16$이다.

(iv) $k = 4$일 때 레벨집합은 $x^2 + y^2 = 9$이다.

(v) $k = 5$일 때 레벨집합은 $x^2 + y^2 = 0$이다.

파이썬 코드

```
import sympy as sym

# 함수 정의
x, y = sym.symbols('x y')  # x, y를 미지수로 선언
g = 25-x**2-y**2
f = sym.sqrt(g)  # 함수 f

# k=1일 때의 레벨집합
# sym.Eq(x,0) : x=0을 의미하는 함수
k=1
level_1 = sym.Eq(-(f**2-25), 25-k**2)
print("k = ", k, "일 때, 레벨집합 = ", level_1)

# k=2일 때의 레벨집합
k=2
level_2 = sym.Eq(-(f**2-25), 25-k**2)
print("k = ", k, "일 때, 레벨집합 = ", level_2)

# k=3일 때의 레벨집합
k=3
level_3 = sym.Eq(-(f**2-25), 25-k**2)
print("k = ", k, "일 때, 레벨집합 = ", level_3)
```

```python
# k=4일 때의 레벨집합
k=4
level_4 = sym.Eq(-(f**2-25), 25-k**2)
print("k = ", k, "일 때, 레벨집합 = ", level_4)

# k=5일 때의 레벨집합
k=5
level_5 = sym.Eq(-(f**2-25), 25-k**2)
print("k = ", k, "일 때, 레벨집합 = ", level_5)
```

실행 결과

```
k =  1 일 때, 레벨집합 =  Eq(x**2 + y**2, 24)
k =  2 일 때, 레벨집합 =  Eq(x**2 + y**2, 21)
k =  3 일 때, 레벨집합 =  Eq(x**2 + y**2, 16)
k =  4 일 때, 레벨집합 =  Eq(x**2 + y**2, 9)
k =  5 일 때, 레벨집합 =  Eq(x**2 + y**2, 0)
```

다변수함수 $z=f(\boldsymbol{x})$에 대하여, 벡터 $\boldsymbol{x}=(x_1, \cdots, x_n)$과 $\boldsymbol{a}=(a_1, \cdots, a_n)$이 함수 f의 정의역 원소라고 하자. 그러면 $\|\boldsymbol{x}-\boldsymbol{a}\|_2=\sqrt{\sum_{i=1}^{n}(x_i-a_i)^2}$ 으로, 이 식은 $\boldsymbol{x}$와 $\boldsymbol{a}$ 사이의 거리를 의미한다.

정의 9-4 다변수함수의 극한

다변수함수 $z=f(\boldsymbol{x})$에 대하여 벡터 $\boldsymbol{x}=(x_1, \cdots, x_n)$과 $\boldsymbol{a}=(a_1, \cdots, a_n)$이 함수 f의 정의역 원소라고 하자. 임의의 $\epsilon>0$에 대하여 $0<\|\boldsymbol{x}-\boldsymbol{a}\|_2<\delta$인 모든 $\boldsymbol{x}$에 대해 $|f(\boldsymbol{x})-L|<\epsilon$을 만족하는 $\delta>0$이 존재할 때, L을 $\boldsymbol{x}$가 $\boldsymbol{a}$에 가까이 갈 때의 함수 f의 **극한**(limit)이라 하고 $\lim_{\boldsymbol{x}\to\boldsymbol{a}} f(\boldsymbol{x})=L$로 표기한다. 또는 '$\boldsymbol{x}\to\boldsymbol{a}$일 때 $f(\boldsymbol{x})\to L$'로 표기하기도 한다.

변수가 하나인 함수에 대한 극한의 성질처럼 다변수함수에 대해서도 다음과 같은 성질이 성립한다. 이 정리에 대한 증명은 생략한다.

정리 9-1 **극한의 성질**

다변수함수 f와 g가 같은 정의역에서 정의된다고 하고, $\boldsymbol{a}=(a_1, \cdots, a_n)$이 두 함수의 정의역 원소라고 하자. $\lim_{\boldsymbol{x}\to\boldsymbol{a}} f(\boldsymbol{x})=L_1$이고 $\lim_{\boldsymbol{x}\to\boldsymbol{a}} g(\boldsymbol{x})=L_2$라고 하면 다음이 성립한다.

(1) $\lim_{\boldsymbol{x}\to\boldsymbol{a}} (f(\boldsymbol{x})\pm g(\boldsymbol{x}))=L_1\pm L_2$

(2) $\lim_{\boldsymbol{x}\to\boldsymbol{a}} f(\boldsymbol{x})g(\boldsymbol{x})=L_1L_2$

(3) $\lim_{\boldsymbol{x}\to\boldsymbol{a}} \dfrac{f(\boldsymbol{x})}{g(\boldsymbol{x})}=\dfrac{L_1}{L_2}$ (단, $L_2\neq 0$)

(4) $\lim_{\boldsymbol{x}\to\boldsymbol{a}} cf(\boldsymbol{x})=cL_1$ (단, c는 상수)

예제 9-4 **극한값**

$\lim_{(x,\,y)\to(0,\,1)} \dfrac{2x(y-1)^2}{x^2+(y-1)^2}=0$임을 증명하라.

풀이

$f(x,y)=\dfrac{2x(y-1)^2}{x^2+(y-1)^2}$이라고 하자. $\epsilon>0$이 주어질 때, $0<\sqrt{x^2+y^2}<\delta$인 모든 $(x,\,y)$에 대해 $|f(x,\,y)-0|=\left|\dfrac{2x(y-1)^2}{x^2+(y-1)^2}-0\right|<\epsilon$인 δ가 존재함을 증명하면 된다.

우선 x가 0에, y가 1에 가까이 가면 다음이 성립한다.

$$|f(x,\,y)-0|=\left|\frac{2x(y-1)^2}{x^2+(y-1)^2}-0\right|\leq\frac{2|x|(y-1)^2}{(y-1)^2}=2|x|\leq 2\sqrt{x^2+y^2}$$

따라서 $\delta=\dfrac{\epsilon}{2}$이라고 하면, $0<\sqrt{x^2+y^2}<\delta$인 모든 $(x,\,y)$에 대해 다음이 성립한다.

$$\left|\frac{2x(y-1)^2}{x^2+(y-1)^2}-0\right|\leq 2\sqrt{x^2+y^2}<2\delta=2\cdot\frac{\epsilon}{2}=\epsilon$$

■

파이썬 코드

```
import sympy as sym

# 함수 정의
x, y = sym.symbols('x y')  # x, y를 미지수로 선언
f = (2*x*(y-1)**2)/(x**2+(y-1)**2)  # 함수 f
# x, y에 들어갈 입력값
# x는 0에, y는 1에 가깝게
x_val = [0.1, 0.01, 0.001]
y_val = [0.9, 0.99, 0.999]

# epsilon 설정
epsilon = 0.01

# 함수.subs() : 함수에 값을 대입하여 값을 반환하는 함수
print("x = 0.1, y= 0.9일 때")
f_1 = f.subs([(x, x_val[0]), (y, y_val[0])])
print("f(",x_val[0],",",y_val[0],")=", f_1)
print("f(",x_val[0],",",y_val[0],")이 epsilon보다 작은가?", abs(f_1 - 0) < epsilon)
print("\n")

print("x = 0.01, y= 0.09일 때")
f_2 = f.subs([(x, x_val[1]), (y, y_val[1])])
print("f(",x_val[1],",",y_val[1],")=", f_2)
print("f(",x_val[1],",",y_val[1],")이 epsilon보다 작은가?", abs(f_2 - 0) < epsilon)
print("\n")

print("x = 0.001, y= 0.009일 때")
f_3 = f.subs([(x, x_val[2]), (y, y_val[2])])
print("f(",x_val[2],",",y_val[2],")=", f_3)
print("f(",x_val[2],",",y_val[2],")이 epsilon보다 작은가?", abs(f_3 - 0) < epsilon)
```

실행 결과

```
x = 0.1, y= 0.9일 때
f( 0.1 , 0.9 )= 0.100000000000000
f( 0.1 , 0.9 )이 epsilon보다 작은가? False

x = 0.01, y= 0.09일 때
f( 0.01 , 0.99 )= 0.0100000000000000
f( 0.01 , 0.99 )이 epsilon보다 작은가? False

x = 0.001, y= 0.009일 때
f( 0.001 , 0.999 )= 0.00100000000000000
f( 0.001 , 0.999 )이 epsilon보다 작은가? True
```

변수가 하나인 함수의 연속에 대한 정의와 마찬가지로, 다변수함수의 극한값과 함숫값이 같을 때 연속이라고 한다.

정의 9-5 **다변수함수의 연속**

다변수함수 $z = f(\boldsymbol{x})$가 $\mathbb{R}^n$ 위에서 정의된다고 하자. 함수 f의 정의역 원소 $\boldsymbol{x} = (x_1, \cdots, x_n)$과 $\boldsymbol{a} = (a_1, \cdots, a_n)$에 대하여 다음이 성립할 때, 함수 f는 $\boldsymbol{x} = \boldsymbol{a}$에서 **연속**(continuous)이라고 한다.

$$\lim_{\boldsymbol{x} \to \boldsymbol{a}} f(\boldsymbol{x}) = f(\boldsymbol{a})$$

만일 함수 f의 정의역의 모든 점에서 연속이면 함수 f를 **연속함수**라고 한다.

정리 9-2 **연속함수의 성질**

다변수함수 f와 g가 같은 정의역에서 정의된다고 하고, $\boldsymbol{a} = (a_1, \cdots, a_n)$이 두 함수의 정의역 원소라고 하자. 두 함수 f, g가 $\boldsymbol{x} = \boldsymbol{a}$에서 연속일 때, 다음 함수들도 $\boldsymbol{x} = \boldsymbol{a}$에서 연속이다.

(1) $f \pm g$

(2) fg

(3) $\dfrac{f}{g}$ (단, $g(\boldsymbol{a}) \neq 0$)

(4) cf (단, c는 상수)

예제 9-5 **연속함수**

다변수함수 $f(x, y) = \begin{cases} \dfrac{2x(y-1)^2}{x^2 + (y-1)^2}, & (x, y) \neq (0, 1) \\ 0 \quad\quad , & (x, y) = (0, 1) \end{cases}$이 모든 점에서 연속임을 보여라.

풀이

$(x, y) \neq (0, 1)$이라고 하면 $x^2 + (y-1)^2 \neq 0$이므로, 함수 $f(x, y)$는 연속이다. 만일 $(x, y) = (0, 1)$이면 [예제 9-4]에 의해 $\lim_{(x, y) \to (0, 1)} f(x, y) = 0$이다. 또한 정의에 의해 $f(0, 0) = 0$이므로, $(x, y) = (0, 1)$에서도 함수 f는 연속이다. 따라서 함수 f는 모든 점에서 연속이다.

파이썬 코드

```
import sympy as sym

# 함수 정의
x, y = sym.symbols('x y') # x, y를 미지수로 선언
f = (2*x*(y-1)**2)/(x**2+(y-1)**2)  # 함수 f

# 함수의 연속성 판정
f_limit = sym.limit(sym.limit(f,x,0),y,1)
print("f의 극한값 = ", f_limit)
```

```
f_val = f.subs([(x, 0), (y, 1)])
print("f(0,1) = ", f_val)
print("f는 (0,1)에서 연속인가?, ", f_limit == f_val)
```

실행 결과

```
f의 극한값 =  0
f(0,1) =  0
f는 (0,1)에서 연속인가?,  True
```

정의 9-6 **편도함수**

다변수함수 $z = f(\boldsymbol{x})$가 $\mathbb{R}^n$ 위에서 정의된다고 할 때 정의역 원소 $\boldsymbol{x} = (x_1, \cdots, x_n)$에 대하여, 함수 f의 변수 x_i에 대한 **편도함수**(partial derivative) $\dfrac{\partial f}{\partial x_i}$는 다음과 같이 정의된다.

$$\frac{\partial f}{\partial x_i} = \lim_{h \to 0} \frac{f(x_1, \cdots, x_i + h, \cdots, x_n) - f(x_1, \cdots, x_i, \cdots, x_n)}{h}$$

편도함수는 $f_{x_i}(\boldsymbol{x})$, f_{x_i}, f_i, $D_i f$, $D_{x_i} f$ 등으로 표기하기도 한다.

편도함수 $\dfrac{\partial f}{\partial x_i}$를 구하기 위해서는 x_i를 제외한 모든 변수를 상수로 취급하고 x_i에 대해 미분하면 된다.

예제 9-6 **편도함수**

다변수함수 $f(x, y, z) = x^5 + xy^4 + xyz^3$의 편도함수를 구하라.

풀이

먼저 변수 x에 대한 편미분을 구하기 위해 y와 z를 상수로 생각하면 $\dfrac{\partial f}{\partial x} = 5x^4 + y^4 + yz^3$이다. 마찬가지로 $\dfrac{\partial f}{\partial y} = 4xy^3 + xz^3$, $\dfrac{\partial f}{\partial z} = 3xyz^2$이다.

파이썬 코드

```
import sympy as sym

# 함수와 미분 정의
x, y, z = sym.symbols('x y z')  # x, y, z를 미지수로 선언
f = x**5 +x*y**4+x*y*z**3  # 함수 f
```

```
diff_f_x = sym.diff(f,x)  # x로 미분
diff_f_y = sym.diff(f,y)  # y로 미분
diff_f_z = sym.diff(f,z)  # z로 미분

# 편도함수 계산
print("df/dx = ", diff_f_x)
print("df/dy = ", diff_f_y)
print("df/dz = ", diff_f_z)
```

실행 결과

```
df/dx =  5*x**4 + y**4 + y*z**3
df/dy =  4*x*y**3 + x*z**3
df/dz =  3*x*y*z**2
```

다음으로 3장에서 살펴본 다변수함수의 그래디언트를 상기하자. 다변수함수 $f(x_1, x_2, \cdots, x_n)$이 변수가 n개인 실수함수라고 할 때, 함수 f의 그래디언트는 다음과 같이 정의된다.

$$\nabla f = \mathrm{grad}(f) = \frac{\partial f}{\partial \boldsymbol{x}} = \left(\frac{\partial f}{\partial x_1}, \frac{\partial f}{\partial x_2}, \cdots, \frac{\partial f}{\partial x_n}\right) \text{ 또는 } \left(\frac{\partial f}{\partial x_1}, \frac{\partial f}{\partial x_2}, \cdots, \frac{\partial f}{\partial x_n}\right)^{\mathrm{T}}$$

간단한 예제를 통해 그래디언트를 직접 구해보자.

예제 9-7 다변수함수의 그래디언트

다변수함수 $f(x, y, z) = x^2 + xy + z^2$의 그래디언트를 구하라.

풀이

x에 대한 편미분을 구하기 위해 y와 z를 상수로 보고 미분하면 $\frac{\partial f}{\partial x} = 2x + y$이다. 마찬가지로 $\frac{\partial f}{\partial y} = x$, $\frac{\partial f}{\partial z} = 2z$이다. 그러므로 다변수함수 f의 그래디언트는 $\nabla f = (2x+y, x, 2z)$이다.

파이썬 코드

```
import sympy as sym
import numpy as np

# 함수와 미분 정의
x, y, z = sym.symbols('x y z')  # x, y, z를 미지수로 선언
f = x**2+x*y+z**2  # 함수 f
df_dx = sym.diff(f, x)  # x로 미분
df_dy = sym.diff(f, y)  # y로 미분
df_dz = sym.diff(f, z)  # z로 미분

gradient_f_1 = np.array([[df_dx], [df_dy], [df_dz]])
print("gradient of f = \n", gradient_f_1)
```

실행 결과

```
gradient of f =
 [[2*x + y]
 [x]
 [2*z]]
```

이제 편도함수를 일반화한 개념인 방향도함수를 정의해보자.

정의 9-7 방향도함수

다변수함수 $f : \mathbb{R}^n \to \mathbb{R}$에 대해, 단위벡터 $\boldsymbol{u} = (u_1, u_2, \cdots, u_n)$ 방향으로의 함수 f의 **방향도함수**(directional derivative)는 다음과 같이 정의하며, 간단히 $D_{\boldsymbol{u}} f$로 표기한다.

$$D_{\boldsymbol{u}} f(x_1, x_2, \cdots, x_n) = \lim_{h \to 0} \frac{f(x_1 + hu_1, x_2 + hu_2, \cdots, x_n + hu_n) - f(x_1, x_2, \cdots, x_n)}{h}$$

방향도함수는 편미분의 일반화라고 할 수 있다. 예를 들어 단위벡터 $\boldsymbol{u}$가 $\boldsymbol{u} = \boldsymbol{e}_i = (0, \cdots, 1, \cdots, 0)$이라고 할 때 $D_{\boldsymbol{u}} f = \dfrac{\partial f}{\partial x_i}$에 대응한다. 더 일반적으로는 점 $P(a, b)$에서 단위벡터 $\boldsymbol{u}$ 방향으로의 미분을 생각할 수 있으며, 이 개념이 바로 $D_{\boldsymbol{u}} f(a, b)$이다.

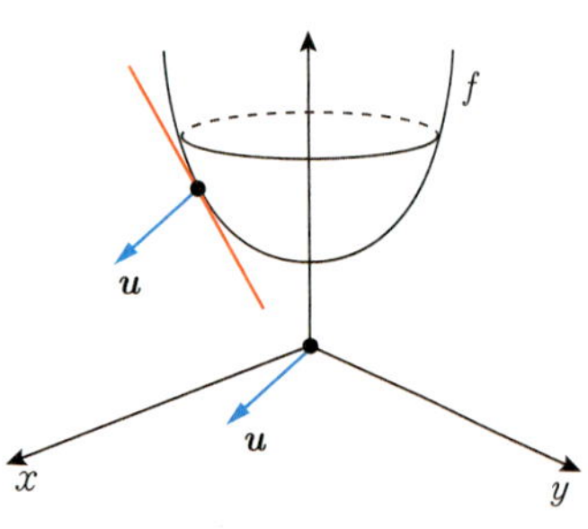

[그림 9-1] u 방향으로의 함수 f의 방향도함수

예제 9-8 방향도함수

다변수함수 $f(x, y) = x^2 + y^2$에 대하여, $\boldsymbol{u}_1 = (1, 0)$, $\boldsymbol{u}_2 = (0, 1)$, $\boldsymbol{u}_3 = \left(\dfrac{1}{\sqrt{2}}, \dfrac{1}{\sqrt{2}}\right)$일 때 다음 물음에 답하라.

(a) 세 벡터 $\boldsymbol{u}_1, \boldsymbol{u}_2, \boldsymbol{u}_3$가 단위벡터임을 보여라.

(b) 이 함수의 그래프를 그려라.

(c) 각 단위벡터 방향으로의 함수 f의 방향도함수 $D_{\boldsymbol{u}}f(x, y)$를 정의를 이용하여 구하라.

(d) 이 함수의 그래프 위의 점 $(0, 0)$에서 $\boldsymbol{u}_3$ 방향으로의 함수 f의 방향도함수 $D_{\boldsymbol{u}_3}f(0, 0)$을 그림으로 나타내라.

풀이

(a) $\boldsymbol{u}_1$, $\boldsymbol{u}_2$는 명백히 단위벡터이고, $|\boldsymbol{u}_3| = \sqrt{\frac{1}{2}+\frac{1}{2}} = 1$이므로 $\boldsymbol{u}_3$도 단위벡터이다.

(b)

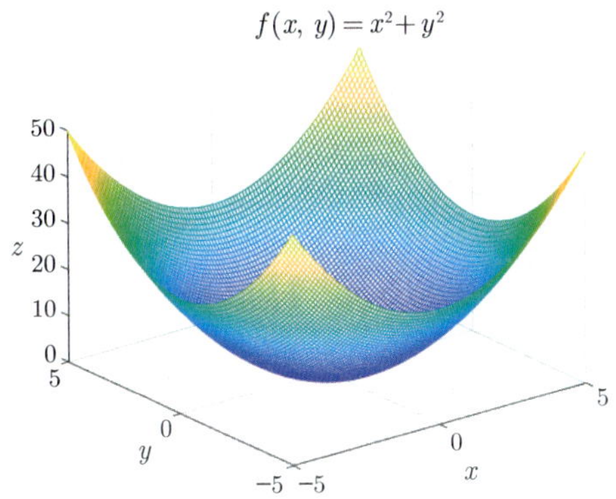

(c) 앞서 살펴본 내용에 따라 $D_{\boldsymbol{u}_1}f = \frac{\partial f}{\partial x} = 2x$, $D_{\boldsymbol{u}_2}f = \frac{\partial f}{\partial y} = 2y$이다. $D_{\boldsymbol{u}_3}$를 구하기 위해 일반적인 방향도함수의 정의를 이용한다. 일반적인 $\boldsymbol{u} = (u_1, u_2)$에 대해 다음이 성립한다.

$$
\begin{aligned}
D_{\boldsymbol{u}}f(x, y) &= \lim_{h \to 0} \frac{f(x+hu_1, y+hu_2) - f(x, y)}{h} \\
&= \lim_{h \to 0} \frac{(x+hu_1)^2 + (y+hu_2)^2 - (x^2+y^2)}{h} \\
&= \lim_{h \to 0} \frac{2xhu_1 + h^2u_1^2 + 2yhu_2 + h^2u_2^2}{h} \\
&= \lim_{h \to 0} \left(2xu_1 + hu_1^2 + 2yu_2 + hu_2^2\right) \\
&= 2xu_1 + 2yu_2
\end{aligned}
$$

따라서 각 단위벡터 $\boldsymbol{u}$ 방향으로의 함수 f의 방향도함수는 다음과 같다.

(i) $\boldsymbol{u} = (1, 0) = \boldsymbol{u}_1$일 때, $D_{\boldsymbol{u}}f(x, y) = 2x$

(ii) $\boldsymbol{u} = (0, 1) = \boldsymbol{u}_2$일 때, $D_{\boldsymbol{u}}f(x, y) = 2y$

(iii) $\boldsymbol{u} = \left(\frac{1}{\sqrt{2}}, \frac{1}{\sqrt{2}}\right) = \boldsymbol{u}_3$일 때, $D_{\boldsymbol{u}}f(x, y) = \frac{1}{\sqrt{2}}(2x+2y)$

(d) $D_{u_3}f(0, 0) = \frac{1}{\sqrt{2}}(0+0) = 0$을 그림으로 나타내면 다음과 같다.

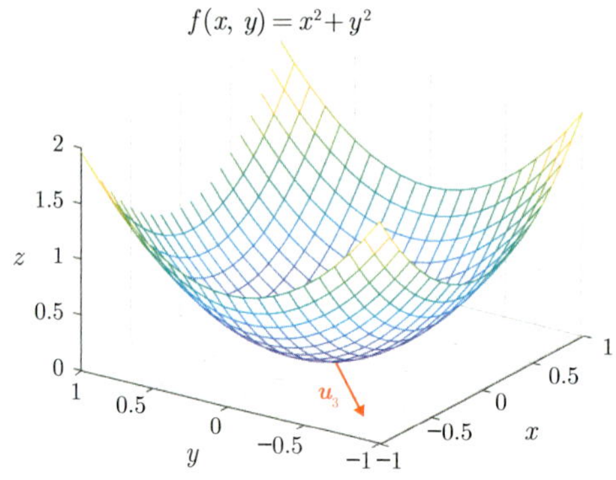

먼저 (a), (c), (d)에 대한 파이썬 코드를 살펴본 다음, (b)에 대한 코드를 따로 확인한다.

파이썬 코드

```
import sympy as sym
import numpy as np

# 문제 (a)
print("문제 (a)")
u1 = np.array([1, 0])
print("u_1은 단위벡터인가?", np.dot(u1, u1) == 1)
u2 = np.array([0, 1])
print("u_2는 단위벡터인가?", np.dot(u2, u2) == 1)
u3 = np.array([1/np.sqrt(2), 1/np.sqrt(2)])
print("u_3는 단위벡터인가?", round(np.dot(u3, u3)) == 1)
print("\n")

# 문제 (c)
x, y, u, v = sym.symbols('x y u v')  # x, y, u, v를 미지수로 선언
f = x**2+y**2  # 함수 f

df_dx = sym.diff(f, x)  # x로 미분
df_dy = sym.diff(f, y)  # y로 미분
D = df_dx*u + df_dy*v
D_u1 = D.subs([(u, 1), (v, 0)])
D_u2 = D.subs([(u, 0), (v, 1)])
D_u3 = D.subs([(u, 1/sym.sqrt(2)), (v, 1/sym.sqrt(2))])
print("문제 (c)")
print("u_1 방향으로의 함수 f의 방향도함수 = ", D_u1)
print("u_2 방향으로의 함수 f의 방향도함수 = ", D_u2)
print("u_3 방향으로의 함수 f의 방향도함수 = ", D_u3)
print("\n")

# 문제 (d)
print("문제 (d)")
D_u3_eval = D_u3.subs([(x, 0), (y, 0)])
print("u_3 방향으로의 함수 f의 방향도함수에서 (0,0)의 값 = ", D_u3_eval)
```

실행 결과

```
문제 (a)
u_1은 단위벡터인가? True
u_2는 단위벡터인가? True
u_3는 단위벡터인가? True

문제 (c)
u_1 방향으로의 함수 f의 방향도함수 =  2*x
u_2 방향으로의 함수 f의 방향도함수 =  2*y
u_3 방향으로의 함수 f의 방향도함수 =  sqrt(2)*x + sqrt(2)*y

문제 (d)
u_3 방향으로의 함수 f의 방향도함수에서 (0,0)의 값 = 0
```

파이썬 코드

```python
# 문제 (b)
import matplotlib.pyplot as plt
import numpy as np
from mpl_toolkits.mplot3d import Axes3D

fig = plt.figure(figsize=(9, 6))
ax = fig.add_subplot(111, projection='3d')

x = np.arange(-5, 5, 0.1)
y = np.arange(-5, 5, 0.1)
x_m, y_m = np.meshgrid(x, y)
z = x_m**2+y_m**2

ax.set_title("problem (b)")
ax.set_xlabel("x axis")
ax.set_ylabel("y axis")
ax.set_zlabel("z axis")

ax.plot_wireframe(x_m, y_m, z, rstride=1, cstride=1)
fig.show()
```

실행 결과

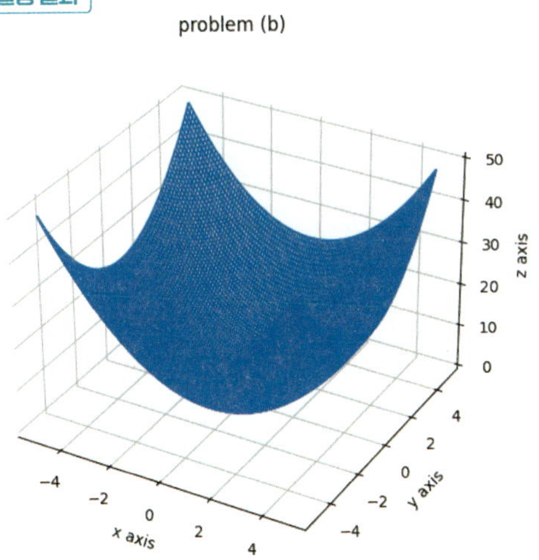

방향도함수와 편도함수 사이에는 다음과 같은 관계가 성립한다.

정리 9-3 방향도함수의 성질

다변수함수 $f : \mathbb{R}^n \rightarrow \mathbb{R}$에 대하여, 단위벡터 $\boldsymbol{u} = (u_1, u_2, \cdots, u_n)$ 방향으로의 함수 f의 방향도함수를 $D_{\boldsymbol{u}} f$라고 하면 다음이 성립한다.

$$D_{\boldsymbol{u}} f(x_1, x_2, \cdots, x_n) = \frac{\partial f}{\partial x_1} u_1 + \frac{\partial f}{\partial x_2} u_2 + \cdots + \frac{\partial f}{\partial x_n} u_n$$
$$= \nabla f \cdot \boldsymbol{u}$$

예제 9-9 방향도함수의 성질

다변수함수 $f(x, y) = x^2 + y^2$에 대하여 $\boldsymbol{u}_1 = (1, 0)$, $\boldsymbol{u}_2 = (0, 1)$, $\boldsymbol{u}_3 = \left(\frac{1}{\sqrt{2}}, \frac{1}{\sqrt{2}}\right)$이라 할 때, [정리 9-3]을 이용하여 $D_{\boldsymbol{u}_i} f(x, y)$를 구하라.

풀이

$D_{\boldsymbol{u}} f(x, y) = \frac{\partial f}{\partial x} u_1 + \frac{\partial f}{\partial y} u_2$이므로 각각 다음과 같다.

$$D_{\boldsymbol{u}_1} = (2x)1 + (2y)0 = 2x$$
$$D_{\boldsymbol{u}_2} = (2x)0 + (2y)1 = 2y$$
$$D_{\boldsymbol{u}_3} = (2x)\frac{1}{\sqrt{2}} + (2y)\frac{1}{\sqrt{2}} = \frac{1}{\sqrt{2}}(2x + 2y) = \sqrt{2}(x + y)$$

파이썬 코드

```python
import sympy as sym
import numpy as np

x, y, u, v = sym.symbols('x y u v')  # x, y, u, v를 미지수로 선언
f = x**2+y**2  # 함수 f

df_dx = sym.diff(f, x)  # x로 미분
df_dy = sym.diff(f, y)  # y로 미분
D = df_dx*u + df_dy*v
D_u1 = D.subs([(u, 1), (v, 0)])
D_u2 = D.subs([(u, 0), (v, 1)])
D_u3 = D.subs([(u, 1/sym.sqrt(2)), (v, 1/sym.sqrt(2))])
```

```
print("u_1 방향으로의 함수 f의 방향도함수 = ", D_u1)
print("u_2 방향으로의 함수 f의 방향도함수 = ", D_u2)
print("u_3 방향으로의 함수 f의 방향도함수 = ", D_u3)
```

실행 결과

```
u_1 방향으로의 함수 f의 방향도함수 =  2*x
u_2 방향으로의 함수 f의 방향도함수 =  2*y
u_3 방향으로의 함수 f의 방향도함수 =  sqrt(2)*x + sqrt(2)*y
```

변수가 하나일 경우 미분가능하다는 말은 평균값의 극한이 존재함을 의미한다. 그러나 변수가 두 개 이상인 함수에 대해 미분가능하다는 말은 정의하기 조금 복잡하다. 참고로 x_i에 대한 미분이 존재한다고 해서 이 함수가 반드시 미분가능하다고 할 수는 없다. 다변수함수의 미분가능에 관한 형식적 정의는 다음과 같다.

정의 9-8 다변수함수의 미분가능

다변수함수 $f : \mathbb{R}^n \to \mathbb{R}$과 벡터 $\boldsymbol{a} = (a_1, \cdots, a_n) \in \mathbb{R}^n$에 대하여, 함수 f의 증분 Δf를 다음과 같이 정의한다.

$$\Delta f = f(a_1 + \Delta x_1, \cdots, a_n + \Delta x_n) - f(a_1, \cdots, a_n)$$

이때 $\Delta f = \sum_{i=1}^{n} \frac{\partial f}{\partial x_i}(\boldsymbol{a}) \Delta x_i + \sum_{i=1}^{n} \epsilon_i \Delta x_i$가 성립하면 함수 f는 벡터 $\boldsymbol{a}$에서 **미분가능**(differentiable)하다고 한다. 단, 여기서 각 i에 대하여 ϵ_i는 $\Delta x_1, \cdots, \Delta x_n$에 관한 함수이고, $\Delta x_i \to 0$일 때 $\epsilon_i \to 0$을 만족한다.

좀 더 직관적으로 다변수함수가 미분가능하다는 것은 모든 단위벡터에 대해 방향도함수가 존재한다는 내용을 포함해야 한다.

[정의 9-8]을 $n=2$인 경우에 대해 생각해보자. 다변수함수 $f : \mathbb{R}^2 \to \mathbb{R}$이 벡터 $\boldsymbol{a} = (a_1, a_2)$에서 미분가능하다는 말은 다음이 성립함을 의미한다.

$$\Delta f = \frac{\partial f}{\partial x_1} \Delta x_1 + \frac{\partial f}{\partial x_2} \Delta x_2 + \epsilon_1 \Delta x_1 + \epsilon_2 \Delta x_2$$

즉 $f(a_1+\triangle x_1, a_2+\triangle x_2)-f(a_1, a_2)=\frac{\partial f}{\partial x_1}(\boldsymbol{a})\triangle x_1+\frac{\partial f}{\partial x_2}(\boldsymbol{a})\triangle x_2+\epsilon_1\triangle x_1+\epsilon_2\triangle x_2$가 성립해야 한다. 따라서 $\triangle x_1$, $\triangle x_2$가 0에 가까워질 때, ϵ_1, ϵ_2도 0에 가까워지므로 다음과 같다.

$$f(a_1+\triangle x_1, a_2+\triangle x_2) \approx f(a_1, a_2)+\frac{\partial f}{\partial x_1}(\boldsymbol{a})\triangle x_1+\frac{\partial f}{\partial x_2}(\boldsymbol{a})\triangle x_2$$

앞의 식은 마치 변수가 하나인 함수의 점 a_1에서의 선형근사(linear approximation)를 연상케 한다. 즉 다변수함수가 미분가능하다는 말은 $\boldsymbol{a}=(a_1, \cdots, a_n)\in\mathbb{R}^n$에서 다변수함수 f를 $f(a_1, \cdots, a_n)+\sum_{i=1}^{n}\frac{\partial f}{\partial x_i}(\boldsymbol{a})\triangle x_i$로 선형근사할 수 있다는 의미이다.

다음과 같은 일변수함수의 선형근사를 상기하자. 다음 식은 함수 $y=f(x)$를 $x=a$의 근방에서 근사하는 방법이다(단, x는 a 근방의 값).

$$f(x) \approx f(a)+f'(a)(x-a) \qquad \cdots ①$$

위 식의 우변을 1차 테일러 다항식이라고 한다. 이 근사식은 사실은 $f'(a)$를 조금 다르게 표현한 식이다. 왜냐하면 $\lim_{x\to a}\frac{f(x)-f(a)}{x-a}=f'(a)$이므로 다음과 같이 나타낼 수 있고, 식 ①과 ②는 동치이기 때문이다.

$$\frac{f(x)-f(a)}{x-a} \approx f'(a) \qquad \cdots ②$$

따라서 $f(a_1+\triangle x_1, a_2+\triangle x_2)$에서 a_2와 $\triangle x_2$가 없다고 가정하면 다음과 같다.

$$f(a+\triangle x) \approx f(a)+\frac{df}{dx}(a)\triangle x$$

여기서 $\triangle x=h$라고 하면 다음이 성립한다.

$$f(a+h) \approx f(a)+f'(a)h \iff \frac{f(a+h)-f(a)}{h} \approx f'(a) \qquad \cdots ③$$

$x-a=h$이므로 식 ②와 ③은 동치이다.

다음으로 딥러닝에서 필수로 사용되는 법칙인 연쇄법칙에 대해 알아보자. 비용함수는 다변수함수인데 비용을 최소로 만들기 위해서는 편미분이 필요하고, 이때의 미분은 가중치에 대해 진행하므로 연쇄법칙이 필요하다.

정리 9-4 다변수함수의 연쇄법칙 1

다변수함수 $z = f(x_1, x_2, \cdots, x_n)$은 각 변수 x_i에 대하여 미분가능하고, 각 변수 x_i는 또 다른 변수 t에 대하여 미분가능한 함수, 즉 $x_i = x_i(t)$라고 하자. 그러면 $z = f(x_1, x_2, \cdots, x_n) = f(x_1(t), x_2(t), \cdots, x_n(t)) \in \mathbb{R}$은 t에 대하여 미분가능한 함수이고, 도함수 $\frac{dz}{dt}$는 다음과 같다.

$$\frac{dz}{dt} = \frac{\partial f}{\partial x_1}\frac{dx_1}{dt} + \frac{\partial f}{\partial x_2}\frac{dx_2}{dt} + \cdots + \frac{\partial f}{\partial x_n}\frac{dx_n}{dt}$$

예제 9-10 다변수함수의 연쇄법칙 1

다음 함수의 t에 대한 도함수를 구하라.

(a) $z = f(x, y) = x^2 + y^2,\ x = \cos t,\ y = \sin t$

(b) $z = f(x, y, z) = x^2 + xy + yz^2,\ x = 2t,\ y = t^2,\ z = t - 1$

풀이

(a) $$\frac{dz}{dt} = \frac{\partial f}{\partial x}\frac{dx}{dt} + \frac{\partial f}{\partial y}\frac{dy}{dt}$$
$$= 2x(-\sin t) + 2y(\cos t) = 2\cos t(-\sin t) + 2\sin t(\cos t) = 0$$

(b) 여기서는 두 가지 방법을 소개하며 첫 번째 방법을 추천한다.

[방법 1]

$$\frac{dz}{dt} = \frac{\partial f}{\partial x}\frac{dx}{dt} + \frac{\partial f}{\partial y}\frac{dy}{dt} + \frac{\partial f}{\partial z}\frac{dz}{dt}$$
$$= (2x + y)(2) + (x + z^2)(2t) + 2yz(1)$$
$$= 2(4t + t^2) + (2t + (t-1)^2)(2t) + 2t^2(t-1)$$
$$= 8t + 2t^2 + 4t^2 + 2t^3 - 4t^2 + 2t + 2t^3 - 2t^2$$
$$= 4t^3 + 10t$$

[방법 2]

$z = f(x, y, z)$를 t에 대해 나타내면 다음과 같다.

$$z = f(x, y, z) = (2t)^2 + (2t)t^2 + t^2(t-1)^2$$
$$= 4t^2 + 2t^3 + t^4 - 2t^3 + t^2 = t^4 + 5t^2$$

위 식을 t에 대해 직접 미분하면 다음과 같다.

$$\frac{dz}{dt} = (t^4 + 5t^2)' = 4t^3 + 10t$$

파이썬 코드

```
import sympy as sym

# 문제 (a)
t = sym.Symbol('t')
x = sym.cos(t)
y = sym.sin(t)
z = x**2+y**2

dz_dt = sym.diff(z, t)
print("(a) t에 대한 도함수 = ", dz_dt)

# 문제 (b)
t = sym.Symbol('t')
x = 2*t
y = t**2
z = t-1
f = x**2+x*y+y*z**2

df_dt = sym.diff(f, t)
print("(b) t에 대한 도함수 = ", df_dt)
```

실행 결과

```
(a) t에 대한 도함수 =  0
(b) t에 대한 도함수 =  t**2*(2*t - 2) + 6*t**2 + 2*t*(t - 1)**2 + 8*t
```

이번에는 다변수함수를 여러 변수에 대해 미분할 때 사용하는 연쇄법칙을 알아보자.

정리 9-5 다변수함수의 연쇄법칙 2

다변수함수 $z = f(x_1, x_2, \cdots, x_n)$이 각 변수 x_i에 대해 미분가능하고, 각 변수 x_i는 또 다른 변수들 $t_i (i = 1, \cdots, k)$에 대해 미분가능한 함수, 즉 $x_i = x_i(t_1, t_2, \cdots, t_k)$라고 하자. 그러면 $z = f(x_1, x_2, \cdots, x_n)$은 각 t_i에 대해 미분가능한 함수이고, 도함수 $\frac{\partial z}{\partial t_i}$는 다음과 같다.

$$\frac{\partial z}{\partial t_i} = \frac{\partial f}{\partial x_1}\frac{\partial x_1}{\partial t_i} + \frac{\partial f}{\partial x_2}\frac{\partial x_2}{\partial t_i} + \cdots + \frac{\partial f}{\partial x_n}\frac{\partial x_n}{\partial t_i} \quad (i = 1, \cdots, k)$$

예제 9-11 다변수함수의 연쇄법칙 2

함수 $z = f(x, y) = e^{2x} + \ln y$, $x = u + 2v$, $y = u^2 v$의 도함수 $\dfrac{\partial z}{\partial u}$, $\dfrac{\partial z}{\partial v}$를 구하라.

풀이

[정리 9-5]에 의해 다음이 성립한다.

$$\frac{\partial z}{\partial u} = \frac{\partial f}{\partial x}\frac{\partial x}{\partial u} + \frac{\partial f}{\partial y}\frac{\partial y}{\partial u} = 2e^{2x} \cdot 1 + \frac{1}{y}2uv = 2e^{2u+4v} + \frac{2}{u}$$

$$\frac{\partial z}{\partial v} = \frac{\partial f}{\partial x}\frac{\partial x}{\partial v} + \frac{\partial f}{\partial y}\frac{\partial y}{\partial v} = 2e^{2x} \cdot 2 + \frac{1}{y}u^2 = 4e^{2u+4v} + \frac{1}{v}$$

파이썬 코드

```python
import sympy as sym

u, v = sym.symbols('u v')
x = u+2*v
y = u**2*v
z = sym.exp(2*x)+sym.log(y)

dz_du = sym.diff(z, u)
print("u에 대한 도함수 = ", dz_du)
dz_dv = sym.diff(z, v)
print("v에 대한 도함수 = ", dz_dv)
```

실행 결과

```
u에 대한 도함수 =  2*exp(2*u + 4*v) + 2/u
v에 대한 도함수 =  4*exp(2*u + 4*v) + 1/v
```

9.2 경사 하강법

변수의 값을 조정하면서 비용함수를 최소화하는 방법을 경사 하강법이라고 한다. 비유적으로 말하면 산에서 내려갈 때 가장 빠르게 내려가는 방법은 경사가 가파른 쪽으로 내려가는 것인데, 이러한 경험적 사실을 수학 개념인 그래디언트를 이용해 기술할 수 있다.

앞서 [정리 9-3]에서 살펴본 방향도함수의 성질을 다시 정리하면, 단위벡터 $\boldsymbol{u}=(u_1, u_2, \cdots, u_n)$ 방향으로의 함수 f의 방향도함수 $D_{\boldsymbol{u}}f$와 그래디언트 $\nabla f(x_1, x_2, \cdots, x_n)$에 대해 $D_{\boldsymbol{u}}f(x_1, x_2, \cdots, x_n) = \nabla f(x_1, x_2, \cdots, x_n) \cdot \boldsymbol{u}$가 성립한다. 이와 같은 성질을 바탕으로 경사 하강법(gradient descent) 개념을 이해해보자.

정리 9-6 경사 하강법

다변수함수 $f : \mathbb{R}^n \to \mathbb{R}$이 가장 빨리 증가하는 방향은 그래디언트 ∇f 방향이다. 또한 임의의 단위벡터 $\boldsymbol{u}$에 대해 다음이 성립한다.

$$\max_{\boldsymbol{u}} D_{\boldsymbol{u}}f(x_1, x_2, \cdots, x_n) = |\nabla f(x_1, x_2, \cdots, x_n)|$$
$$\min_{\boldsymbol{u}} D_{\boldsymbol{u}}f(x_1, x_2, \cdots, x_n) = -|\nabla f(x_1, x_2, \cdots, x_n)|$$

증명

임의의 단위벡터 $\boldsymbol{u}$에 대해 $D_{\boldsymbol{u}}f(x_1, x_2, \cdots, x_n) = \nabla f(x_1, x_2, \cdots, x_n) \cdot \boldsymbol{u}$이다. 따라서 $D_{\boldsymbol{u}}f(x_1, x_2, \cdots, x_n) = \nabla f(x_1, x_2, \cdots, x_n) \cdot \boldsymbol{u} = |\nabla f(x_1, x_2, \cdots, x_n)||\boldsymbol{u}|\cos\theta$이므로, $\boldsymbol{u}$가 ∇f 방향의 벡터일 때 $D_{\boldsymbol{u}}f$가 최댓값 $|\nabla f|$를 갖는다. 마찬가지로 $\boldsymbol{u}$가 $-\nabla f$ 방향의 벡터일 때 $D_{\boldsymbol{u}}f$가 최솟값 $-|\nabla f|$를 갖는다. ■

예제 9-12 경사 하강법

다변수함수 $f(x, y) = x^2 + y^3$과 벡터 $\boldsymbol{a} = (1, 2)$에 대해 다음 물음에 답하라.

(a) $D_{\boldsymbol{u}}f(1, 2)$의 최댓값과 이 값에 해당하는 단위벡터 $\boldsymbol{u}$를 구하라.

(b) $D_{\boldsymbol{u}}f(1, 2)$의 최솟값과 이 값에 해당하는 단위벡터 $\boldsymbol{u}$를 구하라.

풀이

(a) $\nabla f(1, 2) = (2x, 3y^2)|_{(1,2)} = (2, 12)$이므로 $D_u f(1, 2)$의 최댓값은 다음과 같다.

$$|\nabla f(1, 2)| = \sqrt{2^2 + 12^2} = \sqrt{148} = 2\sqrt{37}$$

이 값에 해당하는 방향벡터 $\boldsymbol{u}$는 $\dfrac{1}{2\sqrt{37}}(2, 12) = \dfrac{1}{2\sqrt{37}}(2, 12) = \dfrac{1}{\sqrt{37}}(1, 6)$이다.

(b) $\nabla f(1, 2) = (2x, 3y^2)|_{(1,2)} = (2, 12)$이므로 $D_u f(1, 2)$의 최솟값은 다음과 같다.

$$-|\nabla f(1, 2)| = -\sqrt{2^2 + 12^2} = -\sqrt{148} = -2\sqrt{37}$$

이 값에 해당하는 방향벡터 $\boldsymbol{u}$는 $-\dfrac{1}{2\sqrt{37}}(2, 12) = -\dfrac{1}{\sqrt{37}}(1, 6)$이다.

파이썬 코드

```
import sympy as sym
import numpy as np

x, y = sym.symbols('x y')  # x, y를 미지수로 선언
f = x**2 + y**3  # 함수 f

df_dx = sym.diff(f, x)  # x로 미분
df_dy = sym.diff(f, y)  # y로 미분

# 문제 (a)
print("문제 (a)")
Point_1 = np.array([df_dx.subs([(x, 1), (y, 2)]), df_dy.subs([(x, 1), (y, 2)])])
print("gradient of f(1,2) = ", Point_1 )
max_val = sym.sqrt(np.dot(Point_1, Point_1))
print("최댓값 = ", max_val)
print("방향벡터 = ", 1/max_val*Point_1)
print("\n")

# 문제 (b)
print("문제 (b)")
Point_1 = np.array([df_dx.subs([(x, 1), (y, 2)]), df_dy.subs([(x, 1), (y, 2)])])
print("gradient of f(1,2) = ", Point_1 )
min_val = -sym.sqrt(np.dot(Point_1, Point_1))
print("최솟값 = ", min_val)
print("방향벡터 = ", 1/min_val*Point_1)
```

실행 결과

```
문제 (a)
gradient of f(1,2) =  [2 12]
최댓값 =  2*sqrt(37)
방향벡터 =  [sqrt(37)/37 6*sqrt(37)/37]
```

```
문제 (b)
gradient of f(1,2) =  [2 12]
최솟값 =  -2*sqrt(37)
방향벡터 =  [-sqrt(37)/37 -6*sqrt(37)/37]
```

함수의 최댓값과 최솟값을 구할 때 자주 사용되는 또 다른 방법으로 **라그랑즈 승수법**(Lagrange multiplier method)이 있다.

정리 9-7 라그랑즈 승수법

두 다변수함수 $f:\mathbb{R}^n \to \mathbb{R}$과 $g:\mathbb{R}^n \to \mathbb{R}$이 미분가능하다고 하자. 이때 $g(\boldsymbol{x})=0$을 만족하는 모든 $\boldsymbol{x}$에 대하여 $f(\boldsymbol{x})$의 최댓값 또는 최솟값에 대응하는 해 $\boldsymbol{x}^* \in \mathbb{R}^n$은 적당한 실수 λ에 대해 다음을 만족한다.

$$\nabla f(\boldsymbol{x}^*) = \lambda \nabla g(\boldsymbol{x}^*)$$

예제 9-13 라그랑주 승수법

다변수함수 $f(x, y)=x^2+y^2$의 변수 x, y가 $3x^2+4y^2=5$를 만족할 때, 함수 f의 최댓값과 이 값에 대응하는 (x^*, y^*)를 구하라. 또한 함수 f의 최솟값과 이 값에 대응하는 (x^*, y^*)를 구하라.

풀이

$g(x, y)=3x^2+4y^2-5$라고 할 때, $g(x, y)=0$을 만족하는 (x, y) 중 $f(x, y)$를 최대 또는 최소로 하는 (x, y)를 찾고자 한다. 이때 라그랑즈 승수법에 의해 다음이 성립한다.

$$\nabla f(x, y)=\lambda \nabla g(x, y) \ \ (\text{단, } \lambda\text{는 실수})$$

따라서 다음이 성립한다.

$$(2x, 2y)=\lambda(6x, 8y) \ \Leftrightarrow \ \begin{cases} 2x=6\lambda x \\ 2y=8\lambda y \end{cases} \ \Leftrightarrow \ \begin{cases} x=3\lambda x \\ y=4\lambda y \end{cases} \qquad \cdots①$$

경우 1) $x=0$이라고 하자. 조건에 의해 $0=g(0, y)$이므로 다음과 같다.

$$g(0, y)=4y^2-5=0 \ \Leftrightarrow \ y=\pm\frac{\sqrt{5}}{2}$$

$\left(0, \pm\frac{\sqrt{5}}{2}\right)$에서 함숫값은 $f\left(0, \pm\frac{\sqrt{5}}{2}\right)=0^2+(\pm\sqrt{5}/2)^2=\frac{5}{4}$이다(이때 $\lambda=\frac{1}{4}$이나 이 값을 여기서 사용하지는 않는다).

경우 2) $x \neq 0$이라고 하자. 식 ①의 첫 번째 식에서 양변을 x로 나누면 $\lambda = \frac{1}{3}$이고, $y = 4\lambda y = \frac{4}{3}y$이므로 $y = 0$이다. 따라서 조건에 의해 $0 = g(x, 0)$이므로 $3x^2 + 4 \cdot 0^2 = 5$이다. 그러므로 $x^2 = \frac{5}{3}$이므로 $x = \pm\frac{\sqrt{5}}{\sqrt{3}}$이다. $\left(\pm\frac{\sqrt{5}}{\sqrt{3}}, 0\right)$에서 함숫값은 $f\left(\pm\frac{\sqrt{5}}{\sqrt{3}}, 0\right) = \left(\pm\frac{\sqrt{5}}{\sqrt{3}}\right)^2 + 0^2 = \frac{5}{3}$이다.

그러므로 함수 f의 최댓값은 $\frac{5}{3}$이고, 이때 $(x^*, y^*) = \left(\pm\frac{\sqrt{15}}{3}, 0\right)$이다. 또한 함수 f의 최솟값은 $\frac{5}{4}$이고, 이때 $(x^*, y^*) = \left(0, \pm\frac{\sqrt{5}}{2}\right)$이다.

파이썬 코드

```
import sympy as sym
import numpy as np

x, y, L= sym.symbols('x y L')  # x, y, L을 미지수로 선언
f = x**2+ y**2
g = 3*x**2 + 4*y**2 - 5

df_dx = sym.diff(f, x)  # x로 미분
df_dy = sym.diff(f, y)  # y로 미분

dg_dx = sym.diff(g, x)  # x로 미분
dg_dy = sym.diff(g, y)  # y로 미분

# 수식.coeff() : 수식의 특정항의 계수를 반환하는 함수
print("f(x,y) = ", f)
print("g(x,y) = ", g)
print("x = ", dg_dx*L / df_dx.coeff(x,1))
print("y = ", dg_dy*L / df_dy.coeff(y,1))
print("\n")

print("경우 1) x = 0")
g_y = g.subs([(x, 0)])
print("g(0, y) = ", g_y)
g_y_sol  = sym.solve(sym.Eq(g_y, 0), y)
print("y = ", g_y_sol)
print("f(x, ",g_y_sol[0], ") = ", f.subs([(x, 0), (y, g_y_sol[0])]))
print("f(x, ",g_y_sol[1], ") = ", f.subs([(x, 0), (y, g_y_sol[1])]))
print("\n")

print("경우 2) x != 0")
g_x = g.subs([(y, 0)])
print("g(x, 0) = ", g_x)
g_x_sol  = sym.solve(sym.Eq(g_x, 0), x)
print("x = ", g_x_sol)
print("f(" ,g_x_sol[0], ", 0 ) = ", f.subs([(x, g_x_sol[0]), (y, 0)]))
print("f(" ,g_x_sol[1], ", 0 ) = ", f.subs([(x, g_x_sol[1]), (y, 0)]))
print("\n")
```

```python
print("f의 최댓값 = ", f.subs([(x, g_x_sol[0]), (y, 0)]), "이고, ")
print("이때 (x, y) = ",(g_x_sol[0], 0), ",", (g_x_sol[1], 0), "이다." )
print("f의 최솟값 = ", f.subs([(x, 0), (y, g_y_sol[0])]), "이고, ")
print("이때 (x, y) = ",(0, g_y_sol[0]), ",", (0, g_y_sol[1]), "이다." )
```

실행 결과

```
f(x,y) =  x**2 + y**2
g(x,y) =  3*x**2 + 4*y**2 - 5
x =  3*L*x
y =  4*L*y

경우 1) x = 0
g(0, y) =  4*y**2 - 5
y =  [-sqrt(5)/2, sqrt(5)/2]
f(x,  -sqrt(5)/2 ) =  5/4
f(x,  sqrt(5)/2 ) =  5/4

경우 2) x != 0
g(x, 0) =  3*x**2 - 5
x =  [-sqrt(15)/3, sqrt(15)/3]
f( -sqrt(15)/3 , 0 ) =  5/3
f( sqrt(15)/3 , 0 ) =  5/3

f의 최댓값 =  5/3 이고,
이때 (x, y) =  (-sqrt(15)/3, 0) , (sqrt(15)/3, 0) 이다.
f의 최솟값 =  5/4 이고,
이때 (x, y) =  (0, -sqrt(5)/2) , (0, sqrt(5)/2) 이다.
```

라그랑주 승수법의 조건이 여러 개인 경우에도 다음과 같이 유사한 식이 성립한다.

정리 9-8 라그랑즈 승수법의 일반화

다변수함수 $f : \mathbb{R}^n \to \mathbb{R}$과 $g_i : \mathbb{R}^n \to \mathbb{R}\ (i=1, \cdots, k)$이 미분가능하다고 하자. 이때

$$\begin{cases} g_1(\boldsymbol{x}) = 0 \\ \vdots \\ g_k(\boldsymbol{x}) = 0 \end{cases}$$

을 만족하는 모든 $\boldsymbol{x}$에 대하여 $f(\boldsymbol{x})$의 최댓값 또는 최솟값에 대응하는 해 $\boldsymbol{x}^* \in \mathbb{R}^n$은 적당한 실수 $\lambda_1, \cdots, \lambda_k$에 대해 다음을 만족한다.

$$\nabla f(\boldsymbol{x}^*) = \lambda_1 \nabla g_1(\boldsymbol{x}^*) + \cdots + \lambda_k \nabla g_k(\boldsymbol{x}^*)$$

예제 9-14 라그랑주 승수법의 일반화

다변수함수 $f(x, y) = x^2 + y^2$의 변수 x, y가 $3x^2 + 4y^2 = 5$와 $x + y = 1$을 만족할 때, 함수 f의 최댓값과 이 값에 대응하는 (x^*, y^*)를 구하라. 또한 함수 f의 최솟값과 이 값에 대응하는 (x^*, y^*)를 구하라.

풀이

$f(x, y) = x^2 + y^2$, $g_1(x, y) = 3x^2 + 4y^2 - 5$, $g_2(x, y) = x + y - 1$이라고 하자. 라그랑즈 승수법에 의해 다음이 성립한다.

$$\nabla f(x, y) = \lambda_1 \nabla g_1(x, y) + \lambda_2 \nabla g_2(x, y)$$

따라서 다음이 성립한다.

$$\begin{cases} 2x = \lambda_1(6x) + \lambda_2(1) \\ 2y = \lambda_1(8y) + \lambda_2(1) \end{cases}$$

위의 두 식을 빼면 다음과 같다.

$$2x - 2y = \lambda_1(6x - 8y) \quad \Leftrightarrow \quad x - y = \lambda_1(3x - 4y) \qquad \cdots ①$$

그런데 조건에 의해 $g_2(x, y) = 0$이므로 $x + y - 1 = 0$, 즉 $y = -x + 1$이고 이 식을 식 ①에 대입하면 다음과 같다.

$$x - (-x + 1) = \lambda_1(3x - 4(-x + 1)) \quad \Leftrightarrow \quad 2x - 1 = \lambda_1(7x - 4)$$

또한 $y = 1 - x$는 $3x^2 + 4y^2 - 5 = 0$을 만족하므로 다음과 같다.

$$\begin{aligned} 3x^2 + 4(1 - x)^2 - 5 = 0 \quad &\Leftrightarrow \quad 3x^2 + 4x^2 - 8x + 4 - 5 = 0 \\ &\Leftrightarrow \quad 7x^2 - 8x - 1 = 0 \\ &\Leftrightarrow \quad x = \frac{4 \pm \sqrt{23}}{7} \end{aligned}$$

따라서 $y = 1 - x = \dfrac{3 \mp \sqrt{23}}{7}$이다. 이렇게 구한 x, y를 식에 대입하면 λ_1, λ_2를 구할 수 있으나 이 과정은 여기서 생략한다. 왜냐하면 우리가 관심 있는 값은 x^*, y^*이기 때문이다. 이제 앞에서 구한 x, y를 $f(x, y) = x^2 + y^2$에 대입해보자.

$$f(x, y) = \left(\frac{4 \pm \sqrt{23}}{7}\right)^2 + \left(\frac{3 \mp \sqrt{23}}{7}\right)^2 = \frac{71 + 2\sqrt{23}}{49} \text{ 또는 } \frac{71 - 2\sqrt{23}}{49}$$

따라서 함수 f의 최댓값은 $f\left(\frac{4+\sqrt{23}}{7}, \frac{3-\sqrt{23}}{7}\right) = \frac{71+2\sqrt{23}}{49}$이고, 함수 f의 최솟값은 $f\left(\frac{4-\sqrt{23}}{7}, \frac{3+\sqrt{23}}{7}\right) = \frac{71-2\sqrt{23}}{49}$이다.

파이썬 코드

```
import sympy as sym
import numpy as np

x, y, L1, L2= sym.symbols('x y L1 L2')  # x, y, L1, L2를 미지수로 선언
f = x**2+ y**2
g_1 = 3*x**2 + 4*y**2 - 5
g_2 = x+y-1

g_1.subs([(y, 1-x)])
x_sol = sym.solve(sym.Eq(g_1.subs([(y, 1-x)]), 0), x)
print("x = ", x_sol)
y_sol_0 = 1-x_sol[0]
y_sol_1 = 1-x_sol[1]
y_sol = [y_sol_0, y_sol_1]
print("y = ", y_sol)
print("\n")

print("f(" ,x_sol[0],",", y_sol[0]," ) = ", f.subs([(x, x_sol[0]), (y, y_sol[0])]))
print("f(" ,x_sol[1],",", y_sol[1]," ) = ", f.subs([(x, x_sol[1]), (y, y_sol[1])]))
print(f.subs([(x, x_sol[0]), (y, y_sol[0])]) , f.subs([(x, x_sol[1]), (y, y_sol[1])]),
      "값 중 좌측값이 큰가?",  f.subs([(x, x_sol[0]), (y, y_sol[0])]) > f.subs([(x, x_sol[1]),
      (y, y_sol[1])]) )
print("\n")

print("f의 최댓값 = ", f.subs([(x, x_sol[1]), (y, y_sol[1])]), "이고, ")
print("이때 (x, y) = ",(x_sol[1], y_sol[1]), "이다." )
print("f의 최솟값 = ", f.subs([(x, x_sol[0]), (y, y_sol[0])]), "이고, ")
print("이때 (x, y) = ",(x_sol[0], y_sol[0]), "이다." )
```

실행 결과

```
x =  [4/7 - sqrt(23)/7, 4/7 + sqrt(23)/7]
y =  [3/7 + sqrt(23)/7, 3/7 - sqrt(23)/7]

f( 4/7 - sqrt(23)/7 , 3/7 + sqrt(23)/7  ) =  (4/7 - sqrt(23)/7)**2 + (3/7 + sqrt(23)/7)**2
f( 4/7 + sqrt(23)/7 , 3/7 - sqrt(23)/7  ) =  (3/7 - sqrt(23)/7)**2 + (4/7 + sqrt(23)/7)**2
(4/7 - sqrt(23)/7)**2 + (3/7 + sqrt(23)/7)**2 (3/7 - sqrt(23)/7)**2 + (4/7 + sqrt(23)/7)**2 값 중 좌측
값이 큰가? False

f의 최댓값 =  (3/7 - sqrt(23)/7)**2 + (4/7 + sqrt(23)/7)**2 이고,
이때 (x, y) =  (4/7 + sqrt(23)/7, 3/7 - sqrt(23)/7) 이다.
f의 최솟값 =  (4/7 - sqrt(23)/7)**2 + (3/7 + sqrt(23)/7)**2 이고,
이때 (x, y) =  (4/7 - sqrt(23)/7, 3/7 + sqrt(23)/7) 이다.
```

일변수함수의 이계도함수를 다변수함수에 적용한 개념이 [정의 3-21]에서 살펴본 헤시안 행렬이다. 여기서는 점 위에서의 헤시안 행렬을 살펴보자.

정의 9-9　점 위에서의 헤시안 행렬

다변수함수 $f : \mathbb{R}^n \to \mathbb{R}$이 각 변수에 대하여 두 번 미분가능하다고 하자. 그러면 주어진 점 $\boldsymbol{a} = (a_1, a_2, \cdots, a_n) \in \mathbb{R}^n$에서의 함수 f의 **헤시안 행렬**(Hessian matrix) $H(f)(\boldsymbol{a})$는 다음과 같다.

$$H(f)(\boldsymbol{a}) = \left(\frac{\partial^2 f}{\partial x_i \partial x_j}(\boldsymbol{a})\right)_{i=1,\cdots,n,\, j=1,\cdots,n}$$
$$= \begin{bmatrix} \frac{\partial^2 f}{\partial x_1 \partial x_1}(\boldsymbol{a}) & \frac{\partial^2 f}{\partial x_1 \partial x_2}(\boldsymbol{a}) & \cdots & \frac{\partial^2 f}{\partial x_1 \partial x_n}(\boldsymbol{a}) \\ \frac{\partial^2 f}{\partial x_2 \partial x_1}(\boldsymbol{a}) & \frac{\partial^2 f}{\partial x_2 \partial x_2}(\boldsymbol{a}) & \cdots & \frac{\partial^2 f}{\partial x_2 \partial x_n}(\boldsymbol{a}) \\ \vdots & \vdots & \ddots & \vdots \\ \frac{\partial^2 f}{\partial x_n \partial x_1}(\boldsymbol{a}) & \frac{\partial^2 f}{\partial x_n \partial x_2}(\boldsymbol{a}) & \cdots & \frac{\partial^2 f}{\partial x_n \partial x_n}(\boldsymbol{a}) \end{bmatrix}$$

다변수함수 $f : \mathbb{R}^n \to \mathbb{R}$의 이차 편미분들이 존재할 때, 모든 i, j에 대해 $\frac{\partial^2 f}{\partial x_i \partial x_j}(\boldsymbol{x}) = \frac{\partial^2 f}{\partial x_j \partial x_i}(\boldsymbol{x})$가 성립한다. 따라서 이 경우 헤시안 행렬 $H(f)(\boldsymbol{x})$는 대칭행렬이다.

예제 9-15　점 위에서의 헤시안 행렬

주어진 점에서 다음 함수에 대한 헤시안 행렬을 구하라.

(a) $f(x) = x^3 + \cos x + \sigma(x)$ (단, $\sigma(x) = \frac{1}{1+e^{-x}}$), $x = 0$

(b) $f(x, y) = x^3 y^2 + \cos x \sin y$, $\boldsymbol{x} = (0, 0)$

풀이

(a) $H(f) = f'' = \frac{\partial^2 f}{\partial x^2}$이다. 따라서 $f'(x) = 3x^2 - \sin x + \frac{e^{-x}}{(1+e^{-x})^2}$이고,

$f''(x) = 6x - \cos x + \frac{e^{-2x} - e^{-x}}{(1+e^{-x})^3}$이므로, $H(f)(0) = -1$이다.

(b) $\frac{\partial f}{\partial x} = 3x^2 y^2 - \sin x \sin y$, $\frac{\partial^2 f}{\partial x^2} = 6xy^2 - \cos x \sin y$, $\frac{\partial^2 f}{\partial y \partial x} = 6x^2 y - \sin x \cos y$,

$\frac{\partial f}{\partial y} = 2x^3 y + \cos x \cos y$, $\frac{\partial^2 f}{\partial y^2} = 2x^3 - \cos x \sin y$, $\frac{\partial^2 f}{\partial x \partial y} = 6x^2 y - \sin x \cos y$이므로

헤시안 행렬은 다음과 같다.

$$H(f) = \begin{bmatrix} 6xy^2 - \cos x \sin y & 6x^2y - \sin x \cos y \\ 6x^2y - \sin x \cos y & 2x^3 - \cos x \sin y \end{bmatrix}$$

따라서 $H(f)(0,\ 0) = \begin{bmatrix} 0 & 0 \\ 0 & 0 \end{bmatrix}$ 이다.

파이썬 코드

```
import sympy  as sym
import numpy as np

# 문제 (a)
x = sym.symbols('x')  # x를 미지수로 선언
f = x**3 + sym.cos(x) + 1/(1 + sym.exp(-x))
d2f_dx2 = sym.diff(f, x, 2)  # x로 두 번 미분

print("문제 (a)")
Hessian_f = np.array([[d2f_dx2]])
print("Hessian of f = \n", Hessian_f)
Hessian_f_eval = Hessian_f[0][0].subs([(x, 0)])
print("Hessian of f(0) =", Hessian_f_eval)
print("\n")

# 문제 (b)
x, y = sym.symbols('x y')  # x, y를 미지수로 선언
f = x**3*y**2 + sym.cos(x)*sym.sin(y)
d2f_dx2 = sym.diff(f, x, 2)  # x로 두 번 미분
d2f_dyx = sym.diff(f, y, x)  # y, x 순서로 미분
d2f_dxy = sym.diff(f, x, y)  # x, y 순서로 미분
d2f_dy2 = sym.diff(f, y, 2)  # y로 두 번 미분

print("문제 (b)")
Hessian_f = np.array([[d2f_dx2, d2f_dyx], [d2f_dxy, d2f_dy2]])
print("Hessian of f = \n", Hessian_f)
Hessian_f_eval = np.zeros([2,2])
Hessian_f_eval[0][0] = Hessian_f[0][0].subs([(x, 0), (y, 0)])
Hessian_f_eval[1][0] = Hessian_f[1][0].subs([(x, 0), (y, 0)])
Hessian_f_eval[0][1] = Hessian_f[0][1].subs([(x, 0), (y, 0)])
Hessian_f_eval[1][1] = Hessian_f[1][1].subs([(x, 0), (y, 0)])
print("Hessian of f(0, 0) = \n", Hessian_f_eval)
```

실행 결과

```
문제 (a)
Hessian of f =
 [[6*x - cos(x) - exp(-x)/(1 + exp(-x))**2 + 2*exp(-2*x)/(1 + exp(-x))**3]]
Hessian of f(0) = -1

문제 (b)
Hessian of f =
 [[6*x*y**2 - sin(y)*cos(x) 6*x**2*y - sin(x)*cos(y)]
 [6*x**2*y - sin(x)*cos(y) 2*x**3 - sin(y)*cos(x)]]
```

```
Hessian of f(0, 0) =
 [[0. 0.]
 [0. 0.]]
```

일변수함수의 이계도함수가 극댓값 또는 극솟값을 판별하는 데 사용되는 것처럼, 헤시안 행렬도 극댓값 또는 극솟값을 판별하는 데 사용된다. 이 성질을 알아보기 전에 판별식으로 사용되는 정부호 행렬 개념을 먼저 알아보자.

정의 9-10 **정부호 행렬**

행렬 $A \in \mathbb{R}^{n \times n}$이 대칭행렬이라고 할 때, **0**가 아닌 임의의 (열)벡터 $\boldsymbol{x} \in \mathbb{R}^n$에 대하여 다음과 같다.

(1) $\boldsymbol{x}^{\mathrm{T}} A \boldsymbol{x} > 0$을 만족하면, 행렬 A를 **양의 정부호 행렬**(positive definite matrix)이라 하고 $A > 0$으로 표기한다.

(2) $\boldsymbol{x}^{\mathrm{T}} A \boldsymbol{x} \geq 0$을 만족하면, 행렬 A를 **양의 준정부호 행렬**(positive semi-definite matrix)이라 하고 $A \geq 0$으로 표기한다.

(3) $\boldsymbol{x}^{\mathrm{T}} A \boldsymbol{x} < 0$을 만족하면, 행렬 A를 **음의 정부호 행렬**(negative definite matrix)이라 하고 $A < 0$으로 표기한다.

(4) $\boldsymbol{x}^{\mathrm{T}} A \boldsymbol{x} \leq 0$을 만족하면, 행렬 A를 **음의 준정부호 행렬**(negative semi-definite matrix)이라 하고 $A \leq 0$으로 표기한다.

(5) 위 네 가지 중 어느 것도 만족하지 않을 경우, 행렬 A를 **부정부호 행렬**(indefinite matrix)이라고 한다.

예제 9-16 **정부호 행렬**

다음 행렬이 어떤 정부호 행렬인지 설명하라.

(a) $A = \begin{bmatrix} 1 & 0 \\ 0 & 2 \end{bmatrix}$

(b) $B = \begin{bmatrix} -1 & 1 \\ 1 & -2 \end{bmatrix}$

풀이

(a) $\boldsymbol{x}^{\mathrm{T}} = [x \ y]$를 **0**가 아닌 벡터라고 하자. $[x \ y] \begin{bmatrix} 1 & 0 \\ 0 & 2 \end{bmatrix} \begin{bmatrix} x \\ y \end{bmatrix} = [x \ 2y] \begin{bmatrix} x \\ y \end{bmatrix} = x^2 + 2y^2 > 0$이므로, 행렬 $A = \begin{bmatrix} 1 & 0 \\ 0 & 2 \end{bmatrix}$는 양의 정부호 행렬이다.

(b) $\boldsymbol{x}^{\mathrm{T}} = [x\ y]$를 0가 아닌 벡터라고 할 때 다음이 성립한다.

$$
\begin{aligned}
[x\ y]\begin{bmatrix}-1 & 1\\ 1 & -2\end{bmatrix}\begin{bmatrix}x\\ y\end{bmatrix} &= [-x+y\ \ x-2y]\begin{bmatrix}x\\ y\end{bmatrix}\\
&= (-x+y)x+(x-2y)y\\
&= -x^2+2xy-2y^2\\
&= -x^2+2xy-y^2-y^2\\
&= -(x-y)^2-y^2\\
&= -((x-y)^2+y^2)<0
\end{aligned}
$$

따라서 행렬 $B=\begin{bmatrix}-1 & 1\\ 1 & -2\end{bmatrix}$는 음의 정부호 행렬이다.

파이썬 코드

```
import numpy as np
import sympy as sym

# 어떤 정부호 행렬인지 확인하는 함수
def check_definite_matrix(func_f):
    import sympy as sym
    x, y = sym.symbols('x y')
    first_eval = func_f.subs([(x, 1), (y, 0)])
    second_eval = func_f.subs([(x, 0), (y, 1)])
    third_eval = func_f.subs([(x, -1), (y, 0)])
    fourth_eval = func_f.subs([(x, 0), (y, -1)])
    if (first_eval > 0) & (second_eval > 0) & (third_eval > 0) & (fourth_eval > 0) :
        Mat_name = 'positive definite matrix'
        return Mat_name
    elif (first_eval < 0) & (second_eval < 0) & (third_eval < 0) & (fourth_eval < 0) :
        Mat_name = 'negative definite matrix'
        return Mat_name

# 문제 (a)
A = np.array([[1,0],[0,1]])
x, y = sym.symbols('x y')
Poly_Mat_A = (sym.Matrix([x, y]).T * sym.Matrix(A)) * sym.Matrix([x, y])
Poly_A = np.array(Poly_Mat_A)
print("문제 (a)")
print('x^T*A*x = ', Poly_A[0][0])
print('행렬 A는', check_definite_matrix(Poly_A[0][0]), '이다.')
print('\n')

# 문제 (b)
B = np.array([[-1,1],[1,-2]])
x, y = sym.symbols('x y')
Poly_Mat_B = (sym.Matrix([x, y]).T * sym.Matrix(B)) * sym.Matrix([x, y])
Poly_B = np.array(Poly_Mat_B)
print("문제 (b)")
print('x^T*B*x = ', Poly_B[0][0])
print('행렬 B는', check_definite_matrix(Poly_B[0][0]), '이다.')
```

실행 결과

```
문제 (a)
x^T*A*x =  x**2 + y**2
행렬 A는 positive definite matrix 이다.

문제 (b)
x^T*B*x =  x*(-x + y) + y*(x - 2*y)
행렬 B는 negative definite matrix 이다.
```

행렬의 고윳값을 이용하면 주어진 행렬이 양의 정부호 행렬인지 음의 정부호 행렬인지 판별할 수 있다.

정리 9-9　양의[음의] 정부호 판별식

행렬 $A \in \mathbb{R}^{n \times n}$이 대칭행렬일 때, 다음이 성립한다.

(1) 행렬 A가 양의 정부호 행렬이기 위한 필요충분조건은 행렬 A의 모든 고윳값이 양수인 것이다.

(2) 행렬 A가 음의 정부호 행렬이기 위한 필요충분조건은 행렬 A의 모든 고윳값이 음수인 것이다.

예제 9-17　양의[음의] 정부호 판별식

[정리 9-9]를 이용하여 다음 행렬 A, B가 어떤 행렬인지 판별하라.

(a) $A = \begin{bmatrix} 1 & 0 \\ 0 & 2 \end{bmatrix}$　　(b) $B = \begin{bmatrix} -1 & 1 \\ 1 & -2 \end{bmatrix}$

풀이

(a) 행렬 $A = \begin{bmatrix} 1 & 0 \\ 0 & 2 \end{bmatrix}$의 고윳값을 구하면 1, 2이다. 두 고윳값이 모두 양수이므로, 행렬 A는 양의 정부호 행렬이다.

(b) 행렬 $B = \begin{bmatrix} -1 & 1 \\ 1 & -2 \end{bmatrix}$의 고윳값은 $\begin{vmatrix} \lambda+1 & -1 \\ -1 & \lambda+2 \end{vmatrix} = (\lambda+1)(\lambda+2)-1 = \lambda^2+3\lambda+1 = 0$을 만족하는 λ이다. 따라서 $\lambda = \dfrac{-3 \pm \sqrt{9-4}}{2} < 0$이므로, 행렬 B는 음의 정부호 행렬이다.

파이썬 코드

```python
import numpy as np

# 문제 (a)
A = np.array([[1,0],[0,1]])
A_eig = np.linalg.eigvals(A)
print("문제 (a)")
print('행렬 A의 고윳값 = ', A_eig)
```

```python
print('행렬 A는 양의 정부호 행렬인가? ', np.all(A_eig > 0))
print('\n')

# 문제 (b)
B = np.array([[-1,1],[1,-2]])
B_eig = np.linalg.eigvals(B)
print("문제 (b)")
print('행렬 B의 고윳값 = ', B_eig)
print('행렬 B는 음의 정부호 행렬인가? ', np.all(B_eig < 0))
```

실행 결과

```
문제 (a)
A의 고윳값 =  [1. 1.]
행렬 A는 양의 정부호 행렬인가?  True

문제 (b)
B의 고윳값 =  [-0.38196601 -2.61803399]
행렬 B는 음의 정부호 행렬인가?  True
```

이제 헤시안 행렬과 정부호 행렬 개념을 활용하여 주어진 점에서 다변수함수가 극대인지 극소인지 판별해 보자.

정리 9-10 헤시안 행렬을 이용한 극대, 극소 판별

다변수함수 $f : \mathbb{R}^n \to \mathbb{R}$이 각 변수에 대해 두 번 미분가능하고, 점 P에서 $\nabla f(P) = 0$를 만족하면 다음이 성립한다.

(1) 헤시안 행렬 $H(f)(P)$가 양의 정부호 행렬이면 점 P는 극소점이다.

(2) 헤시안 행렬 $H(f)(P)$가 음의 정부호 행렬이면 점 P는 극대점이다.

(3) $\det(H(f)(P)) < 0$이면 점 P는 **안장점**(saddle point)이다.

예제 9-18 헤시안 행렬을 이용한 극대, 극소 판별

다변수함수 $f(x, y) = x^2 + 2xy + y^3$의 극대점, 극소점 또는 안장점을 구하라.

풀이

우선 $\nabla f(P) = 0$를 만족하는 점 P를 찾는다. $\dfrac{\partial f}{\partial x} = 2x + 2y$, $\dfrac{\partial f}{\partial y} = 2x + 3y^2$이므로 다음과 같다.

$$\begin{aligned} \nabla f = (2x + 2y,\ 2x + 3y^2) = (0,\ 0) \quad &\Leftrightarrow \quad 2x + 2y = 0,\ 2x + 3y^2 = 0 \\ &\Leftrightarrow \quad 2x + 3x^2 = 0 \\ &\Leftrightarrow \quad (x,\ y) = \left(-\frac{2}{3},\ \frac{2}{3}\right) \text{ 또는 } (0,\ 0) \end{aligned}$$

따라서 두 점 $P\left(-\frac{2}{3}, \frac{2}{3}\right)$, $P(0, 0)$에서 극대점, 극소점 또는 안장점을 갖는다. $\boldsymbol{x}=(x, y)$에서의 함수 f의 헤시안 행렬은 다음과 같다.

$$H(f)(\boldsymbol{x})=\begin{bmatrix} \frac{\partial^2 f}{\partial x \partial x}(\boldsymbol{x}) & \frac{\partial^2 f}{\partial x \partial y}(\boldsymbol{x}) \\ \frac{\partial^2 f}{\partial y \partial x}(\boldsymbol{x}) & \frac{\partial^2 f}{\partial y \partial y}(\boldsymbol{x}) \end{bmatrix}=\begin{bmatrix} 2 & 2 \\ 2 & 6y \end{bmatrix}$$

(i) 점 $P\left(-\frac{2}{3}, \frac{2}{3}\right)$에서의 헤시안 행렬은 다음과 같다. 이 행렬을 A라고 하자.

$$H(f)\left(-\frac{2}{3}, \frac{2}{3}\right)=\begin{bmatrix} 2 & 2 \\ 2 & 4 \end{bmatrix}=A$$

[정리 9-9]를 이용하기 위해 행렬 A의 고윳값을 구해보자.

$$|\lambda I-A| = \begin{vmatrix} \lambda-2 & -2 \\ -2 & \lambda-4 \end{vmatrix} = (\lambda-2)(\lambda-4)-4=\lambda^2-6\lambda+4=0$$

따라서 이차방정식의 근의 공식에 의해 고윳값은 $\lambda=3\pm\sqrt{5}$이고, 두 고윳값이 모두 양수이므로 [정리 9-9]에 의해 $H(f)(P)$는 양의 정부호 행렬이다. 그러므로 [정리 9-10]에 의해 점 $P\left(-\frac{2}{3}, \frac{2}{3}\right)$는 극소점이다.

(ii) 점 $P(0, 0)$에서의 헤시안 행렬은 다음과 같다. 이 행렬을 B라고 하자.

$$H(f)(0, 0)=\begin{bmatrix} 2 & 2 \\ 2 & 0 \end{bmatrix}=B$$

[정리 9-9]를 이용하기 위해 행렬 B의 고윳값을 구해보자.

$$|\lambda I-B| = \begin{vmatrix} \lambda-2 & -2 \\ -2 & \lambda \end{vmatrix} = (\lambda-2)\lambda-4 = \lambda^2-2\lambda-4=0$$

따라서 이차방정식의 근의 공식에 의해 $\lambda=1\pm\sqrt{5}$이고, 두 고윳값은 각각 양수와 음수이다. [정리 9-10]의 (1), (2)에 해당하지 않으므로 (3)을 확인한다. 실제로 $\det(B) = -4<0$이므로, 점 $P(0, 0)$은 안장점이다.

파이썬 코드

```
import sympy as sym
import numpy as np

x, y = sym.symbols('x y')  # x, y를 미지수로 선언
f = x**2+2*x*y + y**3
```

```
d2f_dx2 = sym.diff(f, x, 2)  # x로 두 번 미분
d2f_dyx = sym.diff(f, y, x)  # y, x 순서로 미분
d2f_dxy = sym.diff(f, x, y)  # x, y 순서로 미분
d2f_dy2 = sym.diff(f, y, 2)  # y로 두 번 미분

Hessian_f = np.array([[d2f_dx2, d2f_dyx], [d2f_dxy, d2f_dy2]])
print("Hessian of f = \n", Hessian_f)
print('\n')
df_dx = sym.diff(f, x)  # x로 미분
df_dy = sym.diff(f, y)  # y로 미분
gradient_f_1 = np.array([[df_dx], [df_dy]])
print("gradient of f = \n", gradient_f_1)
print('\n')
test_Points = sym.solve([gradient_f_1[0][0], gradient_f_1[1][0]], x, y)
print("gradient of f가 0인 점 = \n", test_Points)
print('\n')

# 첫 번째 점
first_point = test_Points[0]
Hessian_f_eval = np.zeros([2,2])
Hessian_f_eval[0][0] = Hessian_f[0][0].subs([(x, first_point[0]), (y, first_point[1])])
Hessian_f_eval[1][0] = Hessian_f[1][0].subs([(x, first_point[0]), (y, first_point[1])])
Hessian_f_eval[0][1] = Hessian_f[0][1].subs([(x, first_point[0]), (y, first_point[1])])
Hessian_f_eval[1][1] = Hessian_f[1][1].subs([(x, first_point[0]), (y, first_point[1])])
print(first_point, '에서 구하기')
print("Hessian of f",first_point," = \n", Hessian_f_eval)
first_Hessian = np.array(Hessian_f_eval)
first_Hessian_eig = np.linalg.eigvals(first_Hessian)
print("Hessian of f", first_point, "의 고윳값 = ", first_Hessian_eig)
print("Hessian of f", first_point, "는 양의 정부호 행렬인가? ", np.all(first_Hessian_eig > 0))
print('\n')
print(first_point, "는 극소점이다.")
print("f", first_point, "=", f.subs([(x, first_point[0]), (y, first_point[1])]))
print('\n')

# 두 번째 점
second_point = test_Points[1]
Hessian_f_eval = np.zeros([2,2])
Hessian_f_eval[0][0] = Hessian_f[0][0].subs([(x, second_point[0]), (y, second_point[1])])
Hessian_f_eval[1][0] = Hessian_f[1][0].subs([(x, second_point[0]), (y, second_point[1])])
Hessian_f_eval[0][1] = Hessian_f[0][1].subs([(x, second_point[0]), (y, second_point[1])])
Hessian_f_eval[1][1] = Hessian_f[1][1].subs([(x, second_point[0]), (y, second_point[1])])
print(second_point, '에서 구하기')
print("Hessian of f",second_point," = \n", Hessian_f_eval)
second_Hessian = np.array(Hessian_f_eval)
second_Hessian_eig = np.linalg.eigvals(second_Hessian)
print("Hessian of f", second_point, "의 고윳값 = ", second_Hessian_eig)
print("Hessian of f", second_point, "은 양의 정부호 행렬인가? ", np.all(second_Hessian_eig > 0))
print("Hessian of f", second_point, "은 음의 정부호 행렬인가? ", np.all(second_Hessian_eig < 0))
det_second_Hessian_eig = Hessian_f_eval[0][0]*Hessian_f_eval[1][1]-Hessian_f_eval[0][1]*
                         Hessian_f_eval[1][0]
print("Hessian of f", second_point, "의 행렬식은 0보다 작은가? ", det_second_Hessian_eig < 0)
print('\n')
print(second_point, "은 안장점이다.")
print("f", second_point, "=", f.subs([(x, second_point[0]), (y, second_point[1])]))
```

실행 결과

```
Hessian of f =
 [[2 2]
 [2 6*y]]

gradient of f =
 [[2*x + 2*y]
 [2*x + 3*y**2]]

gradient of f가 0인 점 =
 [(-2/3, 2/3), (0, 0)]

(-2/3, 2/3) 에서 구하기
Hessian of f (-2/3, 2/3)  =
 [[2. 2.]
 [2. 4.]]
Hessian of f (-2/3, 2/3) 의 고윳값 =  [0.76393202 5.23606798]
Hessian of f (-2/3, 2/3) 는 양의 정부호 행렬인가?  True

(-2/3, 2/3) 는 극소점이다.
f (-2/3, 2/3) = -4/27

(0, 0) 에서 구하기
Hessian of f (0, 0)  =
 [[2. 2.]
 [2. 0.]]
Hessian of f (0, 0) 의 고윳값 =  [ 3.23606798 -1.23606798]
Hessian of f (0, 0) 은 양의 정부호 행렬인가?  False
Hessian of f (0, 0) 은 음의 정부호 행렬인가?  False
Hessian of f (0, 0) 의 행렬식은 0보다 작은가?  True

(0, 0) 은 안장점이다.
f (0, 0) = 0
```

CHAPTER 09 연습문제

9.1 다음 다변수함수의 정의역과 치역을 구하라.

(a) $f(x, y) = \sqrt{2xy}$　　(b) $g(x, y, z) = \ln(1 - x^2 - y^2 - z^2)$

9.2 다음 다변수함수의 레벨집합을 구하라.

(a) $f(x, y) = x^2 + y^2$　　(b) $f(x, y) = y - x^2$

9.3 다음과 같은 다변수함수에 대하여 $\dfrac{\partial z}{\partial u}, \dfrac{\partial z}{\partial v}$를 구하라.

$$z = f(x, y) = x^2 y + (x + y^2)^3,\ x = u^2 v,\ y = e^u + v$$

9.4 다음 다변수함수의 그래프를 그려라.

(a) $f(x, y) = 8 - 5x - 2y$　　(b) $f(x, y) = \sqrt{9 - 9x^2 - y^2}$

(c) $f(x, y) = e^{-y}$

9.5 다음 다변수함수의 극한값을 구하라.

(a) $\displaystyle\lim_{(x, y) \to (1, 2)} (6x^3 - x^4 y^2)$　　(b) $\displaystyle\lim_{(x, y) \to (1, -1)} e^{-xy} \sin(x + y)$

(c) $\displaystyle\lim_{(x, y) \to (2, 5)} \frac{x^2 - y^2 + xy}{x^2 + y^4 + 4}$

9.6 다음 다변수함수가 연속인 점들을 구하라.

(a) $f(x, y) = \dfrac{x^2 - y^2 + xy}{x^2 + y^3}$ (b) $f(x, y) = \arctan \dfrac{x}{y}$

(c) $f(x, y) = (x + 3y)^2 + \sqrt{x + 3y}$ (d) $f(x, y) = e^{\frac{1}{x-y}}$

9.7 다음 다변수함수의 편도함수를 모두 구하라.

(a) $f(x, y) = y^6 - 4xy$ (b) $f(x, y) = \tan(x + y)$

(c) $f(x, y) = \dfrac{e^y}{x + y^2}$ (d) $f(x, y) = \ln(y + \sqrt{x^2 + y^2})$

9.8 다음 다변수함수의 그래디언트를 구하라.

(a) $f(x, y) = x^3y^6 + x^5y^4$ (b) $f(x, y) = \sin(3x + 7y)$

(c) $f(x, y) = xe^{-y}$ (d) $f(x, y) = \ln(3x + 9y)$

9.9 주어진 점 $\boldsymbol{x}$에서 다음 다변수함수 f에 대한 헤시안 행렬을 구하라.

(a) $f(x, y) = x^3 + y^2 - x + 2$, $\boldsymbol{x} = (1, 1)$

(b) $f(x, y, z) = e^{xy^2z^3}$, $\boldsymbol{x} = (0, 0, 0)$

(c) $f(x, y, z) = x^2 + y^2 + 2z^2 - 2xy + 4xz + 4yz$, $\boldsymbol{x} = (1, 1, -2)$

9.10 다음 행렬이 어떤 정부호 행렬인지 판별하라.

(a) $\begin{bmatrix} 2 & 2 \\ 2 & 1 \end{bmatrix}$ (b) $\begin{bmatrix} -2 & 4 \\ 4 & -16 \end{bmatrix}$ (c) $\begin{bmatrix} 3 & -1 & 0 \\ -1 & 3 & -1 \\ 0 & -1 & 3 \end{bmatrix}$

9.1 [정의 9-10]을 프로그래밍하여 다음 행렬이 어떤 정부호 행렬인지 판별하라.

(a) $\begin{bmatrix} 2 & 2 \\ 3 & 1 \end{bmatrix}$ (b) $\begin{bmatrix} -2 & 5 \\ 7 & -16 \end{bmatrix}$ (c) $\begin{bmatrix} -2 & 1 \\ -2 & 1 \end{bmatrix}$ (d) $\begin{bmatrix} 1 & 5 \\ 5 & 8 \end{bmatrix}$

파이썬 코드

```
import sympy as sym
import numpy as np

# 어떤 정부호 행렬인지 확인하는 함수
def check_definite_matrix(func_f):
    import sympy as sym
    x, y = sym.symbols('x y' )
    first_eval = func_f.subs([(x, 1), (y, 0)])
    second_eval = func_f.subs([(x, 0), (y, 1)])
    third_eval = func_f.subs([(x, -1), (y, 0)])
    fourth_eval = func_f.subs([(x, 0), (y, -1)])
    if (first_eval > 0) & (second_eval > 0) & (third_eval > 0) & (fourth_eval > 0) :
        Mat_name = 'positive definite matrix'
        return Mat_name
    elif (first_eval >= 0) & (second_eval >= 0) & (third_eval >= 0) & (fourth_eval >= 0) :
        Mat_name = 'positive semi-definite matrix'
        return Mat_name
    elif (first_eval < 0) & (second_eval < 0) & (third_eval < 0) & (fourth_eval < 0) :
        Mat_name = 'negative definite matrix'
        return Mat_name
    elif (first_eval <= 0) & (second_eval <= 0) & (third_eval >= 0) & (fourth_eval >= 0) :
        Mat_name = 'negative semi-definite matrix'
        return Mat_name
    else:
        Mat_name = 'indefinite matrix'
        return Mat_name

# 문제 (a)
A = np.array([[2,2],[3,1]])
x, y = sym.symbols('x y' )
Poly_Mat_A = (sym.Matrix([x, y]).T * sym.Matrix(A)) * sym.Matrix([x, y])
Poly_A = np.array(Poly_Mat_A)
print("문제 (a)")
print('x^T*A*x = ', Poly_A[0][0])
print('행렬 A는', check_definite_matrix(Poly_A[0][0]), '이다.')
print('\n')
```

```python
# 문제 (b)
B = np.array([[-2,5],[7,-16]])
x, y = sym.symbols('x y' )
Poly_Mat_B = (sym.Matrix([x, y]).T * sym.Matrix(B)) * sym.Matrix([x, y])
Poly_B = np.array(Poly_Mat_B)
print("문제 (b)")
print('x^T*B*x = ', Poly_B[0][0])
print('행렬 B는', check_definite_matrix(Poly_B[0][0]), '이다.')
print('\n')

# 문제 (c)
C = np.array([[-2,1],[-2,1]])
x, y = sym.symbols('x y' )
Poly_Mat_C = (sym.Matrix([x, y]).T * sym.Matrix(C)) * sym.Matrix([x, y])
Poly_C = np.array(Poly_Mat_C)
print("문제 (c)")
print('x^T*C*x = ', Poly_C[0][0])
print('행렬 C는', check_definite_matrix(Poly_C[0][0]), '이다.')
print('\n')

# 문제 (d)
D = np.array([[1,5],[5,8]])
x, y = sym.symbols('x y' )
Poly_Mat_D = (sym.Matrix([x, y]).T * sym.Matrix(D)) * sym.Matrix([x, y])
Poly_D = np.array(Poly_Mat_D)
print("문제 (d)")
print('x^T*D*x = ', Poly_D[0][0])
print('행렬 D는', check_definite_matrix(Poly_D[0][0]), '이다.')
```

실행 결과

```
문제 (a)
x^T*A*x =  x*(2*x + 3*y) + y*(2*x + y)
행렬 A는 positive definite matrix 이다.

문제 (b)
x^T*B*x =  x*(-2*x + 7*y) + y*(5*x - 16*y)
행렬 B는 negative definite matrix 이다.

문제 (c)
x^T*C*x =  x*(-2*x - 2*y) + y*(x + y)
행렬 C는 indefinite matrix 이다.

문제 (d)
x^T*D*x =  x*(x + 5*y) + y*(5*x + 8*y)
행렬 D는 positive definite matrix 이다.
```

9.2 [정리 9-10]을 프로그래밍하여 다음 함수의 극대점, 극소점 또는 안장점을 구하라.

(a) $f(x,\ y) = 9 - 2x + 4y - x^2 - 4y^2$

(b) $f(x,\ y) = xy(1 - x - y)$

(c) $f(x,\ y) = y^2 - 2y\cos x$

파이썬 코드

```
import sympy as sym
import numpy as np

# 이변수함수의 헤시안 행렬을 계산하는 함수
def cal_Hessian(func_f):
    import sympy as sym
    import numpy as np

    x, y = sym.symbols('x y' )
    d2func_f_dx2 = sym.diff(func_f, x, 2)  # x로 두 번 미분
    d2func_f_dyx = sym.diff(func_f, y, x)  # y, x 순서로 미분
    d2func_f_dxy = sym.diff(func_f, x, y)  # x, y 순서로 미분
    d2func_f_dy2 = sym.diff(func_f, y, 2)  # y로 두 번 미분

    Hessian_func_f = np.array([[d2func_f_dx2, d2func_f_dyx], [d2func_f_dxy, d2func_f_dy2]])
    return Hessian_func_f

# 이변수함수의 그래디언트를 계산하는 함수
def cal_gradient(func_f):
    import sympy as sym
    import numpy as np

    x, y = sym.symbols('x y' )
    d2func_f_dx = sym.diff(func_f, x)  # x로 두 번 미분
    d2func_f_dy = sym.diff(func_f, y)  # y로 두 번 미분

    gradient_func_f = np.array([[d2func_f_dx], [d2func_f_dy]])
    return gradient_func_f

# 이변수함수의 그래디언트가 0인 점을 계산하는 함수
def cal_gradient_point(func_f) :
    import sympy as sym

    x, y = sym.symbols('x y' )
    grad_func_f = cal_gradient(func_f)
    gradient_Points = sym.solve([grad_func_f[0][0], grad_func_f[1][0]], x, y)
    return gradient_Points

# 이변수함수와 점을 이용하여 극점, 함숫값을 계산하는 함수
def cal_extreme_eval(func_f, eval_point):
    import sympy as sym
    import numpy as np
```

```
    x, y = sym.symbols('x y' )
    Hessian_func_f = cal_Hessian(func_f)

    Hessian_func_f_eval = np.zeros([2,2])
    Hessian_func_f_eval[0][0] = Hessian_func_f[0][0].subs([(x, eval_point[0]),
                                                           (y, eval_point[1])])
    Hessian_func_f_eval[1][0] = Hessian_func_f[1][0].subs([(x, eval_point[0]),
                                                           (y, eval_point[1])])
    Hessian_func_f_eval[0][1] = Hessian_func_f[0][1].subs([(x, eval_point[0]),
                                                           (y, eval_point[1])])
    Hessian_func_f_eval[1][1] = Hessian_func_f[1][1].subs([(x, eval_point[0]),
                                                           (y, eval_point[1])])

    np_Hessian_func_f = np.array(Hessian_func_f_eval)
    Hessian_func_f_eig = np.linalg.eigvals(np_Hessian_func_f)
    det_Hessian_func_f_eig = np_Hessian_func_f[0][0]*np_Hessian_func_f[1][1]-
                             np_Hessian_func_f[0][1]*np_Hessian_func_f[1][0]

    if np.all(Hessian_func_f_eig > 0) == True :
        eval_point_state = '극소점'
        func_f_point_eval = func_f.subs([(x, eval_point[0]), (y, eval_point[1])])
        return eval_point_state, func_f_point_eval
    elif np.all(Hessian_func_f_eig < 0) == True :
        eval_point_state = '극대점'
        func_f_point_eval = func_f.subs([(x, eval_point[0]), (y, eval_point[1])])
        return eval_point_state, func_f_point_eval
    elif (det_Hessian_func_f_eig < 0) == True :
        eval_point_state = '안장점'
        func_f_point_eval = func_f.subs([(x, eval_point[0]), (y, eval_point[1])])
        return eval_point_state, func_f_point_eval
    else:
        eval_point_state = '극소점, 극대점, 안장점이 모두 아닌 점'
        func_f_point_eval = func_f.subs([(x, eval_point[0]), (y, eval_point[1])])
        return eval_point_state, func_f_point_eval

# 문제 (a)
print("문제 (a)")
x, y = sym.symbols('x y')  # x, y를 미지수로 선언
f = 9-2*x+4*y-x**2-4*y**2
Hessian_f = cal_Hessian(f)
print("Hessian of f = \n", Hessian_f)
print('\n')

gradient_f = cal_gradient(f)
print("gradient of f = \n", gradient_f)
print('\n')
test_Points = cal_gradient_point(f)
print("f의 그래디언트가 0인 점 = \n", test_Points)
print('\n')
```

```
# 첫 번째 점
first_point = (test_Points[x], test_Points[y])
print(first_point, '에서 구하기')
state, point_eval = cal_extreme_eval(f, first_point)
print(first_point, "은 ", state, "이다.")
print("f", first_point, "=", point_eval)
print('\n')
print('-----------------------------------------------------------------')

# 문제 (b)
print("문제 (b)")
x, y = sym.symbols('x y')  # x, y를 미지수로 선언
f = x*y*(1-x-y)
Hessian_f = cal_Hessian(f)
print("Hessian of f = \n", Hessian_f)
print('\n')

gradient_f = cal_gradient(f)
print("gradient of f = \n", gradient_f)
print('\n')
test_Points = cal_gradient_point(f)
print("f의 그래디언트가 0인 점 = \n", test_Points)
print('\n')

# 첫 번째 점
first_point = test_Points[0]
print(first_point, '에서 구하기')
state, point_eval = cal_extreme_eval(f, first_point)
print(first_point, "은 ", state, "이다.")
print("f", first_point, "=", point_eval)
print('\n')

# 두 번째 점
second_point = test_Points[1]
print(second_point, '에서 구하기')
state, point_eval = cal_extreme_eval(f, second_point)
print(second_point, "은 ", state, "이다.")
print("f", second_point, "=", point_eval)
print('\n')

# 세 번째 점
third_point = test_Points[2]
print(third_point, '에서 구하기')
state, point_eval = cal_extreme_eval(f, third_point)
print(third_point, "은 ", state, "이다.")
print("f", third_point, "=", point_eval)
print('\n')

# 네 번째 점
fourth_point = test_Points[3]
print(fourth_point, '에서 구하기')
state, point_eval = cal_extreme_eval(f, fourth_point)
```

```
print(fourth_point, "은 ", state, "이다.")
print("f", fourth_point, "=", point_eval)
print('\n')
print('---------------------------------------------------------------------')

# 문제 (c)
print("문제 (c)")
x, y = sym.symbols('x y')  # x, y를 미지수로 선언
f = y**2-2*y*sym.cos(x)
Hessian_f = cal_Hessian(f)
print("Hessian of f = \n", Hessian_f)
print('\n')

gradient_f = cal_gradient(f)
print("gradient of f = \n", gradient_f)
print('\n')
test_Points = cal_gradient_point(f)
print("f의 그래디언트가 0인 점 = \n", test_Points)
print('\n')

# 첫 번째 점
first_point = test_Points[0]
print(first_point, '에서 구하기')
state, point_eval = cal_extreme_eval(f, first_point)
print(first_point, "은 ", state, "이다.")
print("f", first_point, "=", point_eval)
print('\n')

# 두 번째 점
second_point = test_Points[1]
print(second_point, '에서 구하기')
state, point_eval = cal_extreme_eval(f, second_point)
print(second_point, "은 ", state, "이다.")
print("f", second_point, "=", point_eval)
print('\n')

# 세 번째 점
third_point = test_Points[2]
print(third_point, '에서 구하기')
state, point_eval = cal_extreme_eval(f, third_point)
print(third_point, "은 ", state, "이다.")
print("f", third_point, "=", point_eval)
print('\n')

# 네 번째 점
fourth_point = test_Points[3]
print(fourth_point, '에서 구하기')
state, point_eval = cal_extreme_eval(f, fourth_point)
print(fourth_point, "은 ", state, "이다.")
print("f", fourth_point, "=", point_eval)
```

실행 결과

```
문제 (a)
Hessian of f =
 [[-2 0]
 [0 -8]]

gradient of f =
 [[-2*x - 2]
 [4 - 8*y]]

f의 그래디언트가 0인 점 =
 {x: -1, y: 1/2}

(-1, 1/2) 에서 구하기
(-1, 1/2) 은  극대점 이다.
f (-1, 1/2) = 11

----------------------------------------------------------------------
문제 (b)
Hessian of f =
 [[-2*y -2*x - 2*y + 1]
 [-2*x - 2*y + 1 -2*x]]

gradient of f =
 [[-x*y + y*(-x - y + 1)]
 [-x*y + x*(-x - y + 1)]]

f의 그래디언트가 0인 점 =
 [(0, 0), (0, 1), (1/3, 1/3), (1, 0)]

(0, 0) 에서 구하기
(0, 0) 은  안장점 이다.
f (0, 0) = 0

(0, 1) 에서 구하기
(0, 1) 은  안장점 이다.
f (0, 1) = 0

(1/3, 1/3) 에서 구하기
(1/3, 1/3) 은  극대점 이다.
f (1/3, 1/3) = 1/27

(1, 0) 에서 구하기
(1, 0) 은  안장점 이다.
f (1, 0) = 0
```

```
----------------------------------------------------------------
문제 (c)
Hessian of f =
 [[2*y*cos(x) 2*sin(x)]
 [2*sin(x) 2]]

gradient of f =
 [[2*y*sin(x)]
 [2*y - 2*cos(x)]]

f의 그래디언트가 0인 점 =
 [(0, 1), (pi/2, 0), (pi, -1), (3*pi/2, 0)]

(0, 1) 에서 구하기
(0, 1) 은  극소점 이다.
f (0, 1) = -1

(pi/2, 0) 에서 구하기
(pi/2, 0) 은  안장점 이다.
f (pi/2, 0) = 0

(pi, -1) 에서 구하기
(pi, -1) 은  극소점 이다.
f (pi, -1) = -1

(3*pi/2, 0) 에서 구하기
(3*pi/2, 0) 은  안장점 이다.
f (3*pi/2, 0) = 0
```

PART 03

확률 및 통계와 인공지능

PART 03에서는 확률과 통계에 관한 기본적인 내용들을 알아본다. 확률은 주어진 사건이 일어날 가능성에 대한 내용이고, 통계는 자료를 효과적으로 나타내고 해석하며 예측하는 분야이다. 인공지능은 데이터에 대한 정보를 알고 이 정보를 바탕으로 예측하므로, 확률과 통계는 인공지능의 기초 학문이라고 할 수 있다. 여기서는 조건부 확률, 베이즈 정리, 확률분포와 상관분석, 회귀분석 등을 다룬다.

• Contents

CHAPTER

10

확률과 확률분포

• Contents

조건부 확률은 어떤 사건이 일어났을 때 다른 사건이 일어날 확률을 말한다. 조건부 확률의 가장 좋은 응용은 바로 베이즈 정리이다. 베이즈 정리는 조건부 확률로 표현된 사후확률을 사전확률과 또 다른 조건부 확률로 표현하는 것이다. 베이즈 정리는 머신러닝 분야에서 많이 활용한다. 예를 들어 특정 단어가 들어간 메일이 스팸메일일 확률 등을 구할 때 사용한다.

확률분포는 크게 이산확률분포와 연속확률분포로 나뉜다. 이산확률분포에서는 확률값이 각 원소에 대응하고, 연속확률분포에서는 확률값이 정적분으로 표현된다는 점이 서로 다르다. 대표적인 이산확률분포인 이항분포는 시행 횟수가 커지면 연속확률분포인 정규분포에 가까워진다.

학습목표

1. 조건부 확률을 정의하고 베이즈 정리를 이해한다.
2. 이산확률분포와 연속확률분포의 개념을 이해하고, 다양한 종류의 확률분포를 살펴본다.
3. 이산확률분포와 연속확률분포 사이의 관계를 이해한다.
4. 확률과 확률분포에 관한 파이썬 코드를 학습한다.

10.1 조건부 확률과 베이즈 정리

확률은 모든 경우의 수 중 하나의 사건(부분집합)이 일어날 가능성을 의미한다. 조건부 확률은 하나의 사건이 일어났을 때 다른 사건이 일어날 확률을 말한다. 이 절에서는 조건부 확률을 정의하고 이 개념을 응용한 베이즈 정리에 대해 알아본다.

정의 10-1 확률

유한한 표본공간 S가 주어질 때, S의 부분집합인 사건 A가 일어날 **확률**(probability)은 $\mathrm{P}(A)=\dfrac{|A|}{|S|}$이다.

예제 10-1 확률

서로 다른 동전 두 개를 던졌을 때, 두 동전 중 적어도 하나가 앞면이 나오는 사건 A의 확률을 구하라.

풀이

동전의 앞면을 H, 뒷면을 T라고 하자. 서로 다른 동전 두 개를 던졌을 때 일어날 수 있는 표본공간은 $S=\{(H, H), (H, T), (T, H), (T, T)\}$이다. 이때 두 동전 중 적어도 하나가 앞면이 나오는 사건 A는 $A=\{(H, H), (H, T), (T, H)\}$이므로 $\mathrm{P}(A)=\dfrac{3}{4}$이다.

파이썬 코드

```python
import sympy as sym

# 동전 두 개를 던질 때 일어나는 사건
coin_list_1 = ['H','T']
coin_list_2 = ['H','T']

# 표본공간 생성
S_Space = list()
for i in range(len(coin_list_1)):
    for j in range(len(coin_list_2)):
        S_Space.append((coin_list_1[i],coin_list_2[j]))
```

```python
# 두 동전 중 적어도 하나가 앞면이 나올 사건
E_Space = list()
for i in range(len(coin_list_1)):
    if coin_list_1[i] == 'H':
        for j in range(len(coin_list_2)):
            E_Space.append((coin_list_1[i],coin_list_2[j]))
    else :
        for j in range(len(coin_list_2)):
            if coin_list_2[j] == 'H':
                E_Space.append((coin_list_1[i],coin_list_2[j]))


Sample_space = sym.FiniteSet(*S_Space)
print("표본공간 S = ", Sample_space)
Event = sym.FiniteSet(*E_Space)
print("사건 A = ", Event)
probability = len(Event) / len(Sample_space)
print("확률 = ", probability)
```

실행결과

```
표본공간 S = {(H, H), (H, T), (T, H), (T, T)}
사건 A = {(H, H), (H, T), (T, H)}
확률 = 0.75
```

보통 두 사건의 관계에 대한 확률이 필요한 경우가 많다. 예를 들어 아침에 마을버스를 타고 지하철을 탄 후 일반버스를 타고 학교에 도착해 보니 지갑을 잃어버린 것을 알았다고 하자. 세 교통수단 중 지하철에서 지갑을 잃어버렸을 확률은 얼마일까? 이와 같은 확률을 표현한 것이 바로 조건부 확률이다.

정의 10-2 조건부 확률

사건 A가 일어났을 때 사건 B가 일어날 확률을 사건 A에 대한 사건 B의 **조건부 확률**(conditional probability)이라 하고 $\mathrm{P}(B \mid A)$로 표기하며 다음과 같이 구한다.

$$\mathrm{P}(B \mid A) = \frac{\mathrm{P}(A \cap B)}{\mathrm{P}(A)}$$

예제 10-2 **조건부 확률**

서로 다른 동전 두 개를 던진다고 하자. 두 동전 중 적어도 하나가 앞면이 나왔을 때, 두 동전이 모두 앞면이 나올 확률을 구하라.

풀이

두 동전 중 적어도 하나가 앞면이 나오는 사건을 A, 두 동전이 모두 앞면이 나오는 사건을 B라고 할 때, 조건부 확률 $\mathrm{P}(B \mid A)$를 구하면 된다. S를 표본공간이라고 하면 $|S| = 4$, $|A| = 3$, $|A \cap B| = |\{HH\}| = 1$이므로 다음과 같다.

$$\mathrm{P}(B \mid A) = \frac{\mathrm{P}(A \cap B)}{\mathrm{P}(A)} = \frac{|A \cap B|/|S|}{|A|/|S|} = \frac{1/4}{3/4} = \frac{1}{3}$$

파이썬 코드

```
import sympy as sym

# 동전 두 개를 던질 때 일어나는 사건
coin_list_1 = ['H','T']
coin_list_2 = ['H','T']

# 표본공간 생성
S_Space = list()
for i in range(len(coin_list_1)):
    for j in range(len(coin_list_2)):
        S_Space.append((coin_list_1[i],coin_list_2[j]))

# 두 동전 중 적어도 하나가 앞면이 나올 사건
A_Space = list()
for i in range(len(coin_list_1)):
    if coin_list_1[i] == 'H':
        for j in range(len(coin_list_2)):
            A_Space.append((coin_list_1[i],coin_list_2[j]))
    else :
        for j in range(len(coin_list_2)):
            if coin_list_2[j] == 'H':
                A_Space.append((coin_list_1[i],coin_list_2[j]))

# 두 동전이 모두 앞면이 나올 사건
B_Space = list()
for i in range(len(coin_list_1)):
    for j in range(len(coin_list_2)):
        if ((coin_list_1[i] == 'H') & (coin_list_2[j] == 'H')) == True :
            B_Space.append((coin_list_1[i],coin_list_2[j]))

Sample_space = sym.FiniteSet(*S_Space)
print("표본공간 S = ", Sample_space)
Event_A = sym.FiniteSet(*A_Space)
print("사건 A = ", Event_A)
```

```
Event_B = sym.FiniteSet(*B_Space)
print("사건 B = ", Event_B)
A_interset_B = Event_A.intersect(Event_B)
print("사건 A와 사건 B의 교집합 = ", A_interset_B)
probability_B_A = (len(A_interset_B) / len(Sample_space))/(len(Event_A )/len(Sample_space))
print("사건 A가 일어났을 때, 사건 B가 일어날 확률 = ", probability_B_A)
```

실행 결과

```
표본공간 S = {(H, H), (H, T), (T, H), (T, T)}
사건 A = {(H, H), (H, T), (T, H)}
사건 B = {(H, H)}
사건 A와 사건 B의 교집합 = {(H, H)}
사건 A가 일어났을 때, 사건 B가 일어날 확률 = 0.3333333333333333
```

정의 10-3 상호 배타적인 사건

두 사건 A, B가 동시에 일어나지 않을 때, 즉 $\mathrm{P}(A \cap B) = 0$일 때 두 사건 A, B를 **상호 배타적인 사건**(mutually exclusive events)이라고 한다.

예제 10-3 상호 배타적인 사건

주사위 한 개를 던졌을 때 홀수가 나오는 사건을 A, 짝수가 나오는 사건을 B라고 하자. 두 사건이 상호 배타적인 사건인지 확인하라.

풀이

홀수가 나오는 사건 A의 확률은 $\mathrm{P}(A) = \frac{3}{6} = \frac{1}{2}$이고, 짝수가 나오는 사건 B의 확률도 $\mathrm{P}(B) = \frac{3}{6} = \frac{1}{2}$이다. 두 사건이 동시에 일어날 확률은 $\mathrm{P}(A \cap B) = 0$이다. 따라서 두 사건은 상호 배타적인 사건이다.

파이썬 코드

```
import sympy as sym

# 주사위를 던질 때 일어나는 사건
dice_list = range(1,7)

# 홀수가 나오는 사건
A_Space = list()
for i in range(len(dice_list)):
    if (dice_list[i])%2 == 1:
        A_Space.append(dice_list[i])
```

```python
# 짝수가 나오는 사건
B_Space = list()
for i in range(len(dice_list)):
    if (dice_list[i])%2 == 0:
        B_Space.append(dice_list[i])

Sample_space = sym.FiniteSet(*dice_list)
print("표본공간 S = ", Sample_space)
Event_A = sym.FiniteSet(*A_Space)
print("사건 A = ", Event_A)
Event_B = sym.FiniteSet(*B_Space)
print("사건 B = ", Event_B)
probability_A = len(Event_A) / len(Sample_space)
print("사건 A의 확률 = ", probability_A)
probability_B = len(Event_B) / len(Sample_space)
print("사건 B의 확률 = ", probability_B)
A_interset_B = Event_A.intersect(Event_B)
print("사건 A와 사건 B의 교집합 = ", A_interset_B)
probability_A_B = len(A_interset_B) / len(Sample_space)
print("사건 A와 사건 B의 교집합의 확률 = ", probability_A_B)
print("사건 A, B는 상호 배타적인가? ", probability_A * probability_B == probability_A_B)
```

실행 결과

```
표본공간 S = {1, 2, 3, 4, 5, 6}
사건 A = {1, 3, 5}
사건 B = {2, 4, 6}
사건 A의 확률 = 0.5
사건 B의 확률 = 0.5
사건 A와 사건 B의 교집합은 = EmptySet
사건 A와 사건 B의 교집합의 확률 = 0.0
사건 A, B는 상호 배타적인가?  True
```

정의 10-4 독립사건

$\mathrm{P}(B \mid A) = \mathrm{P}(B)$일 때, 즉 사건 A가 일어났을 때 사건 B가 일어날 확률이 사건 B가 일어나는 확률과 같을 때 두 사건 A, B를 **독립사건**(independent events)이라고 한다. 따라서 독립사건 A, B는 다음을 만족한다.

$$\mathrm{P}(B \mid A) = \frac{\mathrm{P}(A \cap B)}{\mathrm{P}(A)} = \mathrm{P}(B) \quad \Leftrightarrow \quad \mathrm{P}(A \cap B) = \mathrm{P}(A)\mathrm{P}(B)$$

앞서 살펴본 상호 배타적인 사건과 독립사건은 유사해 보이지만 서로 다른 개념이므로 혼동하지 않도록 명확히 이해하자.

예제 10-4 독립사건

주사위 두 개를 던졌을 때 두 주사위의 눈의 수의 합이 짝수인 사건을 A, 두 눈의 수의 합이 3의 배수인 사건을 B라고 하자. 두 사건이 독립인지 확인하라.

풀이

두 주사위의 눈의 수의 합이 짝수인 사건 A의 확률은 $\mathrm{P}(A)=\frac{18}{36}=\frac{1}{2}$이고, 두 눈의 수의 합이 3의 배수인 사건 $B=\{(1, 2), (1, 5), (2, 1), (2, 4), (3, 3), (3, 6), (4, 2), (4, 5), (5, 1), (5, 4), (6, 3), (6, 6)\}$의 확률은 $\mathrm{P}(B)=\frac{12}{36}=\frac{1}{3}$이다. 또한 두 사건이 동시에 일어날 확률은 $\mathrm{P}(A\cap B)=\frac{6}{36}=\frac{1}{6}$이다. 따라서 $\mathrm{P}(A\cap B)=\frac{1}{6}=\frac{1}{2}\cdot\frac{1}{3}=\mathrm{P}(A)\mathrm{P}(B)$이므로, 두 사건은 독립이다.

파이썬 코드

```
import sympy as sym

# 주사위를 던질 때 일어나는 사건
dice_list_1 = range(1,7) # 1 : 시작하는 수, 7 : 마지막 수 6 직후의 수
dice_list_2 = range(1,7)

# 표본공간 생성
S_Space = list()
for i in range(len(dice_list_1)):
    for j in range(len(dice_list_2)):
        S_Space.append((dice_list_1[i],dice_list_2[j]))

# 합이 짝수인 사건
A_Space = list()
for i in range(len(dice_list_1)):
    for j in range(len(dice_list_2)):
        if (dice_list_1[i]+dice_list_2[j])%2 == 0:
            A_Space.append((dice_list_1[i],dice_list_1[j]))

# 합이 3의 배수인 사건
B_Space = list()
for i in range(len(dice_list_1)):
    for j in range(len(dice_list_2)):
        if (dice_list_1[i]+dice_list_2[j])%3 == 0:
            B_Space.append((dice_list_1[i],dice_list_1[j]))

Sample_space = sym.FiniteSet(*S_Space)
print("표본공간 S = ", Sample_space)
Event_A = sym.FiniteSet(*A_Space)
print("사건 A = ", Event_A)
Event_B = sym.FiniteSet(*B_Space)
print("사건 B = ", Event_B)
probability_A = len(Event_A) / len(Sample_space)
print("\n")
```

```
print("사건 A의 확률 = ", probability_A)
probability_B = len(Event_B) / len(Sample_space)
print("사건 B의 확률 = ", probability_B)
A_interset_B = Event_A.intersect(Event_B)
print("사건 A와 사건 B의 교집합 = ", A_interset_B)
probability_A_B = len(A_interset_B) / len(Sample_space)
print("사건 A와 사건 B의 교집합의 확률 = ", probability_A_B)
print("사건 A, B는 독립인가? ", probability_A * probability_B == probability_A_B)
```

실행결과

```
표본공간 S = {(1, 1), (1, 2), (1, 3), (1, 4), (1, 5), (1, 6), (2, 1), (2, 2), (2, 3), (2, 4), (2, 5),
(2, 6), (3, 1), (3, 2), (3, 3), (3, 4), (3, 5), (3, 6), (4, 1), (4, 2), (4, 3), (4, 4), (4, 5), (4, 6),
(5, 1), (5, 2), (5, 3), (5, 4), (5, 5), (5, 6), (6, 1), (6, 2), (6, 3), (6, 4), (6, 5), (6, 6)}
사건 A = {(1, 1), (1, 3), (1, 5), (2, 2), (2, 4), (2, 6), (3, 1), (3, 3), (3, 5), (4, 2), (4, 4), (4, 6),
(5, 1), (5, 3), (5, 5), (6, 2), (6, 4), (6, 6)}
사건 B = {(1, 2), (1, 5), (2, 1), (2, 4), (3, 3), (3, 6), (4, 2), (4, 5), (5, 1), (5, 4), (6, 3), (6, 6)}

사건 A의 확률 = 0.5
사건 B의 확률 = 0.3333333333333333
사건 A와 사건 B의 교집합 =  {(1, 5), (2, 4), (3, 3), (4, 2), (5, 1), (6, 6)}
사건 A와 사건 B의 교집합의 확률 = 0.16666666666666666
사건 A, B는 독립인가?  True
```

두 조건부 확률 $\mathrm{P}(B \mid A) = \dfrac{\mathrm{P}(A \cap B)}{\mathrm{P}(A)}$와 $\mathrm{P}(A \mid B) = \dfrac{\mathrm{P}(A \cap B)}{\mathrm{P}(B)}$를 다시 쓰면 다음과 같이 나타낼 수 있다.

$$\mathrm{P}(A \cap B) = \mathrm{P}(B \mid A)\mathrm{P}(A)\text{이고 } \mathrm{P}(A \mid B)\mathrm{P}(B) = \mathrm{P}(A \cap B)$$

위 식을 정리하면 $\mathrm{P}(B \mid A)\mathrm{P}(A) = \mathrm{P}(A \mid B)\mathrm{P}(B)$이므로 다음과 같은 베이즈 정리를 얻을 수 있다.

정리 10-1 베이즈 정리

다음과 같은 식을 **베이즈 정리**(Bayes' theorem) 또는 **베이즈 룰**(Bayes' rule)이라고 한다.

$$\mathrm{P}(A \mid B) = \frac{\mathrm{P}(B \mid A)\mathrm{P}(A)}{\mathrm{P}(B)} \quad (\text{단, } \mathrm{P}(B) \neq 0)$$

- $\mathrm{P}(A \mid B)$를 사건 B가 주어졌을 때 사건 A의 **사후확률**(posterior probability)이라고 한다.
- $\mathrm{P}(B \mid A)$를 사건 A의 **우도**(likelihood)라고 한다.
- $\mathrm{P}(A)$를 **사전확률**(prior probability)이라 하고, $\mathrm{P}(B)$를 **주변우도**(marginal likelihood)라고 한다.

예제 10-5 베이즈 정리

주사위 두 개를 던졌을 때 두 주사위의 눈의 수의 합이 홀수인 사건을 A, 두 눈의 수의 합이 소수인 사건을 B라고 하자. $\mathrm{P}(A \mid B)$와 $\mathrm{P}(B \mid A)$를 구하여 베이즈 정리가 성립함을 보여라.

풀이

두 눈의 수의 합이 홀수인 사건 A의 원소는 (a, b)의 형태로서 $a=$(홀수), $b=$(짝수) 또는 $a=$(짝수), $b=$(홀수)이다. 따라서 $\mathrm{P}(A)=\dfrac{1}{2}$이다. 한편, 두 눈의 수의 합이 소수인 사건 B는

$$B=\begin{Bmatrix}(1, 1), (1, 2), (1, 4), (1, 6), (2, 1), (2, 3), (2, 5), (3, 2), \\ (3, 4), (4, 1), (4, 3), (5, 2), (5, 6), (6, 1), (6, 5)\end{Bmatrix}$$

이므로 $\mathrm{P}(B)=\dfrac{15}{36}=\dfrac{5}{12}$이다. 또한 $A \cap B = B - \{(1, 1)\}$이므로, $P(A \cap B)=\dfrac{14}{36}=\dfrac{7}{18}$이다. 그러면 $\mathrm{P}(B \mid A)=\dfrac{\mathrm{P}(A \cap B)}{\mathrm{P}(A)}=\dfrac{7/18}{1/2}=\dfrac{7}{9}$이고, $\mathrm{P}(A \mid B)=\dfrac{\mathrm{P}(A \cap B)}{\mathrm{P}(B)}=\dfrac{7/18}{5/12}=\dfrac{14}{15}$이므로 다음과 같이 베이즈 정리가 성립함을 확인할 수 있다.

$$\frac{\mathrm{P}(B \mid A)\mathrm{P}(A)}{\mathrm{P}(B)}=\frac{(7/9)(1/2)}{5/12}=\frac{7/18}{5/12}=\frac{14}{15}=\mathrm{P}(A \mid B)$$

파이썬 코드

```
import sympy as sym

# 소수인지 확인하는 함수
def is_prime_num(num):
    for i in range(2, num):
        if num % i == 0:
            return False
    return True

# 주사위를 던질 때 일어나는 사건
dice_list_1 = range(1,7)
dice_list_2 = range(1,7)

# 표본공간 생성
S_Space = list()
for i in range(len(dice_list_1)):
    for j in range(len(dice_list_2)):
        S_Space.append((dice_list_1[i],dice_list_2[j]))

# 합이 홀수인 사건
A_Space = list()
for i in range(len(dice_list_1)):
    for j in range(len(dice_list_2)):
        if (dice_list_1[i]+dice_list_2[j])%2 == 1:
            A_Space.append((dice_list_1[i],dice_list_1[j]))
```

```python
# 합이 소수인 사건
B_Space = list()
for i in range(len(dice_list_1)):
    for j in range(len(dice_list_2)):
        if (dice_list_1[i]+dice_list_2[j]) == 2:
            B_Space.append((dice_list_1[i],dice_list_1[j]))
        if is_prime_num(dice_list_1[i]+dice_list_2[j]) == True:
            B_Space.append((dice_list_1[i],dice_list_1[j]))

Sample_space = sym.FiniteSet(*S_Space)
print("표본공간 S = ", Sample_space)
Event_A = sym.FiniteSet(*A_Space)
print("사건 A = ", Event_A)
Event_B = sym.FiniteSet(*B_Space)
print("사건 B = ", Event_B)
print("\n")

probability_A = len(Event_A) / len(Sample_space)
print("사건 A의 확률 = ", probability_A)
probability_B = len(Event_B) / len(Sample_space)
print("사건 B의 확률 = ", probability_B)
A_interset_B = Event_A.intersect(Event_B)
print("사건 A와 사건 B의 교집합 = ", A_interset_B)
probability_A_B = len(A_interset_B) / len(Sample_space)
print("사건 A와 사건 B의 교집합의 확률 = ", probability_A_B)
print("사건 A, B는 독립인가? ", probability_A * probability_B == probability_A_B)
probability_A_of_B = probability_A_B / probability_A
print("사건 B가 일어났을 때, 사건 A가 일어날 확률 = ", probability_A_of_B )
print("\n")
probability_B_of_A_bayes =  (probability_A_of_B  * probability_A )/probability_B
print("베이즈 정리를 이용해 계산한 사건 A가 일어났을 때, 사건 B가 일어날 확률 = ",
      probability_B_of_A_bayes )
probability_B_of_A = probability_A_B / probability_B
print("사건 A가 일어났을 때, 사건 B가 일어날 확률 = ", probability_B_of_A )
print("위의 두 확률이 같은가?" , probability_B_of_A_bayes == probability_B_of_A)
```

실행 결과

```
표본공간 S = {(1, 1), (1, 2), (1, 3), (1, 4), (1, 5), (1, 6), (2, 1), (2, 2), (2, 3), (2, 4), (2, 5),
(2, 6), (3, 1), (3, 2), (3, 3), (3, 4), (3, 5), (3, 6), (4, 1), (4, 2), (4, 3), (4, 4), (4, 5),
(4, 6), (5, 1), (5, 2), (5, 3), (5, 4), (5, 5), (5, 6), (6, 1), (6, 2), (6, 3), (6, 4), (6, 5),
(6, 6)}
사건 A = {(1, 2), (1, 4), (1, 6), (2, 1), (2, 3), (2, 5), (3, 2), (3, 4), (3, 6), (4, 1), (4, 3),
(4, 5), (5, 2), (5, 4), (5, 6), (6, 1), (6, 3), (6, 5)}
사건 B = {(1, 1), (1, 2), (1, 4), (1, 6), (2, 1), (2, 3), (2, 5), (3, 2), (3, 4), (4, 1), (4, 3),
(5, 2), (5, 6), (6, 1), (6, 5)}

사건 A의 확률 =  0.5
사건 B의 확률 =  0.4166666666666667
사건 A와 사건 B의 교집합 = {(1, 2), (1, 4), (1, 6), (2, 1), (2, 3), (2, 5), (3, 2), (3, 4), (4, 1),
(4, 3), (5, 2), (5, 6), (6, 1), (6, 5)}
사건 A와 사건 B의 교집합의 확률 = 0.3888888888888889
사건 A, B는 독립인가?  False
사건 B가 일어났을 때, 사건 A가 일어날 확률 = 0.7777777777777778

베이즈 정리를 이용해 계산한 사건 A가 일어났을 때, 사건 B가 일어날 확률 = 0.9333333333333333
사건 A가 일어났을 때, 사건 B가 일어날 확률 = 0.9333333333333333
위의 두 확률이 같은가? True
```

10.2 이산확률분포

확률분포에는 이산확률분포와 연속확률분포가 있다. 먼저 이산확률분포(discrete probability distribution)는 이산확률변수 X에 확률값을 대응하는 것이다. 단, 모든 확률값의 합은 1이어야 한다. 예를 들어 서로 다른 동전 두 개를 던졌을 때 일어날 수 있는 표본공간 $S=\{(H, H),(H, T),(T, H),(T, T)\}$를 생각해보자. 확률변수 X를 앞면이 나오는 경우의 수라고 하면 이에 대응하는 확률분포는 [표 10-1]과 같다.

[표 10-1] 앞면이 나오는 경우의 수 X에 대한 확률분포

X	0	1	2
$P(X=x)$	$\frac{1}{4}$	$\frac{1}{2}$	$\frac{1}{4}$

이 절에서는 다양한 이산확률분포에 대해 알아본다. 그 전에 이산확률분포의 기댓값과 분산, 표준편차를 정의하고 관련 성질을 살펴보자. 우선 이산확률변수 X에 대해 확률 $P(X=i)=p_i$를 가진 이산확률분포의 기댓값은 다음과 같이 정의한다.

$$E(X)=\sum_{i=1}^{n} P(X=i)x_i=\sum_{i=1}^{n} p_i x_i$$

이때 임의의 확률변수 X, Y에 대하여 다음이 성립한다.

$$E(X+Y)=E(X)+E(Y)$$
$$E(X-Y)=E(X)-E(Y)$$

그리고 이산확률분포의 분산 $V(X)$와 표준편차 $SD(X)$는 다음과 같이 정의한다.

$$V(X)=E[(X-\mu)^2]=E[X^2]-E[X]^2 \quad (\text{단, } \mu=E(X))$$
$$SD(X)=\sigma=\sqrt{V(X)}$$

특히 이산확률변수 X, Y가 독립일 때, $V(X+Y)=V(X)+V(Y)$가 성립한다. 연속확률분포에 대해서도 비슷한 관계가 성립한다.

하나의 시행을 할 때 결괏값이 성공 또는 실패의 두 가지만 나온다고 하자. 이때 성공의 확률을 p, 실패의 확률을 q라고 하면 $p+q=1$을 만족한다. 이 시행을 여러 번 진행할 때 서로 독립이라는 조건이 필요하다(독립시행). 즉 앞의 시행은 뒤의 시행에 영향을 주지 않는다. 이러한 시행을 베르누이 시행(Bernoulli trial)이라고 한다. 베르누이 시행을 여러 번 하는 경우를 다음과 같이 정의한다.

정의 10-5 이항분포

베르누이 시행을 n번 할 때, 성공 횟수가 x일 경우의 확률 $\mathrm{P}(X=x)$는 다음과 같다.

$$\mathrm{P}(X=x) = {}_n\mathrm{C}_x p^x q^{n-x} \quad (\text{단, } x\text{는 } 0 \le x \le n\text{인 정수})$$

이와 같은 확률분포를 **이항분포**(binomial distribution)라 하고, $X \sim B(n, p)$ 또는 간단히 $B(n, p)$로 표기한다.

[정의 10-5]에서 ${}_n\mathrm{C}_x = \dfrac{n!}{x!(n-x)!}$이고 ${}_n\mathrm{C}_x = {}_n\mathrm{C}_{n-x}$이다. ${}_n\mathrm{C}_x$는 n번 중 x번만 성공하는 경우의 수를 의미하며, x번만 성공할 경우의 확률은 $p^x q^{n-x}$이다. 따라서 위와 같은 확률분포가 성립함을 알 수 있다.

이제 이항분포 $B(n, p)$의 기댓값 $\mathrm{E}(X)$와 분산 $\mathrm{V}(X)$를 구해보자. 매 시행에 대한 각 확률변수를 $X_i\,(1 \le i \le n)$라고 하면, n번 시행하는 경우의 확률변수 X는 $X = X_1 + \cdots + X_n$이다. 각 X_i와 X_i^2에 대한 확률분포는 다음과 같다.

[표 10-2] X_i에 대한 확률분포

X_i	0	1
$\mathrm{P}(X_i = x)$	q	p

[표 10-3] X_i^2에 대한 확률분포

X^2	$0^2=0$	$1^2=1$
$\mathrm{P}(X_i^2 = x^2)$	q	p

각 i에 대하여 $\mathrm{E}(X_i)$와 $\mathrm{E}(X_i^2)$을 구하면 다음과 같다.

$$\mathrm{E}(X_i) = 0 \cdot q + 1 \cdot p = p$$
$$\mathrm{E}(X_i^2) = 0^2 \cdot q + 1^2 \cdot p = p$$

일반적인 확률변수 Y에 대하여 $\mathrm{V}(Y)=\mathrm{E}(Y^2)-\mathrm{E}(Y)^2$이라는 성질을 이용하면 다음이 성립한다.

$$\mathrm{V}(X_i)=\mathrm{E}(X_i^2)-\mathrm{E}(X_i)^2=p-p^2=p(1-p)=pq$$

각 $X_i(1 \le i \le n)$들은 서로 독립이므로, 다음이 성립한다.

$$\mathrm{E}(X)=\mathrm{E}(X_1+X_2+\cdots+X_n)=n\mathrm{E}(X_1)=n(q\cdot 0+p\cdot 1)=np$$
$$\mathrm{V}(X)=\mathrm{V}(X_1+X_2+\cdots+X_n)=n\mathrm{V}(X_i)=npq$$

예제 10-6 동전에 관한 이항분포

동전 한 개를 100번 던질 때 앞면이 x번 나오는 확률을 구하고, 이 결과를 이항분포 기호로 나타내라. 또한 이 이항분포의 기댓값, 분산, 표준편차를 구하라.

풀이

동전의 앞면이 한 번 나올 확률 p는 $\frac{1}{2}$이므로 x번 나올 확률은 다음과 같다.

$$\mathrm{P}(X=x)={}_{100}\mathrm{C}_x p^x q^{100-x}={}_{100}\mathrm{C}_x\left(\frac{1}{2}\right)^{100}$$

이 확률을 이항분포 기호로 나타내면 $B\left(100, \frac{1}{2}\right)$이다. 따라서 기댓값은 $\mathrm{E}(X)=np=50$, 분산은 $\mathrm{V}(X)=npq=100\cdot\frac{1}{2}\cdot\frac{1}{2}=25$, 표준편차는 $\sigma=\sqrt{25}=5$이다.

파이썬 코드

```
import scipy.stats as stats
import sympy as sym

# 동전을 던질 때 일어나는 사건
coin_list = ['H','T']

# 표본공간 생성
S_Space = list()
for i in range(len(coin_list)):
    S_Space.append(coin_list[i])

# 앞면이 나올 사건
E_Space = list()
for i in range(len(coin_list)):
    if coin_list[i] == 'H':
        E_Space.append(coin_list[i])

Sample_space = sym.FiniteSet(*S_Space)
print("표본공간 S = ", Sample_space)
Event = sym.FiniteSet(*E_Space)
print("사건 A = ", Event)
```

```
probability_A = len(Event) / len(Sample_space)
print("사건 A의 확률 = ", probability_A)

# 이항분포 B(100, 1/2)
Number_of_repeats = 100
Binomial_coin = stats.binom(n = Number_of_repeats, p = probability_A)
print("\n")
print("기댓값 = ", Binomial_coin.mean())
print("분산 = ", Binomial_coin.var())
print("표준편차 = ", Binomial_coin.std())
```

실행 결과

```
표본공간 S =  {H, T}
사건 A =  {H}
사건 A의 확률 =  0.5

기댓값 =  50.0
분산 =  25.0
표준편차 =  5.0
```

예제 10-7 이항분포

이항분포 $B(n, p)$에 대하여 $B\left(10, \frac{1}{2}\right)$, $B\left(20, \frac{1}{2}\right)$, $B(30, 0.1)$의 확률을 각각 구하고, 파이썬 코드를 이용해 확률질량함수와 누적분포함수의 그래프를 그려라.

풀이

이항분포 $B(n, p)$의 확률은 $\mathrm{P}(X=x) = {}_n\mathrm{C}_x p^x q^{n-x}$이므로, 각각의 확률은 다음과 같다.

$$n = 10\text{일 때, } \mathrm{P}(X=x) = {}_{10}\mathrm{C}_x (0.5)^{10}$$

$$n = 20\text{일 때, } \mathrm{P}(X=x) = {}_{20}\mathrm{C}_x (0.5)^{20}$$

$$n = 30\text{일 때, } \mathrm{P}(X=x) = {}_{30}\mathrm{C}_x (0.1)^x (0.9)^{30-x}$$

파이썬 코드

```
from scipy.stats import binom
import matplotlib.pyplot as plt
import numpy as np

# 이항분포 B(10, 1/2) 생성
Binomial_1 = binom(n = 10, p = 0.5)
print("기댓값 = ", Binomial_1.mean())
print("분산 = ", Binomial_1.var())
print("표준편차 = ", Binomial_1.std())
print("\n")
```

```
# 이항분포 B(20, 1/2) 생성
Binomial_2 = binom(n = 20, p = 0.5)
print("기댓값 = ", Binomial_2.mean())
print("분산 = ", Binomial_2.var())
print("표준편차 = ", Binomial_2.std())
print("\n")

# 이항분포 B(30, 1/10) 생성
Binomial_3 = binom(n = 30, p = 0.1)
print("기댓값 = ", Binomial_3.mean())
print("분산 = ", Binomial_3.var())
print("표준편차 = ", Binomial_3.std())

# 이항분포의 확률질량함수 계산
x_1 = np.arange(-3, 10.1)
y_1_pmf = Binomial_1.pmf(x_1)
x_2 = np.arange(-3, 20.1)
y_2_pmf = Binomial_2.pmf(x_2)
x_3 = np.arange(-3, 30.1)
y_3_pmf = Binomial_3.pmf(x_3)

# 이항분포의 확률질량함수의 그래프 그리기
plt.figure(figsize=(12, 8))
plt.plot(x_1, y_1_pmf , 'bo--', label="(n = 10, p = 0.5)")
plt.plot(x_2, y_2_pmf , 'go--', label="(n = 20, p = 0.5)")
plt.plot(x_3, y_3_pmf , 'ro--', label="(n = 30, p = 0.1)")
plt.xlabel('x')
plt.ylabel('P(X=x)')
plt.title('binomial distribution')
plt.legend()
plt.grid()
plt.show()

# 이항분포의 누적분포함수 계산
y_1_cdf = Binomial_1.cdf(x_1)
y_2_cdf = Binomial_2.cdf(x_2)
y_3_cdf = Binomial_3.cdf(x_3)

# 이항분포의 누적분포함수의 그래프 그리기
plt.figure(figsize=(12, 8))
plt.plot(x_1, y_1_cdf, 'bo--', label="(n = 10, p = 0.5)")
plt.plot(x_2, y_2_cdf, 'go--', label="(n = 20, p = 0.5)")
plt.plot(x_3, y_3_cdf, 'ro--', label="(n = 30, p = 0.1)")
plt.xlabel('X')
plt.ylabel(r'$\Phi_{\mu, \sigma^2}(X)$')
plt.title('cumulative distribution function')
plt.legend()
plt.grid()
plt.show()
```

실행 결과

```
기댓값 =  5.0
분산 =  2.5
표준편차 =  1.5811388300841898
```

```
기댓값 =  10.0
분산 =  5.0
표준편차 =  2.23606797749979

기댓값 =  3.0
분산 =  2.7
표준편차 =  1.6431676725154984
```

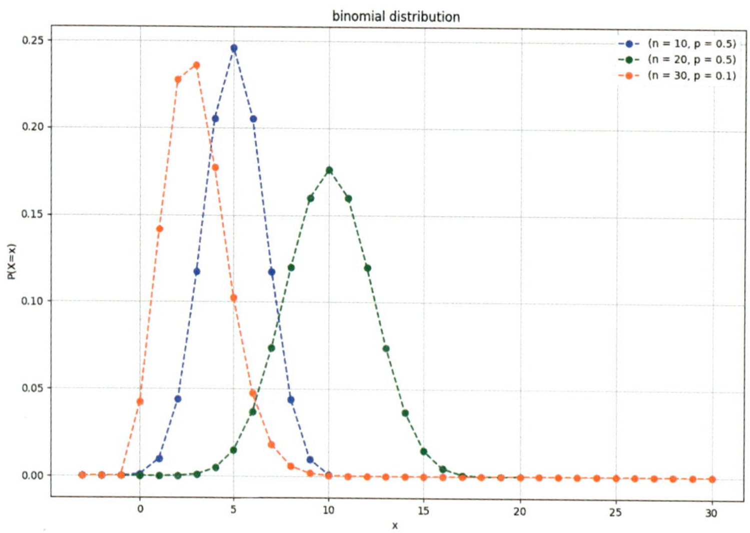

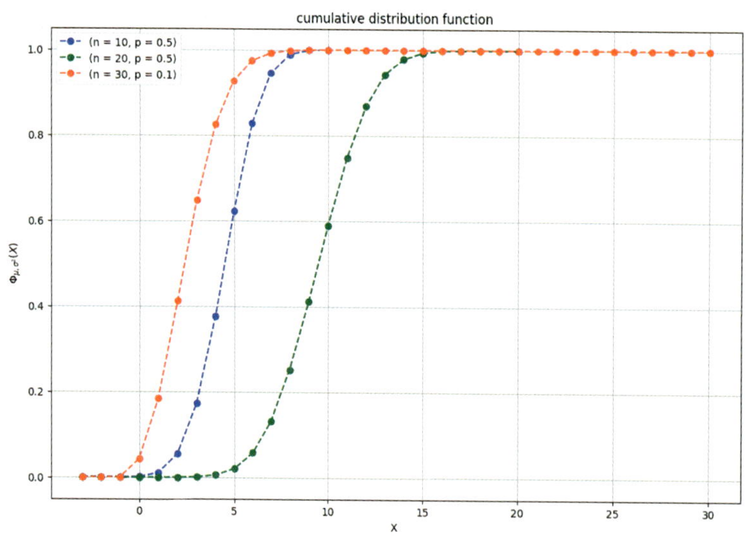

또 다른 이산확률분포로는 푸아송분포가 있다. 푸아송분포는 주어진 시간 또는 공간 안에서 어떤 사건이 일어나는 횟수에 대한 기댓값 $\lambda > 0$이 정해져 있을 때, 사건의 발생 횟수 k가 따르는 확률분포이다. 예를 들어 어떤 강에서 50년에 한 번씩 홍수가 일어난다고 하면 $\lambda = 1$이다. 50년 동안 홍수가 두 번 일어날 확률은 세 번 일어날 확률보다 클 것이다. 즉 사건의 발생 횟수 k가 커짐에 따라 확률은 작아진다. 푸아송분포에 대한 구체적인 확률은 다음과 같이 정의한다.

정의 10-6 **푸아송분포**

주어진 시간 또는 공간에서 어떤 사건이 일어나는 횟수 X에 대한 확률 $\mathrm{P}(X=k)$가 다음과 같을 때, 이 확률분포는 매개변수 $\lambda > 0$을 갖는 **푸아송분포**(Poisson distribution)라고 하고, $X \sim P(\lambda)$ 또는 간단히 $P(\lambda)$로 표기한다.

$$\mathrm{P}(X=k) = \frac{\lambda^k e^{-\lambda}}{k!} \quad (\text{단, } k=0, 1, 2, \cdots \text{ 는 사건의 발생 횟수})$$

푸아송분포의 기댓값과 분산은 λ와 같다. 즉 $\mathrm{E}(X) = \lambda = \mathrm{V}(X)$이다.

예제 10-8 **푸아송분포**

푸아송분포 $P(\lambda)$에 대하여 $\lambda = 1, 5, 10$일 때의 확률을 각각 구하고, 파이썬 코드를 이용해 그래프로 나타내라.

풀이

$\lambda = 1, 5, 10$에 대한 각각의 확률은 다음과 같다.

$$\lambda = 1\text{일 때, } \mathrm{P}(X=k) = \frac{e^{-1}}{k!}$$

$$\lambda = 5\text{일 때, } \mathrm{P}(X=k) = \frac{5^k e^{-5}}{k!}$$

$$\lambda = 10\text{일 때, } \mathrm{P}(X=k) = \frac{10^k e^{-10}}{k!}$$

파이썬 코드

```
import numpy as np
import matplotlib.pyplot as plt

# 푸아송분포 함수
def Poisson_distribution(num_k , lamb):
    poss_k = ((lamb ** num_k) * np.exp(-lamb))/np.math.factorial(num_k)
    return poss_k

x = np.arange(20)

# 푸아송분포 P(1) 생성
lamb_1 = 1
poss_1 = np.array([Poisson_distribution(n, lamb_1) for n in range(len(x))])
```

```python
# 푸아송분포 P(5) 생성
lamb_5 = 5
poss_5 = np.array([Poisson_distribution(n, lamb_5) for n in range(len(x))])

# 푸아송분포 P(10) 생성
lamb_10 = 10
poss_10 = np.array([Poisson_distribution(n, lamb_10) for n in range(len(x))])

# 푸아송분포의 그래프 그리기
plt.figure(figsize=(12, 8))
plt.plot(x, poss_1, 'bo--', label=r'$ \lambda = 1$')
plt.plot(x, poss_5, 'go--', label=r'$ \lambda = 5$')
plt.plot(x, poss_10, 'ro--', label=r'$ \lambda = 10$')
plt.xlabel('k')
plt.ylabel('P(X=k)')
plt.title('Poisson distribution')
plt.legend()
plt.grid()
plt.show()
```

실행 결과

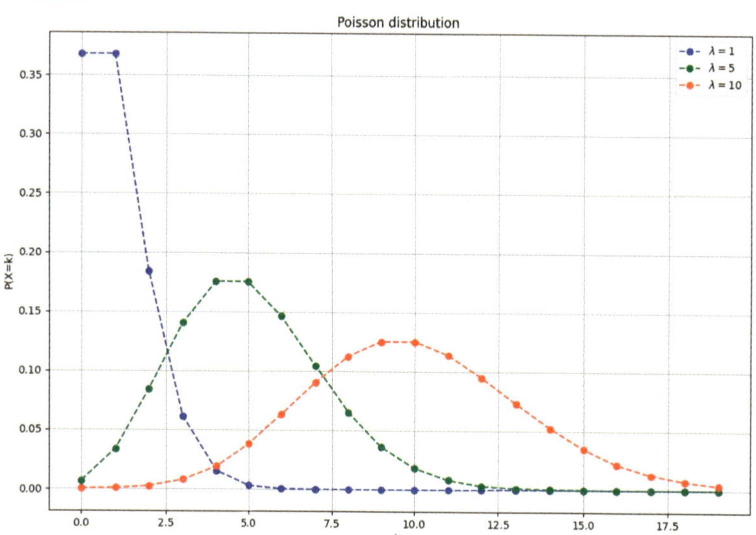

정리 10-2 이항분포와 푸아송분포의 관계

$n(\geq 1000)$이 크고 $p(\leq 0.01)$가 작으며 $np = \lambda$를 만족할 때, 푸아송분포 $P(\lambda)$는 이항분포 $B(n, p)$로 근사한다.

증명

이항분포 $B(n, p)$는 각각 다음과 같은 이항정리에서 $q^{n-x}p^x$의 계수에 해당한다.

$$(q+p)^n = q^n + nq^{n-1}p + \cdots + \frac{n(n-1)\cdots(n-x+1)}{x!}q^{n-x}p^x + \cdots + p^n$$

$p+q=1$이므로 위 식의 좌변은 1이다. 주어진 조건에 의해 p가 매우 작기 때문에 $p \approx 0$이므로 $q=1-p \approx 1$이다. 따라서 위 식의 우변은 다음 식으로 근사한다.

$$1 + np + \cdots + \frac{n(n-1)\cdots(n-x+1)}{x!}p^x + \cdots + p^n \qquad \cdots①$$

n이 매우 큰 수이므로 $n-1, n-2, \cdots, n-x+1$은 n에 가깝다. 따라서 식 ①은 다음 식으로 근사한다.

$$1 + np + \cdots + \frac{n^x}{x!}p^x + \cdots + p^n \qquad \cdots②$$

또한 주어진 조건에 의해 $np = \lambda$이므로, 식 ②는 다음 식으로 근사한다.

$$1 + \lambda + \frac{\lambda^2}{2!} + \cdots + \frac{\lambda^x}{x!} + \cdots + p^n \qquad \cdots③$$

따라서 이항분포 $B(n, p)$는 식 ③의 항들로 근사한다. 또한 식 ③은 $1=(p+q)^n$의 근사이기도 하다. 한편, e^λ을 테일러 전개하면 다음과 같다.

$$e^\lambda = 1 + \lambda + \frac{\lambda^2}{2!} + \cdots + \frac{\lambda^x}{x!} + \cdots$$

이때 n은 커지고 $0 < p < 1$이므로 $p^n \to 0$이며 다음이 성립한다.

$$e^\lambda \approx 1 + \lambda + \frac{\lambda^2}{2!} + \cdots + \frac{\lambda^x}{x!} + \cdots + p^n$$

따라서 다음이 성립한다.

$$1 = \frac{e^\lambda}{e^\lambda} = e^{-\lambda}\left(1 + \lambda + \frac{\lambda^2}{2!} + \cdots + \frac{\lambda^x}{x!} + \cdots\right) \qquad \cdots④$$

푸아송분포는 식 ④의 항들로 이루어져 있으며, $1=(p+q)^n$을 표현한 것이다. 따라서 식 ④는 식 ③으로 근사한다. 즉 푸아송분포 $P(\lambda)$는 이항분포 $B(n, p)$로 근사한다. ■

10.3 연속확률분포

연속확률변수 X에 적당한 함수 $f(x)$를 대응하는 것을 연속확률분포(continuous probability distribution)라고 한다. 이때 $f(x)$를 확률변수 X의 확률밀도함수(probability density function, pdf)라고 한다. 구간 $[a, b]$에서 연속확률변수 X의 확률은 $\mathrm{P}(a \le X \le b) = \int_a^b f(x)\,dx$로 구한다. 또한 확률의 조건에 의해 $\int_{-\infty}^{\infty} f(x)\,dx = 1$을 만족해야 한다.

연속확률변수 X와 확률밀도함수 $f(x)$에 대하여 기댓값과 분산은 각각 다음과 같다.

$$\mathrm{E}(X) = \int_{-\infty}^{\infty} x f(x)\,dx$$

$$\mathrm{V}(X) = \mathrm{E}[(X-\mu)^2] = \int_{-\infty}^{\infty} (x-\mu)^2 f(x)\,dx \quad (\text{단, } \mu = \mathrm{E}(X))$$

또한 이산확률변수와 마찬가지로 연속확률변수 X, Y에 대해서도 $\mathrm{E}(X+Y) = \mathrm{E}(X)+\mathrm{E}(Y)$와 $\mathrm{E}(X-Y) = \mathrm{E}(X)-\mathrm{E}(Y)$가 성립하고, $\mathrm{V}(X) = \mathrm{E}[X^2]-\mathrm{E}[X]^2$이 성립한다.

가장 대표적인 연속확률분포의 예는 정규분포이다. 정규분포는 분포의 평균 μ와 표준편차 σ에 의해 결정되며, 데이터 분석에서 많이 쓰이는 함수이다. 특히 전처리 과정에서 자주 사용한다.

정의 10-7 정규분포

연속확률변수 X의 확률밀도함수가

$$f(x) = \frac{1}{\sqrt{2\pi}\,\sigma} e^{-\frac{1}{2}\left(\frac{x-\mu}{\sigma}\right)^2} \quad (-\infty < x < \infty)$$

일 때, X에 대한 확률분포를 **정규분포**(normal distribution) 또는 **가우스 분포**(Gaussian distribution)라 하고 $X \sim N(\mu, \sigma^2)$ 또는 간단히 $N(\mu, \sigma^2)$으로 표기한다.

정규분포의 경우 구간 $[a, b]$에서 확률변수 X의 확률 $\mathrm{P}(a \le X \le b) = \int_a^b f(x)\,dx$는 [그림 10-1]과 같은 곡선 $y = f(x)$와 구간 $[a, b]$로 이루어진 부분의 면적을 의미한다. 또한 확률변수 X의 누적분포함수 $\Phi(x)$는 다음과 같이 계산하며 [그림 10-2]와 같이 나타낼 수 있다.

$$\Phi(x) = \mathrm{P}(X \le x) = \mathrm{P}(-\infty < X \le x) = \int_{-\infty}^{x} f(t)\,dt$$

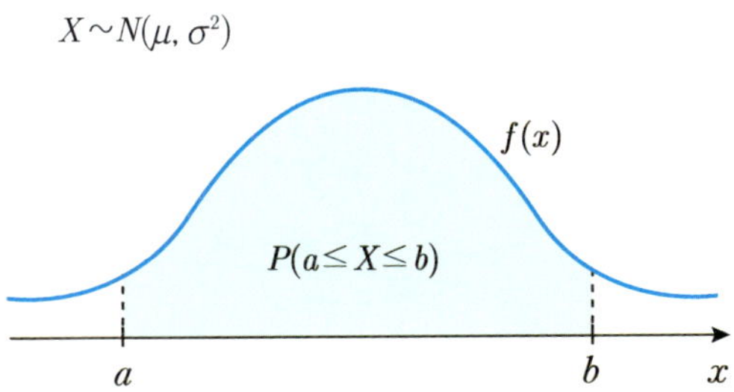

[그림 10-1] 정규분포의 확률

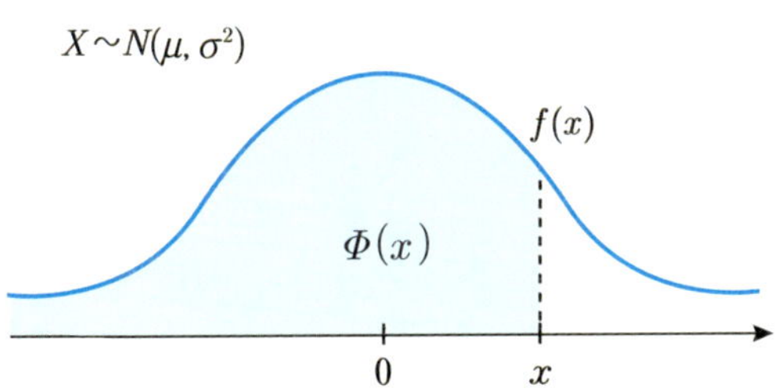

[그림 10-2] 정규분포의 누적분포함수 $\Phi(x)$

정규분포 $N(\mu, \sigma^2)$은 다음과 같은 성질을 만족한다.

정리 10-3　정규분포의 성질

(1) 기댓값은 μ이고 분산은 σ^2이다.

(2) 정규분포곡선은 $x = \mu$를 기준으로 좌우 대칭이고, 최댓값 $f(\mu) = \dfrac{1}{\sqrt{2\pi}\,\sigma}$을 갖는다.

(3) 두 변곡점은 $x = \mu - \sigma,\ \mu + \sigma$에서 생긴다.

(4) 정규분포의 확률밀도함수 $f(x)$의 도함수 $f'(x)$는 $f'(x) = -\dfrac{x-\mu}{\sigma^2} f(x)$이다.

[그림 10-3]과 [그림 10-4]와 같이 정규분포의 확률밀도함수와 누적분포함수는 기댓값 μ와 분산 σ^2의 값에 따라 그래프 형태가 달라진다.

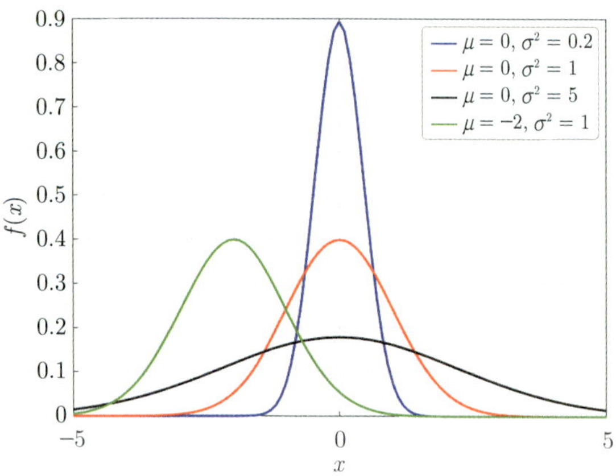

[그림 10-3] μ와 σ^2의 값에 따른 정규분포의 확률밀도함수

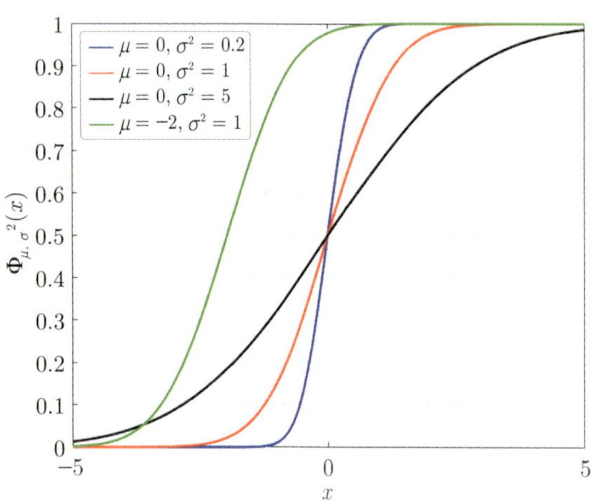

[그림 10-4] μ와 σ^2의 값에 따른 정규분포의 누적분포함수

예제 10-9 정규분포

$X \sim N(10, 2^2)$일 때, 이 정규분포의 기댓값, 분산, 표준편차를 구하고, 누적분포함수의 값 $\Phi(10)$을 구하라.

풀이

$N(\mu, \sigma^2) = N(10, 2^2)$이므로, [정리 10-3]에 의해 기댓값은 $\mu = 10$, 분산은 $\sigma^2 = 4$, 표준편차는 $\sigma = 2$이다. 또한 누적분포함수의 값 $\Phi(10)$은 $\Phi(10) = \int_{-\infty}^{10} f(x)\,dx = \frac{1}{2}$이다. 왜냐하면 정규분포곡선은 $\mu = 10$을 기준으로 좌우 대칭이며 곡선의 전체 적분값은 1이기 때문이다.

파이썬 코드

```
import scipy.stats

# 평균 = 10, 표준편차 = 2인 정규분포 객체 정의
# scipy.stats.norm(평균, 표준편차) : 각 평균, 표준편차에 해당하는 정규분포 생성
norm_dist = scipy.stats.norm(10, 2)

norm_mean = norm_dist.mean()  # norm_dist.mean() : 정규분포의 기댓값 출력
norm_var = norm_dist.var()  # norm_dist.var() : 정규분포의 분산 출력
norm_std = norm_dist.std()  # norm_dist.std() : 정규분포의 표준편차 출력
norm_cdf = norm_dist.cdf(10)  # norm_dist.cdf(x) : 정규분포의 x까지의 누적분포함수의 값 출력

print("기댓값 = ", norm_mean)
print("분산 = ", norm_var)
print("표준편차 = ", norm_std)
print("누적분포함수의 값 = ", norm_cdf)
```

실행 결과

```
기댓값 =  10.0
분산 =  4.0
표준편차 =  2.0
누적분포함수의 값 =  0.5
```

일반적으로 정규분포 $N(\mu, \sigma^2)$의 확률을 구하는 것은 쉽지 않다. 따라서 확률을 쉽게 구하기 위해 다음과 같은 표준정규분포를 주로 사용한다.

정의 10-8 **표준정규분포**

$\mu=0$이고 $\sigma=1$인 정규분포 $N(0, 1)$을 **표준정규분포**(standard normal distribution)라고 한다. 이 경우의 확률밀도함수는 다음과 같다.

$$f(z) = \frac{1}{\sqrt{2\pi}} e^{-\frac{z^2}{2}} \quad (-\infty < z < \infty)$$

보통 표준정규분포에서는 문자 x 대신 z를 사용한다. 구간 $[a, b]$에서 확률변수 Z의 확률은 다음과 같이 계산한다.

$$\mathrm{P}(a \le Z \le b) = \int_a^b f(z)\,dz = \int_a^b \frac{1}{\sqrt{2\pi}} e^{-\frac{z^2}{2}}\,dz$$

또한 표준정규분포 $N(0, 1)$의 누적분포함수를 $\Phi(z)$라고 할 때 다음과 같다.

$$\Phi(z) = \frac{1}{\sqrt{2\pi}}\int_{-\infty}^{z} e^{-t^2/2}\,dt$$

따라서 $z \to \infty$일 때 $\Phi(z) \to 1$이다.

정리 10-4 정규분포의 표준정규분포화

확률변수 X가 정규분포 $N(\mu, \sigma^2)$을 따른다고 할 때, $Z = \frac{X-\mu}{\sigma}$로 치환하면 $Z \sim N(0, 1)$을 만족한다.

증명

$Z = \frac{X-\mu}{\sigma}$일 때 확률변수 Z의 기댓값은 다음과 같다.

$$\mathrm{E}(Z) = \mathrm{E}\left(\frac{X-\mu}{\sigma}\right) = \frac{1}{\sigma}(\mathrm{E}(X-\mu)) = \frac{1}{\sigma}(\mathrm{E}(X)-\mathrm{E}(\mu)) = \frac{1}{\sigma}(\mu-\mu) = 0$$

또한 확률변수 Z의 분산은 일반적으로 다음과 같다.

$$\begin{aligned}\mathrm{V}(Z) &= \mathrm{V}\left(\frac{X-\mu}{\sigma}\right) = \mathrm{V}\left(\frac{1}{\sigma}X - \frac{\mu}{\sigma}\right)\\ &= \frac{1}{\sigma^2}\mathrm{V}(X) \quad \text{(상수 } a, b\text{에 대해 } \mathrm{V}(aX+b) = a^2\mathrm{V}(X)\text{이므로)}\\ &= \frac{1}{\sigma^2}\sigma^2 = 1\end{aligned}$$

■

따라서 $X \sim N(\mu, \sigma^2)$일 때, $Z = \frac{X-\mu}{\sigma}$로 치환하여 표준정규분포로 변환하면 정규분포의 확률을 쉽게 구할 수 있다. 다음으로 몇 가지 기억해두면 좋을 정규분포의 특별한 경우에 대한 확률을 알아보자.

정리 10-5 특별한 경우에 대한 정규분포의 확률 계산

확률변수 X가 정규분포 $N(\mu, \sigma^2)$을 따른다고 할 때 다음이 성립한다.

$$\mathrm{P}(\mu-\sigma \le X \le \mu+\sigma) = 68\%$$
$$\mathrm{P}(\mu-2\sigma \le X \le \mu+2\sigma) = 95\%$$
$$\mathrm{P}(\mu-3\sigma \le X \le \mu+3\sigma) = 99\%$$

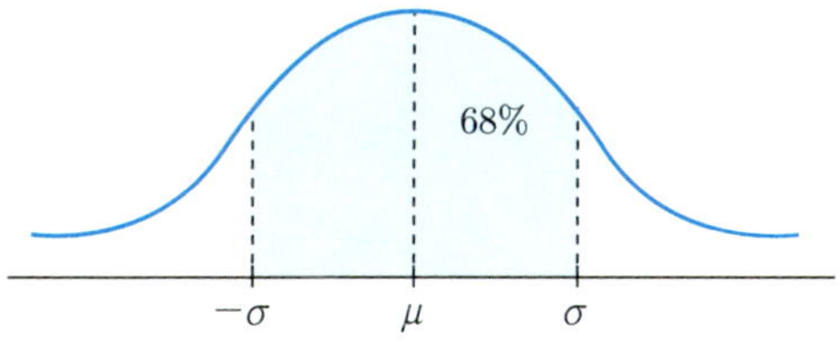

(a) $\mathrm{P}(\mu-\sigma \le X \le \mu+\sigma) = 68\%$인 경우

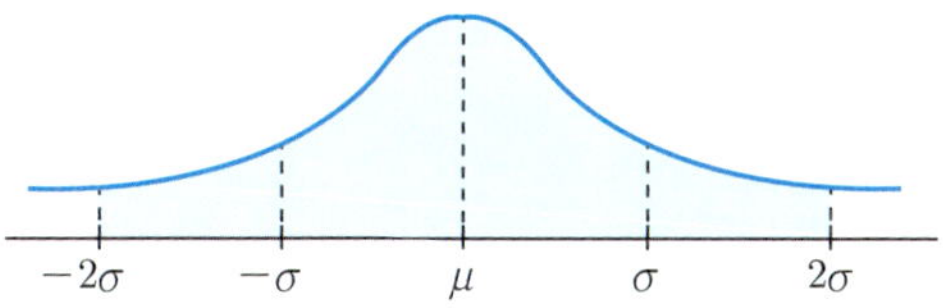

(b) $\mathrm{P}(\mu-2\sigma \le X \le \mu+2\sigma) = 95\%$인 경우

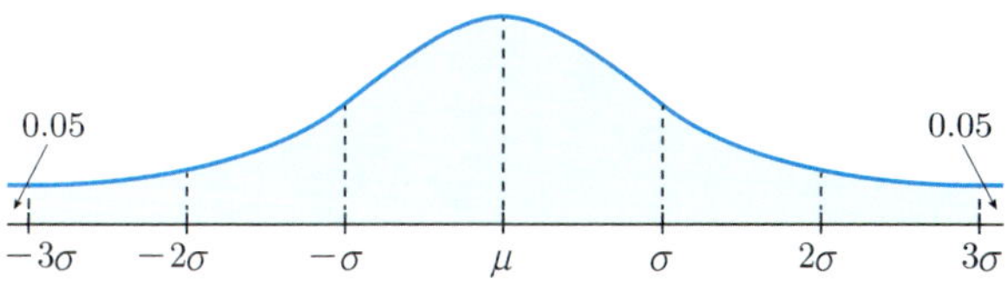

(c) $\mathrm{P}(\mu-3\sigma \le X \le \mu+3\sigma) = 99\%$인 경우

[그림 10-5] 특별한 경우에 대한 정규분포의 확률 계산

이항분포 $B(n, p)$는 n이 커질 경우 정규분포 $N(np, npq)$로 근사할 수 있다. 이 관계를 좀 더 형식적으로 표현하면 다음과 같다.

정리 10-6 **이항분포의 정규분포로의 근사**

이산확률변수 X가 이항분포 $B(n, p)$를 따른다고 할 때, n이 커지면 X는 $N(np, np(1-p))$인 정규분포를 따른다. 따라서 $Z = \dfrac{X-\mu}{\sigma}$로 치환하면 $n \to \infty$일 때, $Z \sim N(0, 1)$을 만족하고 다음과 같이 확률을 구할 수 있다.

$$\mathrm{P}\left(a \le \frac{X-np}{\sqrt{np(1-p)}} \le b\right) \to \mathrm{P}(a \le Z \le b)$$

예제 10-10 **이항분포의 정규분포로의 근사**

동전을 100번 던질 경우 앞면이 나오는 횟수를 X라 할 때, 다음을 구하라.

(a) X가 45에서 55번 사이일 확률

(b) X가 40에서 60번 사이일 확률

(c) X가 35에서 65번 사이일 확률

풀이

이 이항분포의 기댓값은 $\mu = \frac{n}{2} = 50$이고 표준편차는 $\sigma = \sqrt{\frac{100}{4}} = 5$이다. n이 100으로 어느 정도 크기 때문에 [정리 10-6]에 의해 $B\left(100, \frac{1}{2}\right)$은 정규분포 $N(50, 5^2)$으로 근사할 수 있다. 따라서 [정리 10-5]에 의해 각 확률은 다음과 같다.

(a) X가 45에서 55번 사이일 확률은 68%이다.

(b) X가 40에서 60번 사이일 확률은 95%이다.

(c) X가 35에서 65번 사이일 확률은 99%이다.

파이썬 코드

```
import scipy.stats
import numpy as np

n = 100
coin_p = 1/2

# 이항분포 정의
# scipy.stats.binom(n, p) : 각 n, p에 해당하는 이항분포 생성
coin_bi_dist = scipy.stats.binom(n, coin_p)

B_dist_mean = coin_bi_dist.mean()  # coin_bi_dist.mean() : 이항분포의 기댓값 출력
B_dist_std = coin_bi_dist.std()  # coin_bi_dist.std() : 이항분포의 표준편차 출력

print("이항분포의 기댓값 = ", B_dist_mean)
print("이항분포의 표준편차 = ", B_dist_std)
print('\n')

# 정규분포 정의
coin_norm_dist = scipy.stats.norm(B_dist_mean, B_dist_std)

# 45~55까지의 확률
Part_1 = [45, 55]
print("45~55까지의 확률")
# 이항분포로 계산
# coin_bi_dist.cdf(x) : 이항분포의 x까지의 누적분포함수의 값 출력
Bi_prop_coin_45_55 = coin_bi_dist.cdf(Part_1[1]) - coin_bi_dist.cdf(Part_1[0])
print("이항분포로 구한 확률 = ", format(round(Bi_prop_coin_45_55,2), '.1%'))
# 정규분포로 계산
Norm_prop_coin_45_55 = coin_norm_dist.cdf(Part_1[1]) - coin_norm_dist.cdf(Part_1[0])
print("정규분포로 구한 확률 = ", format(round(Norm_prop_coin_45_55,2), '.1%'))
print('\n')

# 40~60까지의 확률
Part_2 = [40, 60]
print("40~60까지의 확률")
# 이항분포로 계산
Bi_prop_coin_40_60 = coin_bi_dist.cdf(Part_2[1]) - coin_bi_dist.cdf(Part_2[0])
print("이항분포로 구한 확률 = ", format(round(Bi_prop_coin_40_60,2), '.1%'))
# 정규분포로 계산
Norm_prop_coin_40_60 = coin_norm_dist.cdf(Part_2[1]) - coin_norm_dist.cdf(Part_2[0])
```

```
print("정규분포로 구한 확률 = ", format(round(Norm_prop_coin_40_60,2), '.1%'))
print('\n')

# 35~65까지의 확률
Part_3 = [35, 65]
print("35~65까지의 확률")
# 이항분포로 계산
Bi_prop_coin_35_65 = coin_bi_dist.cdf(Part_3[1]) - coin_bi_dist.cdf(Part_3[0])
print("이항분포로 구한 확률 = ", format(round(Bi_prop_coin_35_65,3), '.1%'))
# 정규분포로 계산
Norm_prop_coin_35_65 = coin_norm_dist.cdf(Part_3[1]) - coin_norm_dist.cdf(Part_3[0])
print("정규분포로 구한 확률 = ", format(round(Norm_prop_coin_35_65,4), '.1%'))
```

실행 결과

```
이항분포의 기댓값 =  50.0
이항분포의 표준편차 =  5.0

45~55까지의 확률
이항분포로 구한 확률 =  68.0%
정규분포로 구한 확률 =  68.0%

40~60까지의 확률
이항분포로 구한 확률 =  95.0%
정규분포로 구한 확률 =  95.0%

35~65까지의 확률
이항분포로 구한 확률 =  99.7%
정규분포로 구한 확률 =  99.7%
```

모집단이 정규분포를 따르지 않더라도 표본의 크기가 크면 표본평균은 정규분포를 만족한다는 내용이 바로 다음의 중심극한정리(central limit theorem)이다.

정리 10-7 중심극한정리

모집단의 평균이 μ이고 분산이 σ^2이라고 하자. 이 모집단으로부터 추출한 크기가 n인 표본들의 표본평균 $\overline{X}$의 확률분포는 $n \to \infty$일 때 정규분포 $N\left(\mu, \dfrac{\sigma^2}{n}\right)$에 수렴한다. 따라서 $\overline{X}$를 $Z = \dfrac{\overline{X} - \mu}{\sigma / \sqrt{n}}$로 치환하면 $n \to \infty$일 때 표준정규분포 $N(0, 1)$에 수렴한다.

예를 들어 학생 500명이 어떤 시험을 볼 경우, 만약 50명으로 이루어진 표본들을 100개 정도 만든다면 이 표본평균의 확률분포는 (표준)정규분포와 유사하다.

CHAPTER 10 연습문제

10.1 사건 A, B에 대하여 $P(A)=\frac{1}{2}$, $P(B)=\frac{1}{5}$, $P(A\cap B)=\frac{1}{8}$일 때, 다음을 구하라.

(a) $P(A\cup B)$　　(b) $P(B\mid A)$　　(c) $P(A\mid B)$

10.2 주머니 안에 1, 2, 3, 4, 5, 6이 적힌 공이 6개가 있다. 주머니 안에서 공을 꺼낼 때, 다음과 같은 사건 A, B, C, D가 일어났다고 한다. 예를 들어 사건 $A=\{1,2\}$는 1과 2가 적힌 공을 꺼내는 사건을 의미한다. 주어진 물음에 답하라.

$$A=\{1, 2\},\ B=\{1, 3\},\ C=\{1, 2, 6\},\ D=\{1, 2, 5, 6\}$$

(a) 사건 A와 B는 서로 독립인가?
(b) 사건 B와 C는 서로 독립인가?
(c) 사건 A와 C는 서로 독립인가?
(d) 사건 A와 D는 서로 독립인가?
(e) 사건 B와 D는 서로 독립인가?

10.3 사건 A, B가 서로 독립이고 $P(A)=\frac{1}{5}$, $P(A\cup B)=\frac{1}{3}$, $P(B)=p$일 때, p를 구하라.

10.4 항아리 안에 빨간색 구슬 7개와 초록색 구슬 3개가 있다. 비복원추출로 구슬 1개를 임의로 꺼내는 시행을 세 번 반복한다고 할 때, 다음 확률을 구하라.

(a) 빨간색 구슬 2개, 초록색 구슬 1개를 꺼낼 확률
(b) 빨간색 구슬 1개, 초록색 구슬 2개를 꺼낼 확률

10.5 어떤 공장에서 생산한 의자가 충격 실험에서 충격을 견딜 확률이 $\frac{3}{4}$이라고 한다. 생산한 의자의 충격 실험이 이항분포를 따른다고 할 때, 의자 10개 중 4개가 충격을 견딜 확률을 구하라.

10.6 어떤 회사원이 업무 전화를 평균적으로 한 시간에 2통 받는다고 한다. 이 회사원이 받은 전화 횟수가 푸아송분포를 따른다고 할 때, 한 시간에 5통의 전화를 받을 확률을 구하라(단, $e^{-1} \fallingdotseq 0.36$).

10.7 새로 개발한 품질 관리 프로그램은 1년 동안 제품의 품질을 보장해준다고 한다. 1년 동안 제품 한 대당 서비스를 요구하는 횟수가 $\lambda = 4$인 푸아송분포를 따른다고 할 때, 다음 물음에 답하라.

(a) 서비스 요구 횟수를 X라고 할 때, X의 확률질량함수를 구하라.

(b) 1년 동안 세 번 이상 서비스를 요구할 확률을 구하라.

(c) X의 기댓값과 분산을 구하라.

10.8 A 학교에 다니는 학생 1,000명의 몸무게는 평균이 70kg이고 표준편차가 7kg이라고 한다. 이 학교 학생들의 몸무게가 정규분포를 따른다고 할 때, 몸무게가 63kg와 77kg 사이인 학생의 수를 구하라.

10.9 확률변수 X가 정규분포 $N(\mu, \sigma^2)$을 따른다고 할 때, $Y = aX + b$(단, a, b는 상수)는 어떤 분포를 따르는지 설명하라. 또한 Y의 기댓값, 분산, 표준편차를 구하라.

10.10 표준정규분포의 확률밀도함수를 $\phi(x)$라고 할 때, 다음이 성립함을 보여라.

$$\phi'(x) = -x\phi(x), \quad \phi''(x) = (x^2 - 1)\phi(x)$$

CHAPTER 10 프로그래밍 실습

10.1 이산확률분포에 관한 다음 물음에 답하라.

(a) 비복원추출로 N개의 모집단 중 n개의 표본을 추출할 때, k개의 성공 집단에서 x개를 뽑을 확률에 대한 분포를 초기하분포(hypergeometric distribution) $H(N, n, k)$라고 한다. 이산확률변수 X가 초기하분포를 따를 때, 확률질량함수는 $\mathrm{P}(X=x) = \dfrac{{}_k\mathrm{C}_x \cdot {}_{N-k}\mathrm{C}_{n-x}}{{}_N\mathrm{C}_n}$이고 $\mathrm{E}(X) = \dfrac{nk}{N}$, $\mathrm{V}(X) = \dfrac{nk}{N}\left(1-\dfrac{k}{N}\right)\left(\dfrac{N-n}{N-1}\right)$이다. 초기하분포 $H(32, 16, 16)$, $H(32, 24, 16)$에 대한 확률질량함수의 그래프를 그려라.

(b) 성공 확률이 p인 베르누이시행을 하여 처음으로 성공할 때까지의 시행 횟수를 나타내는 이산확률분포를 기하분포(geometric distribution) $GEO(p)$라고 한다. 이산확률변수 X가 기하분포를 따를 때, 확률질량함수는 $\mathrm{P}(X=x) = p(1-p)^{x-1}$이고 $\mathrm{E}(X) = \dfrac{1}{p}$, $\mathrm{V}(X) = \dfrac{1-p}{p^2}$이다. 기하분포 $GEO\ (0.2)$, $GEO(0.5)$, $GEO\ (0.7)$에 대한 확률질량함수의 그래프를 그려라.

파이썬 코드

```
# 문제 (a)
import numpy as np
from scipy.special import comb
import matplotlib.pyplot as plt

# 초기하분포 H(N, n, k) 함수
def HyperGeometric_distribution(num_N, num_n, num_k, num_x):
    poss_k = (comb(num_k, num_x) * comb(num_N-num_k, num_n-num_x))/comb(num_N, num_n)
    return poss_k

x = np.arange(18)
N = [32, 32]
n = [16, 24]
k = [16, 16]

# 초기하분포 H(32,16,16) 생성
HyperGeometric_poss_1 = np.array([HyperGeometric_distribution(N[0], n[0], k[0], x_1)
                                  for x_1 in range(len(x))])

# 초기하분포 H(32,24,16) 생성
HyperGeometric_poss_2 = np.array([HyperGeometric_distribution(N[1], n[1], k[1], x_1)
                                  for x_1 in range(len(x))])
```

```
# 초기하분포의 그래프 그리기
plt.figure(figsize=(12, 8))
plt.plot(x, HyperGeometric_poss_1, 'bo--', label=r'$H(32,16,16)$')
plt.plot(x, HyperGeometric_poss_2, 'go--', label=r'$H(32,24,16)$')
plt.xlabel('x')
plt.ylabel('P(X=x)')
plt.title('hypergeometric distribution')
plt.legend()
plt.grid()
plt.show()

# 문제 (b)
import numpy as np
import matplotlib.pyplot as plt

# 기하분포 GEO(p) 함수
def Geometric_distribution(prop_p, num_x):
    poss_k = prop_p * (1-prop_p)**(num_x-1)
    return poss_k

x = np.arange(1,18)
Prop_p = [0.2, 0.5, 0.7]

# 기하분포 GEO(0.2) 생성
Geometric_poss_1 = np.array([Geometric_distribution(Prop_p[0], x_1)
                             for x_1 in range(1,len(x)+1)])
# 기하분포 GEO(0.5) 생성
Geometric_poss_2 = np.array([Geometric_distribution(Prop_p[1], x_1)
                             for x_1 in range(1,len(x)+1)])
# 기하분포 GEO(0.7) 생성
Geometric_poss_3 = np.array([Geometric_distribution(Prop_p[2], x_1)
                             for x_1 in range(1,len(x)+1)])

# 기하분포의 그래프 그리기
plt.figure(figsize=(12, 8))
plt.plot(x, Geometric_poss_1, 'bo--', label=r'$GEO(0.2)$')
plt.plot(x, Geometric_poss_2, 'go--', label=r'$GEO(0.5)$')
plt.plot(x, Geometric_poss_3, 'ro--', label=r'$GEO(0.7)$')
plt.xlabel('x')
plt.ylabel('P(X=x)')
plt.title('geometric distribution')
plt.legend()
plt.grid()
plt.show()
```

실행 결과

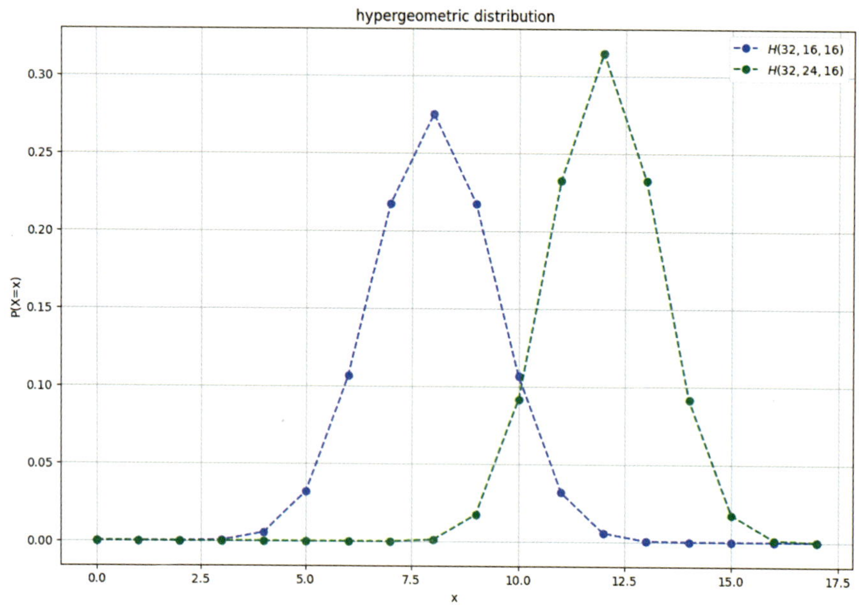
hypergeometric distribution
H(32, 16, 16)
H(32, 24, 16)
P(X=x)
x
0.00
0.05
0.10
0.15
0.20
0.25
0.30
0.0
2.5
5.0
7.5
10.0
12.5
15.0
17.5

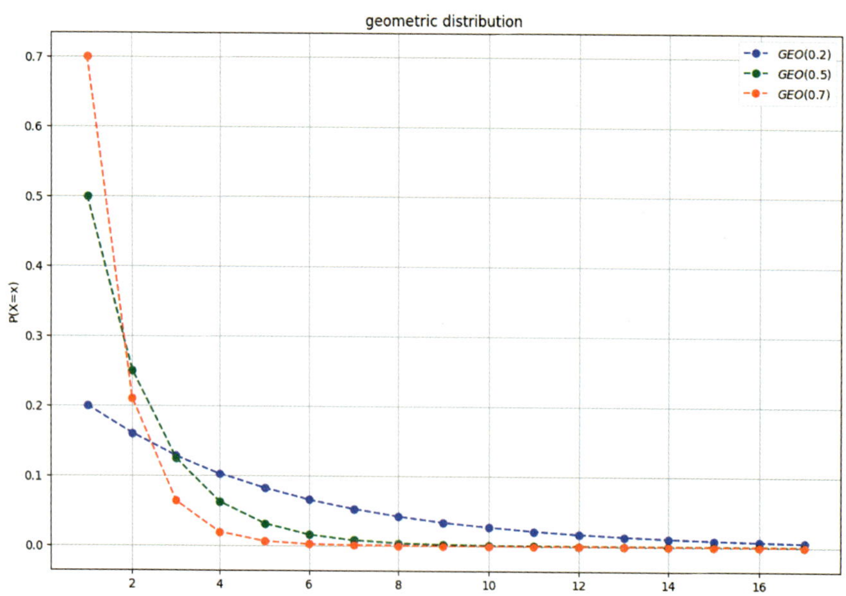
geometric distribution
GEO(0.2)
GEO(0.5)
GEO(0.7)
P(X=x)
x
0.0
0.1
0.2
0.3
0.4
0.5
0.6
0.7
2
4
6
8
10
12
14
16

10.2 연속확률분포에 관한 다음 물음에 답하라.

(a) α 번째 사건이 일어날 때까지 걸리는 시간에 대한 연속확률분포를 감마분포(gamma distribution) $\Gamma(\alpha, \beta)$라고 한다. 여기서 β는 푸아송분포에서의 λ와 같은 역할을 한다. 감마분포의 확률밀도함수는 다음과 같이 정의한다.

$$f(x) = \begin{cases} \dfrac{1}{\beta^\alpha \Gamma(\alpha)} x^{\alpha-1} e^{\frac{-x}{\beta}} & , x \ge 0 \\ 0 & , x < 0 \end{cases}$$

여기서 $\Gamma(\alpha) = \int_0^\infty e^{-x} x^{\alpha-1} dx$를 감마함수(gamma function)라고 한다. 감마함수는 $\Gamma(1) = \int_0^\infty e^{-x} dx = 1$, $\Gamma\left(\frac{1}{2}\right) = \sqrt{\pi}$를 만족하고, α가 양의 정수이면 $\Gamma(\alpha) = (\alpha - 1)!$이다. 이때 $\mathrm{E}(X) = \alpha\beta$, $\mathrm{V}(X) = \alpha\beta^2$이다. 감마분포 $\Gamma(5, 2)$, $\Gamma(10, 2)$, $\Gamma(15, 2)$, $\Gamma(20, 2)$에 대한 확률밀도함수의 그래프를 그려라.

(b) 어떤 사건이 처음 발생할 때까지의 경과 시간에 대한 연속확률분포를 지수분포(exponential distribution) $\mathrm{Exp}(\lambda)$라고 한다. 지수분포의 확률밀도함수는 다음과 같이 정의한다.

$$f(x) = \begin{cases} \dfrac{1}{\lambda} e^{\frac{-x}{\lambda}} & , x \ge 0 \\ 0 & , x < 0 \end{cases}$$

이때 $\mathrm{E}(X) = \lambda$, $\mathrm{V}(X) = \lambda^2$이다. 지수분포 $\mathrm{Exp}(0.5)$, $\mathrm{Exp}(1)$, $\mathrm{Exp}(2)$에 대한 확률밀도함수의 그래프를 그려라.

파이썬 코드

```
# 문제 (a)
import numpy as np
from scipy.special import gamma
import matplotlib.pyplot as plt

# 감마분포 Γ(a, b) 함수
def Gamma_distribution(a_val, b_val, num_x):
    poss_x = num_x**(a_val-1) * np.exp(-num_x/b_val) / (b_val**a_val*gamma(a_val))
    return poss_x

x = np.arange(0,50,0.4)

# 감마분포 Γ(5, 2) 생성
Gamma_poss_1 = np.array([Gamma_distribution(5, 2, x_1) for x_1 in x])
# 감마분포 Γ(10, 2) 생성
Gamma_poss_2 = np.array([Gamma_distribution(10, 2, x_2) for x_2 in x])
```

```python
# 감마분포 Γ(15, 2) 생성
Gamma_poss_3 = np.array([Gamma_distribution(15, 2, x_3) for x_3 in x])
# 감마분포 Γ(20, 2) 생성
Gamma_poss_4 = np.array([Gamma_distribution(20, 2, x_4) for x_4 in x])

# 감마분포의 그래프 그리기
plt.figure(figsize=(12, 8))
plt.plot(x, Gamma_poss_1, 'bo--', label=r'$Gamma(5,2)$')
plt.plot(x, Gamma_poss_2, 'yo--', label=r'$Gamma(10,2)$')
plt.plot(x, Gamma_poss_3, 'go--', label=r'$Gamma(15,2)$')
plt.plot(x, Gamma_poss_4, 'ro--', label=r'$Gamma(20,2)$')
plt.xlabel('x')
plt.ylabel('f(x)')
plt.title('gamma distribution')
plt.legend()
plt.grid()
plt.show()

# 문제 (b)
import numpy as np
from scipy.special import gamma
import matplotlib.pyplot as plt

# 지수분포 Exp(theta) 함수
def Exponential_distribution(theta_val, num_x):
    poss_x = (1/theta_val) * np.exp(-num_x/theta_val)
    return poss_x

x = np.arange(0,5,0.1)

# 지수분포 Exp(0.5) 생성
Exponential_poss_1 = np.array([Exponential_distribution(0.5, x_1) for x_1 in x])
# 지수분포 Exp(1) 생성
Exponential_poss_2 = np.array([Exponential_distribution(1, x_2) for x_2 in x])
# 지수분포 Exp(2) 생성
Exponential_poss_3 = np.array([Exponential_distribution(2, x_3) for x_3 in x])

# 지수분포의 그래프 그리기
plt.figure(figsize=(12, 8))
plt.plot(x, Exponential_poss_1, 'bo--', label=r'$Exp(0.5)$')
plt.plot(x, Exponential_poss_2, 'yo--', label=r'$Exp(1)$')
plt.plot(x, Exponential_poss_3, 'go--', label=r'$Exp(2)$')
plt.xlabel('x')
plt.ylabel('f(x)')
plt.title('exponential distribution')
plt.legend()
plt.grid()
plt.show()
```

실행 결과

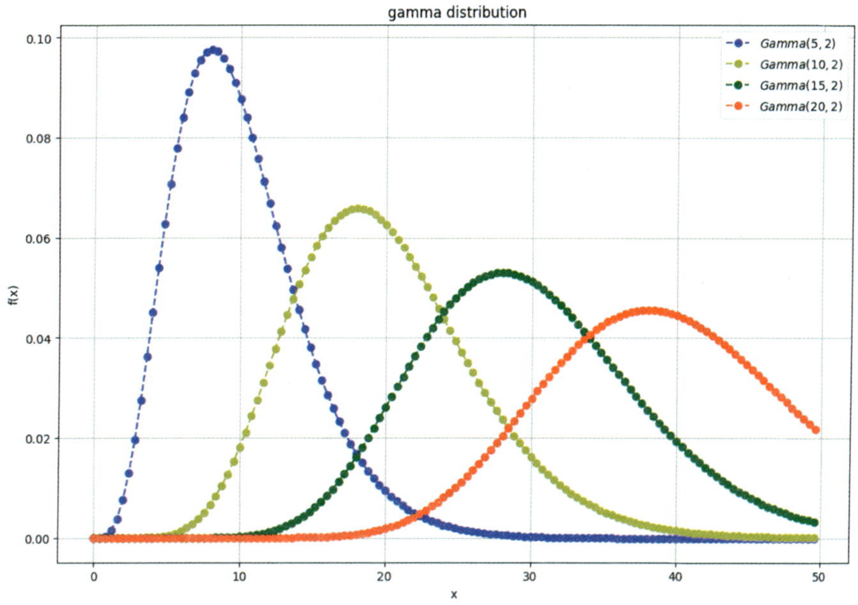
gamma distribution
Gamma(5, 2)
Gamma(10, 2)
Gamma(15, 2)
Gamma(20, 2)
f(x)
x

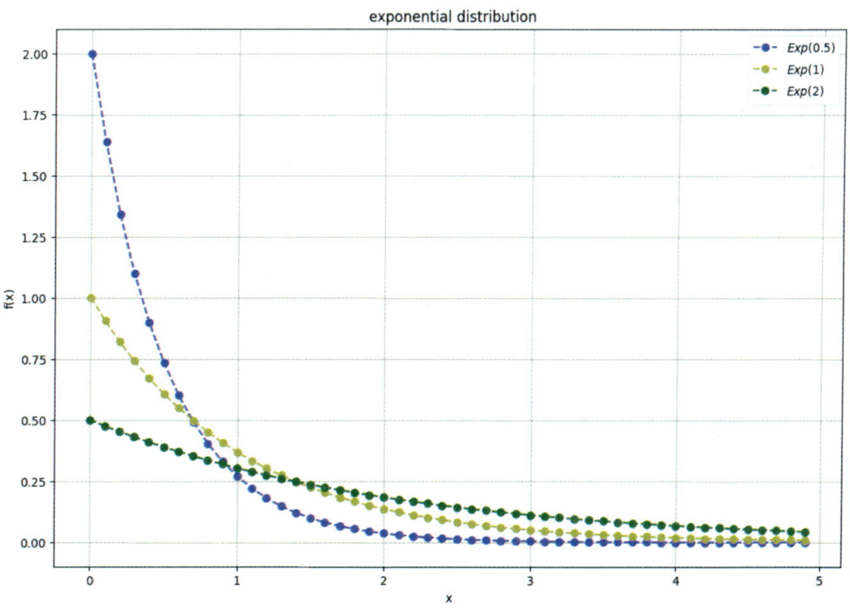
exponential distribution
Exp(0.5)
Exp(1)
Exp(2)
f(x)
x

CHAPTER 11

상관분석과 회귀분석

• Contents

이 장에서는 데이터 사이의 상관관계를 분석하기 위해 먼저 공분산과 상관계수에 대해 알아본다. 상관계수가 1에 가까울수록 상관관계가 크다는 의미이다. 그리고 주어진 데이터를 선형방정식을 이용하여 근사하는 선형회귀분석을 소개한다. 선형회귀분석에는 단순 선형회귀와 다중 선형회귀가 있다. 실제로 데이터 분석에서는 다중 선형회귀가 주로 쓰이며, 다중 선형회귀는 12장에서 자세히 살펴볼 지도학습 방법 중 하나이다.

학습목표

1. 공분산과 상관계수의 개념과 두 개념 사이의 관계를 이해한다.
2. 상관계수를 통해 데이터 사이의 관계를 이해한다.
3. 단순 선형회귀와 다중 선형회귀의 개념을 이해하고, 선형회귀식을 구한다.
4. 공분산과 상관계수, 선형회귀식에 관한 파이썬 코드를 학습한다.

11.1 상관분석

두 개의 변량이 주어질 때 둘 사이의 관계를 수치적으로 나타내야 하는 경우가 있는데, 이를 두 변량 사이의 상관관계라고 한다. 예를 들어 변량 X가 하루에 수학을 공부하는 시간이고 Y가 수학 성적이라고 할 때, X와 Y 사이의 상관관계를 어느 정도 예상할 수 있다. 이와 같은 상관관계를 이해하려면 먼저 두 확률변수의 공분산 개념을 알아야 한다.

정의 11-1 공분산

임의의 확률변수 X와 Y가 주어질 때, X와 Y의 **공분산**(covariance) $\mathrm{Cov}(X, Y)$를 다음과 같이 정의한다(단, μ_X, μ_Y는 각각 X의 기댓값 $\mathrm{E}(X)$와 Y의 기댓값 $\mathrm{E}(Y)$이다).

$$\mathrm{Cov}(X, Y) = \mathrm{E}[(X-\mu_X)(Y-\mu_Y)] = \mathrm{E}(XY) - \mu_X\mu_Y$$

공분산의 정의를 보면 공분산은 양수일 수도 있고 음수일 수도 있다. 공분산은 [정리 11-1]과 같은 성질을 만족한다. 이 성질들에 대한 증명은 [정의 11-1]에 의해 쉽게 확인할 수 있으므로 생략한다.

정리 11-1 공분산의 성질

임의의 확률변수 X, Y, W, V와 실수 a, b, c, d에 대해 다음이 성립한다.

(1) $\mathrm{Cov}(X, X) = \mathrm{V}(X) = \sigma^2(X)$ (단, $\mathrm{V}(X)$는 분산, $\sigma(X)$는 표준편차)

(2) $\mathrm{Cov}(X, a) = 0$

(3) $\mathrm{Cov}(X, Y) = \mathrm{Cov}(Y, X)$

(4) $\mathrm{Cov}(aX, bY) = ab\mathrm{Cov}(X, Y)$

(5) $\mathrm{Cov}(X+a, Y+b) = \mathrm{Cov}(X, Y)$

(6) $\mathrm{Cov}(aX+b, cY+d) = ac\mathrm{Cov}(X, Y)$

(7) $\mathrm{Cov}(aX+bY, cW+dV) = ac\mathrm{Cov}(X, W) + ad\mathrm{Cov}(X, V) + bc\mathrm{Cov}(Y, W) + bd\mathrm{Cov}(Y, V)$

(8) 일반적으로 확률변수 $X_i(1 \le i \le n)$와 $Y_j(1 \le j \le m)$에 대해 $X = a_1X_1 + a_2X_2 + \cdots + a_nX_n$ 이고 $Y = b_1Y_1 + b_2Y_2 + \cdots + b_nY_m$ 이면 다음이 성립한다.

$$\mathrm{Cov}(X,\ Y) = \sum_{i=1}^{n}\sum_{j=1}^{m} a_ib_j\mathrm{Cov}(X_i,\ Y_j)$$

정리 11-2 공분산과 분산의 관계

확률변수 X, Y와 실수 a, b에 대해 다음이 성립한다.

(1) $\mathrm{V}(aX + bY) = a^2\mathrm{V}(X) + b^2\mathrm{V}(Y) + 2ab\mathrm{Cov}(X,\ Y)$

(2) 만일 X, Y가 서로 독립이면 $\mathrm{V}(aX + bY) = a^2\mathrm{V}(X) + b^2\mathrm{V}(Y)$이다.

증명

(1) [정리 11-1]의 (1)과 (7)을 이용하면 다음을 얻는다.

$$\begin{aligned}\mathrm{V}(aX+bY) &= \mathrm{Cov}(aX+bY,\ aX+bY)\\ &= a^2\mathrm{Cov}(X,\ X) + 2ab\mathrm{Cov}(X,\ Y) + b^2\mathrm{Cov}(Y,\ Y)\\ &= a^2\mathrm{V}(X) + b^2\mathrm{V}(Y) + 2ab\mathrm{Cov}(X,\ Y)\end{aligned}$$

(2) 만일 X, Y가 서로 독립이면 $\mathrm{E}(XY) = \mathrm{E}(X)\mathrm{E}(Y)$이므로 다음이 성립한다.

$$\mathrm{Cov}(X,\ Y) = \mathrm{E}(XY) - \mu_X\mu_Y = \mathrm{E}(XY) - \mathrm{E}(X)\mathrm{E}(Y) = 0$$

따라서 (1)에 의해 $\mathrm{V}(aX+bY) = a^2\mathrm{V}(X) + b^2\mathrm{V}(Y)$이다. ■

예제 11-1 공분산

아래의 표는 확률변수 X, Y의 결합확률함수 $\mathrm{P}(X = x_i,\ Y = y_i) = p(x_i,\ y_i)$의 확률분포표이다.

Y \ X	1	2	3	$\mathrm{P}(Y=y_i)$
1	$\frac{1}{8}$	$\frac{1}{4}$	0	$\frac{3}{8}$
2	$\frac{1}{8}$	$\frac{1}{4}$	$\frac{1}{4}$	$\frac{5}{8}$
$\mathrm{P}(X=x_i)$	$\frac{1}{4}$	$\frac{1}{2}$	$\frac{1}{4}$	1

다음을 구하라.

(a) $\mathrm{E}(X)$, $\mathrm{V}(X)$ (b) $\mathrm{E}(Y)$, $\mathrm{V}(Y)$ (c) $\mathrm{E}(XY)$

(d) $\mathrm{Cov}(X, Y)$ (e) $\mathrm{V}(X+Y)$

풀이

(a) 주어진 확률분포표에서 $X=x_i$ 값과 그에 해당하는 확률인 $\mathrm{P}(X=x_i)$를 이용하면 다음을 얻는다.

$$\mathrm{E}(X) = 1\cdot\frac{1}{4} + 2\cdot\frac{1}{2} + 3\cdot\frac{1}{4} = 2$$
$$\mathrm{E}(X^2) = 1^2\cdot\frac{1}{4} + 2^2\cdot\frac{1}{2} + 3^2\cdot\frac{1}{4} = \frac{9}{2}$$

따라서 $\mathrm{V}(X) = \mathrm{E}(X^2) - \mathrm{E}(X)^2 = 4.5 - (2)^2 = 0.5$이다.

(b) 주어진 표에서 $Y=y_i$ 값과 그에 해당하는 확률인 $\mathrm{P}(Y=y_i)$를 이용하면 다음을 얻는다.

$$\mathrm{E}(Y) = 1\cdot\frac{3}{8} + 2\cdot\frac{5}{8} = \frac{13}{8}$$
$$\mathrm{E}(Y^2) = 1^2\cdot\frac{3}{8} + 2^2\cdot\frac{5}{8} = \frac{23}{8}$$

따라서 $\mathrm{V}(Y) = \mathrm{E}(Y^2) - \mathrm{E}(Y)^2 = \frac{23}{8} - \left(\frac{13}{8}\right)^2 = \frac{15}{64}$이다.

(c) $\mathrm{E}(XY) = \sum_{i=1}^{3}\sum_{j=1}^{2} p(x_i, y_j)\cdot x_i\cdot y_i$

$$= \frac{1}{8}\cdot 1\cdot 1 + \frac{1}{8}\cdot 1\cdot 2 + \frac{1}{4}\cdot 2\cdot 1 + \frac{1}{4}\cdot 2\cdot 2 + 0\cdot 3\cdot 1 + \frac{1}{4}\cdot 3\cdot 2 = \frac{27}{8}$$

(d) $\mathrm{Cov}(X, Y) = \mathrm{E}(XY) - \mathrm{E}(X)\mathrm{E}(Y) = \frac{27}{8} - \left(2\cdot\frac{13}{8}\right) = \frac{1}{8}$

(e) $\mathrm{V}(X+Y) = \mathrm{V}(X) + \mathrm{V}(Y) + 2\mathrm{Cov}(X, Y) = \frac{1}{2} + \frac{15}{64} + 2\cdot\frac{1}{8} = \frac{63}{64}$

파이썬 코드

```
import numpy as np

# X, Y의 확률분포
Prop_X_Y = np.array([[1/8,1/4,0],[1/8,1/4,1/4]])

# 문제 (a)
print("문제 (a)")
X = np.array([1,2,3])
Prop_X = np.sum(Prop_X_Y, axis=0)
Exp_X = np.sum((X*Prop_X))
```

```
print("E(X) = ", Exp_X)
Exp_X_2 = np.sum((X**2)*(Prop_X))
Var_X = Exp_X_2 - (Exp_X**2)
print("V(X) = ", Var_X)
print("\n")

# 문제 (b)
print("문제 (b)")
Y = np.array([1,2])
Prop_Y = np.sum(Prop_X_Y, axis=1)
Exp_Y = np.sum((Y*Prop_Y))
print("E(Y) = ", Exp_Y)
Exp_Y_2 = np.sum((Y**2)*(Prop_Y))
Var_Y = Exp_Y_2 - (Exp_Y**2)
print("V(Y) = ", Var_Y)
print("\n")

# 문제 (c)
print("문제 (c)")
Exp_X_Y = 0
for i in range(len(X)):
    for j in range(len(Y)):
        cal_val = X[i]*Y[j]*Prop_X_Y[j][i]
        Exp_X_Y = Exp_X_Y + cal_val
print("E(XY) = ", Exp_X_Y)
print("\n")

# 문제 (d)
print("문제 (d)")
Cov_X_Y = Exp_X_Y - (Exp_X  * Exp_Y)
print("Cov(X, Y) = ", Cov_X_Y)
print("\n")

# 문제 (e)
print("문제 (e)")
Var_X_Y = Var_X + Var_Y + (2*Cov_X_Y)
print("V(X+Y) = ", Var_X_Y)
print("\n")
```

실행 결과

```
문제 (a)
E(X) =  2.0
V(X) =  0.5

문제 (b)
E(Y) =  1.625
V(Y) =  0.234375

문제 (c)
E(XY) =  3.375

문제 (d)
Cov(X, Y) =  0.125

문제 (e)
V(X+Y) =  0.984375
```

변수 X와 Y가 취하는 값의 범위가 서로 다르므로, 각 변수에 따라 $\mathrm{Cov}(X, Y)$의 값이 크게 달라질 수 있다. 따라서 공분산으로만 상관관계를 살펴보는 데는 위험이 따를 수 있다. 이러한 점을 고려하여 등장한 개념이 바로 상관계수이다.

정의 11-2 상관계수

확률변수 X, Y가 주어질 때, X와 Y의 **상관계수**(correlation coefficient)를 다음과 같이 정의하고 ρ_{XY} 또는 $\mathrm{Corr}(X, Y)$로 표기한다(단, σ_X, σ_Y는 각각 X, Y의 표준편차이다).

$$\rho_{XY} = \mathrm{Corr}(X, Y) = \frac{\mathrm{Cov}(X, Y)}{\sigma_X \sigma_Y} = \frac{\mathrm{E}(XY) - \mathrm{E}(X)\mathrm{E}(Y)}{\sqrt{\mathrm{E}(X^2) - \mathrm{E}(X)^2}\sqrt{\mathrm{E}(Y^2) - \mathrm{E}(Y)^2}}$$

상관계수는 다음과 같은 성질을 갖는다. 이 성질들은 상관계수의 정의와 공분산 $\mathrm{Cov}(X, Y)$ 개념을 이용해 증명할 수 있다.

정리 11-3 상관계수의 성질

확률변수 X, Y와 실수 a, b, c, d에 대해 다음이 성립한다.

(1) $\mathrm{Corr}(X, X) = 1$, $\mathrm{Corr}(-X, X) = -1$

(2) $\mathrm{Corr}(X, Y) = \mathrm{Corr}(Y, X)$

(3) $-1 \le \mathrm{Corr}(X, Y) \le 1$

(4) $\mathrm{Corr}(aX+b, cY+d) = \begin{cases} \mathrm{Corr}(X, Y), & ac > 0 \\ -\mathrm{Corr}(X, Y), & ac < 0 \end{cases}$

(5) 만일 X, Y가 서로 독립이면 $\mathrm{Corr}(X, Y) = 0$이다.

증명

(3)을 제외한 내용은 모두 상관계수의 정의에 의해 쉽게 증명되므로, 여기서는 (3)만 증명한다. 우선 임의의 실수 t에 대한 함수 $f(t)$를 다음과 같이 정의하자.

$$\begin{aligned} f(t) &= \mathrm{E}[\{(X-\mu_X)t + (Y-\mu_Y)\}^2] \\ &= \mathrm{E}[t^2(X-\mu_X)^2 + 2t(X-\mu_X)(Y-\mu_Y) + (Y-\mu_Y)^2] \\ &= t^2\mathrm{E}[(X-\mu_X)^2] + 2t\mathrm{E}[(X-\mu_X)(Y-\mu_Y)] + \mathrm{E}[(Y-\mu_Y)^2] \\ &= t^2\sigma_X^2 + 2t\mathrm{Cov}(X, Y) + \sigma_Y^2 \end{aligned}$$

$f(t)$는 t에 관한 이차함수이며 음이 아닌 수들의 기댓값이므로, 임의의 t에 대해 $f(t) \ge 0$이다. 따라서 $f(t)$의 판별식은 0 이하여야 한다. 즉 $\mathrm{Cov}(X, Y)^2 - \sigma_X^2\sigma_Y^2 \le 0$이어야 한다.

따라서 다음이 성립한다.

$$|\mathrm{Cov}(X,\ Y)| \le |\sigma_X\sigma_Y| \quad \Leftrightarrow \quad \left|\frac{\mathrm{Cov}(X,\ Y)}{\sigma_X\sigma_Y}\right| \le 1$$

$$\Leftrightarrow \quad -1 \le \frac{\mathrm{Cov}(X,\ Y)}{\sigma_X\sigma_Y} \le 1$$

$$\Leftrightarrow \quad -1 \le \mathrm{Corr}(X,\ Y) \le 1$$

■

예제 11-2 상관계수

확률변수 X, Y의 결합확률함수 $\mathrm{P}(X=x_i,\ Y=y_j)=p(x_i,\ y_j)=\dfrac{1}{18}(x_i+y_j)$에 대해 $x_1=0$, $x_2=1$, $x_3=2$이고 $y_1=0$, $y_2=1$, $y_3=2$일 때 다음 물음에 답하라.

(a) 주어진 결합확률함수를 결합확률분포표로 나타내라.

(b) $\mathrm{Corr}(X,\ Y)$를 구하라.

풀이

(a)

Y \\ X	0	1	2	$\mathrm{P}(Y=y_i)$
0	0	$\frac{1}{18}$	$\frac{2}{18}$	$\frac{3}{18}$
1	$\frac{1}{18}$	$\frac{2}{18}$	$\frac{3}{18}$	$\frac{6}{18}$
2	$\frac{2}{18}$	$\frac{3}{18}$	$\frac{4}{18}$	$\frac{9}{18}$
$\mathrm{P}(X=x_i)$	$\frac{3}{18}$	$\frac{6}{18}$	$\frac{9}{18}$	1

(b) (a)의 결합확률분포표에서 $X=x_i$ 값과 그에 해당하는 확률인 $\mathrm{P}(X=x_i)$를 이용하면 다음을 얻는다.

$$\mathrm{E}(X)=0\cdot\frac{3}{18}+1\cdot\frac{6}{18}+2\cdot\frac{9}{18}=\frac{24}{18}=\frac{4}{3}$$

$$\mathrm{E}(X^2)=0^2\cdot\frac{3}{18}+1^2\cdot\frac{6}{18}+2^2\cdot\frac{9}{18}=\frac{42}{18}=\frac{7}{3}$$

따라서 $\mathrm{V}(X)=\mathrm{E}(X^2)-\mathrm{E}(X)^2=\dfrac{7}{3}-\left(\dfrac{4}{3}\right)^2=\dfrac{5}{9}$이다.

주어진 결합확률분포표는 대각선을 기준으로 대칭이므로 다음이 성립함을 알 수 있다.

$$\mathrm{E}(Y)=\mathrm{E}(X)=\frac{4}{3},\ \mathrm{E}(Y^2)=\mathrm{E}(X^2)=\frac{7}{3}$$

따라서 $\mathrm{V}(Y)$, $\mathrm{V}(X)$, $\mathrm{E}(XY)$, $\mathrm{Cov}(X,\ Y)$는 다음과 같다.

$$\mathrm{V}(Y) = \mathrm{V}(X) = \frac{5}{9}$$

$$\begin{aligned}\mathrm{E}(XY) &= \sum_{i=1}^{3}\sum_{j=1}^{3} p(x_i,\ y_j) \cdot x_i \cdot y_i \\ &= 0 \cdot 0 \cdot 0 + \frac{1}{18} \cdot 0 \cdot 1 + \frac{2}{18} \cdot 0 \cdot 2 + \frac{1}{18} \cdot 1 \cdot 0 + \frac{2}{18} \cdot 1 \cdot 1 \\ &\quad + \frac{3}{18} \cdot 1 \cdot 2 + \frac{2}{18} \cdot 2 \cdot 0 + \frac{3}{18} \cdot 2 \cdot 1 + \frac{4}{18} \cdot 2 \cdot 2 \\ &= \frac{30}{18} = \frac{5}{3}\end{aligned}$$

$$\mathrm{Cov}(X,\ Y) = \mathrm{E}(XY) - \mathrm{E}(X)\mathrm{E}(Y) = \frac{5}{3} - \frac{4}{3} \cdot \frac{4}{3} = -\frac{1}{9}$$

그러므로 $\mathrm{Corr}(X,\ Y)$는 다음과 같다.

$$\rho_{XY} = \mathrm{Corr}(X,\ Y) = \frac{\mathrm{Cov}(X,\ Y)}{\sigma_X \sigma_Y} = \frac{-1/9}{\sqrt{(5/9)}\sqrt{(5/9)}} = -\frac{1/9}{5/9} = -\frac{1}{5}$$

파이썬 코드

```
import numpy as np
import sympy as sym

# 확률변수 X, Y의 결합확률분포표 만들기
x, y = sym.symbols('x y')
Prop_P = 1/18*(x+y)
X = np.arange(3)
Y = np.arange(3)

Prop_X_Y = []
for i in range(len(X)):
    cal_X = []
    for j in range(len(Y)):
        cal_X_Y = Prop_P.subs([(x, X[i]), (y, Y[j])])
        cal_X.append(cal_X_Y)
    Prop_X_Y.append(cal_X)

Prop_X_Y = np.array(Prop_X_Y)

# 문제 (a)
print("문제 (a)")
print("결합확률분포표 = \n", Prop_X_Y)
print("\n")
```

```
# 문제 (b)
print("문제 (b)")
# 확률변수 X의 기댓값, 분산 구하기
Prop_X = np.sum(Prop_X_Y, axis=0)
Exp_X = np.sum((X*Prop_X))
Exp_X_2 = np.sum((X**2)*(Prop_X))
Var_X = Exp_X_2 - (Exp_X**2)

# 확률변수 Y의 기댓값, 분산 구하기
Prop_Y = np.sum(Prop_X_Y, axis=1)
Exp_Y = np.sum((Y*Prop_Y))
Exp_Y_2 = np.sum((Y**2)*(Prop_Y))
Var_Y = Exp_Y_2 - (Exp_Y**2)

# 확률변수 X, Y의 기댓값, 분산과 상관계수 구하기
Exp_X_Y = 0
for i in range(len(X)):
    for j in range(len(Y)):
        cal_val = X[i]*Y[j]*Prop_X_Y[j][i]
        Exp_X_Y = Exp_X_Y + cal_val
Cov_X_Y = Exp_X_Y - (Exp_X  * Exp_Y)
Var_X_Y = Var_X + Var_Y + (2*Cov_X_Y)

Corr_X_Y = Cov_X_Y/((Var_X**(1/2))*(Var_Y**(1/2)))
print("Corr(X, Y) = ", Corr_X_Y)
```

실행 결과

```
문제 (a)
결합확률분포표 =
 [[0 0.0555555555555556 0.111111111111111]
 [0.0555555555555556 0.111111111111111 0.166666666666667]
 [0.111111111111111 0.166666666666667 0.222222222222222]]

문제 (b)
Corr(X, Y) =  -0.200000000000000
```

11.2 회귀분석

입력벡터 $\boldsymbol{x}_i = (x_i^1, \cdots, x_i^k)$에 대한 결괏값 y_i들의 모임 $\{(\boldsymbol{x}_i, y_i) \mid i = 1, \cdots, n\}$을 그래프로 나타낸다고 하자. 여기서 $x_i^1, \cdots, x_i^k$를 독립변수(independent variable)라 하고 y_i를 종속변수(dependent variable)라고 한다. 이와 같은 그래프를 가장 잘 표현하는 선형방정식을 구하는 과정을 선형회귀(linear regression)라고 한다. 특히 $k = 1$인 경우를 단순 선형회귀(simple linear regression)라 하고, $k \geq 2$인 경우를 다중 선형회귀(multiple linear regression)라고 한다. 선형회귀는 지도학습의 대표적인 예측 방법이다.

우선 단순 선형회귀에 대해 알아보자. 입력값과 출력값을 각각 x_i와 y_i라고 할 때, (x_i, y_i)를 [그림 11-1]과 같이 xy평면에 나타낼 수 있다. 주어진 점들을 모두 지나는 직선은 존재하지 않는다. 이에 따라 가상의 직선 $y = \beta_0 + \beta_1 x$를 생각하고, $\sum_i |y_i - (\beta_0 + \beta_1 x_i)|$를 최소로 하는 β_0, β_1을 찾는 최적화 문제로 전환한다.

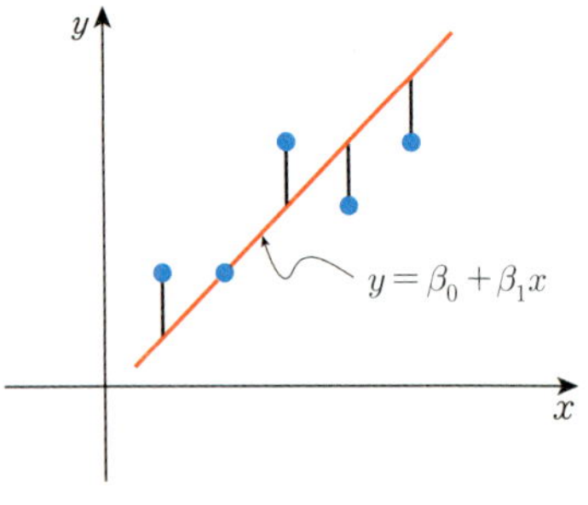

[그림 11-1] 단순 선형회귀

이제 단순 선형회귀가 무엇인지 구체적으로 살펴보자.

정리 11-4 단순 선형회귀

데이터 $\{(x_i, y_i) \in \mathbb{R}^2 \mid i = 1, \cdots, n\}$에 대해 $A = \begin{bmatrix} 1 & x_1 \\ 1 & x_2 \\ \vdots & \\ 1 & x_n \end{bmatrix}$, $\boldsymbol{b} = \begin{bmatrix} y_1 \\ y_2 \\ \vdots \\ y_n \end{bmatrix}$, $\boldsymbol{\beta} = \begin{bmatrix} \beta_0 \\ \beta_1 \end{bmatrix}$이라 하고, $A^{\mathrm{T}}A$가 가역행렬이라고 가정하자. 그러면 선형함수 $y = \beta_0 + \beta_1 x$를 이용하여 선형회귀한다고 할 때, 최적의 근사해 $\hat{\boldsymbol{\beta}}$은 다음과 같이 계산한다.

$$\hat{\boldsymbol{\beta}} = (A^{\mathrm{T}}A)^{-1}A^{\mathrm{T}}\boldsymbol{b}$$

증명

증명의 핵심은 3.2절에서 살펴본 직선 위로의 정사영에서 벡터공간 위로의 정사영으로 확장하는 것이다. $i = 1, \cdots, n$에 대하여 (x_i, y_i)를 $y = \beta_0 + \beta_1 x$에 대입하면 다음과 같은 식을 얻는다.

$$\begin{gathered} \beta_0 + \beta_1 x_1 = y_1 \\ \beta_0 + \beta_1 x_2 = y_2 \\ \vdots \\ \beta_0 + \beta_1 x_n = y_n \end{gathered}$$

$A = \begin{bmatrix} 1 & x_1 \\ 1 & x_2 \\ \vdots & \\ 1 & x_n \end{bmatrix}$, $\boldsymbol{b} = \begin{bmatrix} y_1 \\ y_2 \\ \vdots \\ y_n \end{bmatrix}$, $\boldsymbol{\beta} = \begin{bmatrix} \beta_0 \\ \beta_1 \\ \vdots \\ \beta_n \end{bmatrix}$이므로 위 식은 $A\boldsymbol{\beta} = \boldsymbol{b}$로 표현할 수 있다. 만약 $\boldsymbol{b}$가 $\mathrm{Col}(A)$에 속하지 않으면 $A\boldsymbol{\beta} = \boldsymbol{b}$를 만족하는 $\boldsymbol{\beta}$는 존재하지 않는다. 따라서 $\|\boldsymbol{b} - A\boldsymbol{\beta}\|$를 최소로 하는 $\boldsymbol{\beta}$, 즉 $\hat{\boldsymbol{\beta}}$이 최적의 근사해이다. 따라서 $\hat{\boldsymbol{\beta}}$은 다음 그림과 같이 $(\boldsymbol{b} - A\hat{\boldsymbol{\beta}}) \perp \mathrm{Col}(A)$를 만족한다.

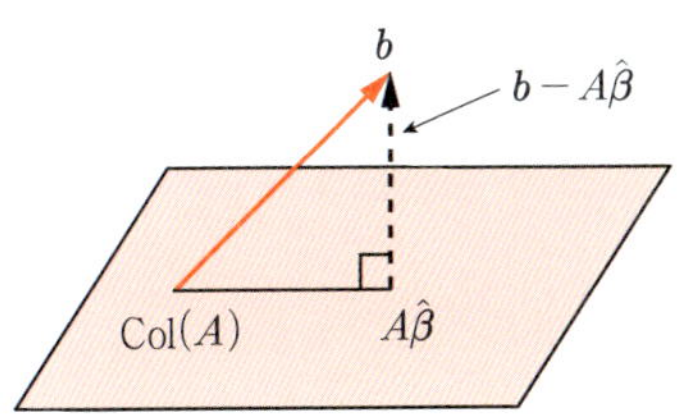

따라서 다음이 성립한다.

$$\begin{aligned} A^{\mathrm{T}}(\boldsymbol{b} - A\boldsymbol{\beta}) = 0 \quad &\Leftrightarrow \quad A^{\mathrm{T}}\boldsymbol{b} = A^{\mathrm{T}}A\boldsymbol{\beta} \\ &\Leftrightarrow \quad \boldsymbol{\beta} = (A^{\mathrm{T}}A)^{-1}A^{\mathrm{T}}\boldsymbol{b} \end{aligned}$$

그러므로 최적의 근사해는 $\hat{\boldsymbol{\beta}} = (A^{\mathrm{T}}A)^{-1}A^{\mathrm{T}}\boldsymbol{b}$이다. ■

최적의 근사해를 가지는 [정리 11-4]의 식 $y = \beta_0 + \beta_1 x$를 선형회귀식이라고 한다.

예제 11-3 **단순 선형회귀**

데이터 $\{(0,1),(2,2),(3,4),(5,5)\}$에 대한 선형회귀식 $y=\beta_0+\beta_1 x$를 구하라. 그리고 파이썬 코드를 이용해 데이터와 선형회귀식을 그래프로 나타내라.

풀이

$A=\begin{bmatrix}1&0\\1&2\\1&3\\1&5\end{bmatrix}$이고 $b=\begin{bmatrix}1\\2\\4\\5\end{bmatrix}$이다. 따라서 $A^TA=\begin{bmatrix}1&1&1&1\\0&2&3&5\end{bmatrix}\begin{bmatrix}1&0\\1&2\\1&3\\1&5\end{bmatrix}=\begin{bmatrix}4&10\\10&38\end{bmatrix}$이므로,

$(A^TA)^{-1}=\begin{bmatrix}4&10\\10&38\end{bmatrix}^{-1}=\frac{1}{52}\begin{bmatrix}38&-10\\-10&4\end{bmatrix}$이다. 따라서 최적의 근사해는 다음과 같다.

$$\begin{aligned}\hat{\beta}=(A^TA)^{-1}A^Tb&=\frac{1}{52}\begin{bmatrix}38&-10\\-10&4\end{bmatrix}\begin{bmatrix}1&1&1&1\\0&2&3&5\end{bmatrix}\begin{bmatrix}1\\2\\4\\5\end{bmatrix}\\&=\frac{1}{52}\begin{bmatrix}38&-10\\-10&4\end{bmatrix}\begin{bmatrix}12\\41\end{bmatrix}\\&=\frac{1}{52}\begin{bmatrix}46\\44\end{bmatrix}=\frac{1}{26}\begin{bmatrix}23\\22\end{bmatrix}=\begin{bmatrix}0.88\\0.85\end{bmatrix}\end{aligned}$$

그러므로 선형회귀식은 $y=\beta_0+\beta_1x=0.88+0.85x$이다.

파이썬 코드

```
import numpy as np
import sympy as sym
import matplotlib.pyplot as plt

# 행렬 A와 벡터 b 만들기
A = np.array([[1, 0],[1, 2],[1, 3],[1, 5]])
b = np.array([1,2,4,5])

AtA = np.dot(A.T,A)
AtA_inv = np.linalg.inv(AtA)

# 최적의 근사해 β 구하기
Beta = np.round(np.dot(np.dot(AtA_inv, A.T),b),2)

# 선형회귀식
x = sym.Symbol('x')
lin_reg = Beta[0]+Beta[1]*x
print("선형회귀식 = ", lin_reg)
print("\n")

# 데이터와 선형회귀식의 그래프 그리기
plot_x = np.arange(0, 5.1)
plot_y =  Beta[0]+Beta[1]*plot_x
plt.figure(figsize=(12, 8))
plt.plot(plot_x, plot_y, 'k--', label="y=0.88+0.85x")
```

```
plt.scatter(A[:,1], b)
plt.xlabel('x axis')
plt.ylabel('y axis')
plt.legend()
plt.grid()
plt.show()
```

실행 결과

```
선형회귀식 =  0.85*x + 0.88
```

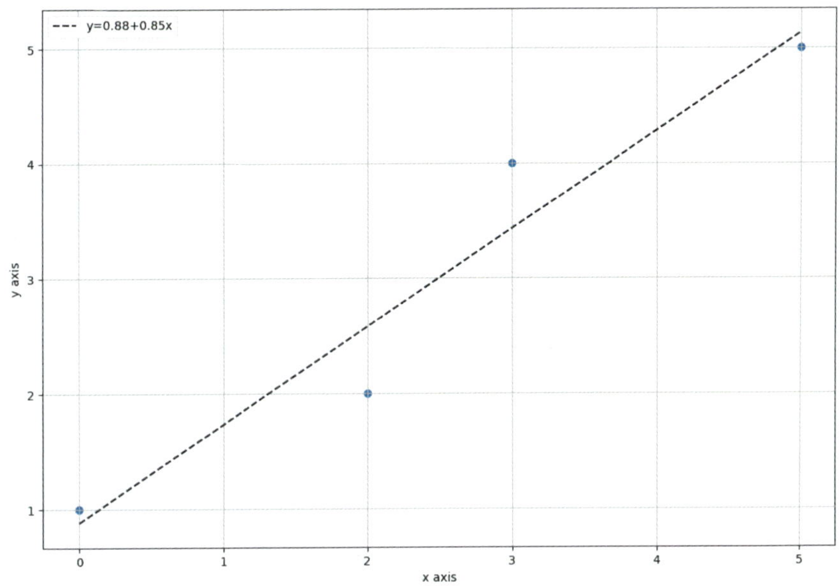

실제 데이터 분석에서는 실수가 아닌 벡터 형태의 입력값에 대한 선형회귀, 즉 다중 선형회귀를 진행한다. 여기서 $i=1, \cdots, n$에 대하여 입력값 $\boldsymbol{x}_i$를 성분이 k개인 행벡터 $\boldsymbol{x}_i = (x_i^1, x_i^2, \cdots, x_i^k)$로 이해하자.

정리 11-5 다중 선형회귀

데이터 $\{(\boldsymbol{x}_i, y_i) \in \mathbb{R}^{k+1} \mid i=1, \cdots, n\}$(단, $\boldsymbol{x}_i$는 성분이 k개인 행벡터로 가정)에 대하여 $A = \begin{bmatrix} 1 & \boldsymbol{x}_1 \\ 1 & \boldsymbol{x}_2 \\ & \vdots \\ 1 & \boldsymbol{x}_n \end{bmatrix}$, $\boldsymbol{b} = \begin{bmatrix} y_1 \\ y_2 \\ \vdots \\ y_n \end{bmatrix}$, $\boldsymbol{\beta} = \begin{bmatrix} \beta_0 \\ \beta_1 \\ \vdots \\ \beta_n \end{bmatrix}$이라고 하고, $A^{\mathrm{T}}A$가 가역행렬이라고 가정하자. 그러면 $y = \beta_0 + \beta_1 x_1 + \cdots + \beta_k x_k$라는 선형함수를 이용하여 선형회귀한다고 할 때, 최적의 근사해 $\hat{\boldsymbol{\beta}}$은 다음과 같이 계산한다.

$$\hat{\boldsymbol{\beta}} = (A^{\mathrm{T}}A)^{-1}A^{\mathrm{T}}\boldsymbol{b}$$

증명

이 정리의 증명은 본질적으로 [정리 11-4]와 같다. $i=1, \cdots, n$에 대하여 $(\boldsymbol{x}_i, y_i)$를 $y=\beta_0+\beta_1 x_1+\cdots+\beta_k x_k$에 대입하면 다음과 같은 식을 얻는다.

$$\begin{gathered}\beta_0+\beta_1 x_1^1+\beta_2 x_1^2+\cdots+\beta_k x_1^k=y_1 \\ \beta_0+\beta_1 x_2^1+\beta_2 x_2^2+\cdots+\beta_k x_2^k=y_2 \\ \vdots \\ \beta_0+\beta_1 x_n^1+\beta_2 x_n^2+\cdots+\beta_k x_n^k=y_n\end{gathered}$$

$A=\begin{bmatrix}1 & \boldsymbol{x}_1 \\ 1 & \boldsymbol{x}_2 \\ & \vdots \\ 1 & \boldsymbol{x}_n\end{bmatrix}$, $\boldsymbol{b}=\begin{bmatrix}y_1 \\ y_2 \\ \vdots \\ y_n\end{bmatrix}$, $\beta=\begin{bmatrix}\beta_0 \\ \beta_1 \\ \vdots \\ \beta_n\end{bmatrix}$이므로 위 식은 $A\beta=\boldsymbol{b}$로 표현할 수 있다. 만약 벡터 $\boldsymbol{b}$가 $\text{Col}(A)$에 속하지 않으면 $A\beta=\boldsymbol{b}$를 만족하는 β는 존재하지 않는다. 따라서 $\|\boldsymbol{b}-A\beta\|$를 최소로 하는 β, 즉 $\hat{\beta}$이 최적의 근사해이다. 따라서 $\boldsymbol{b}-A\beta$가 $\text{Col}(A)$와 수직이어야 하므로 다음이 성립한다.

$$\begin{aligned}A^{\mathrm{T}}(\boldsymbol{b}-A\beta)=0 \quad &\Leftrightarrow \quad A^{\mathrm{T}}\boldsymbol{b}=A^{\mathrm{T}}A\beta \\ &\Leftrightarrow \quad \beta=(A^{\mathrm{T}}A)^{-1}A^{\mathrm{T}}\boldsymbol{b}\end{aligned}$$

그러므로 최적의 근사해는 $\hat{\beta}=(A^{\mathrm{T}}A)^{-1}A^{\mathrm{T}}\boldsymbol{b}$이다. ■

예제 11-4 다중 선형회귀

데이터 $\{(2, 2, 7), (3, 4, 9), (5, 5, 10), (7, 8, 20), (9, 9, 15)\}$를 선형함수 $z=\beta_0+\beta_1 x+\beta_2 y$로 선형회귀하고자 한다. 파이썬 코드를 이용해 최적의 근사해와 선형회귀식을 구하라.

풀이

$A=\begin{bmatrix}1 & 2 & 2 \\ 1 & 3 & 4 \\ 1 & 5 & 5 \\ 1 & 7 & 8 \\ 1 & 9 & 9\end{bmatrix}$, $\boldsymbol{b}=\begin{bmatrix}7 \\ 9 \\ 10 \\ 20 \\ 15\end{bmatrix}$라 하고, 다음과 같이 파이썬 코드를 이용해 최적의 근사해 $\hat{\beta}=(A^{\mathrm{T}}A)^{-1}A^{\mathrm{T}}\boldsymbol{b}$를 계산하면 된다.

파이썬 코드

```python
import numpy as np
import sympy as sym
import matplotlib.pyplot as plt

# 행렬 A와 벡터 b 만들기
A = np.array([[1, 2, 2],[1, 3, 4],[1, 5, 5],[1, 7, 8],[1, 9, 9]])
b = np.array([7,9,10,20,15])
```

```python
print("A = \n", A)
print("\n")
print("b = \n", b)
print("\n")

AtA = np.dot(A.T,A)
print("A^T * A = \n", AtA)
print("\n")
AtA_inv = np.linalg.inv(AtA)
print("(A^T * A)^(-1) = \n", AtA_inv)
print("\n")

# 최적의 근사해 β 구하기
Beta = np.round(np.dot(np.dot(AtA_inv, A.T),b),2)
print("beta = \n", Beta)
print("\n")

# 선형회귀식
x, y = sym.symbols('x y')
lin_reg = Beta[0]+Beta[1]*x + Beta[2]*y
print("선형회귀식 = ", lin_reg)
```

실행 결과

```
A =
 [[1 2 2]
 [1 3 4]
 [1 5 5]
 [1 7 8]
 [1 9 9]]

b =
 [ 7  9 10 20 15]

A^T * A =
 [[  5  26  28]
 [ 26 168 178]
 [ 28 178 190]]

(A^T * A)^(-1) =
 [[ 1.20408163  0.2244898  -0.3877551 ]
 [ 0.2244898   0.84693878 -0.82653061]
 [-0.3877551  -0.82653061  0.83673469]]

beta =
 [ 2.45 -2.81  4.35]

선형회귀식 =  -2.81*x + 4.35*y + 2.45
```

CHAPTER 11 연습문제

11.1 확률변수 X, Y와 임의의 실수 a, b에 대하여, 확률변수의 기댓값이 다음 성질을 만족함을 보여라.

(a) $\mathrm{E}(a) = a$

(b) $\mathrm{E}(aX) = a\mathrm{E}(X)$

(c) $\mathrm{E}(X + a) = \mathrm{E}(X) + a$

(d) $\mathrm{E}(aX + bY) = a\mathrm{E}(X) + b\mathrm{E}(Y)$

11.2 확률변수 X와 임의의 실수 a에 대하여, 확률변수의 분산이 다음 성질을 만족함을 보여라.

(a) $\mathrm{V}(a) = 0$

(b) $\mathrm{V}(X \pm a) = \mathrm{V}(X)$

(c) $\mathrm{V}(aX) = a^2\mathrm{V}(X)$

11.3 확률변수 X에 대하여 $\mathrm{E}(X) = 4$, $\mathrm{E}(X^2) = 20$일 때, 다음을 구하라.

(a) $\mathrm{V}(X)$

(b) 확률변수 $Y = -3X + 7$의 평균과 분산

11.4 [정리 11-1]을 증명하라.

11.5 [정리 11-3]의 (3)을 제외한 나머지 성질을 모두 증명하라.

11.6 확률변수 X, Y의 결합확률분포표가 다음과 같을 때, 주어진 물음에 답하라.

Y \ X	0	1	$\mathrm{P}(Y=y_i)$
0	$\frac{1}{6}$	$\frac{1}{3}$	$\frac{1}{2}$
1	$\frac{1}{8}$	$\frac{1}{8}$	$\frac{1}{4}$
2	$\frac{1}{24}$	$\frac{5}{24}$	$\frac{1}{4}$
$\mathrm{P}(X=x_i)$	$\frac{1}{3}$	$\frac{2}{3}$	1

(a) 확률변수 X의 기댓값과 분산을 구하라.

(b) 확률변수 Y의 기댓값과 분산을 구하라.

(c) $\mathrm{E}(XY)$를 구하라.

(d) $\text{Cov}(X, Y)$를 구하라.

(e) $\text{V}(X+Y)$를 구하라.

11.7 확률변수 X, Y의 결합확률함수 $\text{P}(X=x_i, Y=y_i)=p(x_i, y_i)=\dfrac{1}{k}(x_i+2y_j)$에 대해 $x_1=0$, $x_2=1$, $x_3=2$이고 $y_1=0$, $y_2=1$, $y_3=2$일 때 다음 물음에 답하라.

(a) k값을 구하라.

(b) 주어진 결합확률함수를 결합확률분포표로 나타내라.

(c) $\text{Corr}(X, Y)$를 구하라.

11.8 데이터 $\{(-2, -1), (0, 0), (2, 5), (4, 7), (5, 8)\}$에 대한 선형회귀식 $y=\beta_0+\beta_1 x$를 구하라(단, 소수 아래 둘째 자리까지 계산하라).

11.9 데이터 $\{(0, 1, 2), (1, 3, 3), (2, 4, 4), (3, 5, 6), (5, 7, 7)\}$에 대한 선형회귀식 $z=\beta_0+$ $+\beta_1 y+\beta_2 y$를 구하라(단, 소수 아래 둘째 자리까지 계산하라).

11.10 데이터 $\{(2, 4), (4, 4), (6, 3), (8, 2), (10, 1)\}$에 대한 선형회귀식 $y=\beta_0+\beta_1 x$를 구하고, $x=9$에 대응하는 y값을 구하라.

11.11 어느 기업의 매출액과 광고비 지출액을 조사하였더니 다음과 같았다.

(단위 : 천만 원)

매출액	65	13	15	22	48	54	25	12
광고비	7	1	1	1	5	5	2	1

주어진 데이터의 매출액을 x, 광고비를 y라 할 때, 이에 대한 선형회귀식 $y=\beta_0+\beta_1 x$를 구하고, $x=30$에 대응하는 y값을 구하라.

CHAPTER 11 프로그래밍 실습

11.1 다음과 같은 확률변수 X, Y에 대한 결합확률분포표를 보고, 파이썬 코드를 이용해 X, Y에 대한 기댓값, 분산을 각각 구하고, 공분산과 $\mathrm{V}(X+Y)$를 구하라.

(a)

Y \ X	0	1	$\mathrm{P}(Y=y_i)$
0	$\frac{1}{6}$	$\frac{1}{3}$	$\frac{1}{2}$
1	$\frac{1}{8}$	$\frac{1}{8}$	$\frac{1}{4}$
2	$\frac{1}{24}$	$\frac{5}{24}$	$\frac{1}{4}$
$\mathrm{P}(X=x_i)$	$\frac{1}{3}$	$\frac{2}{3}$	1

(b)

Y \ X	0	1	2	3	$\mathrm{P}(Y=y_i)$
0	$\frac{1}{20}$	$\frac{1}{20}$	$\frac{3}{40}$	$\frac{1}{40}$	$\frac{1}{5}$
1	$\frac{3}{40}$	$\frac{1}{20}$	$\frac{1}{40}$	$\frac{1}{20}$	$\frac{1}{5}$
2	$\frac{1}{40}$	$\frac{3}{40}$	$\frac{1}{20}$	$\frac{1}{20}$	$\frac{1}{5}$
3	$\frac{1}{20}$	$\frac{1}{40}$	$\frac{3}{40}$	$\frac{1}{20}$	$\frac{1}{5}$
4	$\frac{1}{20}$	$\frac{1}{40}$	$\frac{1}{20}$	$\frac{3}{40}$	$\frac{1}{5}$
$\mathrm{P}(X=x_i)$	$\frac{1}{4}$	$\frac{9}{40}$	$\frac{11}{40}$	$\frac{1}{4}$	1

파이썬 코드

```
import numpy as np

# 확률변수와 확률을 이용해 기댓값을 계산하는 함수
def cal_Expected_val(rand_variable, probability_P):
    Expected_val = np.sum((rand_variable * probability_P))
    return Expected_val

# 확률변수와 확률을 이용해 분산을 계산하는 함수
def cal_Variance(rand_variable, probability_P):
    Expected_rand = cal_Expected_val(rand_variable, probability_P)
    Rand_2 = rand_variable**2
    Expected_rand_2 = cal_Expected_val(Rand_2, probability_P)
    Variance_val = Expected_rand_2  - (Expected_rand**2)
    return Variance_val
```

```python
# 확률변수 X, Y와 확률분포표를 이용해 기댓값을 계산하는 함수
def cal_Expected_value_X_Y(rand_variable_X, rand_variable_Y, X_Y_probability_P):
    Expected_val_X_Y = 0
    for i in range(len(rand_variable_X)):
        for j in range(len(rand_variable_Y)):
            Joint_val = rand_variable_X[i]*rand_variable_Y[j]*X_Y_probability_P[j][i]
            Expected_val_X_Y = Expected_val_X_Y + Joint_val
    return Expected_val_X_Y

# 확률변수 X, Y와 확률분포표를 이용해 공분산을 계산하는 함수
def cal_Corvariance_X_Y(rand_variable_X, rand_variable_Y, X_Y_probability_P):

    Prop_rand_variable_X = np.sum(X_Y_probability_P, axis=0)
    Prop_rand_variable_Y = np.sum(X_Y_probability_P, axis=1)

    Expected_rand_X = cal_Expected_val(rand_variable_X, Prop_rand_variable_X)
    Expected_rand_Y = cal_Expected_val(rand_variable_Y, Prop_rand_variable_Y)
    Expected_rand_X_Y = cal_Expected_value_X_Y(rand_variable_X, rand_variable_Y,
                                               X_Y_probability_P)
    Cor_X_Y = Expected_rand_X_Y - (Expected_rand_X * Expected_rand_Y)
    return Cor_X_Y

# 확률변수 X, Y와 확률분포표를 이용해 V(X+Y)를 계산하는 함수
def cal_joint_variance_X_Y(rand_variable_X, rand_variable_Y, X_Y_probability_P):

    Prop_rand_variable_X = np.sum(X_Y_probability_P, axis=0)
    Prop_rand_variable_Y = np.sum(X_Y_probability_P, axis=1)

    Variance_rand_X = cal_Variance(rand_variable_X, Prop_rand_variable_X)
    Variance_rand_Y = cal_Variance(rand_variable_Y, Prop_rand_variable_Y)
    Corvariance_rand_X_Y = cal_Corvariance_X_Y(rand_variable_X, rand_variable_Y,
                                               X_Y_probability_P)
    Variance_rand_X_Y = Variance_rand_X + Variance_rand_Y  + (2*Corvariance_rand_X_Y)
    return Variance_rand_X_Y

# 문제 (a)
print("문제 (a)")
X = np.array([0, 1])
Y = np.array([0, 1, 2])
Prop_X_Y = np.array([[1/6,1/3],[1/8,1/8],[1/24,5/24]])
Prop_X = np.sum(Prop_X_Y, axis=0)
Prop_Y = np.sum(Prop_X_Y, axis=1)

# 확률변수 X의 기댓값, 분산 구하기
Exp_X = cal_Expected_val(X, Prop_X)
print("E(X) = ", Exp_X)
Var_X = cal_Variance(X, Prop_X)
print("V(X) = ", Var_X)
```

```python
# 확률변수 Y의 기댓값, 분산 구하기
Exp_Y = cal_Expected_val(Y, Prop_Y)
print("E(Y) = ", Exp_Y)
Var_Y = cal_Variance(Y, Prop_Y)
print("V(Y) = ", Var_Y)

# E(XY), Cov(X, Y), V(X+Y) 구하기
Exp_X_Y = cal_Expected_value_X_Y(X, Y, Prop_X_Y)
print("E(XY) = ", Exp_X_Y)
Cov_X_Y = cal_Corvariance_X_Y(X, Y, Prop_X_Y)
print("Cov(X, Y) = ", Cov_X_Y)
Var_X_Y = cal_joint_variance_X_Y(X, Y, Prop_X_Y)
print("V(X+Y) = ", Var_X_Y)
print("\n")

# 문제 (b)
print("문제 (b)")
X = np.array([0, 1, 2, 3])
Y = np.array([0, 1, 2, 3, 4])
Prop_X_Y = np.array([[1/20, 1/20, 3/40, 1/40],[3/40, 1/20, 1/40, 1/20],[1/40, 3/40, 1/20,
                     1/20], [1/20, 1/40, 3/40, 1/20],[1/20, 1/40, 1/20, 3/40]])
Prop_X = np.sum(Prop_X_Y, axis=0)
Prop_Y = np.sum(Prop_X_Y, axis=1)

# 확률변수 X의 기댓값, 분산 구하기
Exp_X = cal_Expected_val(X, Prop_X)
print("E(X) = ", Exp_X)
Var_X = cal_Variance(X, Prop_X)
print("V(X) = ", Var_X)

# 확률변수 Y의 기댓값, 분산 구하기
Exp_Y = cal_Expected_val(Y, Prop_Y)
print("E(Y) = ", Exp_Y)
Var_Y = cal_Variance(Y, Prop_Y)
print("V(Y) = ", Var_Y)

# E(XY), Cov(X, Y), V(X+Y) 구하기
Exp_X_Y = cal_Expected_value_X_Y(X, Y, Prop_X_Y)
print("E(XY) = ", Exp_X_Y)
Cov_X_Y = cal_Corvariance_X_Y(X, Y, Prop_X_Y)
print("Cov(X, Y) = ", Cov_X_Y)
Var_X_Y = cal_joint_variance_X_Y(X, Y, Prop_X_Y)
print("V(X+Y) = ", Var_X_Y)
```

실행 결과

```
문제 (a)
E(X) =  0.6666666666666666
V(X) =  0.2222222222222222
E(Y) =  0.75
V(Y) =  0.6875
E(XY) =  0.5416666666666667
Cov(X, Y) =  0.04166666666666674
V(X+Y) =  0.9930555555555557

문제 (b)
E(X) =  1.525
V(X) =  1.2493750000000006
E(Y) =  2.0
V(Y) =  2.0
E(XY) =  3.275
Cov(X, Y) =  0.2250000000000001
V(X+Y) =  3.6993750000000007
```

11.2 [정리 11-4]와 [정리 11-5]를 프로그래밍하여 주어진 데이터에 대한 다음 물음에 답하라.

(a) 데이터 $\{(2, 4), (4, 4), (6, 3), (8, 2), (10, 1)\}$에 대한 선형회귀식을 구하고, $x=7$에서의 값을 구하라.

(b) 데이터 $\{(0, 1, 2), (1, 3, 3), (2, 4, 4), (3, 5, 6), (5, 7, 7)\}$에 대한 선형회귀식을 구하고, $(x, y)=(3, 7)$에서의 값을 구하라.

파이썬 코드

```python
import numpy as np

# 데이터를 행렬 형태로 변환하는 함수
def make_matrix_form(input_X):
    matrix_form_A = []
    m = input_X.shape[0]
    n = input_X.shape[1]
    for i in range(m):
        A_row = [1]
        for j in range(n):
            num_app = input_X[i][j]
            A_row.append(num_app)
        matrix_form_A.append(A_row)
    np_matrix_form_A = np.array(matrix_form_A)
    return np_matrix_form_A
```

```python
# 선형회귀식을 계산하는 함수
def cal_linear_reg_coeff(input_X, y_val):

    matrix_X = make_matrix_form(input_X)
    matrix_X_t_matrix_X  = np.dot(matrix_X.T,matrix_X )
    XtX_inv = np.linalg.inv(matrix_X_t_matrix_X)
    lin_reg_coeff = np.dot(np.dot(XtX_inv, matrix_X.T),y_val)
    return lin_reg_coeff

# 문제 (a)
print("문제 (a)")
X = np.array([[2],[4],[6],[8],[10]])
b = np.array([4, 4, 3, 2, 1])

# 선형회귀식 구하기
Beta = cal_linear_reg_coeff(X, b)
print("beta = ", Beta)

# 선형회귀식 출력하기
x = sym.Symbol('x')
lin_reg = Beta[0]+Beta[1]*x
print("선형회귀식 = ", lin_reg)

# x=7일 때, 선형회귀함수의 값 출력하기
lin_reg_val = lin_reg.subs([(x, 7)])
print("x=7일 때의 값 = ", lin_reg_val)
print("\n")

# 문제 (b)
print("문제 (b)")
X = np.array([[0, 1],[1, 3],[2, 4],[3, 5],[5, 7]])
b = np.array([2, 3, 4, 6, 7])

# 선형회귀식 구하기
Beta = cal_linear_reg_coeff(X, b)
print("beta = ", Beta)

# 선형회귀식 출력하기
x, y = sym.symbols('x y')
lin_reg = Beta[0]+Beta[1]*x + Beta[2]*y
print("선형회귀식 = ", lin_reg)

# (x, y)=(3, 7)일 때, 선형회귀함수의 값 출력하기
lin_reg_val = lin_reg.subs([(x, 3), (y, 7)])
print("(3, 7)일 때의 값 = ", lin_reg_val)
```

실행 결과

```
문제 (a)
beta =  [ 5.2 -0.4]
선형회귀식 =  5.2 - 0.4*x
x=7일 때의 값 =  2.40000000000000

문제 (b)
beta =  [1.82857143 0.85714286 0.17142857]
선형회귀식 =  0.857142857142851*x + 0.171428571428582*y + 1.82857142857151
(3, 7)일 때의 값 =  5.60000000000014
```

PART 04

머신러닝 및 딥러닝과의 연계

현재 인공지능과 머신러닝, 딥러닝은 다양한 분야에서 활용되고 있다. 인공지능은 기계가 스스로 학습하도록 만드는 알고리즘과 기술을 개발하는 분야이다. 기계가 학습을 하기 위해서는 데이터가 꼭 필요하기 때문에 데이터가 있는 분야에서는 인공지능과 머신러닝, 딥러닝의 활용을 쉽게 볼 수 있다. 셋의 관계를 보면, 인공지능의 범주 안에 머신러닝과 딥러닝이 있고 머신러닝의 범주 안에 딥러닝이 있다. 머신러닝과 딥러닝에 관해 잘 알려진 알고리즘을 살펴보고 직접 데이터에 적용해보자.

• Contents

CHAPTER 12

머신러닝

• Contents

머신러닝은 데이터에서 패턴을 찾고, 데이터의 패턴을 바탕으로 모델을 생성한다. 머신러닝은 지도학습, 비지도학습, 강화학습의 세 가지 종류로 나뉜다. 지도학습에는 분류 알고리즘과 선형회귀분석이 있고, 비지도학습에는 군집과 차원 축소 등이 있다. 이 장에서는 k-최근접 이웃 알고리즘, 의사결정트리 알고리즘, 랜덤 포레스트 알고리즘, 선형회귀 알고리즘, k-평균 군집화, 주성분분석을 소개하고, 알고리즘과 관련한 파이썬 코드를 실습하며 머신러닝에 대해 알아본다.

학습목표

1. 머신러닝을 이해하고, 데이터와의 관계와 성능 지표에 대해 학습한다.
2. 분류 알고리즘에 대해 이해한다.
3. 회귀분석 알고리즘에 대해 이해한다.
4. 군집화와 주성분분석에 대해 이해한다.
5. 머신러닝 알고리즘에 관한 파이썬 코드를 실습한다.

12.1 머신러닝 소개

우리가 사는 세상에는 데이터의 종류가 굉장히 많고 그 양도 풍부하다. 인터넷에 검색하면 정형 또는 비정형 데이터를 쉽게 확인할 수 있다. 데이터 안에서 지식을 추출하여 예측하는 자기 학습 알고리즘과 관련한 인공지능(Artificial Intelligence, AI)의 하위 분야인 머신러닝(machine learning)은 20세기 후반에 출현하였다. 인공지능은 사람이 수동으로 대량의 데이터를 분석하여 특징을 찾는 규칙을 유도하고 모델을 만드는 것에서 시작하였다. 그러나 머신러닝은 데이터 안에서 효율적으로 스스로 특징을 추출하여 모델을 만들고, 데이터 기반의 의사 결정 성능을 향상시켰다.

머신러닝은 에이전트[1]가 데이터를 분석하고 이해하는 알고리즘이다. 즉 머신러닝은 '데이터에서 패턴을 찾고, 이를 바탕으로 모델을 생성'한다. 머신러닝을 이해하려면 앞서 배운 수학 개념들을 알아야 하고, 데이터에 대한 이해도 필요하다. 왜냐하면 데이터에 대한 이해가 바탕이 되어야 적합한 머신러닝 알고리즘을 선택할 수 있기 때문이다. 즉 머신러닝은 데이터를 학습하여 예측을 수행하는 알고리즘을 설계하고 연구하는 분야이다.

머신러닝을 사용하는 예로는 이메일의 스팸 여부 필터, 텍스트와 음성인식 소프트웨어, 웹 검색 엔진, 체스 대결 프로그램 등이 있다. 추후에는 안전하고 효율적인 자율 주행 자동차도 사용할 수 있을 것으로 기대한다.

머신러닝의 종류

머신러닝은 크게 지도학습, 비지도학습, 강화학습의 세 종류로 구분한다. 세 가지 학습은 학습 방법에 따라 차이가 있다.

1 인공지능 분야에서 자동화된 행동을 수행하는 프로그램을 **에이전트**(agent)라고 하며, 이 용어는 강화학습에서 많이 쓰인다. 강화학습에서의 에이전트는 주어진 환경에서 정보를 수집, 분석하여 목표를 달성하기 위해 행동을 선택하는 역할을 한다.

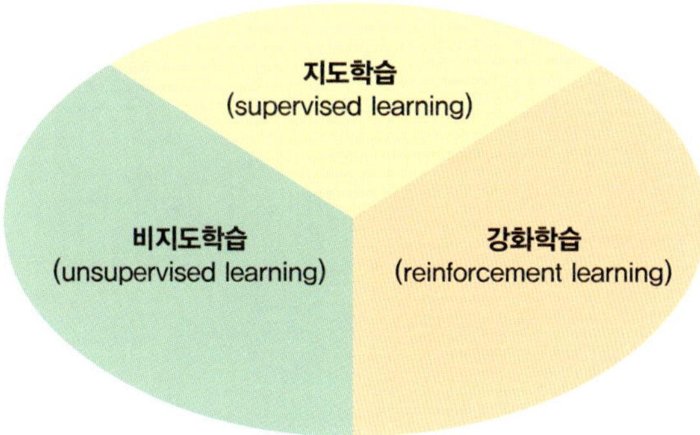

[그림 12-1] 머신러닝의 종류

지도학습(supervised learning)은 레이블[2]된 훈련 데이터를 활용해서 모델을 학습하여, 학습하지 않은(이전에 본 적 없는) 데이터를 예측 또는 분류하는 것이다. 여기서 '지도'란 레이블된 데이터를 의미하며, 모델을 학습하는 데 매우 중요하다. 지도학습의 기법은 크게 두 가지로 나뉜다. 하나는 클래스[3]를 예측하는 지도학습인 분류(classification)이고, 다른 하나는 연속적인 값을 출력하는 지도학습인 회귀(regression)이다. 분류와 회귀에 대해서는 12.2절과 12.3절에서 자세히 알아본다.

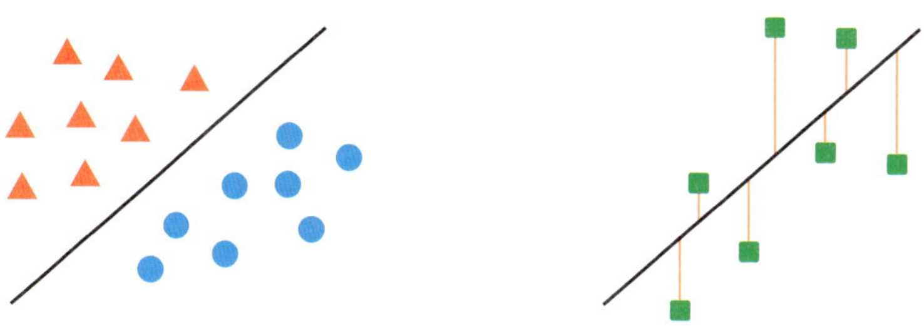

(a) 이진분류의 예　　(b) 선형회귀의 예

[그림 12-2] 분류와 회귀

비지도학습(unsupervised learning)은 지도학습과 달리 레이블되지 않았거나 구조를 파악할 수 없는 데이터를 다룬다. 비지도학습은 알려진 출력(즉, 레이블)이 아닌 의미 있는 정보를 추출하기 위해 데이터 구조를 탐색할 수 있다. 비지도학습의 기법은 다양하지만, 이 책에서는 비지도학습의 기법 중 유명한 두 가지를 알아본다. 하나는 사전 정보 없이 모여 있는 그룹의 정보를 의미 있는 서브그룹(subgroup) 또는 클러스터(cluster)로 탐색하는 데이터 분석 기법인 군집화(clustering)이고, 다른 하나는 고차원 데이터의 정보를 유지하면서 작은 차원의 부분공간(subspace)으로 데이터를 압축하는 차원 축소(dimension reduction)이다. 이 두 가지 기법은 12.4절에서 자세히 살펴본다.

2 **레이블**(label)은 머신러닝으로 예측하는 실제 항목이다. 쉽게 생각하면 레이블은 문제집의 해답지와 같다.

3 **클래스**(class)란 데이터의 특징을 머신러닝 모델에 적용했을 때 얻고자 하는 정답이다. 즉 레이블과 같은 의미이다.

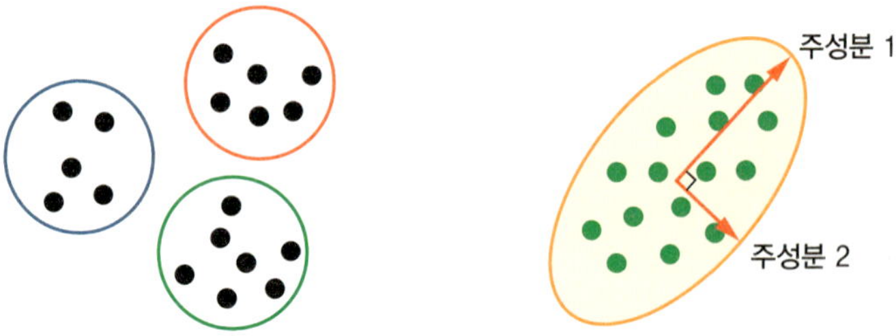

(a) 군집화의 예 (b) 차원 축소의 예

[그림 12-3] 군집화와 차원 축소

강화학습(reinforcement learning)은 지도학습, 비지도학습과는 다르게 환경(environment)과 상호작용하여 에이전트의 성능을 높이는 것이 목적이다. 강화학습은 환경으로부터 에이전트의 현재 상태 정보를 받는다. 이 정보는 보상(reward)을 포함하고 있어 지도학습과 관련한 분야로 생각할 수 있다. 그러나 강화학습은 정답 레이블이나 값이 아닌 보상함수로 얼마나 행동이 좋은지를 측정하므로 지도학습과는 다르다. 에이전트, 즉 컴퓨터는 환경과 상호작용하여 보상을 최대화하는 행동을 강화학습으로 학습하며, 이 행동으로는 에이전트의 시행착오(trial and error) 또는 세워진 계획을 사용한다.

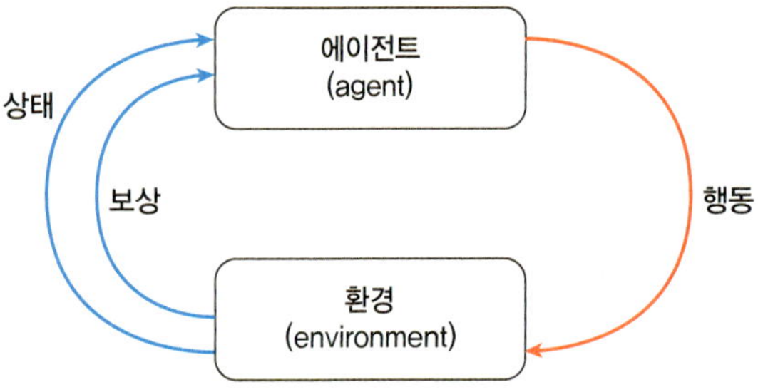

[그림 12-4] 강화학습

강화학습의 대표적인 예는 체스 게임이다. 체스 게임에 적용한 에이전트는 체스판의 상태(환경)에 따라 체스 말의 이동(행동)을 결정한다. 체스 게임에 대한 강화학습에서의 보상은 게임을 종료했을 때 승리 또는 패배로 정의한다. 이처럼 체스 게임에 강화학습을 적용할 수 있다. 강화학습의 또 다른 유명한 예는 바로 알파고(AlphaGo)이다. 알파고는 강화학습과 딥러닝이 합쳐진 알고리즘을 이용하여 바둑을 두는 알고리즘이다. 강화학습에 대한 자세한 내용은 이 책의 범위를 넘어서므로, 관련 내용을 알고 싶다면 강화학습에 관한 책을 읽어보길 권한다.

[그림 12-5] 강화학습의 예(체스 게임)

머신러닝을 위한 데이터셋 구성

이제 머신러닝을 구축하는 데 반드시 필요한 데이터에 대해 알아보고자 한다. 예를 들어 다음과 같은 특성행렬 $X \in \mathbb{R}^{m \times n}$이 있다고 하자.

$$X = \begin{bmatrix} x_1^1 & x_1^2 & \cdots & x_1^n \\ x_2^1 & x_2^2 & \cdots & x_2^n \\ \vdots & \vdots & \ddots & \vdots \\ x_m^1 & x_m^2 & \cdots & x_m^n \end{bmatrix}$$

특성행렬 X의 각 행은 데이터셋의 샘플(sample) 또는 예제(example)라고 한다. 또한 각 열은 특성행렬 X에서의 측정값을 의미하고 이를 특성(feature)이라고 한다. 특성행렬 X가 바로 흔히 볼 수 있는 데이터셋의 형태이다. 데이터셋의 형태를 간단하고 효율적으로 표기하고 이와 관련한 파이썬 코드를 구현할 수 있게 도와주는 학문이 바로 선형대수학이다. 즉 선형대수학은 데이터를 이해하는 데 꼭 필요하다.

데이터셋을 바탕으로 머신러닝 시스템을 구축하는 방법은 [그림 12-6]과 같다.

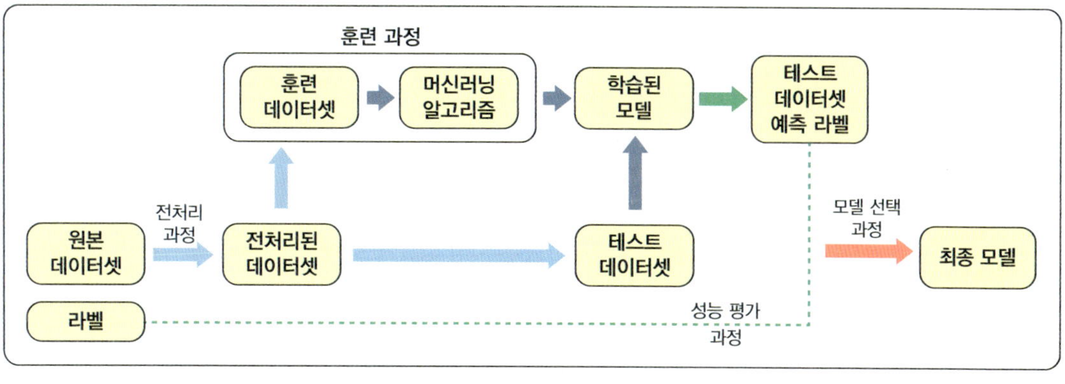

[그림 12-6] 머신러닝 시스템 구축

성능이 좋은 머신러닝 시스템을 구축하기 위해서는 데이터의 전처리 과정이 중요하다. 데이터의 전처리에는 다양한 방법이 있다. 가장 많이 사용하는 전처리는 특성의 값 범위를 [0, 1]로 변환하거나 평균이 0이고 분산이 1인 표준정규분포로 변환하는 것이다. 또 다른 전처리의 경우에는 일부 특성이 다른 특성과 상관관계가 높거나 중복된 정보를 가질 때, 비지도학습 중 차원 축소 기법을 이용해 저차원으로 압축하거나 해당 특성을 삭제하기도 한다. 경우에 따라 다르지만, 차원 축소 기법을 이용할 때 성능이 좋게 나오는 경우가 많다.

머신러닝 시스템에 구축할 데이터셋을 전처리하였다면, 이제 머신러닝의 학습을 하기 위해 데이터셋을 **훈련 데이터셋**(train dataset)과 **테스트 데이터셋**(test dataset)으로 랜덤하게 나누어 사용한다. 훈련 데이터셋은 머신러닝 모델을 훈련하고 최적화하는 데 사용한다. 테스트 데이터셋은 훈련 데이터셋과 달리 훈련에 사용하는 것이 아니라 훈련이 완료된 모델을 평가할 때 사용한다. 즉 테스트 데이터셋의 목적은 훈련된 머신러닝 알고리즘이 새로운 데이터에서도 잘 일반화되는지 확인하는 것이다. 데이터셋을 훈련 데이터셋과 테스트 데이터셋으로 나눌 때 주로 사용하는 비율은 7 : 3 또는 8 : 2이며, 데이터셋의 샘플 수에 따라 비율을 다르게 적용한다. 경우에 따라 5 : 5의 비율로 나누기도 한다.

학습한 머신러닝 시스템의 일반화가 잘 되지 않았다면 과소적합 또는 과대적합 현상이 발생한 것이다. **과소적합**(underfitting)은 머신러닝 시스템의 용량이 작아서 큰 오차가 발생하여 최적화가 제대로 이루어지지 않는 경우를 말한다. 즉 머신러닝 모델이 복잡하지 않아 데이터의 구조 또는 패턴을 정확히 받아들이지 못하는 것을 의미한다. 예를 들어 직선 모델이 주어지는 경우에 머신러닝 시스템은 데이터가 직선을 이루는 경우만 수용할 수 있다.

과대적합(overfitting)은 주어진 데이터 분포와 비교했을 때 머신러닝 시스템의 용량이 커서 잡음(noise)까지 수용하는 것을 말한다. 이 경우 훈련 데이터셋에서는 완벽에 가까운 답을 하지만 새로운 데이터, 즉 테스트 데이터셋에서는 제대로 대처하지 못한다. 과대적합 현상은 학습이 완료된 모델에 테스트 데이터셋을 입력하여 해당 모델의 성능 평가를 해야 확인할 수 있으므로, 이 현상을 미리 대처하기 위해 검증 데이터셋을 구성한다.

검증 데이터셋(validation dataset)은 학습된 모델을 테스트하기 전에 학습된 모델에서 과대적합 또는 과소적합 현상이 일어나는지 확인하기 위한 데이터셋이다. 검증 데이터셋은 훈련 데이터셋의 일부를 사용하여 구성한다. 검증 데이터셋을 구성하면 학습된 모델을 선택하는데, 이러한 과정을 **모델 선택**(model selection)이라고 한다.

데이터를 수집하는 데는 많은 비용이 들기 때문에 데이터의 양이 부족한 경우가 많다. 데이터가 부족할 경우에는 검증 데이터셋을 구성하기가 쉽지 않은데, 이러한 상황에 **교차검증**(cross validation)을 이용하면 효과적이다. **k-교차검증**(k-cross validation)에서는 훈련 데이터셋을 같은 크기로 나누어 k개의 그룹을 만든 후 $k-1$개의 그룹은 훈련에 이용하고, 나머지 1개의 그룹은 성능을 평가하는 데 이용한다. 그런 다음 훈련에 이용한 $k-1$개의 그룹 중 $k-2$개의 그룹과 이전 성능 평가 그룹을 훈련에 이용하고, 선택되지 않은 나머지 1개의 그룹으로 성능을 평가한다. 이 과정을 k번 반복하면 k번의 성능 평가를 할 수 있으며, 이를 평균하여 검증 성능으로 사용한다.

머신러닝의 성능 지표

앞서 머신러닝의 학습을 위한 데이터셋 구성에 대해 살펴보았다. 이제 머신러닝이 잘 학습되었는지 평가하는 성능 지표에 대해 이야기하고자 한다. 성능 지표는 학습한 머신러닝의 성능을 평가하는 것으로, 학습한 모델을 선택하는 모델 선택 과정에서 사용한다. 모델을 평가하는 성능 지표는 분류에 사용하는 지표와 회귀에 사용하는 지표로 나뉜다. 먼저 분류에 사용하는 지표로는 정확도, 정밀도, 재현율, F1 점수 등이 있다. 먼저 정확도의 정의는 다음과 같다.

정의 12-1 **정확도**

데이터 수가 n개이고 학습한 모델이 정답을 맞힌 데이터 수가 k개라고 할 때, 모델의 **정확도**(accuracy)는 다음과 같다.

$$(\text{정확도}) = \frac{(\text{정답을 맞힌 데이터 수})}{(\text{전체 데이터 수})} = \frac{k}{n}$$

예제 12-1 **정확도**

정답 라벨이 $y=[0,1,2,3,4,4,4,8,1,2]$이고, 모델이 예측한 라벨이 $\hat{y}=[0,1,1,2,4,3,3,8,1,2]$일 때, 이 모델의 정확도를 구하라.

풀이

전체 데이터 수는 y의 원소의 수인 10개이다. y와 $\hat{y}$을 비교했을 때 같은 위치에 있는 동일한 원소의 개수는 6개이다. 즉 이 모델의 정확도는 $\frac{6}{10}$이다.

파이썬 코드

```python
import numpy as np

# 정답 라벨과 예측 라벨
y = [0,1,2,3,4,4,4,8,1,2]
pred_y = [0,1,1,2,4,3,3,8,1,2]
```

```python
# 모델이 맞힌 정답 개수 세기
num_corr = 0
for i in range(len(pred_y)):
    if y[i] == pred_y[i]:
        num_corr = num_corr+1

# 정확도 계산
Acc = num_corr/len(pred_y)
print("정확도 = ", Acc)
```

실행 결과

```
정확도 =  0.6
```

또 다른 성능 지표인 정밀도(precision), 재현율(recall), F1 점수(F1-score)를 알기 위해서는 먼저 혼동행렬을 알아야 한다. 혼동행렬(confusion matrix)은 분류 모델의 예측 결과를 평가하는 데 사용하는 행렬이다. 분류 개수에 따라 혼동행렬의 모양이 달라지지만, 이 책에서는 이진분류에서 사용하는 혼동행렬만 살펴본다. 혼동행렬은 실제 클래스와 예측된 클래스가 양성(positive)이냐 음성(negative)이냐에 따라 다음과 같이 4가지 요소로 구성된다.

- **True Positive**(TP) : 실제 클래스가 양성이고, 예측된 클래스도 양성인 경우이다(참).
- **False Positive**(FP) : 실제 클래스가 음성이고, 예측된 클래스가 양성인 경우이다(거짓).
- **True Negative**(TN) : 실제 클래스가 음성이고, 예측된 클래스도 음성인 경우이다(참).
- **False Negative**(FN) : 실제 클래스가 양성이고, 예측된 클래스가 음성인 경우이다(거짓).

이 4가지 구성 요소를 이용하여 다음 표와 같이 행렬 형태로 표현할 수 있고, 이 행렬을 혼동행렬이라고 한다.

[표 12-1] 혼동행렬

		예측된 클래스	
		양성	음성
실제 클래스	양성	True Positive(TP)	False Negative(FN)
	음성	False Positive(FP)	True Negative(TN)

혼동행렬을 이용하면 분류 모델의 성능 지표를 구할 수 있다. 먼저 다음 식을 이용하면 정확도, 정밀도, 재현율을 계산할 수 있다.

$$(\text{정확도}) = \frac{TP + TN}{TP + TN + FP + FN}$$

$$(\text{정밀도}) = \frac{TP}{TP + FP}$$

$$(\text{재현율}) = \frac{TP}{TP + FN}$$

먼저 정밀도는 분류 모델이 예측한 양성 클래스 중에서 실제 양성 클래스의 비율이다. 그리고 재현율은 실제 양성 클래스 중에서 분류 모델이 양성이라고 예측한 클래스의 비율이다. 정밀도와 재현율을 높이기 위해서는 TP를 높이는 데 초점을 둔다고 생각할 수 있지만, 정밀도는 FP를 낮추는 데 초점을 두고 재현율은 FN을 낮추는 데 초점을 둔다. 비록 초점을 맞추는 요소가 다르더라도 두 지표를 모두 높이면서 모델의 성능을 평가해야 한다. 이러한 생각에서 나온 성능 지표가 바로 F1 점수이다. F1 점수는 정밀도와 재현율의 조화평균이다. F1 점수는 다음과 같은 식으로 계산한다.

$$(\text{F1 점수}) = 2 \times \frac{(\text{정밀도}) \times (\text{재현율})}{(\text{정밀도}) + (\text{재현율})}$$

F1 점수는 정밀도와 재현율이 모두 좋아야만 수치가 높다. 즉 정밀도와 재현율이 높으면 F1 점수도 높고, 정밀도와 재현율이 낮으면 F1 점수도 낮다.

예제 12-2 혼동행렬과 정밀도, 재현율, F1 점수

정답 라벨이 $y = [1, 0, 0, 1, 1, 1, 0, 1, 1, 1]$이고, 모델이 예측한 라벨이 $\hat{y} = [0, 1, 1, 1, 1, 0, 1, 0, 1, 0]$일 때, 이 모델의 혼동행렬과 정밀도, 재현율, F1 점수를 구하라.

풀이

이 모델의 혼동행렬은 다음과 같다.

		예측된 클래스	
		양성	음성
실제 클래스	양성	3	4
	음성	3	0

따라서 정밀도, 재현율, F1 점수는 다음과 같다.

$$(\text{정밀도}) = \frac{TP}{TP+FP} = \frac{3}{6} = 0.5$$

$$(\text{재현율}) = \frac{TP}{TP+FN} = \frac{3}{7}$$

$$(\text{F1 점수}) = 2\times\frac{(\text{정밀도})\times(\text{재현율})}{(\text{정밀도})+(\text{재현율})} = 2\times\frac{\frac{3}{6}\times\frac{3}{7}}{\frac{3}{6}+\frac{3}{7}} = \frac{\frac{3}{7}}{\frac{13}{14}} = \frac{6}{13}$$

파이썬 코드

```
import numpy as np

# 정답 라벨과 예측 라벨
y = [1,0,0,1,1,1,0,1,1,1]
pred_y = [0,1,1,1,1,0,1,0,1,0]

# 혼동행렬 구하기
TP = 0
TN = 0
FP = 0
FN = 0

for i in range(len(pred_y)):
    if y[i] == 1:
        if y[i] == pred_y[i]:
            TP = TP+1
        else :
            FN = FN+1
    else:
        if y[i] == pred_y[i]:
            TN = TN + 1
        else :
            FP = FP + 1

Confusion_mat = np.matrix([[TP, FN],[FP, TN]])
print("혼동행렬 = \n", Confusion_mat)
print("\n")
Precision = TP/(TP+FP)
print("정밀도 = ", Precision)
Recall = TP/(TP+FN)
print("재현율 = ", Recall)
F_1_score = 2*((Precision*Recall)/(Precision+Recall))
print("F_1 점수 = ", F_1_score)
```

실행 결과

```
혼동행렬 =
 [[3 4]
 [3 0]]

정밀도 = 0.5
재현율 = 0.42857142857142855
F_1 점수 = 0.4615384615384615
```

이제 회귀에서 사용하는 지표인 평균절대오차(MAE), 평균제곱오차(MSE), 평균제곱근오차(RMSE), R^2 점수에 대해 알아보자. 앞으로 살펴볼 N은 데이터 수, y는 실제값, $\hat{y}$은 모델의 예측값을 의미한다. 먼저 **평균절대오차**(Mean Absolute Error, MAE)는 모델의 예측값과 실제값의 차이인 오차의 절댓값의 평균이다. 즉 오차의 절댓값을 모두 구한 다음 평균을 낸 지표이다. 평균절대오차를 구하는 식은 다음과 같다.

$$(\text{평균절대오차}) = \frac{1}{N}\sum_{i=1}^{N}|y_i - \hat{y_i}|$$

평균절대오차는 특잇값[4]이 많은 경우에 주로 사용하며, 평균절대오차의 값이 낮을수록 좋은 모델이다. 다음으로 **평균제곱오차**(Mean Squared Error, MSE)는 오차의 제곱의 평균이다. 평균제곱오차도 값이 낮을수록 예측을 잘한 모델이다. 평균제곱오차를 구하는 식은 다음과 같다.

$$(\text{평균제곱오차}) = \frac{1}{N}\sum_{i=1}^{N}(y_i - \hat{y_i})^2$$

평균제곱오차는 오차를 제곱하므로 오차가 1 미만이면 평균제곱오차는 작아지고, 1 이상이면 평균제곱오차는 커진다. 즉 평균제곱오차는 특잇값에 민감한 지표이다. **평균제곱근오차**(Root Mean Squared Error, RMSE)는 평균제곱오차에 루트를 씌운 수치이다. 평균제곱근오차를 구하는 식은 다음과 같다.

$$(\text{평균제곱근오차}) = \sqrt{\text{MSE}} = \sqrt{\frac{1}{N}\sum_{i=1}^{N}(y_i - \hat{y_i})^2}$$

평균제곱근오차도 마찬가지로 값이 낮을수록 좋은 모델이다. **R^2 점수**(R^2 score)는 실제값의 분산 대비 예측값의 분산 비율을 의미하며, 상대적인 성능을 나타내므로 비교가 쉽다. R^2 점수는 앞에서 살펴본 세 지표와 달리 1에 가까울수록 좋은 모델이다. R^2 점수를 구하는 식[5]은 다음과 같다.

$$(R^2\ \text{점수}) = 1 - \frac{\text{SSE}}{\text{SST}}$$

4 **특잇값**(outlier)이란 측정값에서 멀리 벗어난 값을 말한다. 즉 회귀에서는 실제값이 예측값에서 멀리 떨어져 있는 경우의 값을 의미한다.

5 이 식에서 SSE는 **오차제곱합**(Error Sum of Squares, SSE)으로, 회귀선에 위치한 값(예측값)과 실제값의 차의 제곱을 총합한 수치이다. SSE는 예측값과 실제값 사이에 차이가 있을 수 있고, 회귀식으로 설명할 수 없는 변동을 설명한다. 그리고 SST는 **총제곱합**(Total Sum of Squares, SST)으로, 실제값에서 실제값의 평균을 뺀 결과를 총합한 수치이다. SST는 전체값에 대한 변동성을 나타낸다.

여기서 $SSE = \frac{1}{N}\sum_{i=1}^{N}(y_i - \hat{y_i})^2 = MSE$, $SST = \frac{1}{N}\sum_{i=1}^{N}(y_i - \overline{y})^2$이고, $\overline{y}$는 y의 평균을 의미한다.

예제 12-3 **회귀 성능 지표**

실제값이 $y = [1, 0, 0, 1, 1, 1, 0, 1, 1, 1]$이고, 모델의 예측값이 $\hat{y} = [1, -2, 1, 1, 3, -1, 0, 3, 5, 1]$일 때, 이 모델의 평균절대오차, 평균제곱오차, 평균제곱근오차, R^2 점수를 구하라.

풀이

먼저 평균절대오차, 평균제곱오차, 평균제곱근오차를 구하면 다음과 같다.

$$(\text{평균절대오차}) = \frac{1}{10}(0+2+1+0+2+2+0+2+4+0) = \frac{13}{10} = 1.3$$

$$(\text{평균제곱오차}) = \frac{1}{10}(0^2+2^2+(-1)^2+0^2+(-2)^2+2^2+0+(-2)^2+(-4)^2+0^2)$$
$$= \frac{33}{10} = 3.3$$

$$(\text{평균제곱근오차}) = \sqrt{MSE} = \sqrt{3.3}$$

R^2 점수를 구하기 위해 먼저 SSE, SST와 $\overline{y}$를 계산하면 다음과 같다.

$$SSE = MSE = 3.3, \quad \overline{y} = 0.7$$

$$SST = \frac{1}{10}(0.3^2+(-0.7)^2+(-0.7)^2+0.3^2+0.3^2+0.3^2+(-0.7)^2+0.3^2+0.3^2+0.3^2)$$
$$= \frac{1}{10} \times 2.1 = 0.21$$

따라서 $(R^2\ \text{점수}) = 1 - \frac{SSE}{SST} = 1 - \frac{3.3}{0.21} = -\frac{103}{7}$이다.

파이썬 코드

```
import numpy as np

# 실제값과 예측값
y = [1,0,0,1,1,1,0,1,1,1]
pred_y = [1,-2,1,1,3,-1,0,3,5,1]
y_mean = np.mean(y)

# MAE 계산하기
mae = np.sum(np.abs(np.array(y)-np.array(pred_y)))/len(y)
print("MAE = ", mae)
# MSE 계산하기
mse = np.sum((np.array(y)-np.array(pred_y))**2)/len(y)
print("MSE = ", mse)
```

```
# RMSE 계산하기
rmse = np.sqrt(mse)
print("RMSE = ", rmse)

# R2 점수 계산하기
SSE = mse
SST = np.sum((np.array(y)-y_mean)**2)/len(y)
R2_score = 1-(SSE/SST)
print("R2 score = ", R2_score)
```

실행 결과

```
MAE =  1.3
MSE =  3.3
RMSE =  1.816590212458495
R2 score =  -14.714285714285715
```

12.2 분류 알고리즘

이 절에서는 지도학습 중 분류 알고리즘에 대해 알아본다. 특히 분류 알고리즘 중 k-최근접 이웃 알고리즘, 의사결정트리 알고리즘, 랜덤 포레스트 알고리즘을 살펴보고, 이 분류 알고리즘들을 데이터에 적용하는 예제를 파이썬 코드로 직접 구현해본다.

k-최근접 이웃 알고리즘

k-최근접 이웃(k-Nearest Neighbor, k-NN) 알고리즘은 게으른 학습기(lazy learner)라고도 말한다. 여기서 '게으르다'는 우리가 흔히 알고 있는 게으르다는 의미가 아니다. k-최근접 이웃 알고리즘의 학습은 훈련 데이터에서 특징을 찾는 게 아니라, 단지 훈련 데이터를 메모리에 저장하는 것으로 끝나기 때문에 붙여진 의미이다. k-최근접 이웃 알고리즘의 과정은 다음과 같이 3단계로 요약할 수 있다.

[1단계] 숫자 k와 측정할 거리 기준을 선택한다.
[2단계] 분류하고자 하는 새로운 샘플 데이터를 기준으로 k개의 최근접 이웃 데이터를 찾는다.
[3단계] 최근접한 k개의 데이터를 대상으로 다수결 투표하여 데이터가 더 많은 클래스를 분류하고자 하는 새로운 샘플 데이터에 할당한다.

즉 선택한 거리 기준에 따라 k-최근접 이웃 알고리즘이 훈련 데이터셋에서 분류하고자 하는 새로운 샘플 데이터와 가장 가까운(비슷한) 샘플 데이터 k개를 찾는다. 새로운 데이터의 클래스는 선택된 k개의 최근접 이웃 데이터를 대상으로 다수결 투표를 진행하여 결정한다.

예를 들어 [그림 12-7]에서 $k=3$인 경우 초록색 네모로 표기한 클래스 B가 빨간색 별로 표기한 클래스 A보다 많으므로, 새로운 샘플 데이터는 클래스 B이다. $k=6$인 경우에는 반대로 클래스 A가 클래스 B보다 많으므로, 새로운 샘플 데이터는 클래스 A이다. [그림 12-7]에서 확인할 수 있듯이, k-최근접 이웃 알고리즘에서는 k에 따라 클래스가 다르게 할당되므로 적절한 k를 선택해야 한다.

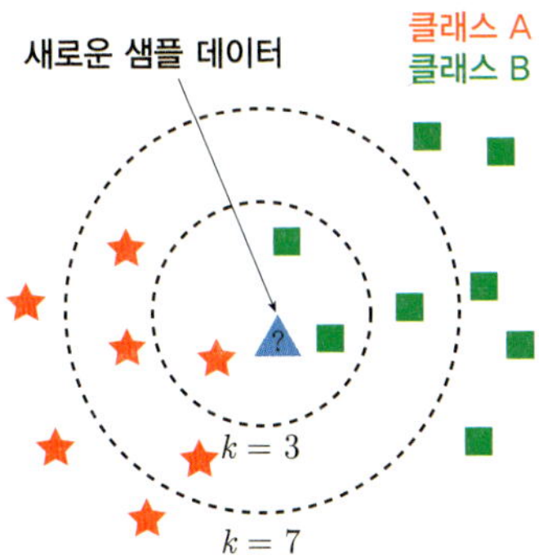

[그림 12-7] k-최근접 이웃 알고리즘

k-최근접 이웃 알고리즘은 메모리 기반 방식의 분류기이다. 메모리 기반 방식의 분류기는 수집한 새로운 훈련 데이터에 즉시 적용할 수 있다는 장점이 있다. 그러나 새로운 샘플 데이터를 분류하는 계산 복잡도가 높다는 단점을 갖는다. 즉 데이터셋의 특성이 적고, 효율적인 데이터 구조가 구현되지 않는다면 훈련 데이터셋의 샘플 개수에 따라 계산 복잡도는 선형적으로 증가한다. 또한 k-최근접 이웃 알고리즘은 훈련 단계가 없으므로 훈련 샘플 데이터를 버릴 수 없다. 이에 따라 대규모의 데이터셋에서 작업한다면 저장공간에 문제가 생긴다. k-최근접 이웃 알고리즘의 장단점을 정리하면 [표 12-2]와 같다.

[표 12-2] k-최근접 이웃 알고리즘의 장단점

장점	알고리즘이 단순하고 효율적이다.
	데이터 분산에 대한 추정을 만들 필요가 없다.
	알고리즘이 훈련하는 데 걸리는 시간이 빠르다.
단점	모델을 생성하지 않는다.
	알고리즘이 분류하는 데 걸리는 시간이 느리다.
	데이터에 따라 저장공간(메모리)이 많이 필요하다.

k-최근접 이웃 알고리즘의 과소적합과 과대적합을 피하려면 적절한 k와 데이터셋의 특성에 알맞은 거리를 선택해야 한다. 이때 사용하는 거리는 3장에서 살펴본 유클리드 거리와 맨하튼 거리이다.

예제 12-4 k-최근접 이웃 알고리즘

$k = 3$에 대하여, 유클리드 거리를 사용하는 k-최근접 이웃 알고리즘을 학습하기 위한 훈련 데이터셋은 다음과 같다. $(6, 7)$의 특징을 가진 데이터는 어느 라벨인지 파이썬 코드를 이용해 구하라.

$$X = \{(10, 9), (1, 4), (10, 1), (7, 10), (3, 10), (1, 1)\}$$
$$y = \{\text{과일, 단백질, 과일, 야채, 야채, 단백질}\}$$

파이썬 코드

```python
import numpy as np

# 유클리드 거리를 구하는 함수
def cal_Euclidean_dist(vec1, vec2):
    import numpy as np
    Euclidean_dist = np.sqrt(np.sum((vec1-vec2)**2))
    return Euclidean_dist

# 다수결 투표 함수
def majority_vote(list):
    count = 0
    label_class = 0
    for x in list:
        if list.count(x) > count:
            count = list.count(x)
            label_class = x
    return label_class

X = np.array([ [10,9] , [1,4] , [10,1] , [7,10] , [3,10] , [1,1]] )
y = np.array([ ['과일'], ['단백질'], ['과일'], ['야채'], ['야채'], ['단백질']] )

k = 3
Input_data = np.array([6,7])

# 입력 데이터와 X 사이의 거리 테이블
dist_table = []
for i in range(len(X)):
    euclidean_dist = cal_Euclidean_dist(Input_data, X[i])
    dist_table.append(euclidean_dist)

print("입력 데이터와 X 사이의 거리 테이블 = \n", dist_table)
print("\n")

# 계산된 거리를 이용하여 X와 y를 거리가 큰 순으로 정렬
# np.argsort() : 정렬한 후 해당 요소의 인덱스를 출력하는 함수
dist_table_array = np.array(dist_table)
X_sort = X[np.argsort(-dist_table_array)]
y_sort = y[np.argsort(-dist_table_array)]

print("X를 거리가 큰 순으로 정렬 = \n", X_sort)
print("\n")
print("y를 거리가 큰 순으로 정렬 = \n", y_sort)
print("\n")

# k=3이므로 가장 가까운 3개를 뽑아 다수결 투표하여 라벨 정하기
input_label = majority_vote(list(y_sort[-k:]))
print("입력 데이터의 라벨 = ", input_label)
```

실행 결과

```
입력 데이터와 X 사이의 거리 테이블 =
 [4.47213595499958, 5.830951894845301, 7.211102550927978, 3.1622776601683795, 4.242640687119285,
7.810249675906654]

X를 거리가 큰 순으로 정렬 =
 [[ 1  1]
 [10  1]
 [ 1  4]
 [10  9]
 [ 3 10]
 [ 7 10]]

y를 거리가 큰 순으로 정렬 =
 [['단백질']
 ['과일']
 ['단백질']
 ['과일']
 ['야채']
 ['야채']]

 입력 데이터의 라벨 =  ['야채']
```

의사결정트리 알고리즘

의사결정트리(Decision Tree, DT) 알고리즘은 트리 모양의 그래프로, 각 노드에서는 데이터셋의 특성을 판단하고 노드에서 갈라져 나온 가지들은 판단 결과에 대응한다. 이 알고리즘은 일종의 순서도(flow chart)이므로, 근거가 투명한 분류 과정이 필요한 데이터에 적용할 수 있다.

의사결정트리 알고리즘의 예로 [그림 12-8]을 살펴보자. 이 의사결정트리는 타이타닉 탑승객의 생존 여부를 나타내는 트리이고, 한 노드에서 두 개의 노드로 분리되므로 이진트리(binary tree) 구조이다. 의사결정트리는 [그림 12-8]과 같이 아래로 자라나는 나무 형태이다. 트리 구조는 노드(node)와 간선(edge)으로 이루어지며, 노드는 트리를 구성하는 요소이다. 트리 구조에서 부모노드가 없는 최상위 노드를 루트노드(root node)라고 한다. 즉 트리 구조에서 맨 위에 있는 첫 노드가 루트노드이다. 부모노드와 자식노드는 노드 간의 연결성으로 설명한다. 부모노드(parent node)는 자식노드를 가진 노드이고, 부모노드의 하위노드를 자식노드(child node)라고 한다. 리프노드(leaf node)는 자식노드가 없는 노드이다. [그림 12-8]을 보면 '남자인가?'라는 노드는 루트노드이고, '생존'과 '사망'은 리프노드이다. 또한 '동반한 형제자매와 배우자 수가 2.5명 이상인가?'는 부모노드이다. 왜냐하면 '생존'과 '사망'을 자식노드로 갖기 때문이다.

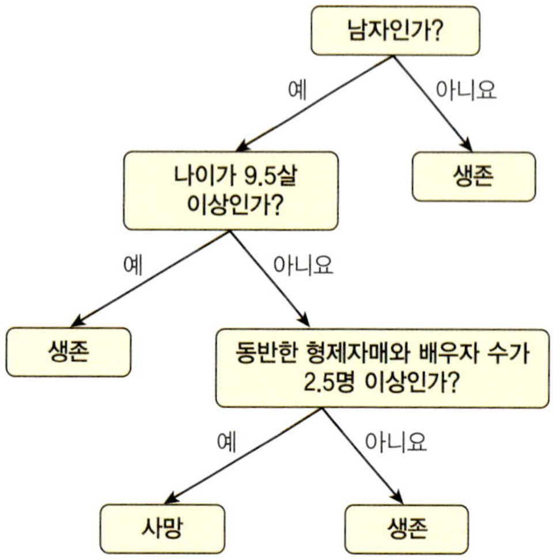

[그림 12-8] 의사결정트리

의사결정트리 알고리즘의 장단점을 정리하면 [표 12-3]과 같다.

[표 12-3] 의사결정트리 알고리즘의 장단점

장점	주요 변수와 분리 기준을 제시함으로써 직관적인 해석이 가능하다.
	통계 모델에 요구되는 가정에서 자유롭다.
	변수 간의 상호작용을 고려하며 선형/비선형 관계를 탐색할 수 있다.
단점	데이터 수가 적을수록 알고리즘의 안정성이 불안정하고, 깊이가 깊어질수록 과대적합의 발생률이 높다.
	선형 관계를 파악하기 힘들다.
	분리할 때 연속형 변수를 구간화 처리해야 하며, 분리 경계점의 근처에서 오류가 발생할 수 있다.

의사결정트리 알고리즘에서는 트리의 루트노드에서 시작하여 정보 이득을 최대로 하는 특성을 기준으로 데이터를 나눈다. 이 분할 작업은 리프노트를 더 이상 나눌 수 없을 때까지 모든 자식노드에서 반복한다. 더 이상 분할할 수 없을 때까지 분할 과정을 진행하면 깊은 트리가 만들어지고, 이 깊은 트리는 과대적합 되었을 가능성이 크다. 그래서 일반적으로 트리를 가지치기(pruning)하는 과정을 진행하여 트리의 깊이를 제한한다. 의사결정트리에서 각 노드 안에 속한 데이터들은 모두 같은 라벨, 즉 같은 클래스를 가진다.

의사결정트리 알고리즘은 정보 이득을 최대로 하는 특성을 기준으로 데이터를 나누기 위한 목적함수를 정의한다. 따라서 목적함수의 목표는 각 분할에서 정보 이득을 최대화하는 것이고, 다음과 같이 정보 이득 함수라고 정의한다.

정의 12-2 **정보 이득 함수**

정보 이득(Information Gain, IG) 함수 $IG()$는 다음과 같이 정의한다.

$$IG(D_p, f) = I(D_p) - \sum_{j=1}^{m} \frac{N_j}{N_p} I(D_j)$$

여기서 D_p와 D_j는 각각 부모노드와 j번째 자식노드의 데이터셋이고, f는 분할에 사용할 특성이다. 또한 $I()$는 불순도[6] 지표이고, N_p는 부모노드에 있는 전체 샘플 개수이며, N_j는 j번째 자식노드에 있는 샘플 개수이다.

즉 정보 이득 함수는 부모노드의 불순도와 자식노드의 불순도 합의 차이이다. 따라서 자식노드의 불순도가 낮을수록 정보 이득 함수의 값은 커진다. 부모노드 안에 여러 개의 자식노드가 있도록 구현할 수 있으나, 대부분의 라이브러리는 탐색 공간을 줄이기 위해 이진결정트리(binary decision tree)로 간단히 구현한다. 이진결정트리에서는 한 부모노드가 두 개의 자식노드 D_{lt}(왼쪽 자식노드), D_{rt}(오른쪽 자식노드)로 나뉜다. 이진결정트리에서의 정보 이득 함수는 다음과 같다.

$$IG(D_p, f) = I(D_p) - \frac{N_{lt}}{N_p} I(D_{lt}) - \frac{N_{rt}}{N_p} I(D_{rt})$$

자주 사용하는 불순도 지표로는 지니 불순도(Gini impurity) I_G와 엔트로피(entropy) I_H가 있고 각각 다음과 같다.

$$I_G(t) = \sum_{i=1}^{c} p(i|t)(1-p(i|t)) = 1 - \sum_{i=1}^{c} (p(i|t))^2$$

$$I_H(t) = -\sum_{i=1}^{c} p(i|t) \log_2 p(i|t)$$

여기서 $p(i|t)$는 특정 노드 t에서 라벨 i에 속한 비율이다. 예를 들어 이진 라벨을 가진 경우에 $p(i=1|t)$는 특정 노드 t에서 라벨 1에 속한 비율이다.

6 **불순도**(impurity)란 정보이론에서 말하는 얻을 수 있는 정보량의 정도이다. 이는 분리된 하나의 범주 안에 서로 다른 데이터가 얼마나 섞여 있는지를 의미한다. 예를 들어 하나의 범주 안에 여러 종류의 데이터가 속해 있다면 불순도는 높다.

예제 12-5 **정보 이득 함수**

이진 클래스에서 각 클래스별로 50개의 샘플을 가진 데이터셋에 의해 결정된 다음과 같은 의사결정트리가 있을 때, 엔트로피와 지니 불순도를 따르는 각 정보 이득 함수 $IG()$의 값을 구하라(단, 반올림하여 소수 아래 둘째 자리까지 계산하라).

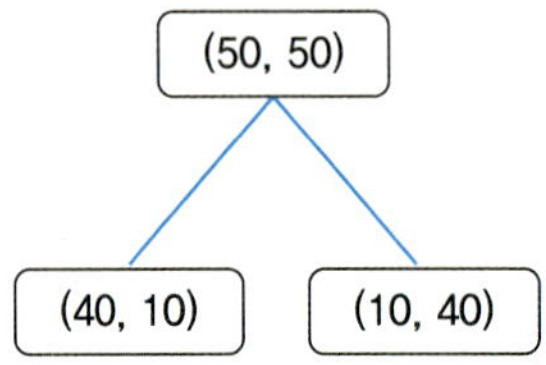

풀이

(i) 엔트로피를 이용한 정보 이득 함수의 값 계산

부모노드, 왼쪽 자식노드, 오른쪽 자식노드에 대한 엔트로피를 구하면 다음과 같다.

$$I_H(D_p) = -(0.5\log_2(0.5)+0.5\log_2(0.5)) = 1$$
$$I_H(D_{lt}) = -(0.8\log_2(0.8)+0.2\log_2(0.2)) \fallingdotseq 0.72$$
$$I_H(D_{rt}) = -(0.2\log_2(0.2)+0.8\log_2(0.8)) \fallingdotseq 0.72$$

이제 정보 이득 함수 IG_H의 값을 구하면 다음과 같다.

$$IG_H = 1 - \frac{50}{100} \times 0.72 - \frac{50}{100} \times 0.72 = 0.28$$

(ii) 지니 불순도를 이용한 정보 이득 함수의 값 계산

부모노드, 왼쪽 자식노드, 오른쪽 자식노드에 대한 지니 불순도를 구하면 다음과 같다.

$$I_G(D_p) = 1-(0.5^2+0.5^2) = 0.5$$
$$I_G(D_{lt}) = 1-(0.8^2+0.2^2) \fallingdotseq 0.32$$
$$I_G(D_{rt}) = 1-(0.2^2+0.8^2) \fallingdotseq 0.32$$

이제 정보 이득 함수 IG_G의 값을 구하면 다음과 같다.

$$IG_G = 0.5 - \frac{50}{100} \times 0.32 - \frac{50}{100} \times 0.32 \fallingdotseq 0.18$$

파이썬 코드

```
import numpy as np

# 엔트로피를 계산하는 함수
def cal_entropy(Node) :
    prop_1 = Node[0]/np.sum(Node)
    prop_2 = Node[1]/np.sum(Node)
    entropy_val = -np.sum([prop_1*np.log2(prop_1),prop_2*np.log2(prop_2)])
    return entropy_val

# 엔트로피를 이용해 정보 이득을 계산하는 함수
def cal_InformationGain_entropy(Parent_Node , Left_child_Node, Right_child_Node) :

    Parent_entropy_val = cal_entropy(Parent_Node)
    left_child_entropy_val = cal_entropy(Left_child_Node)
    right_child_entropy_val = cal_entropy(Right_child_Node)

    left_child_prop = np.sum(Left_child_Node)/np.sum(Parent_Node)
    right_child_prop = np.sum(Right_child_Node)/np.sum(Parent_Node)

    IG_entropy_val = Parent_entropy_val  - (left_child_prop  * left_child_entropy_val)
                    - (right_child_prop  * right_child_entropy_val)

    return IG_entropy_val

# 지니 불순도를 계산하는 함수
def cal_Gini(Node) :
    prop_1 = Node[0]/np.sum(Node)
    prop_2 = Node[1]/np.sum(Node)
    entropy_val = 1-np.sum([prop_1**2,prop_2**2])
    return entropy_val

# 지니 불순도를 이용해 정보 이득을 계산하는 함수
def cal_InformationGain_Gini(Parent_Node , Left_child_Node, Right_child_Node) :

    Parent_entropy_val = cal_Gini(Parent_Node)
    left_child_entropy_val = cal_Gini(Left_child_Node)
    right_child_entropy_val = cal_Gini(Right_child_Node)

    left_child_prop = np.sum(Left_child_Node)/np.sum(Parent_Node)
    right_child_prop = np.sum(Right_child_Node)/np.sum(Parent_Node)

    IG_Gini_val = Parent_entropy_val  - (left_child_prop  * left_child_entropy_val)
                 - (right_child_prop  * right_child_entropy_val)

    return IG_Gini_val

# 부모노드와 자식노드 설정
parent_Node = [50, 50]
left_child_Node = [40, 10]
right_child_Node = [40, 10]

# 엔트로피 계산
parent_entropy = cal_entropy(parent_Node)
left_child_entropy = cal_entropy(left_child_Node)
right_child_entropy = cal_entropy(right_child_Node)
```

```
IG_entropy = cal_InformationGain_entropy(parent_Node, left_child_Node, right_child_Node)

print("부모노드의 엔트로피 값 = ", parent_entropy )
print("왼쪽 자식노드의 엔트로피 값 = ", left_child_entropy )
print("오른쪽 자식노드의 엔트로피 값 = ", right_child_entropy )
print("엔트로피를 이용한 정보 이득 함수의 값 = ",IG_entropy )
print("\n")

# 지니 불순도 계산
parent_Gini = cal_Gini(parent_Node)
left_child_Gini = cal_Gini(left_child_Node)
right_child_Gini = cal_Gini(right_child_Node)

IG_Gini = cal_InformationGain_Gini(parent_Node, left_child_Node, right_child_Node)

print("부모노드의 지니 불순도 값 = ", parent_Gini )
print("왼쪽 자식노드의 지니 불순도 값 = ", left_child_Gini )
print("오른쪽 자식노드의 지니 불순도 값 = ", right_child_Gini )
print("지니 불순도를 이용한 정보 이득 함수의 값 = ",IG_Gini )
```

실행결과

```
부모노드의 엔트로피 값 =  1.0
왼쪽 자식노드의 엔트로피 값 =  0.7219280948873623
오른쪽 자식노드의 엔트로피 값 =  0.7219280948873623
엔트로피를 이용한 정보 이득 함수의 값 =  0.2780719051126377

부모노드의 지니 불순도 값 =  0.5
왼쪽 자식노드의 지니 불순도 값 =  0.31999999999999984
오른쪽 자식노드의 지니 불순도 값 =  0.31999999999999984
지니 불순도를 이용한 정보 이득 함수의 값 =  0.18000000000000016
```

의사결정트리 알고리즘은 정보 이득 함수의 값을 극대화하면서 복잡한 기준을 제시하여 데이터를 더 세밀하게 분류할 수 있다. 의사결정트리 알고리즘은 깊이가 깊어질수록 복잡한 결정 경계를 갖는데, 이 경우 과대적합이 쉽게 일어날 수 있으므로 주의해야 한다.

랜덤 포레스트 알고리즘

랜덤 포레스트(Random Forest, RF) 알고리즘은 분류 성능이 뛰어나고 쉽게 확장되므로 많은 사람들이 사용하였다. 랜덤 포레스트 알고리즘은 앞서 설명한 의사결정트리 알고리즘의 앙상블로 생각할 수 있다. 여기서 앙상블(ensemble) 기법이란 여러 개의 분류기를 생성하고, 각 예측을 결합함으로써 보다 정확한 예측을 도출하는 기법이다. 즉 랜덤 포레스트 알고리즘은 의사결정트리 알고리즘을 여러 개 만들어 숲을 이룬 형태라고 볼 수 있다.

랜덤 포레스트 알고리즘의 장단점을 정리하면 [표 12-4]와 같다.

[표 12-4] 랜덤 포레스트 알고리즘의 장단점

장점	알고리즘의 일반화와 성능이 우수하다.
	매개변수의 조정이 쉽다.
	데이터의 스케일을 변환하지 않아도 되며, 과대적합이 잘 발생하지 않는다.
단점	개별 의사결정트리 알고리즘의 분석이 어렵고, 의사결정트리의 분리가 복잡해지는 경향이 있다.
	차원이 크고 희소한 데이터셋에서는 성능이 좋지 않다.
	훈련 데이터셋을 추가해도 알고리즘의 성능 개선이 어렵다.

랜덤 포레스트 알고리즘의 과정은 다음과 같이 4단계로 요약할 수 있다.

[1단계] n개의 랜덤 부트스트랩[7] 샘플을 선택한다(즉 훈련 데이터셋에서 중복을 허용하며 랜덤하게 n개의 샘플을 선택한다).

[2단계] 부트스트랩 샘플을 이용하여 의사결정트리 알고리즘을 학습한다. 각 노드에서 다음과 같은 과정을 진행한다.

(1) 중복을 허용하지 않고 랜덤하게 d개의 특성을 선택한다.

(2) 정보 이득 함수를 기준으로 최선의 분할을 만드는 특성을 사용하여 노드를 분할한다.

[3단계] [1단계]와 [2단계]를 k번 반복한다.

[4단계] 학습된 의사결정트리 알고리즘의 예측을 모아 k-최근접 이웃 알고리즘과 같은 다수결 투표로 클래스를 정한다.

위의 단계 중 [2단계]에서 각 의사결정트리 알고리즘을 훈련할 때 기존의 의사결정트리 훈련과는 다른 점이 있는데, 각 노드에서 최선의 분할을 찾기 위해 모든 특성을 평가하지 않고 랜덤하게 선택한 일부 특성만을 사용한다는 점이다.

랜덤 포레스트 알고리즘은 의사결정트리 알고리즘만큼 해석이 쉽지 않으나, 매개변수를 조정하는 데 신경을 많이 쓰지 않아도 된다. 또한 앙상블 모델이므로 잡음 없이 안정적이다. 따라서 실제로 신경 써야 하는 매개변수는 랜덤 포레스트 알고리즘이 만들 의사결정트리 알고리즘의 개수이다. 다시 말해 [3단계]에서 언급한 매개변수 k를 신경 써야 한다. 일반적으로 의사결정트리 알고리즘의 개수가 많아질수록 계산 비용이 증가하는 만큼 랜덤 포레스트 알고리즘의 성능이 좋아진다.

7 **부트스트랩**(bootstrap)은 전체 데이터에서 무작위로 복원추출하여 여러 개의 학습 데이터를 만드는 것을 말한다.

12.3 회귀분석 알고리즘

이 절에서는 지도학습의 회귀분석에 대해 알아본다. 11.2절에서 살펴본 회귀분석은 통계에서의 회귀분석으로, 수식을 이용하여 선형회귀식의 계수를 알아냈다면, 이 절에서는 머신러닝에서의 회귀분석 알고리즘에 대해 알아본다.

회귀분석의 개념을 다시 상기해보자. 회귀모델은 연속적인 목표변수를 예측하는 데 사용된다. 즉 12.2절에서 설명한 분류 알고리즘과 달리 회귀는 연속적인 출력값을 예측한다. 이러한 회귀모델을 이용하여 변수 간의 관계를 이해하거나 트렌드를 분석하거나 날씨를 예측한다. 이 절에서는 11.2절에서와 달리 지도학습의 관점으로 선형회귀와 다항회귀에 대해 설명한다.

선형회귀(linear regression)는 하나 이상의 특성(독립변수)과 연속적인 목표변수(종속변수) 사이의 관계를 모델링하는 기법이다. 선형회귀에는 단변량 선형회귀와 다변량 선형회귀가 있다. 목표변수가 1개인 경우의 회귀모델을 **단변량 선형회귀**(univariate linear regression)라 하고, 특성과 목표변수가 모두 2개 이상인 경우의 회귀모델을 **다변량 선형회귀**(multivariate linear regression)라고 한다.

단변량 선형회귀 중 하나의 특성(설명변수) x와 연속적인 목표변수(응답변수) y 사이의 관계를 모델링한 회귀모델이 11장에서 살펴본 **단순 선형회귀**(simple linear regression)이다. 따라서 특성이 하나인 단순 선형회귀모델의 식은 다음과 같다.

$$y = w_0 + w_1 x$$

여기서 w_0는 y절편이고 w_1은 기울기이자 특성의 가중치이다. 즉 단변량 선형회귀는 특성과 목표변수 사이의 관계를 나타내는 선형방정식의 가중치인 w_0와 w_1을 찾는 것을 목표로 한다. 가중치 w_0와 w_1을 찾은 단순 선형회귀모델은 훈련 데이터셋이 아닌 새로운 데이터에도 적용하여 예측할 수 있다. 정의한 단순 선형회귀모델의 식은 [그림 12-9]와 같이 이해할 수 있다. [그림 12-9]는 초록색 점으로 나타낸 데이터들 사이에 회귀직선(빨간색 직선)을 나타낸 그림이다.

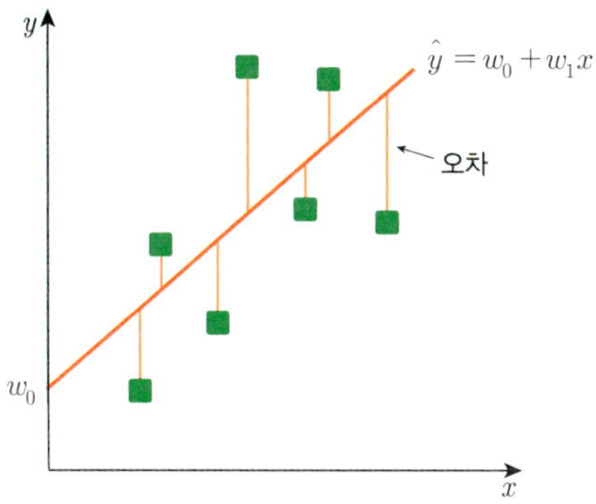

[그림 12-9] 단순 선형회귀모델

훈련 데이터셋에 가장 잘 맞는 직선을 회귀직선(regression line)이라 하고, 회귀직선과 샘플 사이의 거리를 오차(error) 또는 잔차(residual)라고 한다. 선형회귀직선에서 상수항에 해당하는 w_0는 편향(bias)이라고 한다.

다중 선형회귀(multiple linear regression)는 연속적인 목표변수 y와 여러 개의 특성이 있는 경우로서 단순 선형회귀모델을 일반화한 것이다. 다중 선형회귀모델의 식은 다음과 같다.

$$y = w_0 x_0 + w_1 x_1 + \cdots + w_m x_m = \sum_{i=0}^{m} w_i x_i = \boldsymbol{w}^{\mathrm{T}} \boldsymbol{x}$$

여기서 w_0는 y절편, $x_0 = 1$이고 $\boldsymbol{w} = \begin{bmatrix} w_0 \\ w_1 \\ \vdots \\ w_m \end{bmatrix}$, $\boldsymbol{x} = \begin{bmatrix} x_0 = 1 \\ x_1 \\ \vdots \\ x_m \end{bmatrix}$이다. 다중 선형회귀모델을 사용할 때는 몇 가지 가정이 필요하다. 첫째, 다중 선형회귀모델에서는 각 특성과 목표변수 사이에 선형관계가 존재한다. 둘째, 특성들 사이에서는 높은 수준의 상관관계가 존재하지 않아야 한다. 만약 상관관계가 높은 특성들이 존재한다면 분석하기 어렵다. 셋째, 예측값과 목표변수의 차이인 오차가 정규분포를 이루어야 한다.

다변량 선형회귀는 앞서 말한 것처럼 특성과 목표변수가 모두 2개 이상인 경우로, 다중 선형회귀모델을 일반화한 것이다. 다변량 선형회귀모델의 식은 다음과 같다.

$$\begin{cases} y_1 = w_{10} x_0 + w_{11} x_1 + \cdots + w_{1n} x_n \\ \qquad \vdots \\ y_m = w_{m0} x_0 + w_{m1} x_1 + \cdots + w_{mn} x_n \end{cases}$$

여기서 $Y=\begin{bmatrix} y_1 \\ \vdots \\ y_m \end{bmatrix}$, $W=\begin{bmatrix} w_{10} & w_{11} & \cdots & w_{1n} \\ \vdots & \vdots & \ddots & \vdots \\ w_{m0} & w_{m1} & \cdots & w_{mn} \end{bmatrix}$, $\boldsymbol{x}=\begin{bmatrix} x_0 \\ x_1 \\ \vdots \\ x_n \end{bmatrix}$으로 정의하면 다변량 선형회귀모델의 식은 다음과 같이 나타낼 수 있다.

$$Y = W\boldsymbol{x}$$

$x_0 = 1$이므로 W의 첫 번째 열인 $\begin{bmatrix} w_{10} \\ w_{20} \\ \vdots \\ w_{m0} \end{bmatrix}$는 다변량 선형회귀모델의 편향을 의미한다.

다음으로 선형회귀모델의 학습 과정을 이해해보자. 선형회귀모델의 학습은 훈련 데이터셋의 샘플에 가장 잘 맞는 직선인 회귀직선을 찾는 것으로 이해할 수 있다. 즉 샘플과 회귀직선 사이의 수직 거리의 제곱의 합을 최소화하는 선형회귀직선의 모델 가중치를 추정한다. 회귀직선을 찾아가는 과정에서 사용하는 방법이 바로 경사 하강법이다. 경사 하강법을 적용하기 전에 비용함수 $J(\cdot)$를 먼저 정의한다. 그다음 경사 하강법과 같은 최적화 알고리즘을 사용하여 비용함수 $J(\cdot)$를 최소화하는 가중치를 학습한다. 회귀직선의 비용함수는 여러 함수를 사용할 수 있으나, 일반적으로 사용하는 함수는 다음과 같은 평균제곱오차(MSE)이다.

$$J(w) = \frac{1}{2n}\sum_{i=1}^{n}(y-\hat{y})^2$$

여기서 $\hat{y}$은 예측값이다. $J(w)$에서 $\frac{1}{2}$이 없는 식이 평균제곱오차의 원래 식인데, 여기서 $\frac{1}{2}$을 곱한 이유는 경사 하강법의 업데이트 공식을 간단하게 유도하기 위함이다. 이와 같은 방법으로 선형회귀모델은 학습을 진행한다. 최소제곱법 외에도 12.1절에서 살펴본 회귀에 사용하는 다양한 지표를 이용하여 학습할 수 있다. 다음 [예제 12-6]의 데이터에 대하여 [정리 11-4]의 방법으로 회귀직선을 구하면 [예제 12-6]의 파이썬 코드 실행 결과와 동일함을 알 수 있다. 그러나 여기서 설명하는 학습을 통한 회귀직선의 계산은 일반적으로 최적이 아닐 수 있으므로 두 회귀직선의 결과는 약간 다를 수 있다. [정리 11-4]를 이용해 직접 계산하는 것은 여러분에게 남긴다.

예제 12-6 선형회귀

다음과 같은 훈련 데이터셋이 주어질 때, 단순 선형회귀모델을 프로그래밍하여 이 데이터에 관한 그래프를 그려라.

$$X = \{258, 270, 290, 320, 342, 368, 400, 446, 480, 586\}$$
$$y = \{236, 234, 252, 298, 314, 342, 360, 368, 391, 390\}$$

파이썬 코드

```
import numpy as np
from sklearn.linear_model import LinearRegression
import matplotlib.pyplot as plt

# 훈련 데이터셋 구성
X = np.array([ [258], [270], [290], [320], [342], [368], [400], [446], [480], [586] ])
y = np.array([ 236, 234, 252, 298, 314, 342, 360, 368, 391, 390 ])

# 선형회귀모델 학습
# LinearRegression() : 머신러닝 라이브러리인 사이킷런의 선형회귀모델 구축함수
linear_reg = LinearRegression()
linear_reg.fit(X, y.T)
print("기울기 w_1 = ", linear_reg.coef_[0])
print("y절편 w_0= ", linear_reg.intercept_)

# 훈련 데이터셋과 선형회귀직선의 그래프 그리기
plt.scatter(X, y, c='steelblue', edgecolor='white', s=90)
plt.plot(X, linear_reg .predict(X), color='black', lw=3)
plt.xlabel("X")
plt.ylabel("y")
plt.show()
```

실행 결과

```
기울기 w_1 =  0.5399572473896244
y절편 w_0=  115.47607498150123
```

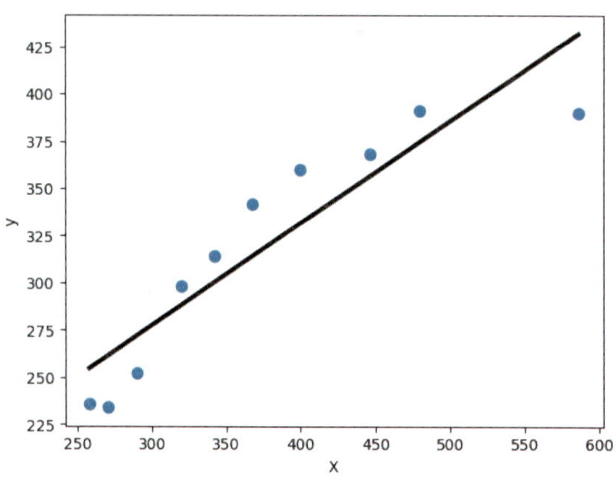

지금까지 일차식으로 만들어진 선형회귀에 대해 알아보았다. 이제 이차 이상의 식에 대한 회귀인 다항회귀에 대해 알아보자. **다항회귀**(polynomial regression)는 독립변수들과 종속변수가 이차함수 이상의 관계를 갖는 것이다. 따라서 다항회귀의 회귀직선은 지금까지 본 직선이 아니라 곡선이나 좀 더 복잡한 선으로 표현된다. 일반적인 곡선에 대해 다항회귀모델을 가정하면 다음과 같은 식으로 표현한다.

$$y = w_0 + w_1 x + w_2 x^2 + w_3 x^3 + \cdots + w_d x^d$$

앞의 식을 보면 다항회귀에서는 독립변수를 제곱하거나 서로 곱하는 등 식을 좀 더 복잡한 형태로 만들어 선형회귀모델에 학습시킨다.

예제 12-7 **다항회귀**

다음과 같은 훈련 데이터셋이 주어질 때, 다항회귀모델을 프로그래밍하여 이 데이터에 관한 그래프를 그리고, 다항회귀식을 구하라.

$$X = \{258, 270, 290, 320, 342, 368, 400, 446, 480, 586\}$$
$$y = \{236, 234, 252, 298, 314, 342, 360, 368, 391, 390\}$$

파이썬 코드

```
import numpy as np
from sklearn.preprocessing import PolynomialFeatures
from sklearn.linear_model import LinearRegression
import matplotlib.pyplot as plt
import sympy as sym

# 훈련 데이터셋 구성
X = np.array([ 258, 270, 290, 320, 342, 368, 400, 446, 480, 586 ])[:, np.newaxis]
y = np.array([ 236, 234, 252, 298, 314, 342, 360, 368, 391, 390 ])

# 다항회귀를 위한 훈련 데이터셋 X 구성
Quadratic = PolynomialFeatures(degree=2)
X_Quadratic = Quadratic.fit_transform(X)

# 다항회귀모델 학습
poly_linear_reg = LinearRegression()
poly_linear_reg.fit(X_Quadratic, y)
print("기울기 = ", poly_linear_reg.coef_)
print("y절편 = ", poly_linear_reg.intercept_)

# 훈련 데이터셋과 다항회귀직선의 그래프 그리기
plot_x = np.arange(250,600,10)[:,np.newaxis]
plot_y_poly_fit = poly_linear_reg.predict(Quadratic.fit_transform(plot_x))
plt.scatter(X, y,c='steelblue', edgecolor='white', s=90)
plt.plot(plot_x, plot_y_poly_fit,  color='black', lw=3)
plt.xlabel("X")
plt.ylabel("y")
plt.show()
print("\n")

# 다항회귀식 살펴보기
x = sym.Symbol('x')
f = poly_linear_reg.coef_[0] * x**0 + poly_linear_reg.coef_[1] * x**1 + poly_linear_reg.coef_[2] *
    x**2 + poly_linear_reg.intercept_
print("다항회귀식 = ", f)
```

실행 결과

```
기울기 =  [ 0.00000000e+00  2.38246397e+00 -2.23462309e-03]
y절편 =  -239.640602138369
```

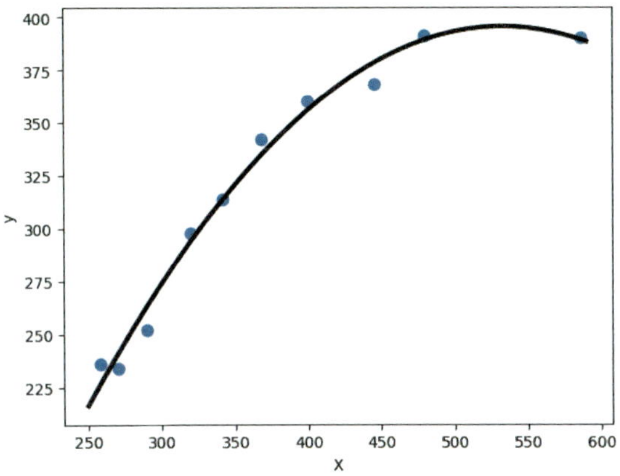


```
다항회귀식 =  -0.00223462308783962*x**2 + 2.38246396887951*x - 239.640602138369
```

다항회귀는 데이터가 선형이 아닌 비선형일 때 사용한다. 또한 다항회귀에서 보통 이차함수는 위로 볼록(아래로 오목)하거나 아래로 볼록(위로 오목)하므로, 삼차함수, 단조증가하는 제곱근함수 또는 로그함수를 사용한다. 다항회귀는 차수에 따라 과소적합 또는 과대적합이 발생할 수 있다. 즉 차수가 낮으면 과소적합이, 차수가 높으면 과대적합이 발생할 확률이 높다. 그러므로 차수를 잘 선택해야 과소적합 또는 과대적합을 방지할 수 있다.

12.4 군집화와 주성분분석

비지도학습은 레이블되지 않은 데이터나 구조를 파악할 수 없는 데이터를 다루는 머신러닝의 한 종류이다. 비지도학습은 데이터로부터 의미 있는 정보를 추출하기 위해 데이터 구조를 탐색할 수 있다. 이 절에서는 비지도학습의 다양한 기법 중 사전 정보 없이 모여 있는 그룹의 정보를 의미 있게 탐색하는 데이터 분석 기법인 군집화와 고차원 데이터의 정보를 유지하면서 작은 차원으로 데이터를 압축하는 차원 축소를 살펴본다.

k-평균 군집화

먼저 군집화 알고리즘 중 하나인 **k-평균 군집화**(k-means clustering)에 대해 알아본다. k-평균 군집화는 비슷한 객체로 이루어진 그룹을 찾는 기법으로, 한 그룹 안에 있는 객체들은 다른 그룹에 있는 객체보다 더 관련이 있다고 볼 수 있다. 즉 k-평균 군집화의 목표는 특성의 유사도에 기초하여 샘플을 그룹으로 모으는 것이다. 여기서 비슷한 객체로 이루어진 그룹을 **군집**(cluster)이라고 한다. 예를 들어 [그림 12-10]은 $k=3$일 때 k-평균 군집화를 나타낸 그림이다. [그림 12-10]을 보면 3개의 군집 안에 데이터들이 모여있음을 확인할 수 있고, 각 군집 안에 있는 데이터들은 특징이 비슷할 것으로 분석할 수 있다.

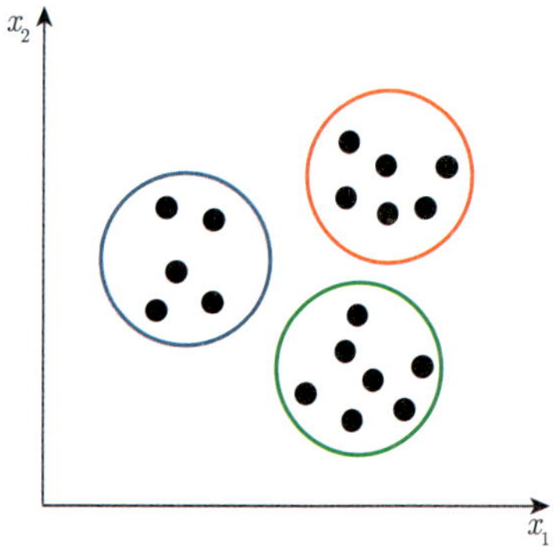

[그림 12-10] k-평균 군집화($k=3$)

k-평균 군집화는 원리가 단순하고, 다른 군집화 알고리즘에 비해 계산 효율성이 높기 때문에 인기가 좋은 알고리즘이다. k-평균 군집화의 알고리즘은 직관적으로 이해하기 쉽고 구현하기도 쉽다. 그러나 군집의 개수인 k를 지정해야 한다는 단점을 갖는다. k-평균 군집화 알고리즘의 과정은 다음과 같이 4단계로 요약할 수 있다.

[1단계] 여러 샘플 포인트에서 k개의 **중심점**(centroid)을 랜덤하게 뽑아 초기 군집의 중심으로 선택한다.

[2단계] 각 샘플을 가장 가까운 센트로이드 $\boldsymbol{\mu}_j$ $(j \in \{1, 2, \cdots, k\})$가 있는 군집에 할당한다.

[3단계] 할당된 샘플들의 중심으로 중심점을 이동한다.

[4단계] 중심점의 위치가 변하지 않거나, 사용자가 지정한 허용 오차나 최대 반복 횟수에 도달할 때까지 [2단계]와 [3단계]를 반복한다.

k-평균 군집화에서는 샘플 간의 유사도를 측정해야 한다. 유사도는 거리의 반대 개념으로 정의할 수 있다. 연속적인 특성을 가진 샘플을 군집으로 묶는 데 많이 사용하는 거리는 $\mathbb{R}^m$에 있는 두 점 $\boldsymbol{x}$, $\boldsymbol{y}$ 사이의 유클리드 거리의 제곱(squared Euclidean distance)이다. 유클리드 거리의 제곱은 다음과 같다.

$$d(\boldsymbol{x}, \boldsymbol{y}) = \sum_{i=1}^{m}(x_i - y_i)^2 = \|(\boldsymbol{x}, \boldsymbol{y})\|_2^2$$

여기서 i는 두 점 $\boldsymbol{x}$와 $\boldsymbol{y}$의 i번째 차원(특성 열)을 나타낸다. 이제 유클리드 거리의 제곱을 기반으로 k-평균 군집화 알고리즘을 최적화 문제로 설명할 수 있다. k-평균 군집화는 군집 안에서 오차제곱합(Error Sum of Squares, SSE) 또는 군집 관성(cluster inertia)을 반복적으로 최소화하는 방법으로 다음과 같다.

$$\text{SSE} = \sum_{i=1}^{n}\sum_{j=1}^{k} w_{i,j}\|\boldsymbol{x}_i - \boldsymbol{\mu}_j\|_2^2$$

여기서 $\boldsymbol{\mu}_j$는 군집 j의 중심점이다. 샘플 $\boldsymbol{x}_i$가 군집 j 안에 있다면 $w_{i,j} = 1$이고, 없다면 $w_{i,j} = 0$이다. 이제 예제를 통해 k-평균 군집화 알고리즘을 실습해보자. 먼저 [예제 12-8]에서는 k-평균 군집화를 위한 예제 데이터를 생성한다.

예제 12-8 k-평균 군집화 알고리즘의 예제 데이터 생성

파이썬 코드를 이용해 k-평균 군집화에 사용할 2차원 데이터를 생성하고, 산점도 그래프로 표현하라.

파이썬 코드

```
from sklearn.datasets import make_blobs
import matplotlib.pyplot as plt

# k-평균 군집화를 위한 2차원 데이터 생성
# make_blobs() : 가우시안 분포를 이용해 가상 데이터를 생성하는 함수
X, y = make_blobs(n_samples = 50, n_features = 2, centers = 2, cluster_std = 1, shuffle = True,
                  random_state = 10)

# 생성한 2차원 데이터를 산점도 그래프로 표현
plt.scatter(X[:,0], X[:,1], c="white", marker ="o", edgecolor ="black", s = 50)
plt.grid()
plt.show()
```

실행 결과

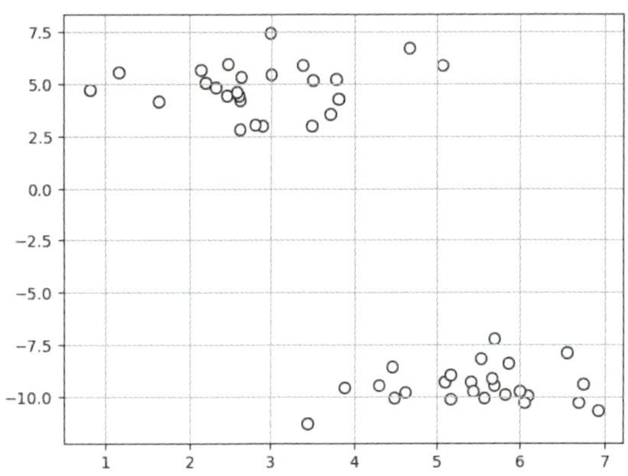

예제 12-9 k-평균 군집화 알고리즘

[예제 12-8]에서 생성한 데이터를 이용하여 $k=2$와 $k=3$일 때의 k-평균 군집화를 학습하고 각각을 산점도 그래프로 표현하라.

파이썬 코드

```
from sklearn.datasets import make_blobs
from sklearn.cluster import KMeans
import matplotlib.pyplot as plt
```

```python
# k-평균 군집화를 위한 2차원 데이터 생성
X, y = make_blobs(n_samples = 50, n_features = 2, centers = 2, cluster_std = 1, shuffle = True,
                  random_state = 10)

# k=2일 때, k-평균 군집화 학습
# KMeans() : 사이킷런에 k-평균 군집화를 구축해주는 함수
print("k=2일 때,")
km_2 = KMeans(n_clusters=2, init='random', n_init=10, max_iter=300, tol=1e-04, random_state=0)
y_km_2 = km_2.fit_predict(X)

# k=2일 때, k-평균 군집화와 생성 데이터를 산점도 그래프로 표현
plt.scatter(X[y_km_2 == 0, 0], X[y_km_2 == 0, 1], s=50, c='lightgreen',
            marker='s', edgecolor='black', label='Cluster 1')
plt.scatter(X[y_km_2 == 1, 0], X[y_km_2 == 1, 1], s=50, c='orange',
            marker='o', edgecolor='black', label='Cluster 2')
plt.scatter(km_2.cluster_centers_[:, 0], km_2.cluster_centers_[:, 1], s=250, marker='*',
            c='red', edgecolor='black', label='Centroids')
plt.legend(scatterpoints=1)
plt.grid()
plt.show()
print("\n")

# k=3일 때, k-평균 군집화 학습
print("k=3일 때,")
km_3 = KMeans(n_clusters=3, init='random', n_init=10, max_iter=300, tol=1e-04, random_state=0)
y_km_3 = km_3.fit_predict(X)

# k=3일 때, k-평균 군집화와 생성 데이터를 산점도 그래프로 표현
plt.scatter(X[y_km_3 == 0, 0], X[y_km_3 == 0, 1], s=50, c='lightgreen',
            marker='s', edgecolor='black', label='Cluster 1')
plt.scatter(X[y_km_3 == 1, 0], X[y_km_3 == 1, 1], s=50, c='orange',
            marker='o', edgecolor='black', label='Cluster 2')
plt.scatter(X[y_km_3 == 2, 0], X[y_km_3 == 2, 1], s=50, c='lightblue',
            marker='v', edgecolor='black', label='Cluster 3')
plt.scatter(km_3.cluster_centers_[:, 0], km_3.cluster_centers_[:, 1], s=250, marker='*',
            c='red', edgecolor='black', label='Centroids')
plt.legend(scatterpoints=1)
plt.grid()
plt.show()
```

실행 결과

k=2일 때,

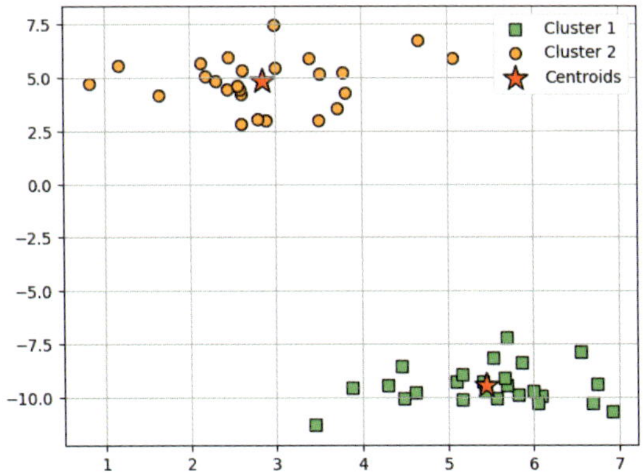

k=3일 때,

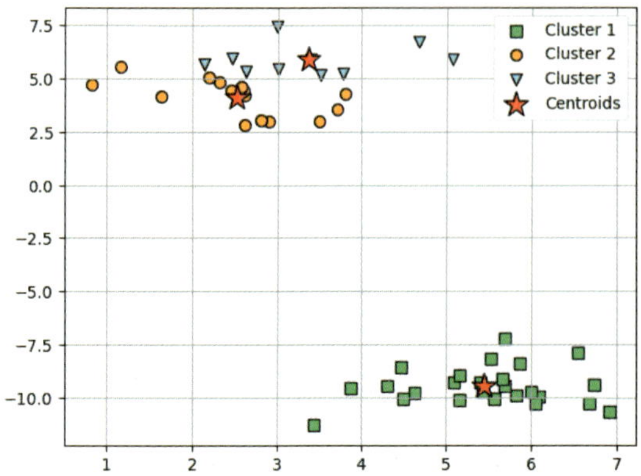

지금까지 초기에 군집의 중심점을 랜덤하게 할당하는 k-평균 군집화 알고리즘을 살펴보았다. 이 알고리즘은 초기에 중심점을 랜덤하게 할당하므로, 중심점이 좋지 않게 선택된다면 군집의 결과가 나쁘거나 수렴이 느려진다. 이 문제를 해결하는 방법은 같은 데이터셋에서 k-평균 군집화 알고리즘을 여러 번 실행하여 오차제곱합을 계산하고 성능이 좋은 모델을 선택하는 것이다. 또 다른 방법은 k-평균 군집화 알고리즘의 향상된 버전인 **k-평균++**(k-means++) 알고리즘을 사용하는 것이다. k-평균++ 알고리즘은 k개의 중심점을 랜덤하게 위치시키는 k-평균 군집화와 달리 k개의 중심점 위치를 서로 멀리 떨어진 위치에 설정한 후 학습을 진행한다. 이 알고리즘은 기존의 k-평균 군집화 알고리즘보다 일관된 결과를 만든다. k-평균++ 알고리즘의 과정은 다음과 같이 6단계로 요약할 수 있다.

[1단계] 선택한 k개의 중심점을 저장할 비어 있는 집합 M을 초기화한다.

[2단계] 입력 샘플에서 첫 번째 중심점 $\boldsymbol{\mu}_j$를 랜덤하게 선택하고, 집합 M에 할당한다.

[3단계] 집합 M에 있지 않은 각 샘플 $\boldsymbol{x}_i$에 대하여, 집합 M에 있는 중심점까지의 최소 제곱 거리 $d(\boldsymbol{x}_i, M)^2$을 찾는다.

[4단계] 아래 식과 같이 가중치가 적용된 확률분포를 사용하여 다음 중심점 $\boldsymbol{\mu}_{j+1}$을 랜덤하게 선택한다.

$$\frac{d(\boldsymbol{\mu}_{j+1}, M)^2}{\sum_i d(\boldsymbol{x}_i, M)^2}$$

[5단계] k개의 중심점을 선택할 때까지 [2단계] ~ [4단계]를 반복한다.

[6단계] k개의 중심점을 선택한 후, 기존의 k-평균 군집화 알고리즘을 수행한다.

다음 예제를 통해 k-평균++ 알고리즘을 실습해보자.

예제 12-10 k-평균++ 알고리즘

[예제 12-8]에서 생성한 데이터를 이용하여 $k = 2$와 $k = 3$일 때의 k-평균++를 학습하고 각각을 산점도 그래프로 표현하라.

파이썬 코드

```
from sklearn.datasets import make_blobs
from sklearn.cluster import KMeans
import matplotlib.pyplot as plt

# k-평균 군집화를 위한 2차원 데이터 생성
X, y = make_blobs(n_samples = 50, n_features = 2, centers = 2, cluster_std = 1, shuffle = True,
                  random_state = 10)

# k=2일 때, k-평균++ 학습
print("k=2일 때,")
km_2 = KMeans(n_clusters=2, init='k-means++', n_init=10, max_iter=300, tol=1e-04, random_state=0)
y_km_2 = km_2.fit_predict(X)

# k=2일 때, k-평균++와 생성 데이터를 산점도 그래프로 표현
plt.scatter(X[y_km_2 == 0, 0], X[y_km_2 == 0, 1], s=50, c='lightgreen',
            marker='s', edgecolor='black', label='Cluster 1')
plt.scatter(X[y_km_2 == 1, 0], X[y_km_2 == 1, 1], s=50, c='orange',
            marker='o', edgecolor='black', label='Cluster 2')
plt.scatter(km_2.cluster_centers_[:, 0], km_2.cluster_centers_[:, 1], s=250, marker='*',
            c='red', edgecolor='black', label='Centroids')
plt.legend(scatterpoints=1)
plt.grid()
plt.show()
print("\n")

# k=3일 때, k-평균++ 학습
print("k=3일 때,")
km_3 = KMeans(n_clusters=3, init='k-means++', n_init=10, max_iter=300, tol=1e-04, random_state=0)
y_km_3 = km_3.fit_predict(X)

# k=3일 때, k-평균++와 생성 데이터를 산점도 그래프로 표현
plt.scatter(X[y_km_3 == 0, 0], X[y_km_3 == 0, 1], s=50, c='lightgreen',
            marker='s', edgecolor='black', label='Cluster 1')
plt.scatter(X[y_km_3 == 1, 0], X[y_km_3 == 1, 1], s=50, c='orange',
            marker='o', edgecolor='black', label='Cluster 2')
plt.scatter(X[y_km_3 == 2, 0], X[y_km_3 == 2, 1], s=50, c='lightblue',
            marker='v', edgecolor='black', label='Cluster 3')
plt.scatter(km_3.cluster_centers_[:, 0], km_3.cluster_centers_[:, 1], s=250, marker='*',
            c='red', edgecolor='black', label='Centroids')
plt.legend(scatterpoints=1)
plt.grid()
plt.show()
```

실행 결과

k=2일 때,

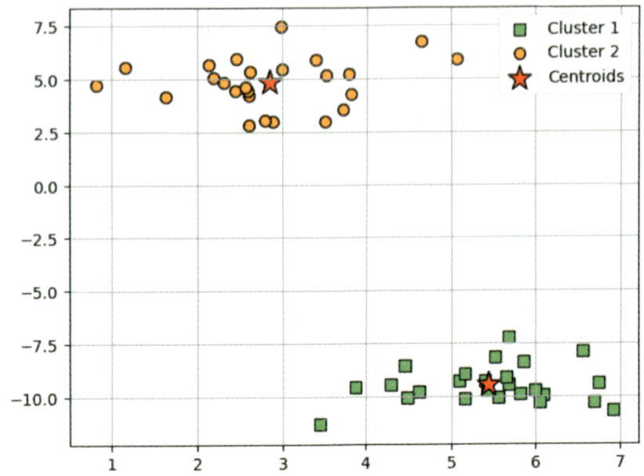

k=3일 때,

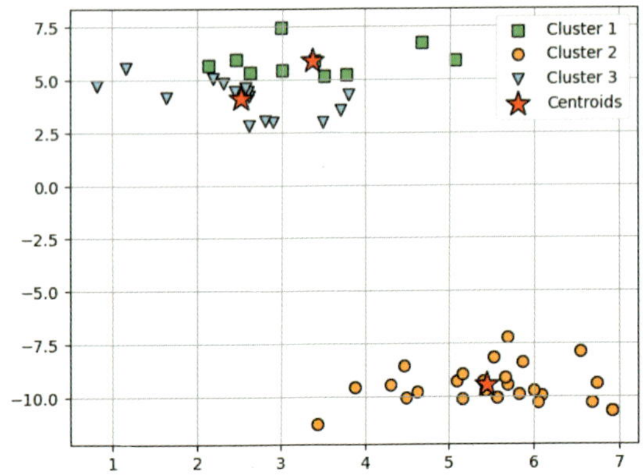

주성분분석

이제 비지도학습 알고리즘을 이용한 차원 축소에 대해 살펴본다. 물론 비지도학습 알고리즘을 사용하지 않고 차원을 축소하는 방법도 있다. 하나는 여러 가지 특성을 가진 데이터셋에서 특성을 선택하는 방식으로 데이터셋의 차원을 축소하는 특성 선택(feature selection)이다. 또 다른 차원 축소 방법은 특성 추출(feature extraction)이다. 특성 선택과 특성 추출의 차이는 원본 데이터의 특성을 유지하느냐의 여부이다. 특성 선택 알고리즘을 사용할 때는 원본 데이터의 특성을 유지하지만, 특성 추출 알고리즘은 새로운 특성 공간으로 원본 데이터를 변환하거나 투영한다. 즉 차원 축소 관점에서 보면 특성 추출은 관련 있는 정보만 유지하면서 원본 데이터를 압축하는 방법으로 이해할 수 있다. 특성 추출은 저장공간을 절약하고 학습 알고리즘의 계산 효율성을 향상시킬 뿐만 아니라, 차원의 저주 문제를 감소시켜 예측의 성능을 향상시킨다는 장점을 갖는다.

이제 원본 데이터셋을 좀 더 낮은 차원의 특성 부분공간으로 변환 또는 압축하는 비지도학습 알고리즘에 대해 이야기하고자 한다. 데이터 압축을 하는 유명한 비지도학습 알고리즘인 주성분분석에 대해 자세히 알아보자. 주성분분석(Principal Component Analysis, PCA)은 비지도 선형 기법 중 하나이다. 주성분분석은 주로 차원 축소의 용도로 많이 사용한다. 따라서 고차원 데이터를 이용하는 머신러닝 분야에서는 고차원 데이터를 저차원 데이터로 변환할 때 주성분분석을 많이 사용한다.

주성분분석은 특성 사이의 상관관계를 기반으로 하여 데이터의 특성을 찾는다. 그리고 고차원 데이터에서 분산이 가장 큰 방향을 찾고, 원본 데이터보다 작거나 같은 수의 차원을 갖는 부분공간으로 원본 데이터를 투영한다. 새로운 부분공간의 직교좌표는 주어진 조건 하에서 분산이 가장 큰 방향으로 해석할 수 있다. 여기서 직교좌표를 주성분(principal component)이라고 한다. 서로 다른 주성분은 직각을 이룬다. 주성분 간의 관계는 다음 그림과 같다.

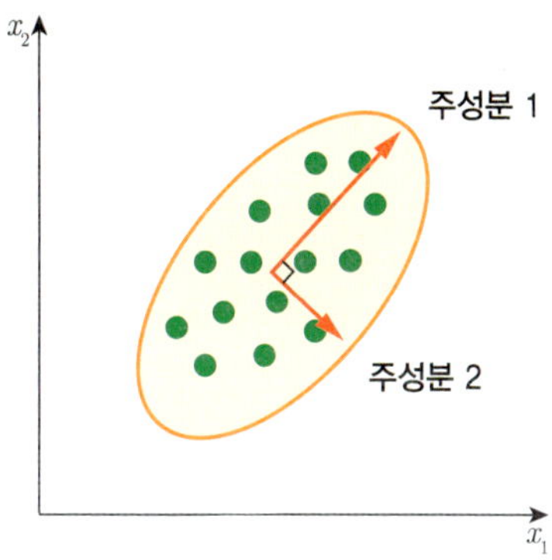

[그림 12-11] 주성분분석

[그림 12-11]의 x_1, x_2는 원본 데이터의 특성축이고, 초록색 동그라미는 원본 데이터를 나타낸다. 그리고 원본 데이터를 감싸고 있는 타원 형태 부분이 원본 데이터의 분산을 나타낸다. 타원의 가장 긴 축을 주성분 1로 표현하고, 주성분 1과 직교하는 성분을 주성분 2로 표현한다. 주성분 1과 주성분 2는 원본 데이터의 새로운 특성축을 표현한다.

주성분분석을 사용하여 차원을 축소하기 위해 $n \times k$ 크기의 변환행렬 W를 만든다. 그리고 다음 식과 같이 변환행렬 W를 이용해 n개의 특성을 가진 샘플벡터 $\boldsymbol{x}$를 새로운 k차원의 특성 부분공간으로 투영한다. 이때 변환행렬 W를 투영행렬(projection matrix)이라고 한다. 이때 특성 부분공간은 원본 데이터의 차원인 n보다 작은 차원을 갖는다.

$$\boldsymbol{x} = (x_1, \cdots, x_n) \xrightarrow{W} W\boldsymbol{x} = \boldsymbol{z} = (z_1, \cdots, z_k)$$

여기서 $\boldsymbol{x} \in \mathbb{R}^n$이고 $\boldsymbol{z} \in \mathbb{R}^k$이다. 즉 행렬 W를 이용하여 원본 데이터의 차원인 n을 새로운 특성 부분공간의 차원인 k로 변환하는 것이다. 일반적으로 특성 부분공간의 차원인 k는 원본 데이터의 차원인 n보다 작게 한다. 변환으로 만들어진 첫 번째 주성분이 가장 큰 분산을 갖는다. 모든 주성분은 다른 주성분들과 상관관계가 없다. 왜냐하면 모든 주성분은 서로 직교관계이기 때문이다. 만약 데이터의 특성 간의 상관관계가 있더라도 만들어진 주성분은 서로 직교하므로 상관관계가 없다. 주성분의 방향은 데이터셋의 크기에 매우 민감하다. 특성값이 서로 다른 원본 데이터셋을 가지고 있는 상황에서 모든 특성의 중요도를 동일하게 취급하며 주성분분석을 하기 위해서는 원본 데이터의 특성값을 표준화 전처리[8]한 후 주성분분석을 진행하는 것이 주성분을 찾는 데 좋다. 차원 축소를 위한 주성분분석 알고리즘의 과정은 다음과 같이 7단계로 요약할 수 있다.

[1단계] n차원 데이터셋을 표준화 전처리한다.
[2단계] 데이터셋을 이용하여 공분산행렬[9]을 구한다.
[3단계] 공분산행렬의 고윳값과 고유벡터를 구한다.
[4단계] 고윳값을 내림차순으로 정렬하고, 각 고윳값에 해당하는 고유벡터의 순위를 매긴다.
[5단계] 고윳값이 가장 큰 순으로 k개의 고유벡터를 선택한다. 여기서 k는 새로운 특성 부분공간의 차원이다. 즉 k는 n보다 작다.
[6단계] 최상위 k개의 고유벡터로 투영행렬 W를 만든다.
[7단계] 투영행렬 W를 이용하여 n차원 데이터셋 X를 k차원의 특성 부분공간으로 변환한다.

예제 12-11 차원 축소를 위한 주성분분석

다음과 같은 훈련 데이터셋 X에 대하여, 주성분분석을 이용해 2차원을 1차원으로 변환하는 투영행렬을 구하라.

$$X = \{(2, 3), (3, 3), (4, 3), (4, 4), (5, 4), (5, 5), (6, 5), (7, 5)\}$$

파이썬 코드

```
import numpy as np
from sklearn.preprocessing import StandardScaler

X = np.array([[2, 3],[3, 3],[4, 3],[4, 4],[5, 4],[5, 5],[6, 5],[7, 5]])

# 데이터 X의 표준화 전처리((x-평균)/분산값으로 전처리)
# StandardScaler() : 데이터의 표준화 전처리를 진행하는 함수
sc = StandardScaler()
X_std = sc.fit_transform(X)
print("전처리된 X = \n", X_std)
print("\n")

# 공분산행렬을 만들고, 고윳값과 고유벡터 계산하기
cov_mat = np.cov(X_std.T)
```

8 **표준화**(standardization) 전처리는 데이터의 전처리 과정 중 하나로, 모든 데이터의 특성값을 평균이 0, 분산이 1인 정규분포로 조정하는 방법이다.

9 **공분산행렬**(covariance matrix)이란 데이터의 모든 특징 사이의 공분산을 나타내는 정방행렬이다.

```
eigen_vals, eigen_vecs = np.linalg.eig(cov_mat)
print("공분산행렬 = \n", cov_mat)
print("\n")
print("고윳값 = ", eigen_vals)
print("고유벡터 = \n", eigen_vecs)
print("\n")

# (고윳값, 고유벡터)를 묶는 튜플10의 리스트 만들기
eigen_pairs = [(np.abs(eigen_vals[i]), eigen_vecs[:, i]) for i in range(len(eigen_vals))]

# 높은 값에서 낮은 값 순으로 (고윳값, 고유벡터) 튜플 정렬하기
eigen_pairs.sort(key=lambda k: k[0], reverse=True)

# 1차원으로 변환하는 투영행렬 W
W = eigen_pairs[0][1][:, np.newaxis]
print("투영행렬 W = \n", W)
```

실행 결과

```
전처리된 X =
 [[-1.66666667 -1.15470054]
 [-1.         -1.15470054]
 [-0.33333333 -1.15470054]
 [-0.33333333  0.        ]
 [ 0.33333333  0.        ]
 [ 0.33333333  1.15470054]
 [ 1.          1.15470054]
 [ 1.66666667  1.15470054]]

공분산행렬 =
 [[1.14285714 0.98974332]
 [0.98974332 1.14285714]]

고윳값 =  [0.15311382 2.13260046]
고유벡터 =
 [[-0.70710678 -0.70710678]
 [ 0.70710678 -0.70710678]]

투영행렬 W =
 [[-0.70710678]
 [-0.70710678]]
```

지금까지 비지도학습의 유명한 알고리즘인 k-평균 군집화와 주성분분석에 대해 알아보았다. 이외에도 비지도학습의 군집화 알고리즘으로는 **계층적 군집분석**(hierarchical clustering), **밀도기반 군집분석**(density-based clustering) 등이 있다. 그리고 차원 축소 알고리즘에는 주성분분석뿐 아니라 **선형판별분석**(Linear Discriminant Analysis, LDA)과 주성분분석의 커널 버전인 **커널 주성분분석**(kernel PCA)이 있다. 이와 같이 비지도학습에는 다양한 알고리즘이 존재하며 여전히 비지도학습 알고리즘이 연구 및 개발되고 있다.

10 **튜플**(tuple)은 파이썬에서 사용하는 기본 자료형 중 하나로, 리스트와 비슷하지만 다르다. 리스트는 값의 생성, 삭제, 수정이 가능하지만, 튜플은 값을 바꿀 수는 없다.

CHAPTER 12 연습문제

12.1 정답 라벨이 $y = [2, 1, 1, 1, 0, 0, 2, 2, 1, 0, 1, 4, 0, 0, 0, 0, 1, 0]$ 이고, 모델이 예측한 라벨이 $\hat{y} = [2, 1, 1, 2, 1, 0, 2, 4, 1, 0, 1, 4, 1, 1, 0, 0, 2, 0]$ 일 때, 이 모델의 정확도를 구하라.

12.2 정답 라벨이 $y = [1, 0, 1, 1, 0, 0, 1, 1, 1, 1, 1, 1, 1, 0, 1, 1, 1, 0, 1]$ 이고, 모델이 예측한 라벨이 $\hat{y} = [1, 1, 1, 1, 1, 0, 1, 1, 0, 0, 1, 1, 1, 1, 1, 0, 0, 1, 1]$ 일 때, 이 모델의 혼동행렬과 정밀도, 재현율, F1 점수를 구하라.

12.3 실제값이 $y = [5, 0, 1, 2, 4, 2, 6, 6, 1, 9, 2, 7, 3, 6, 0, 1, 5, 1]$ 이고, 모델의 예측값이 $\hat{y} = [6, 1, 0, 3, 3, 4, 8, 6, 2, 9, 3, 6, 2, 5, 1, 0, 5, 3]$ 일 때, 이 모델의 평균절대오차, 평균제곱오차, 평균제곱근오차, R^2 점수를 구하라.

12.4 $k = 7$에 대하여, 유클리드 거리를 사용하는 k-최근접 이웃 알고리즘을 학습하기 위한 훈련 데이터는 다음과 같다. $(5, 9)$의 특징을 가진 데이터는 어느 라벨인지 파이썬 코드를 이용해 구하라.

$$X = \{(4, 9), (1, 5), (8, 8), (8, 7), (9, 5), (8, 5), (2, 5), (8, 9), (0, 8), (5, 5), (4, 7), (6, 7), (4, 5)\}$$

y = {자동차, 비행기, 자동차, 배, 배, 비행기, 자동차, 비행기, 자동차, 배, 배, 비행기, 자동차}

12.5 이진 클래스에서 각 클래스별로 50개의 샘플을 가진 데이터셋에 의해 결정된 다음과 같은 의사결정트리가 있을 때, 엔트로피와 지니 불순도를 따르는 각 정보 이득 함수 $IG()$의 값을 구하라(단, 반올림하여 소수 아래 둘째 자리까지 계산하라).

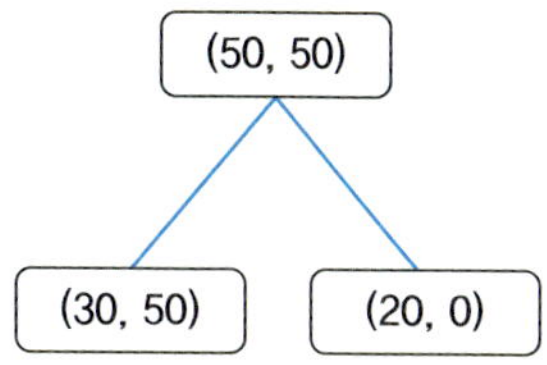

12.6 다음과 같은 훈련 데이터셋 X에 대하여, 주성분분석을 이용해 3차원을 1차원으로 변환하는 투영행렬을 구하라.

$$X = \{(6,\ 3,\ 2),\ (6,\ 3,\ 3),\ (6,\ 3,\ 4),\ (5,\ 4,\ 4),\ (5,\ 5,\ 4),\ (4,\ 5,\ 5),\ (4,\ 6,\ 5),\ (4,\ 7,\ 5)\}$$

12.7 데이터 $\{(-2,\ -1),\ (0,\ 0),\ (2,\ 5),\ (4,\ 7),\ (5,\ 8)\}$에 대하여 다항회귀함수 $y = w_0 + w_1x + w_2x^2$ 형태의 다항회귀식을 구하라(단, 소수 아래 둘째 자리까지 계산하라).

hint 10장의 선형회귀식을 구하는 방법을 참고한다.

12.8 데이터 $\{(-1,\ 0),\ (0,\ 0),\ (2,\ 2),\ (3,\ 2),\ (2,\ 3)\}$을 이용하여 $k=2$인 k-평균 군집화를 진행하고자 한다. 첫 번째 중심점이 $\mu_1 = (-1,\ 0)$, $\mu_2 = (0,\ 0)$이라 할 때, 두 번째 중심점을 구하라.

12.1 분류 알고리즘을 실습하기 위해 잘 알려진 붓꽃 데이터셋(iris dataset)을 불러온다. 붓꽃 데이터셋의 전체 특성이 아닌 3번째 열과 4번째 열의 특성을 이용해 k-최근접 이웃 알고리즘, 의사결정 트리 알고리즘, 랜덤 포레스트 알고리즘으로 분류하여 그래프로 표현하라.

파이썬 코드

```
from sklearn import datasets
import numpy as np
from sklearn.model_selection import train_test_split
from sklearn.preprocessing import StandardScaler
from matplotlib.colors import ListedColormap
import matplotlib.pyplot as plt

# 결정 경계11를 그래프로 그려주는 함수
def make_plot_decision_regions(X, y, classifier, test_idx=None, resolution=0.02):

    # 그래프에 표시할 데이터의 마크와 색깔 설정하기
    markers = ('s', 'x', 'o', '^', 'v')
    colors = ('red', 'blue', 'lightgreen', 'gray', 'cyan')
    cmap = ListedColormap(colors[:len(np.unique(y))])

    # 결정 경계 그리기
    x1_min, x1_max = X[:, 0].min() - 1, X[:, 0].max() + 1
    x2_min, x2_max = X[:, 1].min() - 1, X[:, 1].max() + 1
    xx1, xx2 = np.meshgrid(np.arange(x1_min, x1_max, resolution),
                           np.arange(x2_min, x2_max, resolution))
    Z = classifier.predict(np.array([xx1.ravel(), xx2.ravel()]).T)
    Z = Z.reshape(xx1.shape)
    plt.contourf(xx1, xx2, Z, alpha=0.3, cmap=cmap)
    plt.xlim(xx1.min(), xx1.max())
    plt.ylim(xx2.min(), xx2.max())

    for idx, cl in enumerate(np.unique(y)):
        plt.scatter(x=X[y == cl, 0],
                    y=X[y == cl, 1],
                    alpha=0.8,
                    c=colors[idx],
                    marker=markers[idx],
                    label=cl,
                    edgecolor='black')
```

11 **결정 경계**(decision boundary)는 데이터의 분류가 바뀌는 경계선을 의미한다.

```
    # 테스트 샘플을 강조하여 그리기
    if test_idx:

        # 모든 샘플 그리기
        X_test, y_test = X[test_idx, :], y[test_idx]
        plt.scatter(X_test[:, 0],
                    X_test[:, 1],
                    facecolor='none',
                    edgecolor='black',
                    alpha=1.0,
                    linewidth=1,
                    marker='o',
                    s=100,
                    label='test set')

# 붓꽃 데이터셋 불러오기
iris = datasets.load_iris()

# 붓꽃 데이터셋에서 사용할 특성
X = iris.data[:, [2, 3]]
y = iris.target

# 0=Iris-Setosa, 1=Iris-Versicolor, 2=Iris-Virginica
print("클래스 레이블:", np.unique(y))
print("0=Iris-Setosa, 1=Iris-Versicolor, 2=Iris-Virginica")
print("\n")

# 7:3의 비율로 훈련 데이터셋과 테스트 데이터셋 구분하기
X_train, X_test, y_train, y_test = train_test_split(X, y, test_size=0.3, random_state=1,
                                                    stratify=y)

print('y의 레이블 카운트:', np.bincount(y))
print('y_train의 레이블 카운트:', np.bincount(y_train))
print('y_test의 레이블 카운트:', np.bincount(y_test))
print("\n")

# 데이터 표준화 전처리하기
sc = StandardScaler()
sc.fit(X_train)
X_train_std = sc.transform(X_train)
X_test_std = sc.transform(X_test)

X_combined = np.vstack((X_train, X_test))
y_combined = np.hstack((y_train, y_test))

# k=5에 대하여, 유클리드 거리를 이용한 k-최근접 이웃 알고리즘
from sklearn.neighbors import KNeighborsClassifier

print("k=5에 대하여, 유클리드 거리를 이용한 k-최근접 이웃 알고리즘 ")
knn = KNeighborsClassifier(n_neighbors=5, p=2, metric='minkowski')
knn.fit(X_train, y_train)
```

```
make_plot_decision_regions(X_combined, y_combined,
                           classifier=knn, test_idx=range(105, 150))

plt.xlabel('petal length [standardized]')
plt.ylabel('petal width [standardized]')
plt.legend(loc='upper left')
plt.show()
print("\n")

# 지니 불순도를 이용한 의사결정트리 알고리즘
from sklearn.tree import DecisionTreeClassifier
print("지니 불순도를 이용한 의사결정트리 알고리즘")
tree_model = DecisionTreeClassifier(criterion='gini', max_depth=4, random_state=1)
tree_model.fit(X_train, y_train)

make_plot_decision_regions(X_combined, y_combined,
                           classifier=tree_model, test_idx=range(105, 150))

plt.xlabel('petal length [cm]')
plt.ylabel('petal width [cm]')
plt.legend(loc='upper left')
plt.show()
print("\n")

# 지니 불순도를 이용한 랜덤 포레스트 알고리즘
from sklearn.ensemble import RandomForestClassifier
print("지니 불순도를 이용한 랜덤 포레스트 알고리즘")
forest = RandomForestClassifier(criterion='gini', n_estimators=25, random_state=1,
                                n_jobs=2)
forest.fit(X_train, y_train)

make_plot_decision_regions(X_combined, y_combined,
                           classifier=forest, test_idx=range(105, 150))

plt.xlabel('petal length [cm]')
plt.ylabel('petal width [cm]')
plt.legend(loc='upper left')
plt.show()
```

실행 결과

```
클래스 레이블: [0 1 2]
0=Iris-Setosa, 1=Iris-Versicolor, 2=Iris-Virginica

y의 레이블 카운트: [50 50 50]
y_train의 레이블 카운트: [35 35 35]
y_test의 레이블 카운트: [15 15 15]
```

k=5에 대하여, 유클리드 거리를 이용한 k-최근접 이웃 알고리즘

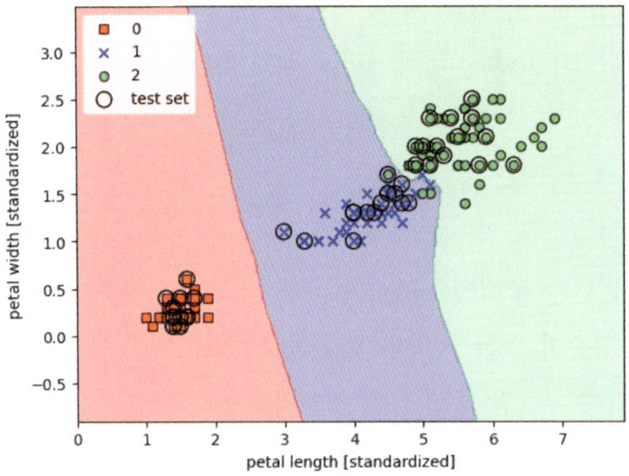

지니 불순도를 이용한 의사결정트리 알고리즘

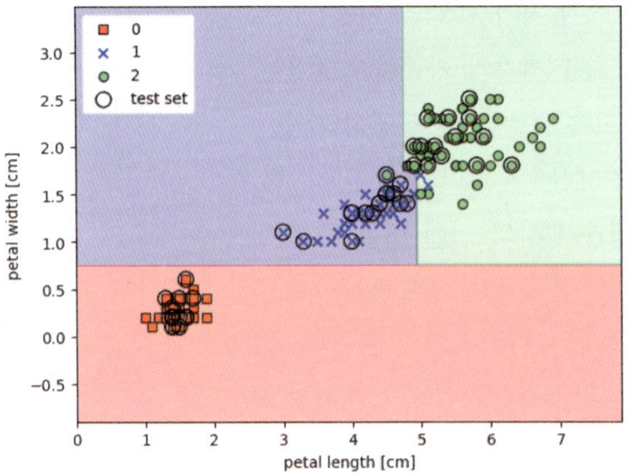

지니 불순도를 이용한 랜덤 포레스트 알고리즘

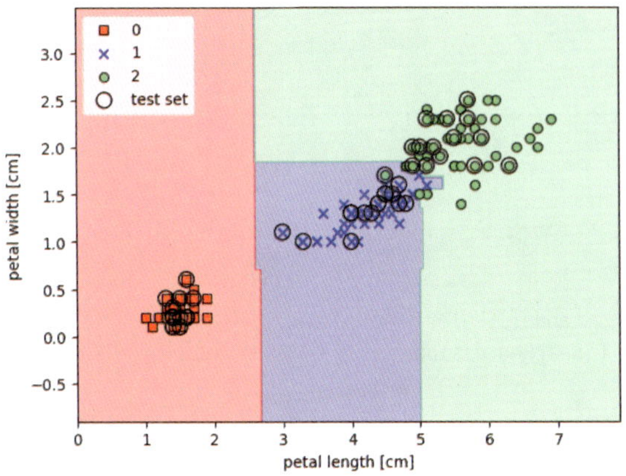

12.2 http://www.hanbit.co.kr → [SUPPORT] → [자료실] → [소스코드]에서 housing.data.txt를 다운받아 소스코드와 동일한 폴더에 저장한 다음, 주택 데이터셋을 이용하여 선형회귀를 실습한다. 제공하는 주택 데이터셋을 판다스(pandas)의 데이터 프레임 형태로 전환한다. 주택 데이터셋의 특성은 다음과 같다.

(1) 'CRIM' : 도시의 인당 범죄율
(2) 'ZN' : 2만 5천 평방피트가 넘는 주택의 비율
(3) 'INDUS' : 도시에서 소매 업종이 없는 지역의 비율
(4) 'CHAS' : 찰스 강과의 인접 여부 (강 주변 = 1, 그 외 = 0)
(5) 'NOX' : 일산화질소 농도 (10ppm 당)
(6) 'RM' : 주택의 방의 평균 개수
(7) 'AGE' : 1940년 이전에 지어진 자가 주택의 비율
(8) 'DIS' : 5개의 보스턴 고용 센터까지의 가중치가 적용된 거리
(9) 'RAD' : 방사형으로 뻗은 고속도로까지의 접근성 지수
(10) 'TAX' : 10만 달러당 재산세율
(11) 'PTRATIO' : 도시의 학생과 교사의 인원 비율
(12) 'B' : $1000(Bk-0.63)^2$ (여기서 Bk는 도시의 아프리카계 미국인 비율)
(13) 'LSTAT' : 저소득 계층의 비율
(14) 'MEDV' : 자가 주택 가격의 중간값 (단위 : 1,000달러)

주택 데이터셋의 특성 중 'RM'과 'MEDV' 간의 선형회귀모델을 프로그래밍하여 이 데이터에 관한 그래프를 그려라.

파이썬 코드

```
import numpy as np
import pandas as pd
import matplotlib.pyplot as plt
from sklearn.preprocessing import StandardScaler
from sklearn.linear_model import LinearRegression

# 주택 데이터셋 불러오기
df = pd.read_csv('housing.data.txt', header=None, sep='\s+')
df.columns = ['CRIM', 'ZN', 'INDUS', 'CHAS', 'NOX', 'RM', 'AGE', 'DIS', 'RAD', 'TAX',
              'PTRATIO', 'B', 'LSTAT', 'MEDV']
```

```
print("주택 데이터셋에서의 top 5개 샘플 = \n",df.head())
print("\n")

# 특성 'RM'은 X로, 특성 'MEDV'는 y로 추출하기
X = df[['RM']].values
y = df['MEDV'].values

# X, y를 표준화 전처리
sc_x = StandardScaler()
sc_y = StandardScaler()
X_std = sc_x.fit_transform(X)
y_std = sc_y.fit_transform(y[:, np.newaxis]).flatten()

# 선형회귀모델의 학습 및 예측
linear_reg = LinearRegression()
linear_reg.fit(X, y)
y_pred = linear_reg.predict(X)
print('기울기: %.3f' % linear_reg.coef_[0])
print('절편: %.3f' % linear_reg.intercept_)
print("\n")

# 그래프 그리기
plt.scatter(X, y, c='steelblue', edgecolor='white', s=90)
plt.plot(X, y_pred, color='black', lw=3)
plt.xlabel('Average number of rooms [RM]')
plt.ylabel('Price in $1000s [MEDV]')
plt.show()
```

실행 결과

```
주택 데이터셋에서의 top 5개 샘플 =
       CRIM    ZN  INDUS  CHAS    NOX     RM   AGE     DIS  RAD   TAX  ₩
0  0.00632  18.0   2.31     0  0.538  6.575  65.2  4.0900    1  296.0
1  0.02731   0.0   7.07     0  0.469  6.421  78.9  4.9671    2  242.0
2  0.02729   0.0   7.07     0  0.469  7.185  61.1  4.9671    2  242.0
3  0.03237   0.0   2.18     0  0.458  6.998  45.8  6.0622    3  222.0
4  0.06905   0.0   2.18     0  0.458  7.147  54.2  6.0622    3  222.0

   PTRATIO       B  LSTAT  MEDV
0     15.3  396.90   4.98  24.0
1     17.8  396.90   9.14  21.6
2     17.8  392.83   4.03  34.7
3     18.7  394.63   2.94  33.4
4     18.7  396.90   5.33  36.2

기울기: 9.102
절편: -34.671
```

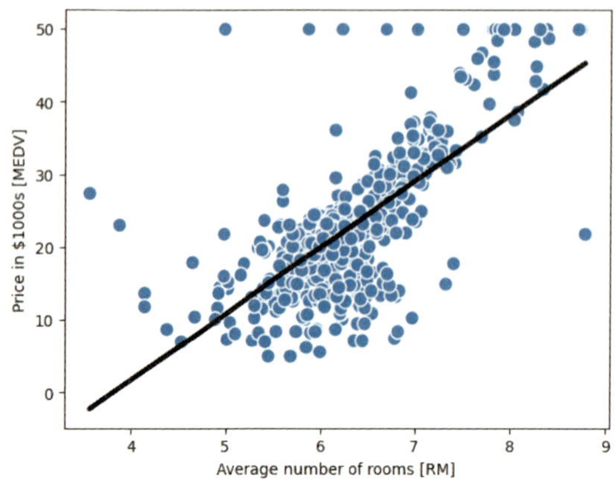

12.3 데이터 개수는 500개이고 특성은 4개가 되도록 데이터를 생성한다. 그리고 이 데이터를 이용하여 $k=3$, 4일 때의 k-평균 군집화와 k-평균++를 각각 학습하여 산점도 그래프로 표현하라.

hint [예제 12-8]~[예제 12-10]의 풀이 방법을 참고한다.

파이썬 코드

```
from sklearn.datasets import make_blobs
from sklearn.cluster import KMeans
import matplotlib.pyplot as plt

# 데이터 생성
X, y = make_blobs(n_samples = 500, n_features = 4, centers = 4, cluster_std = 1,
                  shuffle = True, random_state = 10)

# k-평균 군집화
print("k-평균 군집화")
# k=3
print("k=3일 때,")
km_3 = KMeans(n_clusters=3, init='random', n_init=10, max_iter=300, tol=1e-04,
              random_state=0)
y_km_3 = km_3.fit_predict(X)

plt.scatter(X[y_km_3 == 0, 0], X[y_km_3 == 0, 1], s=50, c='lightgreen',
            marker='s', edgecolor='black', label='Cluster 1')
plt.scatter(X[y_km_3 == 1, 0], X[y_km_3 == 1, 1], s=50, c='orange',
            marker='o', edgecolor='black', label='Cluster 2')

plt.scatter(X[y_km_3 == 2, 0], X[y_km_3 == 2, 1], s=50, c='lightblue',
            marker='v', edgecolor='black', label='Cluster 3')
```

```
plt.scatter(km_3.cluster_centers_[:, 0], km_3.cluster_centers_[:, 1], s=250,
            marker='*', c='red', edgecolor='black', label='Centroids')
plt.legend(scatterpoints=1)
plt.grid()
plt.show()
print("\n")

# k=4
print("k=4일 때,")
km_4 = KMeans(n_clusters=4, init='random', n_init=10, max_iter=300, tol=1e-04,
              random_state=0)
y_km_4 = km_4.fit_predict(X)

plt.scatter(X[y_km_4 == 0, 0], X[y_km_4 == 0, 1], s=50, c='lightgreen',
            marker='s', edgecolor='black', label='Cluster 1')
plt.scatter(X[y_km_4 == 1, 0], X[y_km_4 == 1, 1], s=50, c='orange',
            marker='o', edgecolor='black', label='Cluster 2')
plt.scatter(X[y_km_4 == 2, 0], X[y_km_4 == 2, 1], s=50, c='lightblue',
            marker='v', edgecolor='black', label='Cluster 3')
plt.scatter(X[y_km_4 == 3, 0], X[y_km_4 == 3, 1], s=50, c='blue',
            marker='o', edgecolor='black', label='Cluster 3')
plt.scatter(km_4.cluster_centers_[:, 0], km_4.cluster_centers_[:, 1], s=250,
            marker='*', c='red', edgecolor='black', label='Centroids')
plt.legend(scatterpoints=1)
plt.grid()
plt.show()
print("\n")

# k-평균++
print("k-평균++")
# k=3
print("k=3일 때,")
km_3_pp = KMeans(n_clusters=3, init='k-means++', n_init=10, max_iter=300, tol=1e-04,
                 random_state=0)
y_km_3_pp = km_3_pp.fit_predict(X)

plt.scatter(X[y_km_3_pp == 0, 0], X[y_km_3_pp == 0, 1], s=50, c='lightgreen',
            marker='s', edgecolor='black', label='Cluster 1')
plt.scatter(X[y_km_3_pp == 1, 0], X[y_km_3_pp == 1, 1], s=50, c='orange',
            marker='o', edgecolor='black', label='Cluster 2')
plt.scatter(X[y_km_3_pp == 2, 0], X[y_km_3_pp == 2, 1], s=50, c='lightblue',
            marker='v', edgecolor='black', label='Cluster 3')
plt.scatter(km_3_pp.cluster_centers_[:, 0], km_3.cluster_centers_[:, 1], s=250,
            marker='*', c='red', edgecolor='black', label='Centroids')
plt.legend(scatterpoints=1)
plt.grid()
plt.show()
print("\n")

# k=4
print("k=4일 때,")
km_4_pp = KMeans(n_clusters=4, init='k-means++', n_init=10, max_iter=300, tol=1e-04,
                 random_state=0)
```

```
y_km_4_pp = km_4_pp.fit_predict(X)

plt.scatter(X[y_km_4_pp == 0, 0], X[y_km_4_pp == 0, 1], s=50, c='lightgreen',
            marker='s', edgecolor='black', label='Cluster 1')
plt.scatter(X[y_km_4_pp == 1, 0], X[y_km_4_pp == 1, 1], s=50, c='orange',
            marker='o', edgecolor='black',
            label='Cluster 2')
plt.scatter(X[y_km_4_pp == 2, 0], X[y_km_4_pp == 2, 1], s=50, c='lightblue',
            marker='v', edgecolor='black', label='Cluster 3')
plt.scatter(X[y_km_4_pp == 3, 0], X[y_km_4_pp == 3, 1], s=50, c='blue',
            marker='o', edgecolor='black', label='Cluster 3')
plt.scatter(km_4_pp.cluster_centers_[:, 0], km_4_pp.cluster_centers_[:, 1], s=250,
            marker='*', c='red', edgecolor='black', label='Centroids')
plt.legend(scatterpoints=1)
plt.grid()
plt.show()
```

실행 결과

k-평균 군집화
k=3일 때,

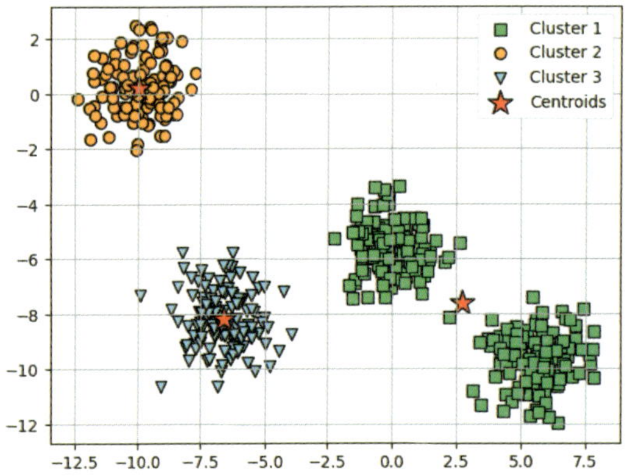

k=4일 때,

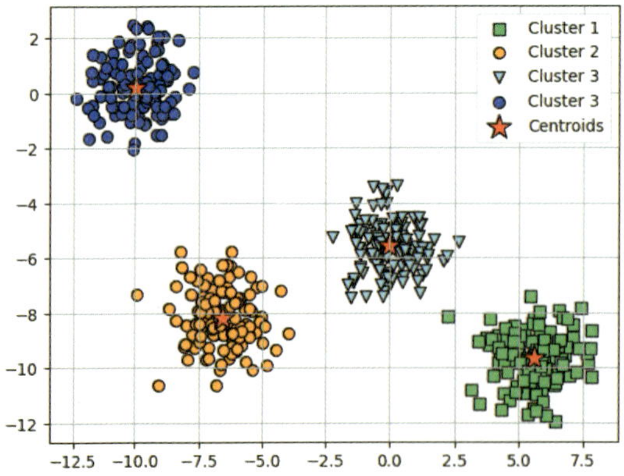

k-평균++
k=3일 때,

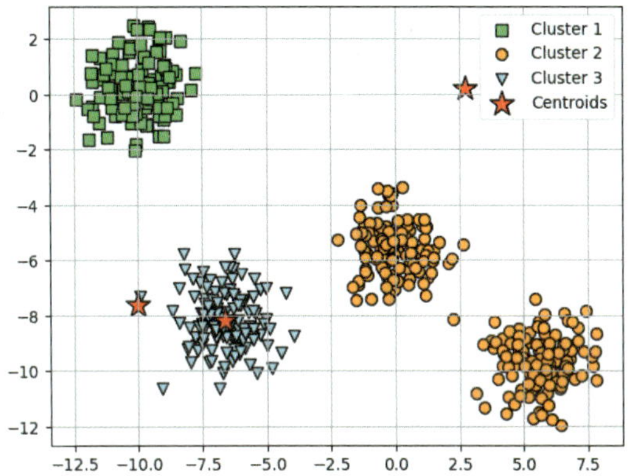

k=4일 때,

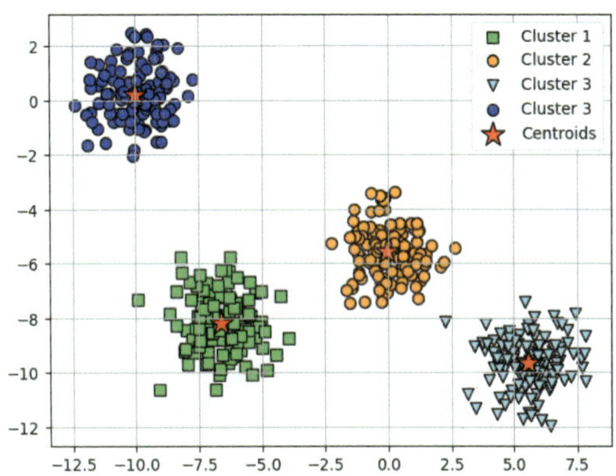

CHAPTER

13

딥러닝

• Contents

딥러닝은 인공지능의 핵심 알고리즘으로 잘 알려져 있다. 딥러닝은 퍼셉트론 개념이 발전한 것으로, 일반적인 데이터에 적용하는 다층 퍼셉트론(MLP), 이미지 데이터에 적합한 합성곱 신경망(CNN), 시계열 데이터에 적합한 순환 신경망(RNN) 등으로 종류가 다양하다. 딥러닝의 응용 분야는 자연어 처리, 자율주행 자동차, AI 헬스케어, 맞춤형 문제 추천 등 나날이 확장되고 있다. 이 장에서는 딥러닝의 기본 개념과 합성곱 신경망, 순환 신경망에 대해 간략히 소개한다.

학습목표

1. 딥러닝의 기본 개념인 퍼셉트론을 이해한다.
2. 합성곱 신경망의 원리를 이해한다.
3. 순환 신경망의 원리를 이해한다.
4. 딥러닝 알고리즘에 관한 파이썬 코드를 학습한다.

13.1 퍼셉트론

딥러닝은 머신러닝의 한 방법으로, 머신러닝과 같이 데이터셋에 따라 지도학습, 비지도학습, 강화학습으로 구분한다. 머신러닝 중에서도 특히 신경망[1]과 관련한 알고리즘을 딥러닝이라고 할 수 있다. [그림 13-1]은 머신러닝과 딥러닝의 관계를 벤 다이어그램으로 나타낸 것이다.

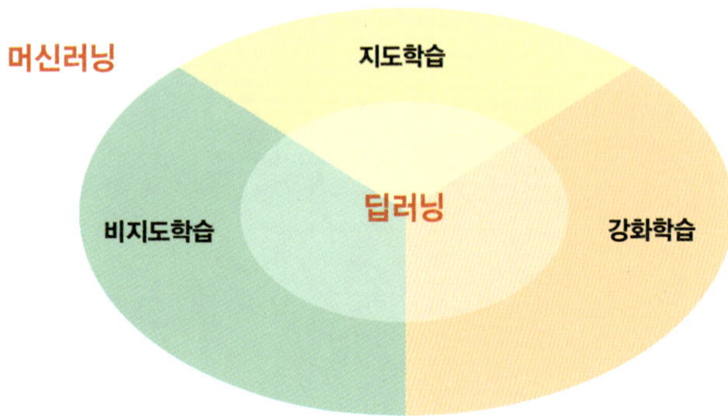

[그림 13-1] 딥러닝과 머신러닝의 관계

퍼셉트론에 대해 알아보기 전에 딥러닝의 역사를 가볍게 살펴보자. 딥러닝은 1943년 워런 스터지스 맥컬록(Warren Sturgis Mcculloch)과 월터 피츠(Walter Pitts)가 발표한 맥컬록-피츠(MCP) 뉴런을 시작으로 발전하였다. 그리고 1958년 프랑크 로젠블랫(Frank Rosenblatt)이 퍼셉트론(perceptron)을 고안하였다. 퍼셉트론은 최초의 신경망 모델로, 인간의 두뇌 움직임을 수학적으로 구성한 것이다. 1960년 버나드 위드로우(Bernard Widrow)와 마시안 호프(Marcian Hoff)는 퍼셉트론 모델의 선형화와 유사한 위드로우-호프 모델을 고안하였다. 1969년 마빈 민스키(Marvin Minsky)와 시모어 페퍼트(Seymour Papert)는 『Perceptrons』라는 책에서 퍼셉트론의 한계[2]를 수학적으로 증명하였다. 이후 1986년 데이비드 루멜하트(David Rumelhart)와 연구 동료들은 『Parallel Distributed Processing: Explorations In The Microstructure of Cognition』을 통해 은닉층을 가진 다층 퍼셉트론(Multi Layer Perceptron, MLP)과 오류 역전파(back propagation) 알고리즘을 제시하였다. 1990년대에 들어 머신러닝 알고리즘

1 인간의 두뇌에서 영감을 얻은 방식으로 데이터를 처리하도록 컴퓨터를 가르치는 인공지능 방식을 **신경망**(neural network)이라고 한다.

2 퍼셉트론 모델이 선형 분류밖에 할 수 없으며, 실제 문제를 해결하지 못한다는 사실을 증명하였다. 이때 해결하지 못한 문제는 XOR 문제이다.

중 하나인 서포트 벡터 머신(Support Vector Machine, SVM)이 신경망보다 좋은 성능을 보이면서 신경망에 대한 연구가 서포트 벡터 머신에 밀리는 형국이었지만, 현재 컴퓨터 성능의 발전으로 인해 딥러닝의 성능이 월등히 좋아져 딥러닝에 관한 연구가 활발히 일어나고 있다.

이제 퍼셉트론에 대해 알아보자. 퍼셉트론은 가장 초창기 신경망 모델이며, 퍼셉트론을 통해 노드, 가중치, 층과 같은 개념이 새롭게 도입되었다.

정의 13-1 **퍼셉트론**

두 벡터 $\boldsymbol{x} = (x_0 = 1, x_1, x_2, \cdots, x_n)$, $\boldsymbol{w} = (w_0, w_1, w_2, \cdots, w_n)$에 대해 벡터 $\boldsymbol{x}$의 **퍼셉트론**(perceptron) 결과 y는 다음과 같이 정의한다. 여기서 $f()$는 **활성함수**(activation function)를 의미한다.

$$y = f\left(\sum_{i=0}^{n} w_i x_i\right) = f(\boldsymbol{w}\boldsymbol{x}^{\mathrm{T}})$$

[그림 13-2]는 [정의 13-1]에서 살펴본 퍼셉트론의 구조를 도식화한 것이다. [그림 13-2]를 보면 $\boldsymbol{x} = (x_0 = 1, x_1, x_2, \cdots, x_n)$은 입력 벡터이고, $\boldsymbol{w} = (w_0, w_1, w_2, \cdots, w_n)$은 가중치를 의미한다.

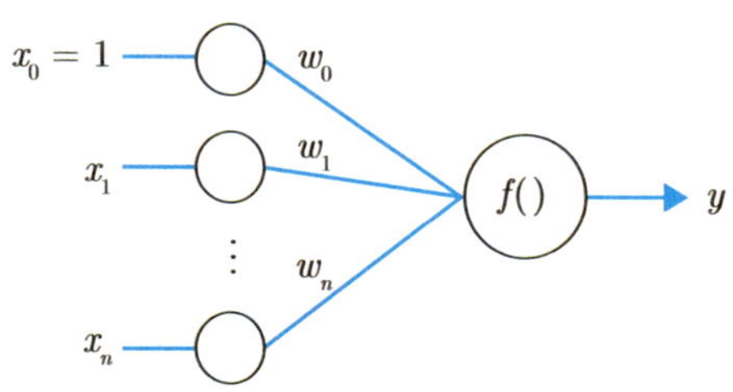

[그림 13-2] [정의 13-1]의 퍼셉트론 구조

활성함수 $f()$로 많이 사용되는 함수는 다음과 같고, 이외에도 다양한 활성함수가 있다.

- $\tau(x) = \begin{cases} 1, & x \geq 0 \\ -1, & x < 0 \end{cases}$: **계단함수**(step function)
- $\sigma(x) = \dfrac{1}{1+e^{-x}}$: **시그모이드 함수**(Sigmoid function)
- $\tanh(x) = \dfrac{e^{x} - e^{-x}}{e^{x} + e^{-x}}$: **쌍곡탄젠트 함수**(hyperbolic tangent function)
- $\mathrm{ReLU}(x) = \begin{cases} x, & x > 0 \\ 0, & x \leq 0 \end{cases} = \max(0, x)$: **ReLU 함수**(Rectified Linear Unit function)

- $\text{Leaky ReLU}(x) = \begin{cases} x & , x > 0 \\ 0.1x & , x \leq 0 \end{cases} = \max(0.1x, x)$: **LeakyReLU 함수**(Leaky ReLU function)
- $\text{PReLU}(x) = \begin{cases} x & , x > 0 \\ \alpha x & , x \leq 0 \end{cases} = \max(\alpha x, x)$: **PReLU 함수**(Parametric ReLU function)
- $\text{ELU}(x) = \begin{cases} x & , x \geq 0 \\ \alpha(e^x - 1) & , x < 0 \end{cases}$: **ELU 함수**(Exponential Linear Unit function)
- $\text{softmax}(x_i) = \dfrac{e^{x_i}}{\sum_{j=1}^{n} e^{x_j}}$: **소프트맥스 함수**(softmax function)

예제 13-1 **퍼셉트론**

다음과 같이 주어진 벡터와 가중치 $\boldsymbol{w} = (1, -2, 1, 1)$에 대해, 활성함수 $f()$가 계단함수 $\tau()$일 때, 각 벡터의 퍼셉트론 결과를 구하라.

(a) $\boldsymbol{x}_1 = (0, 1, 0, 1)$

(b) $\boldsymbol{x}_2 = (0, 0, 1, 1)$

풀이

(a) $\tau(\boldsymbol{w}\boldsymbol{x}_1^{\mathrm{T}}) = \tau(0 \cdot 1 + 1 \cdot (-2) + 0 \cdot 1 + 1 \cdot 1) = \tau(-1) = -1$

(b) $\tau(\boldsymbol{w}\boldsymbol{x}_2^{\mathrm{T}}) = \tau(0 \cdot 1 + 0 \cdot (-2) + 1 \cdot 1 + 1 \cdot 1) = \tau(2) = 1$

파이썬 코드

```
import numpy as np

# 계단함수의 값을 계산하는 함수
def cal_step_function(val):
    if val>=0:
        step_val = 1
    else :
        step_val = -1
    return step_val

# 벡터
x_1 = np.array([[0, 1, 0, 1]])
x_2 = np.array([[0, 0, 1, 1]])

# 가중치
w = np.array([[1, -2, 1, 1]])

# x_1의 결과 계산
wx_1 = np.dot(w, x_1.T)
output_1 = cal_step_function(wx_1)
print("(a) t(wx1^T) = ", output_1)
```

```
# x_2의 결과 계산
wx_2 = np.dot(w, x_2.T)
output_2 = cal_step_function(wx_2)
print("(b) t(wx2^T) = ", output_2)
```

실행 결과

```
(a) t(wx1^T) =  -1
(b) t(wx2^T) =  1
```

퍼셉트론의 학습은 9장에서 배운 경사 하강법을 이용한다. 경사 하강법을 딥러닝에 맞게 변환하여 다시 확인해보자. 딥러닝에서는 가중치 $\boldsymbol{w}$를 경사 하강법의 최적화 알고리즘을 이용해 학습한다. 이때 훈련 데이터셋이 신경망을 순회하는 횟수를 에포크(epoch)라고 한다. 가중치 $\boldsymbol{w}$의 업데이트는 1에포크마다 다음과 같이 진행한다.

$$\boldsymbol{w} := \boldsymbol{w} + \triangle \boldsymbol{w}$$

여기서 $\triangle \boldsymbol{w} = -\eta \nabla J(\boldsymbol{w})$이다. $\eta > 0$은 학습률(learning rate)이고 $J()$는 비용함수(cost function)이다. 즉 가중치의 업데이트는 훈련 데이터셋에 대한 그래디언트 $\nabla J(\boldsymbol{w})$를 계산하고, $\nabla J(\boldsymbol{w})$의 반대 방향으로 진행하도록 가중치를 학습한다. 학습률 η는 비용함수 $J()$의 최솟값(global minimum)에 다가갈 수 있도록 학습 속도를 조절하므로 신중하게 정해야 한다.

경사 하강법은 한 에포크에서 가중치의 업데이트에 사용하는 훈련 데이터셋에 따라 확률적 경사 하강법, 배치, 미니 배치로 나뉜다. 확률적 경사 하강법(Stochastic Gradient Descent, SGD)은 훈련 데이터셋에서 샘플 데이터를 한 개씩 추출하여 그래디언트를 계산해 가중치를 학습하는 방법으로, 이 방법을 훈련 데이터셋의 모든 샘플 데이터에 대해 진행한다. 배치(batch)는 훈련 데이터셋의 모든 샘플 데이터의 그래디언트를 계산한 후 평균한 값으로 가중치를 업데이트한다. 미니 배치(mini batch)는 배치와 확률적 경사 하강법을 결합한 방법으로, 훈련 데이터셋을 n등분한 후 분할된 한 훈련 데이터셋을 배치에서 진행한 방식으로 업데이트한다. 이 과정을 n번 진행해야 훈련 데이터셋을 한 번 순회한 것이다.

지금까지 딥러닝에서 기본적으로 알고 있어야 할 내용들을 살펴보았다. 이제 딥러닝에서 많이 볼 수 있는 다층 퍼셉트론에 대해 알아보자. 다층 퍼셉트론은 여러 개의 퍼셉트론을 연결하여 만든다. [그림 13-3]의 다층 퍼셉트론은 입력층(input layer), 은닉층(hidden layer), 출력층(output layer)을 각각 한 개씩 갖는다. 각 층은 모두 완전연결되어 있다. 하나 이상의 은닉층을 가진 신경망을 심층 인공 신경망(deep artificial neural network)이라고 한다.

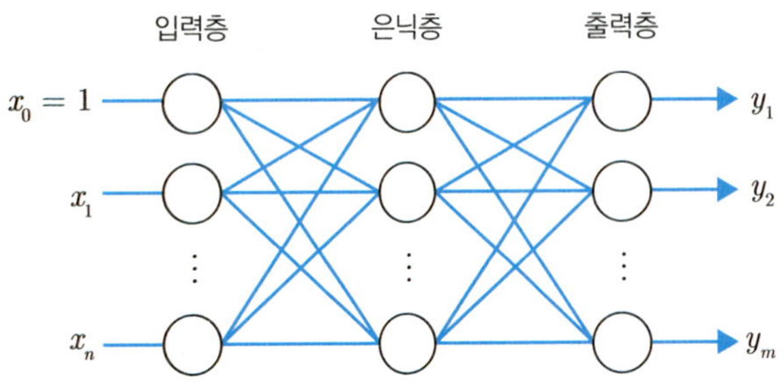

[그림 13-3] 다층 퍼셉트론의 구조

심층 인공 신경망을 만들기 위해 다층 퍼셉트론에 여러 개의 은닉층을 구성할 수 있다. 그러나 심층 인공 신경망은 가중치를 업데이트할 때 은닉층을 추가할수록 그래디언트가 점점 더 작아진다는 문제가 있는데, 이를 그래디언트 소실 문제(vanishing gradient problem)라고 한다. 그래디언트 소실 문제로 인해 심층 인공 신경망은 모델 학습이 어렵다. 따라서 심층 인공 신경망 모델은 그래디언트 소실 문제를 해결해야 가중치가 제대로 업데이트된다.

정의 13-2　다층 퍼셉트론의 한 층

벡터 $\boldsymbol{x} = (x_0 = 1, x_1, x_2, \cdots, x_n)$과 행렬 $W = \begin{bmatrix} w_{10} & w_{11} & \cdots & w_{1n} \\ w_{20} & w_{21} & \cdots & w_{2n} \\ \vdots & \vdots & \ddots & \vdots \\ w_{m0} & w_{m1} & \cdots & w_{mn} \end{bmatrix} \in \mathbb{R}^{m \times (n+1)}$에 대하여

다층 퍼셉트론(Multi Layer Perceptron, MLP)의 한 층에서 벡터 $\boldsymbol{x}$의 퍼셉트론 결과 $\boldsymbol{y} = (y_1, y_2, \cdots, y_m)$은 다음과 같이 정의한다. 여기서 $f()$는 활성함수를 의미한다.

$$\boldsymbol{y} = f(W\boldsymbol{x}^{\mathrm{T}})$$

[그림 13-4]는 [정의 13-2]에서 살펴본 다층 퍼셉트론의 한 층의 구조를 도식화한 것이다. 행렬 W는 벡터 $\boldsymbol{x}$와 노드 사이의 선들을 표현한 것이다. [그림 13-4]를 여러 개 쌓은 구조가 앞에서 살펴본 [그림 13-3]이다.

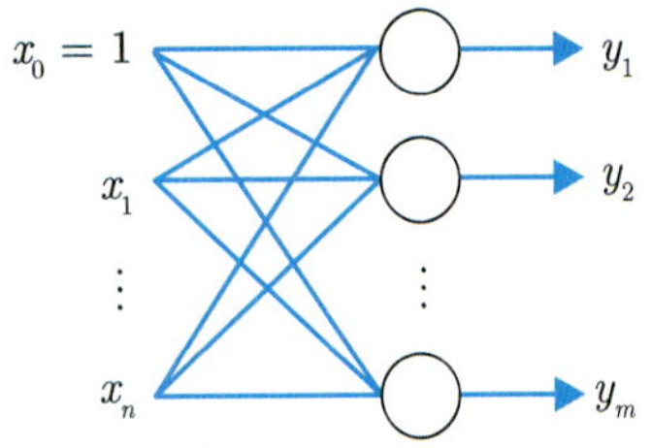

[그림 13-4] [정의 13-2]의 다층 퍼셉트론의 구조

예제 13-2 다층 퍼셉트론의 한 층

다음과 같이 주어진 벡터와 가중치 행렬 $\boldsymbol{W}=\begin{bmatrix}1 & -2 & 1 & 1\\0 & -1 & 0 & 1\end{bmatrix}$에 대해 활성함수 $f()$가 계단함수 $\tau()$일 때, 각 벡터의 퍼셉트론 결과를 구하라.

(a) $\boldsymbol{x}_1=(0,\ 1,\ 0,\ 1)$

(b) $\boldsymbol{x}_2=(0,\ 0,\ 1,\ 1)$

풀이

(a) $$\tau(W\boldsymbol{x}_1^{\mathrm{T}})=(\tau(0\cdot 1+1\cdot(-2)+0\cdot 1+1\cdot 1),\ \tau(0\cdot 0+1\cdot(-1)+0\cdot 0+1\cdot 1))$$
$$=(\tau(-1),\ \tau(0))=(-1,\ 1)$$

(b) $$\tau(W\boldsymbol{x}_2^{\mathrm{T}})=(\tau(0\cdot 1+0\cdot(-2)+1\cdot 1+1\cdot 1),\ \tau(0\cdot 0+0\cdot(-1)+1\cdot 0+1\cdot 1))$$
$$=(\tau(2),\ \tau(1))=(1,\ 1)$$

파이썬 코드

```
import numpy as np

# 계단함수의 값을 계산하는 함수
def cal_step_function(val):
    if val>=0:
        step_val = 1
    else :
        step_val = -1
    return step_val

# 벡터
x_1 = np.array([[0, 1, 0, 1]])
x_2 = np.array([[0, 0, 1, 1]])

# 가중치 행렬
W = np.array([[1, -2, 1, 1], [0, -1, 0, 1]])

# x_1의 결과 계산
Wx_1 = np.dot(W, x_1.T)
output_1 = (cal_step_function(Wx_1[0]), cal_step_function(Wx_1[1]))
print("(a) t(Wx1^T) = ", output_1)

# x_2의 결과 계산
Wx_2 = np.dot(W, x_2.T)
output_2 = (cal_step_function(Wx_2[0]), cal_step_function(Wx_2[1]))
print("(b) t(Wx2^T) = ", output_2)
```

실행 결과

```
(a) t(Wx1^T) =  (-1, 1)
(b) t(Wx2^T) =  (1, 1)
```

데이터셋을 적용한 딥러닝에 관한 다양한 문제를 프로그래밍 실습에서 확인해보자.

13.2 합성곱 신경망

합성곱 신경망(Convolutional Neural Network, CNN)은 시각적 데이터를 분석하는 데 사용되는 다층의 피드-포워드 인공 신경망(feed-forward neural network)의 한 종류이다. 여기서 '피드-포워드'라는 말은 정보의 흐름이 한쪽으로 향한다는 의미로, 다음 절에서 소개할 순환 신경망과는 차이가 있다.

합성곱 신경망에서의 중요한 개념은 특성맵이다. 특성맵(feature map)은 여러 개의 층을 만드는데, 이미지의 특징을 잘 반영하는 특성맵도 있고 사람의 눈으로는 다소 이해하기 어려운 특징을 나타내는 특성맵도 있다. 이와 같은 모든 특성맵이 잘 어우러져야 이미지의 특징을 잘 이해할 수 있다. 각 특성맵은 필터를 통해 얻는다. 필터(filter)는 커널(kernel)이라고도 하며, 보통 작은 정방행렬의 형태이고 주어진 이미지에 작용하여 하나의 특성맵을 만든다. 따라서 합성곱 신경망의 핵심 목적은 적당한 크기의 필터에 삽입되는 값을 학습을 통해 업데이트하여 테스트 데이터와의 오류를 최소화하는 것이다.

예를 들어 [그림 13-5]를 통해 합성곱 신경망의 형태를 이해해보자. 입력 이미지의 크기는 편의상 5×5 행렬로 표현하였다. 입력 이미지에 3개의 3×3 행렬로 이루어진 필터를 적용하면 다양한 크기의 특성맵이 생성되는데, 여기서는 편의상 5×5 크기의 특성맵 3개를 나타냈다. 이때 필터들은 3차원 텐서가 된다.

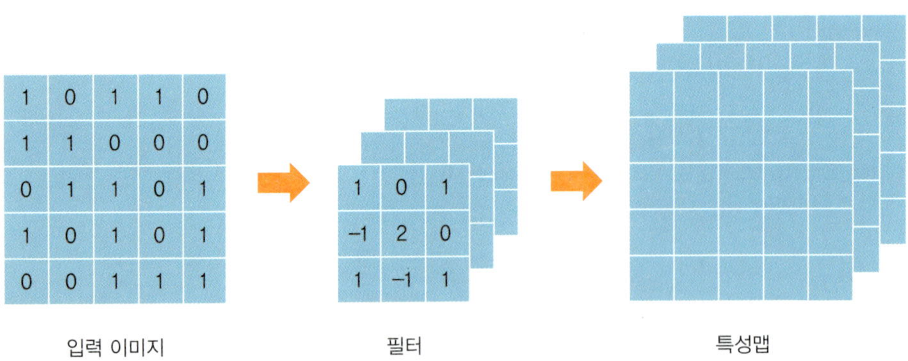

[그림 13-5] 합성곱 신경망의 형태

합성곱 신경망의 특징은 크게 두 가지이다. 첫 번째로 각 필터가 가중치 역할을 한다는 점이다. 입력 이미지에 필터를 적용하면 하나의 결괏값이 나오는데, 이 결괏값은 특성맵의 셀에 대응한다. 필터에 있는 가중치의 개수는 입력 이미지의 크기보다 작으므로 가중치가 듬성듬성 연결되어 있다고 할 수 있다. 이 점이 완전연결 네트워크(fully connected network)와 크게 다른 점이다. 두 번째 특징은 동일한 가중치가 입력 이미지 전체에 적용된다는 점이다. 이러한 특징에 따라 가중치의 매개변수를 줄일 수 있다.

이제 두 벡터를 서로 엇갈려 곱하는 합성곱을 살펴보고자 한다. 먼저 1차원 이산 합성곱에 대해 알아보자.

정의 13-3 **1차원 이산 합성곱**

두 벡터 $\boldsymbol{x}$와 $\boldsymbol{w}$의 **합성곱**(convolution) $\boldsymbol{c} = \boldsymbol{x} \star \boldsymbol{w}$는 다음과 같이 정의한다.

$$c[i] = \sum_{k=-\infty}^{\infty} \boldsymbol{x}[i-k]\,\boldsymbol{w}[k]$$

여기서 $\boldsymbol{c}[i]$는 벡터 $\boldsymbol{c}$의 i번째 성분을 의미한다. 두 벡터 $\boldsymbol{x}$와 $\boldsymbol{w}$는 유한개의 성분을 가지므로 $\boldsymbol{x}$와 $\boldsymbol{w}$의 인덱스가 0 이하거나 각각의 크기의 범위를 벗어난 경우의 성분은 0으로 간주한다.

예제 13-3 **1차원 이산 합성곱**

벡터 $\boldsymbol{x} = (1, 2, 3, 4, 5, 6)$과 $\boldsymbol{w} = (2, 1, -1)$의 합성곱 $\boldsymbol{c} = \boldsymbol{x} \star \boldsymbol{w}$를 구하라.

풀이

[정의 13-3]에 의해 $\boldsymbol{c}[i] = \sum_{k=-\infty}^{\infty} \boldsymbol{x}[i-k]\,\boldsymbol{w}[k]$를 계산한다. $i \le 1$이면 $\boldsymbol{c}[i] = 0$임은 쉽게 알 수 있다. 몇 가지 i에 대해 계산해보면 다음과 같다.

$$\begin{aligned}
\boldsymbol{c}[1] &= \boldsymbol{x}[1-1]\,\boldsymbol{w}[1] + \boldsymbol{x}[1-2]\,\boldsymbol{w}[2] + \boldsymbol{x}[1-3]\,\boldsymbol{w}[3] \\
&= 0 \cdot 2 + 0 \cdot 1 + 0 \cdot (-1) = 0 \\
\boldsymbol{c}[2] &= \boldsymbol{x}[2-1]\,\boldsymbol{w}[1] + \boldsymbol{x}[2-2]\,\boldsymbol{w}[2] + \boldsymbol{x}[2-3]\,\boldsymbol{w}[3] \\
&= 1 \cdot 2 + 0 \cdot 1 + 0 \cdot (-1) = 2 \\
\boldsymbol{c}[3] &= \boldsymbol{x}[3-1]\,\boldsymbol{w}[1] + \boldsymbol{x}[3-2]\,\boldsymbol{w}[2] + \boldsymbol{x}[3-3]\,\boldsymbol{w}[3] \\
&= 2 \cdot 2 + 1 \cdot 1 + 0 \cdot (-1) = 5 \\
\boldsymbol{c}[4] &= \boldsymbol{x}[4-1]\,\boldsymbol{w}[1] + \boldsymbol{x}[4-2]\,\boldsymbol{w}[2] + \boldsymbol{x}[4-3]\,\boldsymbol{w}[3] \\
&= 3 \cdot 2 + 2 \cdot 1 + 1 \cdot (-1) = 7 \\
\boldsymbol{c}[5] &= \boldsymbol{x}[5-1]\,\boldsymbol{w}[1] + \boldsymbol{x}[5-2]\,\boldsymbol{w}[2] + \boldsymbol{x}[5-3]\,\boldsymbol{w}[3] \\
&= 4 \cdot 2 + 3 \cdot 1 + 2 \cdot (-1) = 9 \\
\boldsymbol{c}[6] &= \boldsymbol{x}[6-1]\,\boldsymbol{w}[1] + \boldsymbol{x}[6-2]\,\boldsymbol{w}[2] + \boldsymbol{x}[6-3]\,\boldsymbol{w}[3] \\
&= 5 \cdot 2 + 4 \cdot 1 + 3 \cdot (-1) = 11 \\
\boldsymbol{c}[7] &= \boldsymbol{x}[7-1]\,\boldsymbol{w}[1] + \boldsymbol{x}[7-2]\,\boldsymbol{w}[2] + \boldsymbol{x}[7-3]\,\boldsymbol{w}[3] \\
&= 6 \cdot 2 + 5 \cdot 1 + 4 \cdot (-1) = 13
\end{aligned}$$

$$\begin{aligned}
\boldsymbol{c}[8] &= \boldsymbol{x}[8-1]\,\boldsymbol{w}[1] + \boldsymbol{x}[8-2]\,\boldsymbol{w}[2] + \boldsymbol{x}[8-3]\,\boldsymbol{w}[3] \\
&= 0 \cdot 2 + 6 \cdot 1 + 5 \cdot (-1) = 1 \\
\boldsymbol{c}[9] &= \boldsymbol{x}[9-1]\,\boldsymbol{w}[1] + \boldsymbol{x}[9-2]\,\boldsymbol{w}[2] + \boldsymbol{x}[9-3]\,\boldsymbol{w}[3] \\
&= 0 \cdot 2 + 0 \cdot 1 + 6 \cdot (-1) = -6 \\
\boldsymbol{c}[10] &= \boldsymbol{x}[10-1]\,\boldsymbol{w}[1] + \boldsymbol{x}[10-2]\,\boldsymbol{w}[2] + \boldsymbol{x}[10-3]\,\boldsymbol{w}[3] \\
&= 0 \cdot 2 + 0 \cdot 1 + 0 \cdot (-1) = 0
\end{aligned}$$

따라서 $\boldsymbol{c} = (\cdots, 0, 2, 5, 7, 9, 11, 13, 1, -6, 0, \cdots)$이다. 앞의 계산을 살펴보면 패턴을 발견할 수 있다. 예를 들어 다음 식을 보자.

$$\begin{aligned}
\boldsymbol{c}[4] &= 3 \cdot 2 + 2 \cdot 1 + 1 \cdot (-1) \\
&= 1 \cdot (-1) + 2 \cdot 1 + 3 \cdot 2
\end{aligned}$$

위 식은 벡터 $\boldsymbol{w} = (2, 1, -1)$의 성분을 좌우 대칭으로 바꾼 벡터 $\boldsymbol{w}' = (-1, 1, 2)$의 성분과 벡터 $\boldsymbol{x}$의 초기 세 개의 성분 1, 2, 3을 순서대로 각각 곱한 후 더한 것과 같다. 즉 $\boldsymbol{c}[4]$는 다음과 같이 7이다.

$$\begin{array}{rcl}
\boldsymbol{x} &=& (\;\;1,\;\;2,\;\;3,\;\;4,\;\;5,\;\;6) \\
\boldsymbol{w}' &=& (-1,\;\;1,\;\;2) \\
\hline
&& -1 + 2 + 6 = 7
\end{array}$$

같은 방법으로 $\boldsymbol{c}[5]$를 구하려면 벡터 $\boldsymbol{w}' = (-1, 1, 2)$를 오른쪽으로 한 칸 더 이동한 후, 벡터 $\boldsymbol{x}$의 두 번째, 세 번째, 네 번째 성분인 2, 3, 4와 벡터 $\boldsymbol{w}' = (-1, 1, 2)$의 성분을 순서대로 각각 곱한 후 더하면 된다. 즉 $\boldsymbol{c}[5]$는 다음과 같이 9이다.

$$\begin{array}{rcl}
\boldsymbol{x} &=& (\;\;1,\;\;2,\;\;3,\;\;4,\;\;5,\;\;6) \\
\boldsymbol{w}' &=& \qquad\;\;(-1,\;\;1,\;\;2) \\
\hline
&& -2 + 3 + 8 = 9
\end{array}$$

이 방법을 이용하면 실제로 최대 $6+3-1=8$개의 성분만이 0이 아닌 값임을 알 수 있다.

파이썬 코드

```
import numpy as np

# 벡터
x = np.array([1, 2, 3, 4, 5, 6])

# 필터
w = np.array([2, 1, -1])

# x의 양 끝에 0 추가
x_pad = np.zeros(12)
x_pad[3:9] = x
```

```python
# 합성곱 계산
output = np.zeros(10)
for i in range(10):
    output[i] = x_pad[i+2]*w[0] + x_pad[i+1]*w[1] + x_pad[i+0]*w[2]
print("output = ", output)
```

실행 결과

```
output =  [ 0.  2.  5.  7.  9. 11. 13.  1. -6.  0.]
```

[예제 13-3]의 1차원 이산 합성곱에서 입력 벡터 $\boldsymbol{x}=(1, 2, 3, 4, 5, 6)$이 실제로는 $\boldsymbol{x}=(0, 0, 1, 2, 3, 4, 5, 6, 0, 0)$인 것처럼 좌우에 성분 0을 두 개씩 추가했는데, 이를 **제로 패딩**(zero padding) 또는 간단히 **패딩**(padding)이라고 한다. 제로 패딩은 보통 문자 p로 표기하고 이 경우에는 $p=2$이다. 또한 합성곱 연산을 할 때 필터를 한 칸씩 이동하는데, 이때 이동하는 칸의 수를 **스트라이드**(stride)라고 한다. 스트라이드는 문자 s로 표기하고 이 경우에는 $s=1$이다. 이제 다양한 제로 패딩과 스트라이드를 고려하여 합성곱의 출력 크기를 다음과 같은 공식으로 구할 수 있다.

정리 13-1 1차원 이산 합성곱의 출력 크기

입력 벡터 $\boldsymbol{x}$의 크기를 n, 필터 $\boldsymbol{w}$의 크기를 f라고 하자. 또한 제로 패딩을 p, 스트라이드를 s라고 하자. 그러면 두 벡터 $\boldsymbol{x}$와 $\boldsymbol{w}$의 합성곱의 출력 크기 n_{out}은 다음 공식으로 구한다.

$$n_{out} = \left\lfloor \frac{n+2p-f}{s} \right\rfloor + 1 \quad (\text{단, } \lfloor\ \rfloor \text{는 버림 기호})$$

증명

크기가 n인 입력 벡터의 좌우에 p개의 0을 삽입하므로 새로운 입력 벡터의 크기는 $n+2p$이다. 우선 스트라이드가 $s=1$이라고 가정하자. 크기가 f인 필터를 입력 벡터의 왼쪽부터 매칭하면 1개의 출력이 나온다. 그러면 남는 입력 벡터의 크기는 $n+2p-f$이다. 이때 스트라이드는 1이므로 이 크기만큼 출력이 나온다. 따라서 전체 출력의 크기 n_{out}은 $(n+2p-f)+1$이다. 같은 방식으로 일반적인 스트라이드 s에 대해 진행하자. 우선 크기가 f인 필터를 입력 벡터의 왼쪽부터 매칭하면 1개의 출력이 나온다. 나머지 크기인 $n+2p-f$를 스트라이드 s만큼 분할해야 하므로 $\left\lfloor \frac{n+2p-f}{s} \right\rfloor$만큼의 출력이 나온다. 따라서 전체 출력의 크기는 $n_{out} = \left\lfloor \frac{n+2p-f}{s} \right\rfloor + 1$이다. ■

예제 13-4 1차원 이산 합성곱의 출력 크기

입력 벡터 $\boldsymbol{x}$의 크기가 n, 필터 $\boldsymbol{w}$의 크기가 f, 제로 패딩이 p, 스트라이드가 s일 때, 다음과 같은 (n, f, p, s)에 대한 합성곱의 출력 크기 n_{out}을 구하라.

(a) $(n, f, p, s) = (9, 3, 0, 1)$

(b) $(n, f, p, s) = (10, 3, 1, 2)$

(c) $(n, f, p, s) = (11, 4, 2, 3)$

풀이

(a) $n_{out} = \left\lfloor \dfrac{n+2p-f}{s} \right\rfloor + 1 = \left\lfloor \dfrac{9+2\cdot 0-3}{1} \right\rfloor + 1 = 7$

(b) $n_{out} = \left\lfloor \dfrac{n+2p-f}{s} \right\rfloor + 1 = \left\lfloor \dfrac{10+2\cdot 1-3}{2} \right\rfloor + 1 = 5$

(c) $n_{out} = \left\lfloor \dfrac{n+2p-f}{s} \right\rfloor + 1 = \left\lfloor \dfrac{11+2\cdot 2-4}{3} \right\rfloor + 1 = 4$

파이썬 코드

```
import numpy as np

# 합성곱의 출력 크기를 계산하는 함수
def cal_output_size(num_x, num_w, pad, stride ):
    output_size_val = np.floor((num_x + 2*pad - num_w)/stride) +1
    return output_size_val

# 문제 (a)
outputsize_1 = cal_output_size(9,3,0,1)
print("(a) outputsize_1 = ", outputsize_1)

# 문제 (b)
outputsize_2 = cal_output_size(10,3,1,2)
print("(b) outputsize_2 = ", outputsize_2)

# 문제 (c)
outputsize_3 = cal_output_size(11,4,2,3)
print("(c) outputsize_3 = ", outputsize_3)
```

실행 결과

```
(a) outputsize_1 =  7.0
(b) outputsize_2 =  5.0
(c) outputsize_3 =  4.0
```

지금까지 1차원 이산 합성곱을 살펴보았는데, 이 연산은 자연스럽게 2차원 합성곱으로 확장할 수 있다. 2차원 이산 합성곱을 정의하기 전에 먼저 2차원 이산 합성곱의 출력 크기를 구해보자. 2차원 이산 합성곱의 출력 크기는 본질적으로 1차원 이산 합성곱의 출력 크기 공식을 따른다. 즉 각 차원별로 행렬의 크기를 구하여 두 행렬의 합성곱의 출력 크기를 다음과 같이 구하면 된다.

정리 13-2 **2차원 이산 합성곱의 출력 크기**

입력 행렬 X의 크기를 $n_1 \times n_2$, 필터 행렬 W의 크기를 $f_1 \times f_2$라고 하자. 또한 제로 패딩을 $p=(p_1, p_2)$, 스트라이드를 $s=(s_1, s_2)$라고 하자. 그러면 두 행렬 X와 W의 합성곱의 출력 크기 n_{out}^2은 다음 공식으로 구한다.

$$n_{out}^2 = \left(\left\lfloor \frac{n_1 + 2p_1 - f_1}{s_1} \right\rfloor + 1 \right) \times \left(\left\lfloor \frac{n_2 + 2p_2 - f_2}{s_2} \right\rfloor + 1 \right)$$

예제 13-5 **2차원 이산 합성곱의 출력 크기**

입력 행렬 X의 크기가 6×6이고 필터 행렬 W의 크기가 3×3이라고 하자. 그리고 제로 패딩을 $p=(0, 0)$, 스트라이드를 $s=(3, 3)$이라고 하자. 이때 두 행렬 X와 W의 합성곱의 출력 크기를 구하라.

풀이

$(n_1, f_1, p_1, s_1) = (6, 3, 0, 3)$이므로 $n_{out} = 2$이고, 마찬가지로 $(n_2, f_2, p_2, s_2) = (6, 3, 0, 3)$이므로 $n_{out} = 2$이다. 따라서 $n_{out}^2 = 2 \times 2$이다.

파이썬 코드

```python
import numpy as np

# 합성곱의 출력 크기를 계산하는 함수
def cal_output_size(size_X, size_W, pad, stride ):
    output_size_val = np.floor((size_X+ 2*pad - size_W)/stride) +1
    return output_size_val

outputsize_row = cal_output_size(6,3,0,3)
outputsize_col = cal_output_size(6,3,0,3)
outputsize = str(int(outputsize_row)) +' x '+ str(int(outputsize_col))
print("outputsize = ", outputsize)
```

실행 결과

```
outputsize =  2 x 2
```

패딩은 다음과 같이 세 종류로 나뉜다.

정의 13-4 패딩의 종류

(1) **세임 패딩**(same padding) 혹은 **하프 패딩**(half padding)은 스트라이드가 1일 때 합성곱의 출력 크기(출력 행렬의 크기)와 입력 행렬의 크기를 같게 하는 패딩이다. 필터 행렬의 크기에 따라 패딩의 크기도 달라진다.

(2) **밸리드 패딩**(valid padding)은 패딩을 하지 않는 것으로, 출력 행렬의 크기가 입력 행렬의 크기보다 작아진다.

(3) **풀 패딩**(full padding)은 필터 행렬의 크기보다 하나 적게 패딩을 하는 경우이다. 스트라이드가 1일 때 출력 행렬의 크기는 입력 행렬의 크기보다 커진다.

세임 패딩, 밸리드 패딩, 풀 패딩을 쉽게 이해하기 위해 그림으로 나타내면 다음과 같다. [그림 13-6]은 세임 패딩으로, 스트라이드가 1이고 입력 행렬의 크기와 출력 행렬의 크기가 모두 6×6이다. [그림 13-7]은 밸리드 패딩으로, 스트라이드가 1이고 입력 행렬의 크기가 6×6, 출력 행렬의 크기가 3×3이다. 따라서 출력 행렬의 크기가 입력 행렬의 크기보다 작다. [그림 13-8]은 풀 패딩으로, 필터 행렬의 크기가 2×2이므로 패딩은 (1, 1)이다. 여기서는 스트라이드가 1이고 입력 행렬의 크기가 6×6, 출력 행렬의 크기가 7×7이므로 출력 행렬의 크기가 입력 행렬의 크기보다 하나 더 크다.

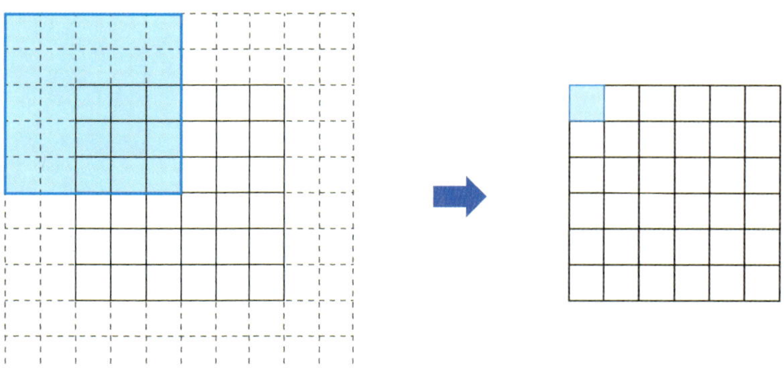

[그림 13-6] 세임 패딩

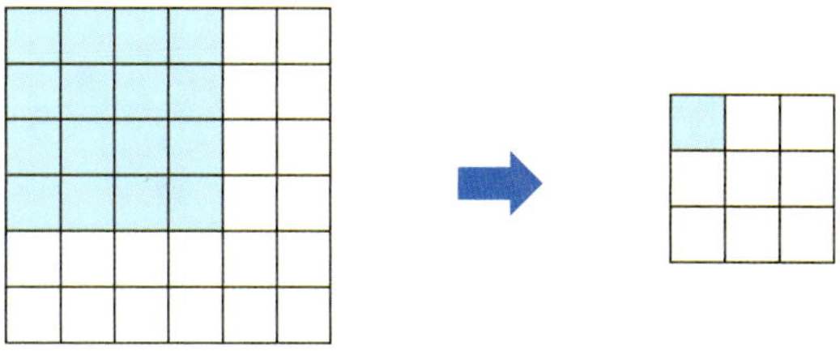

[그림 13-7] 밸리드 패딩

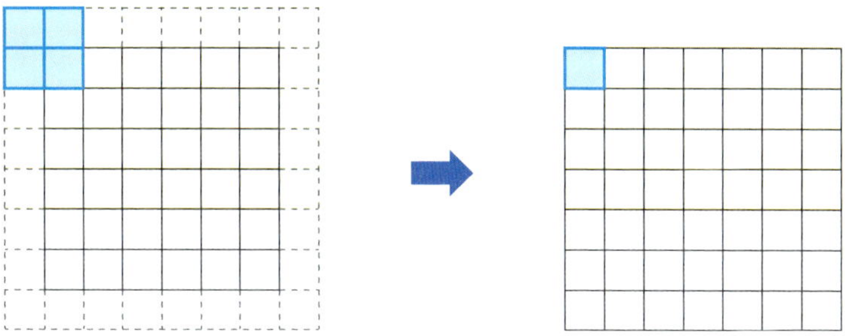

[그림 13-8] 풀 패딩

예제 13-6 **패딩의 종류**

입력 행렬 X의 크기가 6×6이고 스트라이드가 $s=(1, 1)$이라고 하자. 다음과 같은 패딩 p가 각각 어떤 패딩에 해당하는지 답하고, 각 경우에 대한 출력 행렬의 크기를 구하라.

(a) $p=(0, 0)$　　(b) $p=(1, 1)$　　(c) $p=(2, 2)$

풀이

(a) $p=(0, 0)$이면 패딩을 하지 않은 것이므로 밸리드 패딩이다. 필터 행렬의 크기가 2×2, 3×3, 4×5, 5×5일 때, 출력 행렬의 크기는 각각 5×5, 4×4, 3×3, 2×2이다.

(b) $p=(1, 1)$이라고 하자.

(i) 만일 필터 행렬의 크기가 2×2이면 풀 패딩이다. [정리 13-2]에 의해 $6+2\cdot 1-2+1=7$이므로 출력 행렬의 크기는 7×7이다. 여기서 주의할 점은 필터 행렬의 크기가 1×1이면 입력 행렬 X의 정보를 전혀 사용하지 않는 경우가 있으므로 의미가 없다는 것이다.

(ii) $p=(1, 1)$이 세임 패딩이 되기 위한 조건을 구해보자. 세임 패딩인 경우이므로 $s=1$이고, $n_{out}=\left\lfloor \dfrac{n+2p-f}{s} \right\rfloor+1$과 $n_{out}=n$을 만족해야 하므로 $n=n+2-f+1$, 즉 $f=3$이다. 따라서 필터 행렬의 크기가 3×3이면 세임 패딩이 된다.

(c) $p=(2,\ 2)$라고 하자.

(i) 만일 필터 행렬의 크기가 3×3이면 풀 패딩이다. [정리 13-2]에 의해 $6+2\cdot2-3+1=8$이므로 출력 행렬의 크기는 8×8이다.

(ii) $p=(2,\ 2)$가 세임 패딩이 되기 위한 조건을 구해보자. 세임 패딩인 경우이므로 $s=1$이고, $n_{out}=\left\lfloor \dfrac{n+2p-f}{s} \right\rfloor+1$과 $n_{out}=n$을 만족해야 하므로 $n=n+4-f+1$, 즉 $f=5$이다. 따라서 필터 행렬의 크기가 5×5이면 세임 패딩이 된다.

일반적으로 세임 패딩이 되기 위한 조건은 $n=n+2p-f+1 \;\Leftrightarrow\; p=\dfrac{f-1}{2}$이다. 즉 필터 크기의 반 정도를 패딩하므로 세임 패딩을 하프 패딩이라고도 하는 것이다.

파이썬 코드

```
import numpy as np

# 합성곱의 출력 크기(출력 행렬의 크기)를 계산하는 함수
def cal_output_size(size_X, size_W, pad, stride ):
    output_size_val = np.floor((size_X+ 2*pad - size_W)/stride) +1
    return output_size_val

# 6×6 크기의 영행렬 생성 - 가상 이미지의 크기로 사용
X = np.zeros((6,6))
X.shape

# 문제 (a)
print("(a) p = (0, 0)일 때")
outputsize_row_1 = cal_output_size(6,2,0,1)
outputsize_col_1 = cal_output_size(6,2,0,1)
outputsize_1 = (outputsize_row_1, outputsize_col_1)

outputsize_row_2 = cal_output_size(6,3,0,1)
outputsize_col_2 = cal_output_size(6,3,0,1)
outputsize_2 = (outputsize_row_2, outputsize_col_2)

outputsize_row_3 = cal_output_size(6,4,0,1)
outputsize_col_3 = cal_output_size(6,4,0,1)
outputsize_3 = (outputsize_row_3, outputsize_col_3)

outputsize_row_4 = cal_output_size(6,5,0,1)
outputsize_col_4 = cal_output_size(6,5,0,1)
outputsize_4 = (outputsize_row_4, outputsize_col_4)

print("필터 행렬의 크기가 2×2일 때, 출력 행렬의 크기가 입력 행렬보다 작은가?", X.shape > outputsize_1 )
print("필터 행렬의 크기가 3×3일 때, 출력 행렬의 크기가 입력 행렬보다 작은가?", X.shape > outputsize_2 )
print("필터 행렬의 크기가 4×4일 때, 출력 행렬의 크기가 입력 행렬보다 작은가?", X.shape > outputsize_3 )
print("필터 행렬의 크기가 5×5일 때, 출력 행렬의 크기가 입력 행렬보다 작은가?", X.shape > outputsize_4 )
print("\n")

# 문제 (b)
print("(b) p = (1, 1)일 때")
outputsize_row_1 = cal_output_size(6,2,1,1)
outputsize_col_1 = cal_output_size(6,2,1,1)
```

```
outputsize_1 = (outputsize_row_1, outputsize_col_1)

outputsize_row_2 = cal_output_size(6,3,1,1)
outputsize_col_2 = cal_output_size(6,3,1,1)
outputsize_2 = (outputsize_row_2, outputsize_col_2)

outputsize_row_3 = cal_output_size(6,4,1,1)
outputsize_col_3 = cal_output_size(6,4,1,1)
outputsize_3 = (outputsize_row_3, outputsize_col_3)

outputsize_row_4 = cal_output_size(6,5,1,1)
outputsize_col_4 = cal_output_size(6,5,1,1)
outputsize_4 = (outputsize_row_4, outputsize_col_4)

print("필터 행렬의 크기가 2×2일 때, 출력 행렬의 크기가 입력 행렬보다 큰가?", X.shape < outputsize_1 )
print("필터 행렬의 크기가 3×3일 때, 출력 행렬의 크기가 입력 행렬과 같은가?", X.shape == outputsize_2 )
print("필터 행렬의 크기가 4×4일 때, 출력 행렬의 크기가 입력 행렬보다 작은가?", X.shape > outputsize_3 )
print("필터 행렬의 크기가 5×5일 때, 출력 행렬의 크기가 입력 행렬보다 작은가?", X.shape > outputsize_4 )
print("\n")

# 문제 (c)
print("(c) p = (2, 2)일 때")
outputsize_row_1 = cal_output_size(6,3,2,1)
outputsize_col_1 = cal_output_size(6,3,2,1)
outputsize_1 = (outputsize_row_1, outputsize_col_1)

outputsize_row_2 = cal_output_size(6,4,2,1)
outputsize_col_2 = cal_output_size(6,4,2,1)
outputsize_2 = (outputsize_row_2, outputsize_col_2)

outputsize_row_3 = cal_output_size(6,5,2,1)
outputsize_col_3 = cal_output_size(6,5,2,1)
outputsize_3 = (outputsize_row_3, outputsize_col_3)

print("필터 행렬의 크기가 3×3일 때, 출력 행렬의 크기가 입력 행렬보다 큰가?", X.shape < outputsize_1 )
print("필터 행렬의 크기가 4×4일 때, 출력 행렬의 크기가 입력 행렬보다 큰가?", X.shape < outputsize_2 )
print("필터 행렬의 크기가 5×5일 때, 출력 행렬의 크기가 입력 행렬과 같은가?", X.shape == outputsize_3 )
```

실행 결과

```
(a) p = (0, 0)일 때
필터 행렬의 크기가 2×2일 때, 출력 행렬의 크기가 입력 행렬보다 작은가? True
필터 행렬의 크기가 3×3일 때, 출력 행렬의 크기가 입력 행렬보다 작은가? True
필터 행렬의 크기가 4×4일 때, 출력 행렬의 크기가 입력 행렬보다 작은가? True
필터 행렬의 크기가 5×5일 때, 출력 행렬의 크기가 입력 행렬보다 작은가? True

(b) p = (1, 1)일 때
필터 행렬의 크기가 2×2일 때, 출력 행렬의 크기가 입력 행렬보다 큰가? True
필터 행렬의 크기가 3×3일 때, 출력 행렬의 크기가 입력 행렬과 같은가? True
필터 행렬의 크기가 4×4일 때, 출력 행렬의 크기가 입력 행렬보다 작은가? True
필터 행렬의 크기가 5×5일 때, 출력 행렬의 크기가 입력 행렬보다 작은가? True

(c) p = (2, 2)일 때
필터 행렬의 크기가 3×3일 때, 출력 행렬의 크기가 입력 행렬보다 큰가? True
필터 행렬의 크기가 4×4일 때, 출력 행렬의 크기가 입력 행렬보다 큰가? True
필터 행렬의 크기가 5×5일 때, 출력 행렬의 크기가 입력 행렬과 같은가? True
```

이제 2차원 이산 합성곱 연산을 다음과 같이 정의하자.

정의 13-5 **2차원 이산 합성곱**

입력 행렬 X의 크기가 $n_1 \times n_2$이고 필터 행렬 W의 크기가 $f_1 \times f_2$라고 하자. 두 행렬 X와 W의 2차원 이산 합성곱 $C = X \star W$는 다음과 같이 정의한다.

$$C[i, j] = \sum_{k_1 = -\infty}^{\infty} \sum_{k_2 = -\infty}^{\infty} X[i - k_1, j - k_2] W[k_1, k_2]$$

여기서 $C[i, j]$는 행렬 C의 i행 j열에 있는 성분을 의미한다.

1차원 이산 합성곱처럼 필터의 원소들을 좌우로 대칭하고 상하로 대칭한 후, 즉 중심을 기준으로 대칭이동한 후 입력 행렬과 성분끼리 곱하면 된다.

예제 13-7 **2차원 이산 합성곱**

입력 행렬 X와 필터 행렬 W가 다음 그림과 같다. 패딩이 $p = (1, 1)$이고 스트라이드가 $s = (3, 3)$일 때, 2차원 이산 합성곱 $C = X \star W$를 구하라.

0	0	0	0	0	0
0	1	14	15	4	0
0	8	11	10	5	0
0	12	7	6	9	0
0	13	2	3	16	0
0	0	0	0	0	0

X

0.4	0.9	0.2
0.3	0.5	0.7
0.8	0.1	0.6

W

풀이

우선 필터 행렬 W의 성분을 중심(0.5)을 기준으로 대칭이동한 새로운 행렬 W'을 구하면 다음과 같다.

0.6	0.1	0.8
0.7	0.5	0.3
0.2	0.9	0.4

W'

우선 다음과 같이 패딩이 된 X를 서로 겹치지 않게 4개의 3×3 부분행렬로 나눈다. 각 3×3 부분행렬과 앞에서 얻은 행렬 W'의 같은 위치에 있는 성분끼리 곱한 후 모두 더한 값이 합성곱 C의 성분이 된다.

0	0	0	0	0	0
0	1	14	15	4	0
0	8	11	10	5	0
0	12	7	6	9	0
0	13	2	3	16	0
0	0	0	0	0	0

X

16.3	19
13.9	14.6

C

예를 들어 C의 왼쪽 상단 값은 $0.5\times1+0.3\times14+0.9\times8+0.4\times11=16.3$이다. 마찬가지 방법으로 계산하면 나머지 값도 다음과 같이 구할 수 있다.

$$0.7\times15+0.5\times4+0.2\times10+0.9\times5=19$$
$$0.1\times12+0.8\times7+0.5\times13+0.3\times2=13.9$$
$$0.6\times6+0.1\times9+0.7\times3+0.5\times16=14.6$$

파이썬 코드

```
import numpy as np

# 입력 행렬 X
X = np.array([[1, 14, 15, 4],[8, 11, 10, 5],[12, 7, 6, 9],[13, 2, 3, 16]])

# 필터 행렬 W
W = np.array([[0.4, 0.9, 0.2],[0.3, 0.5, 0.7],[0.8, 0.1, 0.6]])

# X의 상하좌우의 양 끝에 0 추가
X_pad = np.zeros((6,6))
X_pad[1:5, 1:5] = X

# 합성곱 계산
output = np.zeros((2,2))

for i in range(2):
    output_val = 0
    for j in range(2):
        output_val_1 = X_pad[3*i+2][3*j+2]*W[0][0] + X_pad[3*i+2][3*j+1]*W[0][1] + X_pad[3*i+2][3*j+0]*W[0][2]
        output_val_2 = X_pad[3*i+1][3*j+2]*W[1][0] + X_pad[3*i+1][3*j+1]*W[1][1] + X_pad[3*i+1][3*j+0]*W[1][2]
        output_val_3 = X_pad[3*i+0][3*j+2]*W[2][0] + X_pad[3*i+0][3*j+1]*W[2][1] + X_pad[3*i+0][3*j+0]*W[2][2]
        output_val = output_val_1 + output_val_2 + output_val_3
        output[i][j] = output_val

print("output = \n", output)
```

실행 결과

```
output =
 [[16.3 19. ]
 [13.9 14.6]]
```

다음으로 특성맵을 좀 더 간략히 나타내는 풀링에 대해 알아보자. 풀링(pooling)이란 일정 구간의 대푯값으로, 최대 풀링과 평균 풀링으로 나뉜다.

정의 13-6 풀링의 종류

(1) **최대 풀링**(max pooling)은 특성맵에서 일정 구간의 범위에 있는 값들 중 최댓값을 취하는 연산을 말한다. 이때 구간들은 서로 중복되지 않는다.

(2) **평균 풀링**(average pooling)은 특성맵에서 일정 구간의 범위에 있는 값들의 평균을 취하는 연산을 말한다. 이때 구간들은 서로 중복되지 않는다.

풀링에서 취하는 구간의 범위는 가로의 길이가 a, 세로의 길이가 b인 경우로 $P_{a,\,b}$로 표기한다. 풀링의 목적은 특성맵에서 나온 많은 정보를 추출하여 작은 형태의 데이터셋을 만드는 것이다. 풀링을 통해 만들어진 행렬은 또 다른 합성곱의 입력 행렬 역할을 한다.

예제 13-8 풀링

특성맵 C가 다음과 같고 스트라이드가 $s=(2,\,2)$라고 하자. $P_{2,\,2}$를 적용한 최대 풀링과 평균 풀링을 통해 얻을 수 있는 행렬을 구하라.

1	14	15	4
8	11	10	5
12	7	6	9
13	2	3	16

C

풀이

최대 풀링을 구하기 위해 각 2×2 구간에 있는 값들 중 최댓값을 구하면 왼쪽 상단에서부터 차례로 14, 15, 13, 16이다. 마찬가지로 평균 풀링을 구하기 위해 각 2×2 구간에 있는 값들의 평균을 구하면 모두 8.5이다.

사실 주어진 4차 정방행렬은 4차 마방진이다. 더욱이 각 2×2 구간에 있는 값 전체의 합이 34이므로 전체의 평균은 $\frac{34}{4}=8.5$이다.

파이썬 코드

```python
import numpy as np

# 특성맵 C와 평균 행렬 W
C = np.array([[1, 14, 15, 4],[8, 11, 10, 5],[12, 7, 6, 9],[13, 2, 3, 16]])
average_W= np.array([[1/4, 1/4],[1/4, 1/4]])

# 최대 풀링 계산
output = np.zeros((2,2))

for i in range(2):
    output_val = 0
    for j in range(2):
        output_cal_mat = C[2*i+0:2*i+2 , 2*j+0:2*j+2]
        output_val = np.max(output_cal_mat)
        output[i][j] = output_val

print("max pooling output = \n", output)
print("\n")

# 평균 풀링 계산
output = np.zeros((2,2))

for i in range(2):
    output_val = 0
    for j in range(2):
        output_val_1 = C[2*i+1][2*j+1]*average_W[0][0] + C[2*i+1][2*j+0]*average_W[0][1]
        output_val_2 = C[2*i+0][2*j+1]*average_W[1][0] + C[2*i+0][2*j+0]*average_W[1][1]
        output_val = output_val_1 + output_val_2
        output[i][j] = output_val

print("average pooling output = \n", output)
```

실행 결과

```
max pooling output =
 [[14. 15.]
 [13. 16.]]

average pooling output =
 [[8.5 8.5]
 [8.5 8.5]]
```

[그림 13-9]는 입력부터 특성맵 층, 풀링 층 등이 지속적으로 연결된 형태를 보여준다. 보통 맨 마지막 단계에서는 평탄화(flatten) 연산을 통해 풀링된 모든 특성맵의 값을 아주 긴 벡터로 늘려 쓰고, 이 벡터가 완전연결된 네트워크의 입력으로 들어간다.

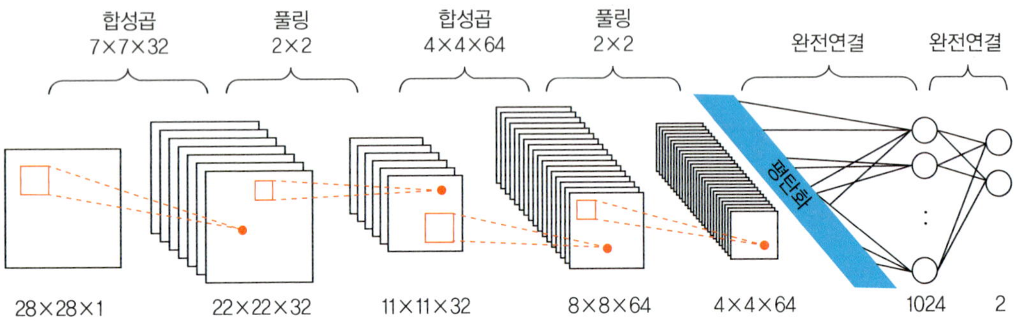

[그림 13-9] 합성곱 신경망의 구조

13.3 순환 신경망

순환 신경망(Recurrent Neural Network, RNN)은 시퀀스 데이터를 분석하는 데 사용되는 인공 신경망의 한 종류이다. 순환 신경망은 피드-포워드 네트워크와 달리, 한 노드의 출력값이 다시 그 노드의 입력값이 되는 것이 특징이다. 시퀀스 데이터에는 텍스트 데이터와 시계열 데이터가 있다. 순환 신경망은 언어 모델링, 언어 번역, 음성 인식, 이미지 캡션, 주가 예측, 판매량 예측 등의 다양한 분야에서 활발히 활용되고 있다.

순환 신경망에는 일종의 메모리 기능이 있다고 볼 수 있다. 과거의 정보가 현재의 입력과 출력에 영향을 주기 때문이다. 합성곱 신경망은 입력과 출력이 서로 독립적이라고 가정하지만, 순환 신경망은 입력과 출력이 서로 의존한다고 본다. 장단기 메모리(Long Short-Term Memory, LSTM)는 메모리를 가장 잘 활용한 순환 신경망의 일종으로, 일반적인 순환 신경망에서 발생하는 그래디언트 소실 문제를 해소하기 위해 만든 네트워크이다.

정의 13-7 **시퀀스**

특정 시간 t에 속하는 데이터 샘플을 $\boldsymbol{x}^{(t)}$로 표기하자. 각 샘플은 서로 독립적이지 않으므로 순서가 중요하다. **시퀀스**(sequence) $(\boldsymbol{x}^{(1)}, \boldsymbol{x}^{(2)}, \cdots, \boldsymbol{x}^{(T)})$는 T 시간대에 속한 샘플들을 순서에 따라 나열한 것이다.

예를 들어 한 시간 단위로 실내 온도를 체크하는 일을 24시간 동안 진행했다면 이에 해당하는 시퀀스는 $(\boldsymbol{x}^{(1)}, \boldsymbol{x}^{(2)}, \cdots, \boldsymbol{x}^{(24)})$이다. 또한 '나는 학교에 간다.'는 각 문자(공백과 마침표를 포함)를 하나의 단위로 생각하면 길이가 10인 시퀀스 $(\boldsymbol{x}^{(1)}, \boldsymbol{x}^{(2)}, \cdots, \boldsymbol{x}^{(10)})$이다.

단일 층 순환 신경망은 [그림 13-10]과 같이 표현할 수 있다. 화살표를 기준으로 왼쪽 그림은 단일 층 순환 신경망을 간략하게 나타낸 것이고 구체적인 의미는 오른쪽 그림과 같다. [그림 13-10]에서 W_{xh}, W_{ho}, W_{hh}는 가중치 행렬을 나타내고, $\boldsymbol{x}$, $\boldsymbol{x}^{(t-1)}$, $\boldsymbol{x}^{(t)}$, $\boldsymbol{x}^{(t+1)}$은 입력층(input layer), $\boldsymbol{h}$, $\boldsymbol{h}^{(t-1)}$, $\boldsymbol{h}^{(t)}$, $\boldsymbol{h}^{(t+1)}$은 은닉층(hidden layer), $\boldsymbol{o}$, $\boldsymbol{o}^{(t-1)}$, $\boldsymbol{o}^{(t)}$, $\boldsymbol{o}^{(t+1)}$은 출력층(output layer)을 나타낸다.

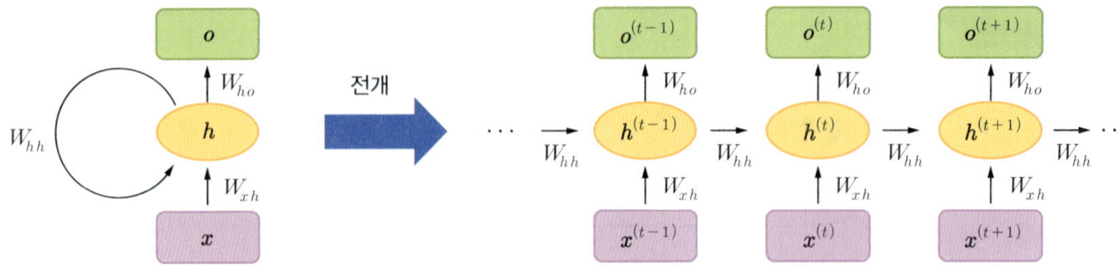

[그림 13-10] 순환 신경망의 도식화

[그림 13-10]을 잘 이해하기 위해 가중치 행렬(weight matrix)을 정의해보자. 순환 신경망의 가중치 행렬은 다음과 같이 크게 세 가지로 구분한다.

정의 13-8　가중치 행렬의 종류

(1) W_{xh}는 입력층과 은닉층 사이의 가중치 행렬이다.

(2) W_{hh}는 이전 은닉층 $\boldsymbol{h}^{(t-1)}$과 다음 은닉층 $\boldsymbol{h}^{(t)}$ 사이의 가중치 행렬이다.

(3) W_{ho}는 은닉층과 출력층 사이의 가중치 행렬이다.

가중치 행렬은 특정 시간에 종속적이지 않고 전체 시간 동안 공유된다. [그림 13-10]을 기호로 나타내면 다음과 같다.

$$\boldsymbol{h}^{(t)} = \sigma_h(W_{xh}\boldsymbol{x}^{(t)} + W_{hh}\boldsymbol{h}^{(t-1)} + \boldsymbol{b}_h)$$

여기서 $\sigma_h()$는 활성함수이고 $\boldsymbol{b}_h$는 편향 벡터(bias vector)이다. $\boldsymbol{h}^{(t)}$는 W_{ho}와 결합하여 다음을 출력한다.

$$\boldsymbol{o}^{(t)} = \sigma_o(W_{ho}\boldsymbol{h}^{(t)} + \boldsymbol{b}_o)$$

여기서 $\sigma_o()$는 활성함수이고 $\boldsymbol{b}_o$는 편향 벡터이다.

예제 13-9　순환 신경망

세 행렬 $W_{xh} = \begin{bmatrix} 1 & -1 \\ 0 & 1 \end{bmatrix}$, $W_{ho} = \begin{bmatrix} 3 & 1 \\ -2 & 0 \end{bmatrix}$, $W_{hh} = \begin{bmatrix} 1 & 1 \\ 2 & -1 \end{bmatrix}$을 가중치 행렬로 가질 때, 은닉층의 활성함수는 계단함수 $\tau()$이고 출력층의 활성함수는 ReLU 함수 $\mathrm{ReLU}()$인 순환 신경망이 있다고 하자. 은닉층이 $\boldsymbol{h}^{(0)} = \begin{bmatrix} 1 \\ 0 \end{bmatrix}$이고 입력 벡터가 $\boldsymbol{x} = (-1, 1)$이며 각 층의 편향 벡터 $\boldsymbol{b}$가 없을 때, 출력값 $\boldsymbol{o}$를 구하라.

풀이

입력 벡터가 $\boldsymbol{x} = (-1, 1)$일 때 출력값 $\boldsymbol{o}$는 다음과 같이 계산한다.

$$\begin{aligned}\boldsymbol{o} &= \mathrm{ReLU}(W_{ho}\,\tau(W_{xh}\boldsymbol{x} + W_{hh}\boldsymbol{h}^{(0)}))\\ &= \mathrm{ReLU}\left(\begin{bmatrix}3 & 1\\ -2 & 0\end{bmatrix}\tau\left(\begin{bmatrix}1 & -1\\ 0 & 1\end{bmatrix}\begin{bmatrix}-1\\ 1\end{bmatrix} + \begin{bmatrix}1 & 1\\ 2 & -1\end{bmatrix}\begin{bmatrix}1\\ 0\end{bmatrix}\right)\right)\\ &= \mathrm{ReLU}\left(\begin{bmatrix}3 & 1\\ -2 & 0\end{bmatrix}\tau\left(\begin{bmatrix}-2\\ 1\end{bmatrix} + \begin{bmatrix}1\\ 2\end{bmatrix}\right)\right)\\ &= \mathrm{ReLU}\left(\begin{bmatrix}3 & 1\\ -2 & 0\end{bmatrix}\tau\left(\begin{bmatrix}-1\\ 3\end{bmatrix}\right)\right)\\ &= \mathrm{ReLU}\left(\begin{bmatrix}3 & 1\\ -2 & 0\end{bmatrix}\begin{bmatrix}-1\\ 1\end{bmatrix}\right) = \mathrm{ReLU}\left(\begin{bmatrix}-2\\ 2\end{bmatrix}\right) = \begin{bmatrix}0\\ 2\end{bmatrix}\end{aligned}$$

파이썬 코드

```
import numpy as np

# 계단함수의 값을 계산하는 함수
def cal_step_function(vec_val):
    step_vec_val = np.zeros(len(vec_val))
    for i in range(len(vec_val)) :
        val = vec_val[i]
        if val>=0:
            step_val = 1
            step_vec_val[i] = step_val
        else :
            step_val = -1
            step_vec_val[i] = step_val
    return step_vec_val

# ReLU 함수의 값을 계산하는 함수
def cal_ReLU_function(vec_val):
    ReLU_vec_val = np.zeros(len(vec_val))
    for i in range(len(vec_val)) :
        val = vec_val[i]
        if val>=0:
            ReLU_val = val
            ReLU_vec_val[i] = ReLU_val
        else :
            ReLU_val = 0
            ReLU_vec_val[i] = ReLU_val
    return ReLU_vec_val

# 입력 벡터와 이전 은닉층
x =  np.array([-1,1])
h0 = np.array([1,0])
```

```python
# 가중치 행렬
W_xh = np.array([[1,-1],[0, 1] ])
W_ho = np.array([[3,1],[-2, 0] ])
W_hh = np.array([[1, 1],[2, 1] ])

# 중간 은닉층 출력
hidden_output = cal_step_function(np.dot(W_xh, x.T) + np.dot(W_hh, h0.T))

# 최종 출력값
output = cal_ReLU_function(np.dot(W_ho, hidden_output.T))
print("ouput = ", output)
```

실행 결과

```
ouput =  [0. 2.]
```

장단기 메모리(LSTM)는 셉 호흐라이터(Sepp Hochreiter)와 유르겐 슈미트후버(Juergen Schmidhuber)가 그래디언트 소실 문제를 극복하기 위해 1997년에 소개하였다. 장단기 메모리의 핵심 부분은 은닉층의 값을 새롭게 정의한 **메모리 셀**(memory cell)이다. 장단기 메모리를 도식화하면 [그림 13-11]과 같다.

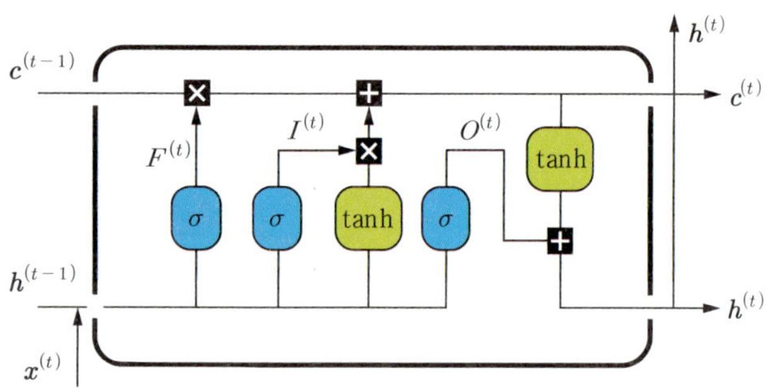

[그림 13-11] 장단기 메모리(LSTM)의 도식화

여기서 σ는 시그모이드 활성함수를 의미하고 tanh는 쌍곡탄젠트 활성함수를 의미한다.

다음으로 장단기 메모리의 게이트에 대해 알아보자. **게이트**(gate)란 시그모이드 활성함수에 의해 계산되는 유닛(unit)으로, 장단기 메모리의 게이트는 삭제 게이트, 입력 게이트, 출력 게이트로 나뉜다.

정의 13-9 **게이트의 종류**

(1) **삭제 게이트**(forget gate)는 $F^{(t)} = \sigma(W_{xf}\boldsymbol{x}^{(t)} + W_{hf}\boldsymbol{h}^{(t-1)} + \boldsymbol{b}_f)$이다.

(2) **입력 게이트**(input gate)는 $I^{(t)} = \sigma(W_{xi}\boldsymbol{x}^{(t)} + W_{hi}\boldsymbol{h}^{(t-1)} + \boldsymbol{b}_i)$이다. 또한 **입력 노드**(input node)는 $G^{(t)} = \tanh(W_{xg}\boldsymbol{x}^{(t)} + W_{hg}\boldsymbol{h}^{(t-1)} + \boldsymbol{b}_g)$이다. 이때 셀 값 $\boldsymbol{c}^{(t)}$는 다음과 같다(단, $\otimes$는 성분끼리 곱한 후 $\bmod 2$를 취하여 얻는 벡터이고, $\oplus$는 성분끼리 더한 후 $\bmod 2$를 취하여 얻는 벡터이다).

$$\boldsymbol{c}^{(t)} = (\boldsymbol{c}^{(t-1)} \otimes F^{(t)}) \oplus (I^{(t)} \otimes G^{(t)})$$

(3) **출력 게이트**(output gate)는 $O^{(t)} = \sigma(W_{xo}\boldsymbol{x}^{(t)} + W_{ho}\boldsymbol{h}^{(t-1)} + \boldsymbol{b}_o)$이다.

[정의 13-9]의 모든 값을 이용하여 은닉층의 출력값을 구하면 다음과 같다.

$$\boldsymbol{h}^{(t)} = O^{(t)} \otimes \tanh(\boldsymbol{c}^{(t)})$$

이외에도 순환 신경망 모델로 게이트 순환 유닛(Gated Recurrent Unit, GRU)이 있다. 게이트 순환 유닛은 다성 음악 모델링, 음성 신호 모델링, 자연어 처리 등에서 많이 활용된다.

CHAPTER 13 연습문제

13.1 다음과 같이 주어진 벡터와 가중치 $\boldsymbol{w} = (1, -2, 1, -3, 1, 3)$에 대해 활성함수 $f()$가 계단함수 $\tau()$, 시그모이드 함수 $\sigma()$, ReLU 함수 $\mathrm{ReLU}()$일 때, 서로 다른 활성함수에 대한 각 벡터의 퍼셉트론 결과를 구하라.

(a) $\boldsymbol{x}_1 = (0, 1, 0, 1, 3, -1)$ (b) $\boldsymbol{x}_2 = (4, 0, 5, 0, 1, 1)$

13.2 다음과 같은 네트워크 구조에서 활성함수가 시그모이드 함수, ReLU 함수일 때, 각각에 대한 퍼셉트론 결과 y를 구하라.

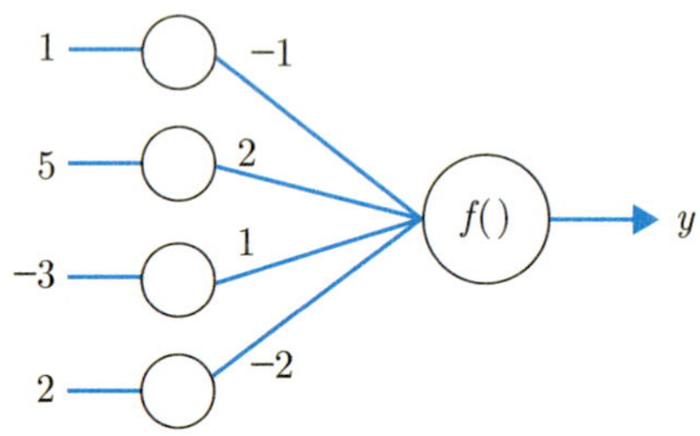

13.3 다음과 같이 주어진 벡터와 가중치 행렬 $\boldsymbol{W} = \begin{bmatrix} 1 & -2 & 1 & 1 & 0 & 4 \\ 0 & -1 & 0 & 1 & 2 & 0 \\ 2 & 0 & 3 & 0 & 0 & 7 \end{bmatrix}$에 대해 활성함수가 계단함수, 시그모이드 함수, ReLU 함수일 때, 서로 다른 활성함수에 대한 각 벡터의 퍼셉트론 결과를 구하라. 또한 퍼셉트론 구조를 도식화하라.

(a) $\boldsymbol{x}_1 = (0, 1, 0, 1, 3, -1)$ (b) $\boldsymbol{x}_2 = (4, 0, 5, 0, 1, 1)$

13.4 두 층에 대한 가중치 행렬이 각각 행렬 $\boldsymbol{W}_1 = \begin{bmatrix} 1 & -2 & 1 & 1 \\ 0 & -1 & 0 & 1 \\ 2 & 0 & 3 & 0 \end{bmatrix}$과 $\boldsymbol{W}_2 = \begin{bmatrix} 0 & 1 & -2 \\ -1 & 0 & 1 \\ 8 & -1 & 3 \end{bmatrix}$일 때, 첫 번째 층의 활성함수는 ReLU 함수이고 두 번째 층의 활성함수는 소프트맥스 함수인 다층 퍼셉트론이 있다고 하자. 이때 입력 벡터 $\boldsymbol{x} = (3, 1, 0, -1)$의 퍼셉트론 결과를 구하라.

13.5 벡터 $\boldsymbol{x} = (9,\ -4,\ 1,\ 6,\ 10,\ -5)$와 $\boldsymbol{w} = (-1,\ 2,\ 1)$의 합성곱 $\boldsymbol{c} = \boldsymbol{x} \star \boldsymbol{w}$를 구하라.

13.6 입력 행렬 X의 크기가 28×32이고 필터 행렬 W의 크기가 5×5라고 하자. 그리고 제로 패딩을 $p = (0,\ 0)$, 스트라이드를 $s = (2,\ 2)$라고 하자. 이때 두 행렬 X와 W의 합성곱의 출력 크기를 구하라.

13.7 입력 행렬 X와 필터 행렬 W가 다음과 같다. 패딩이 $p = (1,\ 1)$이고, 스트라이드가 $s = (3,\ 3)$일 때, 2차원 이산 합성곱 $C = X \star W$를 구하라.

$$X = \begin{bmatrix} 0 & 0 & 0 & 1 & 0 & 0 \\ 0 & 0 & 1 & 1 & 0 & 0 \\ 0 & 1 & 0 & 1 & 0 & 0 \\ 0 & 0 & 0 & 1 & 0 & 0 \\ 0 & 0 & 0 & 1 & 0 & 0 \\ 0 & 1 & 1 & 1 & 1 & 0 \end{bmatrix}, \qquad W = \begin{bmatrix} 1 & 1 & 1 \\ 1 & 0 & 0 \\ 1 & 0 & 0 \end{bmatrix}$$

13.8 세 행렬 $W_{xh} = \begin{bmatrix} 1 & 1 \\ 0 & 0 \\ 0 & -1 \end{bmatrix}$, $W_{ho} = \begin{bmatrix} 0 & 1 & 0 \\ -2 & 0 & 0 \end{bmatrix}$, $W_{hh} = \begin{bmatrix} 1 & 1 & 0 \\ 0 & 0 & 0 \\ 2 & -1 & -1 \end{bmatrix}$을 가중치 행렬로 가질 때, 은닉층의 활성함수는 ReLU 함수이고 출력층의 활성함수는 소프트맥스 함수인 순환 신경망이 있다고 하자. 은닉층이 $\boldsymbol{h}^{(0)} = \begin{bmatrix} 0 \\ 0 \\ 0 \end{bmatrix}$, 입력 벡터가 $\boldsymbol{x} = (1,\ -2)$이고, 각 층의 편향 벡터 $\boldsymbol{b}$가 없을 때의 출력값을 구하라.

※ 13장 프로그래밍 실습에서는 MNIST 데이터셋을 이용한다. MNIST 데이터셋(Modified National Institute of Standards and Technology dataset)은 손글씨로 쓴 숫자들로 이루어진 데이터셋이다. MNIST는 60,000개의 훈련 데이터셋과 10,000개의 테스트 데이터셋을 포함하여 총 70,000개의 이미지 데이터를 가지고 있다. 다음 그림은 MNIST의 예시이다.

프로그래밍 실습을 통해 나온 결과와 학습 시간은 컴퓨터의 성능에 따라 달라질 수 있음을 참고하라. 여기서 딥러닝 구축에 사용한 패키지는 keras이다.[3] 참고로 13장의 프로그래밍 실습은 파이썬 코드의 작성과 실행 결과의 확인을 동시에 진행한다.

13.1 MNIST 데이터셋을 이용하여 다층 퍼셉트론을 학습하고 테스트하는 파이썬 프로그래밍 실습을 구현하라.

파이썬 코드

```
# mnist.load_data() : MNIST 데이터셋을 다운로드하여 불러오는 함수
from keras.datasets import mnist
(X_train, Y_class_train), (X_test, Y_class_test) = mnist.load_data()
```

3 딥러닝을 하기 위해서는 파이썬 가상환경을 구성하고 해당 패키지를 설치해야 한다. 파이썬 가상환경을 구축하는 데 주로 사용하는 프로그램은 아나콘다(Anaconda)이다. 아나콘다는 무료 프로그램이므로 구글(Google)에서 검색하면 쉽게 다운로드받을 수 있다. 혹은 구글 코랩(Google colab)을 활용하여 파이썬 가상환경 구축 없이 딥러닝을 실습해 볼 수 있다.

```
# MNIST 데이터셋의 예를 그래프로 확인하기
import matplotlib.pyplot as plt
plt.imshow(X_train[0], cmap='greys')
plt.show()
```

실행 결과

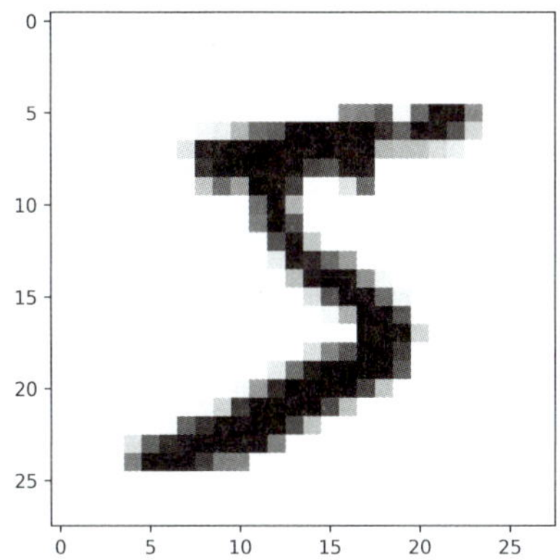

파이썬 코드

```
# 다층 퍼셉트론의 입력값으로 취하기 위해 2차원 배열을 1차원 배열로 바꾸기
X_train = X_train.reshape(X_train.shape[0], 784)

# 데이터 정규화
X_train = X_train.astype('float64')
X_train = X_train / 255
X_test = X_test.reshape(X_test.shape[0], 784).astype('float64') / 255

# 원-핫 인코딩
from keras.utils.np_utils import to_categorical
# 또는 from keras.utils import to_categorical
Y_train = to_categorical(Y_class_train, 10)
Y_test = to_categorical(Y_class_test, 10)

print("Y_train[0] = ", Y_train[0] )
```

실행 결과

```
Y_train[0] =  [0. 0. 0. 0. 0. 1. 0. 0. 0. 0.]
```

파이썬 코드

```
# 다층 퍼셉트론 만들기
from keras.models import Sequential
from keras.layers import Dense
from keras.callbacks import ModelCheckpoint, EarlyStopping
model = Sequential()

# 은닉층
# 입력값은 784개, 활성함수는 ReLU 함수
model.add(Dense(512, input_dim=784, activation='relu'))

# 출력층
# 클래스는 10개, 활성함수는 소프트맥스 함수
model.add(Dense(10, activation='softmax'))
model.compile(loss='categorical_crossentropy', optimizer='adam', metrics=['accuracy'])

# 다층 퍼셉트론 모델 정보 확인하기
model.summary()
```

실행 결과

```
Model: "sequential_3"
_________________________________________________________________
Layer (type)                 Output Shape              Param #
=================================================================
dense_5 (Dense)                (None, 512)               401920
_________________________________________________________________
dense_6 (Dense)              (None, 10)                5130
=================================================================
Total params: 407,050
Trainable params: 407,050
Non-trainable params: 0
_________________________________________________________________
```

파이썬 코드

```
# 다층 퍼셉트론 모델 학습하기
history = model.fit(X_train, Y_train, validation_data=(X_test, Y_test), epochs=10,
                    batch_size=200, verbose=1)

# 다층 퍼셉트론 학습 결과를 그래프로 확인하기
import matplotlib.pyplot as plt
import numpy as np

# 검증 데이터셋의 오차
y_vloss = history.history['val_loss']
# 학습 데이터셋의 오차
y_loss = history.history['loss']
# 검증 데이터셋의 정확도
y_vACC = history.history['val_accuracy']
```

```
# 학습 데이터셋의 정확도
y_ACC = history.history['accuracy']
# 정확도와 오차를 그래프로 나타내기
x_len = np.arange(len(y_loss))
plt.plot(x_len, y_vloss, marker='.', c="red", label='testset_loss')
plt.plot(x_len, y_loss, marker='.', c="blue", label='trainset_loss')
plt.plot(x_len, y_vACC, marker='.', c="red", label='testset_accuracy')
plt.plot(x_len, y_ACC, marker='.', c="blue", label='trainset_accuracy')

# 그래프에 그리드와 레이블 표기
plt.legend(loc='upper right')
plt.grid()
plt.xlabel('epoch')
plt.ylabel('loss / accuracy')
plt.show()
```

실행 결과

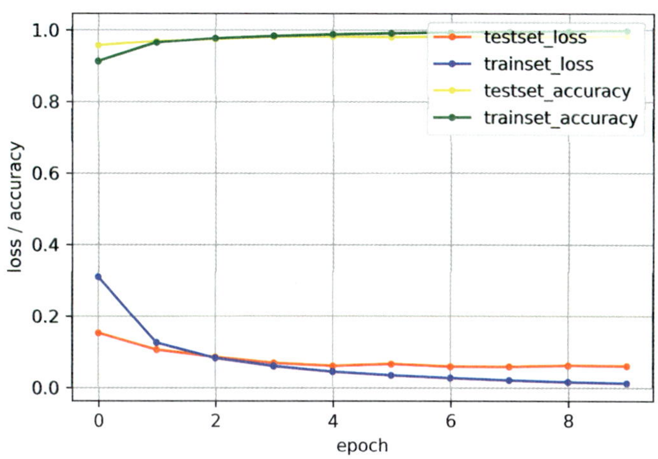

파이썬 코드

```
# 테스트 정확도
print("\n 테스트 데이터셋의 정확도 : %.4f" %(model.evaluate(X_test, Y_test)[1]))
```

실행 결과

```
10000/10000 [==============================] - 0s 30us/step
 테스트 데이터셋의 정확도 : 0.9823
```

13.2 MNIST 데이터셋을 이용하여 합성곱 신경망을 학습하고 테스트하는 파이썬 프로그래밍 실습을 구현하라.

파이썬 코드

```
# mnist.load_data() : MNIST 데이터셋을 다운로드하여 불러오는 함수
from keras.datasets import mnist
(X_train, Y_class_train), (X_test, Y_class_test) = mnist.load_data()

# 데이터 정규화
X_train = X_train.reshape(X_train.shape[0], 28, 28, 1).astype('float64') / 255
X_test = X_test.reshape(X_test.shape[0], 28, 28, 1).astype('float64') / 255

# 원-핫 인코딩
from keras.utils.np_utils import to_categorical
# 또는 from keras.utils import to_categorical
Y_train = to_categorical(Y_class_train, 10)
Y_test = to_categorical(Y_class_test, 10)

# 합성곱 신경망 만들기
# keras에서 합성곱 신경망 사용하기
from keras.models import Sequential
from keras.layers import Dense, Conv2D, Flatten, MaxPooling2D,  Dropout

model = Sequential()
model.add(Conv2D(32, kernel_size=(3,3), input_shape=(28, 28, 1), activation='relu'))
model.add(Conv2D(64,(3,3), activation='relu'))
model.add(MaxPooling2D(pool_size=2))
model.add(Dropout(0.25))
model.add(Flatten())
model.add(Dense(128, activation='relu'))
model.add(Dropout(0.5))
model.add(Dense(10, activation='softmax'))
model.compile(loss='categorical_crossentropy', optimizer='adam',metrics=['accuracy'])
model.summary()
```

실행 결과

Model: "sequential_2"

Layer (type)	Output Shape	Param #
conv2d_3 (Conv2D)	(None, 26, 26, 32)	320
conv2d_4 (Conv2D)	(None, 24, 24, 64)	18496
max_pooling2d_2 (MaxPooling2D)	(None, 12, 12, 64)	0
dropout_2 (Dropout)	(None, 12, 12, 64)	0
flatten_2 (Flatten)	(None, 9216)	0

```
dense_1 (Dense)              (None, 128)              1179776
_________________________________________________________________
dropout_3 (Dropout)          (None, 128)              0
_________________________________________________________________
dense_2 (Dense)              (None, 10)               1290
=================================================================
Total params: 1,199,882
Trainable params: 1,199,882
Non-trainable params: 0
_________________________________________________________________
```

파이썬 코드

```
# 합성곱 신경망 모델 학습하기
history = model.fit(X_train, Y_train, validation_data=(X_test, Y_test), epochs=5,
                    batch_size=200, verbose=1)

# 합성곱 신경망 학습 결과를 그래프로 확인하기
import matplotlib.pyplot as plt
import numpy as np

# 검증 데이터셋의 오차
y_vloss = history.history['val_loss']
# 학습 데이터셋의 오차
y_loss = history.history['loss']
# 검증 데이터셋의 정확도
y_vACC = history.history['val_accuracy']
# 학습 데이터셋의 정확도
y_ACC = history.history['accuracy']
# 정확도와 오차를 그래프로 나타내기
x_len = np.arange(len(y_loss))
plt.plot(x_len, y_vloss, marker='.', c="red", label='testset_loss')
plt.plot(x_len, y_loss, marker='.', c="blue", label='trainset_loss')
plt.plot(x_len, y_vACC, marker='.', c="yellow", label='testset_accuracy')
plt.plot(x_len, y_ACC, marker='.', c="green", label='trainset_accuracy')

# 그래프에 그리드와 레이블 표기
plt.legend(loc='upper right')
plt.grid()
plt.xlabel('epoch')
plt.ylabel('loss / accuracy')
plt.show()
```

실행 결과

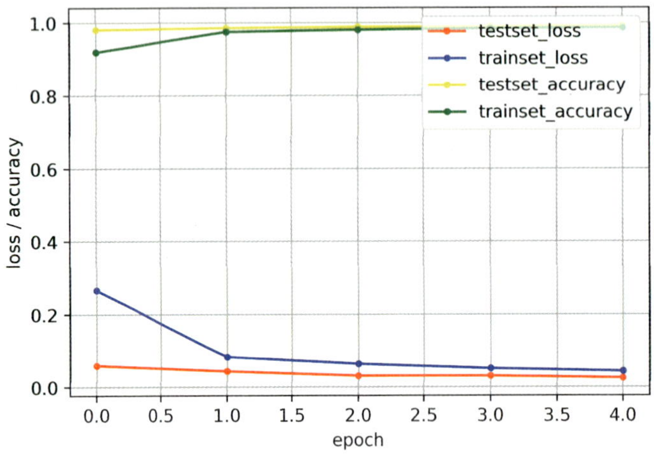

파이썬 코드

```
# 테스트 정확도
print("\n 테스트 데이터셋의 정확도 : %.4f" %(model.evaluate(X_test, Y_test)[1]))
```

실행 결과

```
10000/10000 [==============================] - 2s 206us/step

 테스트 데이터셋의 정확도 : 0.9898
```

13.3 MNIST 데이터셋을 이용하여 순환 신경망을 학습하고 테스트하는 파이썬 프로그래밍 실습을 구현하라.

파이썬 코드

```
# mnist.load_data() : MNIST 데이터셋을 다운로드하여 불러오는 함수
from keras.datasets import mnist
(X_train, Y_class_train), (X_test, Y_class_test) = mnist.load_data()

# 데이터 정규화
X_train = X_train.reshape(X_train.shape[0], 28, 28).astype('float64') / 255
X_test = X_test.reshape(X_test.shape[0], 28, 28).astype('float64') / 255
```

```python
# 원-핫 인코딩
from keras.utils.np_utils import to_categorical
# 또는 from keras.utils import to_categorical
Y_train = to_categorical(Y_class_train, 10)
Y_test = to_categorical(Y_class_test, 10)

# 순환 신경망 만들기
from keras.layers import SimpleRNN
from keras.layers import Dense, Input
from keras.models import Model

inputs = Input(shape=(28, 28))
x1 = SimpleRNN(64, activation="tanh")(inputs)
x2 = Dense(10, activation="softmax")(x1)
model = Model(inputs, x2)

model.compile(loss='categorical_crossentropy', optimizer='adam', metrics = ["accuracy"])
model.summary()
```

실행 결과

```
Model: "model_1"
_________________________________________________________________
Layer (type)                Output Shape              Param #
=================================================================
input_2 (InputLayer)        [(None, 28, 28)]          0
_________________________________________________________________
simple_rnn_1 (SimpleRNN)    (None, 64)                5952
_________________________________________________________________
dense_1 (Dense)             (None, 10)                650
=================================================================
Total params: 6,602
Trainable params: 6,602
Non-trainable params: 0
_________________________________________________________________
```

파이썬 코드

```python
# 순환 신경망 모델 학습하기
history = model.fit(X_train, Y_train, validation_data=(X_test, Y_test), epochs=5,
                    batch_size=200, verbose=1)

# 순환 신경망 학습 결과를 그래프로 확인하기
import matplotlib.pyplot as plt
import numpy as np

# 검증 데이터셋의 오차
y_vloss = history.history['val_loss']
# 학습 데이터셋의 오차
y_loss = history.history['loss']
```

```
# 검증 데이터셋의 정확도
y_vACC = history.history['val_accuracy']
# 학습 데이터셋의 정확도
y_ACC = history.history['accuracy']
# 정확도와 오차를 그래프로 나타내기
x_len = np.arange(len(y_loss))
plt.plot(x_len, y_vloss, marker='.', c="red", label='testset_loss')
plt.plot(x_len, y_loss, marker='.', c="blue", label='trainset_loss')
plt.plot(x_len, y_vACC, marker='.', c="yellow", label='testset_accuracy')
plt.plot(x_len, y_ACC, marker='.', c="green", label='trainset_accuracy')

# 그래프에 그리드와 레이블 표기
plt.legend(loc='upper right')
plt.grid()
plt.xlabel('epoch')
plt.ylabel('loss / accuracy')
plt.show()
```

실행 결과

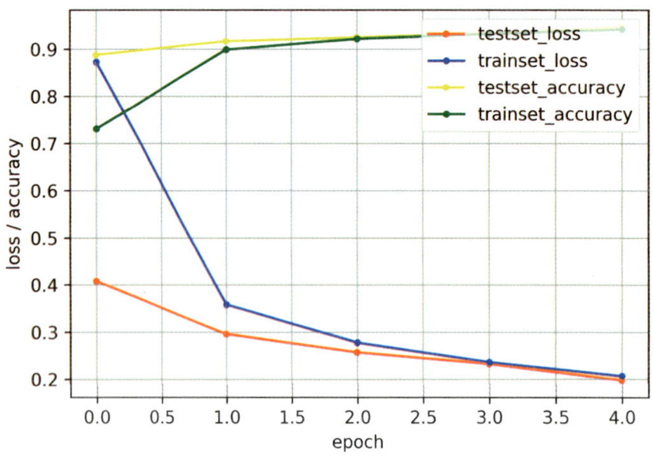

파이썬 코드

```
# 테스트 정확도
print("\n 테스트 데이터셋의 정확도 : %.4f" %(model.evaluate(X_test, Y_test)[1]))
```

실행 결과

```
313/313 [==============================] - 1s 4ms/step

 테스트 데이터셋의 정확도: 0.9541
```

참고문헌

- James Stewart (2008). Calculus : Early Transcendentals(6th ed.). Thomson Brooks/cole.
- 오일석 (2017). 기계 학습. 한빛아카데미.
- Howard Anton, Chris Rorres, Anton Kaul (2019). Elementary Linear Algebra(Asia ed, 12th ed.). Wiley.
- 임성국 (2020). 인공지능 100점을 위한 파이썬 수학. 비제이퍼블릭.
- 이건명 (2020). 응용이 보이는 선형대수학. 한빛아카데미.
- 이원상 (2020). 머신 러닝을 위한 수학 with 파이썬, R. 길벗.
- 세바스찬 라시카, 바히드 미자리리 (2021). 머신 러닝 교과서 with 파이썬, 사이킷런, 텐서플로(개정 3판) (박해선, 번역). 길벗.
- 안승철, 이광연, 박기섭 (2021). 이공계생을 위한 확률과 통계(2판). 한빛아카데미.
- 이병준 (2022). 머신러닝을 위한 수학. 한빛아카데미.

찾아보기

ㅅ

ㅇ

ㅈ

ㅊ

ㅋ

ㅌ

ㅍ

ㅎ